住房城乡建设部土建类学科专业"十三五"规划教材
高等学校房地产开发与管理和物业管理学科专业指导委员会规划推荐教材

物业管理信息系统及应用

（物业管理专业适用）

韩 朝 夏春锋 主 编

张志红 史君坡 田玉龙 贾 薇 王 辉
　　　　　　　　　　　　　　　　　　　 副主编
邱 钢 叶怀远 刘肇民 李中生

刘洪玉 主 审

中国建筑工业出版社

图书在版编目（CIP）数据

物业管理信息系统及应用/韩朝，夏春锋主编.—北京：
中国建筑工业出版社，2018.7（2023.8重印）
住房城乡建设部土建类学科专业"十三五"规划教材.
高等学校房地产开发与管理和物业管理学科专业指导委员
会规划推荐教材
ISBN 978-7-112-22185-1

Ⅰ.①物… Ⅱ.①韩… ②夏… Ⅲ.①物业管理—信息系
统—高等学校—教材 Ⅳ.①F293.347

中国版本图书馆CIP数据核字（2018）第093979号

本教材在介绍物业管理信息系统概述、技术和开发方法的基础上，重点分析了物业管理信息系统的开发过程，即战略规划、系统分析、系统设计和系统实施与评价过程；同时，介绍了物业管理信息系统的应用及相关案例。理论与实践紧密结合，通过课程学习，使学生全面掌握物业管理信息系统的基本理论与技能，能够理论联系实际，切实应用所学的专业知识解决物业管理行业中的实际问题。

本教材主要用于高等学校物业管理本科专业日常教学，也可以作为物业服务行业、企业为工程技术人员进行培训的教材，还可以作为继续教育、自学考试教材用书以及物业管理专业技能考试教学培训用书等。

为更好地支持相应课程的教学，我们向采用本书作为教材的教师提供教学课件，有需要者可与出版社联系，邮箱：jckj@cabp.com.cn，电话：（010）58337285，建工书院https://edu.cabplink.com（PC端）。

责任编辑：王 跃 张 晶 牟琳琳
责任校对：党 蕾

住房城乡建设部土建类学科专业"十三五"规划教材
高等学校房地产开发与管理和物业管理学科专业指导委员会规划推荐教材
物业管理信息系统及应用
（物业管理专业适用）
韩 朝 夏春锋 主 编
张志红 史君坡 田玉龙 贾 薇 王 辉 邱 钢 叶怀远 刘肇民 李中生 副主编
刘洪玉 主 审
*
中国建筑工业出版社出版、发行（北京海淀三里河路9号）
各地新华书店、建筑书店经销
北京锋尚制版有限公司制版
建工社（河北）印刷有限公司印刷
*
开本：787×1092毫米 1/16 印张：24¼ 字数：503千字
2018年7月第一版 2023年8月第三次印刷
定价：49.00元（赠教师课件）
ISBN 978-7-112-22185-1
（32067）

教材编审委员会名单

主　任：刘洪玉　咸大庆

副主任：陈德豪　韩　朝　高延伟

委　员：（按拼音顺序）

曹吉鸣　柴　强　柴　勇　丁云飞　冯长春　郭春显

季如进　兰　峰　李启明　廖俊平　刘秋雁　刘晓翠

刘亚臣　吕　萍　缪　悦　阮连法　王建廷　王立国

王怡红　王幼松　王　跃　吴剑平　武永祥　杨　赞

姚玲珍　张　晶　张永岳　张志红

出版说明

20世纪90年代初，我国房地产业开始快速发展，国内部分开设工程管理、工商管理等本科专业的高等院校相继增设物业管理课程或开设物业管理专业方向。进入21世纪后，随着物业管理行业的发展壮大，对高层次物业管理专业人才的需求与日俱增，对该专业人才培养的要求也不断提高。教育部为适应社会和行业对物业管理专门人才的数量需求和人才培养层次要求，于2012年将物业管理专业正式列入本科专业目录。为全面贯彻落实《国家中长期教育改革和发展规划纲要（2010—2020年）》和教育部《全面提高高等教育质量的若干意见》的精神，规范全国高等学校物业管理本科专业办学行为，促进全国高等学校物业管理本科专业建设和发展，提升该专业本科层次人才培养质量，按照教育部、住房城乡建设部的部署，高等学校房地产开发与管理和物业管理学科专业指导委员会（以下简称专指委）组织编制了《高等学校物业管理本科指导性专业规范》（以下简称《专业规范》）。

为了形成一套与《专业规范》相匹配的高水平物业管理教材，专指委于2015年8月在大连召开会议，研究确定了物业管理本科专业核心系列教材共12册，作为"高等学校房地产开发与管理和物业管理学科专业指导委员会规划推荐教材"，并在全国高校相关专业教师中遴选教材的主编和参编人员。2015年11月，专指委和中国建筑工业出版社在济南召开教材编写工作会议，对各位主编提交的教材编写大纲进行了充分讨论，力求使教材内容既相互独立，又相互协调，兼具科学性、规范性、普适性、实用性和适度超前性，与《专业规范》严格匹配。为保证教材编写质量，专指委和出版社共同决定邀请相关领域的专家对每本教材进行审稿，严格贯彻了《专业规范》的有关要求，融入物业管理行业多年的理论与实践发展成果，内容充实、系统性强、应用性广，对物业管理本科专业的建设发展和人才培养将起到有力的推动作用。

本套教材已入选住房城乡建设部土建类学科专业"十三五"规划教材，在编写过程中，得到了住房城乡建设部人事司及参编人员所在学校和单位的大力支持和帮助，在此一并表示感谢。望广大读者和单位在使用过程中，提出宝贵意见和建议，促使我们不断提高该套系列教材的重印再版质量。

高等学校房地产开发与管理和物业管理学科专业指导委员会

中国建筑工业出版社

2016年12月

　　《物业管理信息系统及应用》是物业管理专业的一门专业课程，物业管理专业的学生应掌握物业管理信息系统的相关知识和技能。本书为高等学校房地产开发与管理和物业管理学科专业指导委员会规划推荐教材，主要面向普通高等学校物业管理专业的本科生，教材逻辑结构合理，理论与实践结合紧密，各个院校可以根据本校物业管理本科专业设置的历史背景选择施教深度和广度。

　　"十三五"时期，将以充分发挥信息化对经济社会转型发展的主导作用为主线，把数据和信息资源作为重要生产要素，把信息化作为牵引产业结构调整和经济发展方式转变的着力点，大力实施网络强国战略、国家大数据战略、"互联网+"行动计划，全面加强信息化与经济社会发展的深度融合。因此，信息化从支撑经济发展向引领经济发展转变，成为提振经济的重要驱动力。

　　当前，大数据、云计算、移动互联、物联网等新一代信息技术方兴未艾，正在深刻地影响着物业管理行业的发展。我国物业管理行业已有超过 30 年的发展历史，至今也已积累了规模庞大的物业资源、业主和住户资源，构建以传统社区服务为基础，以多媒体社区服务信息网为依托，以 Internet 为纽带的新型社区物业管理信息系统，将为物业管理提供新的经济增长点和长期可持续的发展空间，为物业服务企业实现跨越式发展提供巨大的空间和基础。物业服务企业正在抓住这一历史机遇，通过与互联网络和高端设备管理技术的融合，探索和创新服务和管理模式，改造和提升企业组织管理架构，积极发现新兴服务领域和业态，通过跨领域资源整合和"互联网+"等手段，向智慧型的现代服务业转型升级。

　　新一代信息技术与现代管理理论的结合，给物业管理行业的发展带来了前所未有的机遇，但同时，缺乏既精通物业管理业务，又熟悉计算机技术和信息技术的高素质复合型人才正在成为物业管理行业转型升级的主要制约因素之一。

　　多年来，作者一直致力于探索物业管理信息系统学科的体系架构与内容创新。针对目前管理信息系统学科教材存在的问题和物业服务企业管理的实际需要，结合作者多年的研究成果与经验体会，编写了这本教材。谨希望在物业服务企业信息化建设、物业管理学科建设和物业管理信息化人才培养方面贡献自己微薄的力量。

　　本教材在编写的过程中，是严格按照高等学校房地产开发与管理和物业管理学科专业指导委员会制定的《高等学校物业管理本科指导性专业规范》中对本科物业管理专业人才培养目标的要求进行编写的。《物业管理信息系统及应用》是一门应用性很强的专业课程，强调理论与实践紧密结合，通过课程学习，使学生全面掌握物业管理信息系统的基本理论与技能，能够理论联系实际，切实应用所学的专业知识解决物业管理行业中的实际问题。

为了使读者充分了解物业管理信息系统的基本原理、组成、功能及其应用，本教材在介绍物业管理信息系统概述、技术和开发方法的基础上，重点分析了物业管理信息系统的开发过程，即战略规划、系统分析、系统设计和系统实施与评价过程；同时，介绍了物业管理信息系统的应用及相关案例。

本书由韩朝、夏春锋主编，由清华大学刘洪玉主审，张志红、史君坡、田玉龙、贾薇、王辉、邱钢、叶怀远、刘肇民、李中生参与了编写工作，具体分工如下：韩朝、夏春锋统稿全文。韩朝编写了第6章、第9章。夏春锋、田玉龙、张志红、史君坡编写了第8章，张志红、夏春锋编写了第1章、第7章，田玉龙、夏春锋、韩朝编写了第4章、第5章，史君坡、夏春锋编写了第2章、第3章，韩朝、夏春锋、叶怀远、贾薇、邱钢、王辉、刘肇民、李中生参与了第9章、第10章的案例编写工作。在本书的编写过程中，郭汉兴、荀亚曦、陶奎焱、蒋针、曲橙橙、张丽娟、满达、张丹、刑力文、张青山、温磊、王立娜、董岩岩、郭翔、王峰、闫峰、邸权龙、卢淑花等同志参与了教材的资料收集与整理、部分章节内容和案例的撰写及文字校对等工作。

本教材主要用于高等学校物业管理本科专业日常教学，也可以作为物业服务行业、企业为工程技术人员进行培训的教材，还可以作为继续教育、自学考试教材用书以及物业管理专业技能考试教学培训用书等。

本书的编写参考了国内许多学者同仁的编著，并列于书末，以便读者在使用本书过程中进一步查阅相关资料，同时对各参考文献的作者表示衷心的感谢。

由于编者水平有限，本书不当之处在所难免，诚意接受广大读者批评指正，以便共同为我国物业管理的信息化及物业管理事业作出贡献。

编者

2018年3月

目 录

1

物业管理信息系统概述

学习目的

掌握物业管理信息系统发展的时代背景、现状及趋势;掌握物业管理数据、信息与知识的内涵及相互关系;熟悉企业内部的主要信息流动;在了解管理信息系统的定义、结构、分类等一般原理的基础上,掌握物业管理信息系统的定义、内容、任务与分类。

本章要点

物业管理信息系统产生的时代背景、发展现状与趋势;物业管理数据、信息与知识及相互关系;企业内部的主要信息流动及其关系;物业管理信息系统的定义、内涵、主要任务及其类型。

【案例1-1】长城物业服务信息化的应用场景————————————————

某住宅小区里，秩序维护员正在楼内进行常规巡查。发现楼道拐角处有一盏灯坏了。他举起手中的PDA终端，扫描了这盏灯的条形码，然后在弹出的信息框中输入"031"代码，点击"确认"发送。与此同时，小区的另一端，工程人员的PDA亮了，弹出一条信息："A栋15层#150灯，灭灯，请速查"。工程人员点击"任务接受"，背起工具包向A栋走去。

这不是虚幻场景，而是某物业集团股份有限公司的物业服务信息化应用的一个基本案例。在这个服务流程中，利用条形码技术识别了管理对象（灯泡）、PDA手持终端进行了通信连接和任务管理（发出请修任务）、物业服务系统进行了智能判断（031代表灭灯）和任务分派（寻找到了空闲的PDA终端，并进行任务分配），从而完成了一次完整的物业服务流程。而所有的这些流程都是在"无声"、"无纸"和"电子化"状态下进行的。由此可见，对讲机、纸质工单已经彻底被淘汰，传统的物业服务模式已不见踪迹。

【启示】

以上案例是一次以服务流程为核心的信息化建设。整个服务流程（监视测量、纠正预防、失效补救）运用了大量的信息化技术，传统的客户服务中心被智能化的物业服务系统所代替，整个服务环节的中转核心也成为了物业服务系统。此次信息化建设的特点就在于将现代IT技术，包括终端技术、中继技术、智能技术嵌入到了整个物业服务流程中，借助信息化的手段实现物业服务的标准化。服务品质的稳定准确，节约了中继环节（物业管理客户服务中心），最大程度避免了服务人员的空闲浪费（PDA空闲排队技术），从而大大提高了物业服务的效率并降低了人力资源成本。

在以知识经济为核心竞争力的今天，各行各业都向科学技术寻求生产力，希望通过信息化建设获得更大的竞争优势和更多的发展资源。随着信息技术的快速发展，业主的生活方式和思维方式也发生了根本性的变化。越来越多的物业服务企业为了提高自身的管理水平，降低经营成本，适应市场竞争，也已通过计算机网络和专业软件对物业实施了即时、规范、高效的管理，并取得了显著的效果。

物业管理信息系统是建立在管理信息系统基础上，将现代管理理论与现代信息技术相结合，实现物业管理信息化、现代化和决策化的系统工程。

1.1 物业管理信息系统的引入

1.1.1 信息技术改变企业经营环境

1. 全球信息化浪潮

人类社会向信息社会迈进的过程就是信息化过程，它代表着先进生产力的前进方向。无论是发达国家还是发展中国家，都在根据自己的实际情况制定信息化发展战略，从而形成全球信息化浪潮。全球信息化浪潮给企业管理带来了革命性的变化，莫顿（Morton M.S.Scott）将这一变化归纳为六个方面：一是促进企业生产、管理活动方式的根本性变革；二是组织内外的各种经营管理职能和机制有机地结合起来；三是改变产业竞争格局和态势；四是带来了新的战略性机遇，促使企业对其使命和活动进行反思；五是促使组织机构和管理方法的变革；六是企业管理的重大挑战，即如何改造企业，使其有效地运用信息技术，适应信息社会，在全球竞争中处于不败之地。

2. 经济全球化

自20世纪90年代以来，经济全球化进程日趋加快。经济全球化是指世界经济活动超越国界，通过对外贸易、资本流动、技术转移、提供服务、相互依存、相互联系而形成的全球范围的有机经济整体。经济全球化与跨国公司的深入发展，既给世界贸易带来了极大的推动力，同时也给各国经济贸易带来了诸多不确定因素，使其出现许多新的特点和新的矛盾。

可以从以下几个方面来理解经济全球化：①世界各国经济联系的加强和相互依赖程度日益提高；②各国国内经济规则不断趋于一致；③国际经济协调机制强化，即各种多边或区域组织对世界经济的协调和约束作用越来越强。信息使空间变小，距离对经济活动的约束日益弱化，经济活动的国内外界限变得模糊起来。作为主要经济资源的知识，必然导致经济活动突破国界而成为全球活动。同时，顾客消费需求的个性化、多样化决定了企业只有合理组织全球资源，在全球市场上运筹帷幄，才有生存和发展的可能。同时，跨国经营成为大企业发展的重要战略，跨国投资不断增加，跨国公司正以其经济、技术的强大实力，成为国际市场的主力军，正在对世界经济产生巨大而深远的影响。对于每个企业来说，经济全球化都是一把双刃剑，既是机遇，也是挑战。面对激烈的全球竞争化格局，国内企业必须以强烈的竞争意识和危机感来认真思考全球竞争战略。

3. 知识经济时代的来临

世界经济正面临新的经济改革，不少国家的经济已从工业经济转向基于知识和信息的服务经济，一个以知识为基础的经济时代已经来临。知识经济直接依赖于知识和信息的生产、扩散和应用，其主要特点是信息化、网络化和智能化。知识和技术创新是人类经济、社会发展的重要动力源泉。有专家指出，21世纪将是"知识化了的全球社会"。知识经济的到来使信息与知识成为重要的战略资源，对人们的思维方式、生产方式、生活方式、管理决策等方面将产生重大影响，企业管理将从生产向创新转变，其经济效益将越来越依赖于知识和创新。知识经济正在给中国的经济发展与社会发展注入更大的活力，带来更好的机遇。每一个现代企业都应该高度重视知识资源的开发，善于运用新兴信息技术和信息网络资源，把握世界范围内的新知识、新信息、新动向。

1.1.2 新兴信息技术影响企业管理

1. 云计算

云计算是分布式处理、并行处理和网格计算的进一步发展，或者说是这些计算机科学概念的商业实现，是指基于互联网的超级计算模式，即可把存储于专业服务器、个人计算机、移动电话和其他设备上的大量信息和处理器资源集中在一起，通过虚拟化技术，构建出资源池，向外部客户提供服务。

云计算技术能极大地降低管理信息系统建设的成本，调整管理的组织结构，减少固定设备投入成本，并最终减少管理的总成本。对于企业来说，一方面可通过云计算的虚拟化技术等实现企业内部计算资源、存储资源和网络资源等共享和负载均衡，提高资源利用效率；另一方面也可以将有关信息服务托管到外部云服务中心，或购买外部公共云计算资源，特别是对中小企业来说，投资建设数据计算中心成本较大，并且难以与企业自身系统的快速成长和服务多元化要求相匹配。按使用付费的云服务模式为企业提供了很好的支持，网络中心的相关任务将可以选用云服务来完成，通过云计算提供的基础架构，不用再投资购买昂贵的硬件设备，负担频繁的维护与升级。由此企业可以节约初期的投入，不必配备高性能的硬件设备，后期的运行维护和管理也相对简单，最终使企业在硬件设施上的投入成本大大降低，组织结构也大大简化。

2. 物联网

物联网是在计算机互联网的基础上，利用射频识别、红外感应器、全球定位系统、激光扫描器等信息传感设备，按约定的协议，把任何物品与互联网连接起来，实现人与人、人与物、物与物在任何时间、任何地点的连接，从而进行信息交换和通信，以实现"智能化物"的识别、定位、跟踪、监控和管理。

物联网技术带来了管理过程的优化，使企业管理由"物—人—物"模式转变为"物—物—物"模式。通过物与物的直接"沟通"，大大减少了对员工的依赖，企业管理过程得到了很大程度的优化。这样的运转模式，提高了整个企业运营效率，同时降低了人工出错率，实现了真正意义上的实时跟踪、监控和管理。智能化的物联网系统通过增强对信息流、资金流和物流的控制力，帮助企业确定了物资采购路线，降低了库存仓储成本，优化了产品生产制造和运输过程，实现了实时监控和产品全生命周期的业务流程再造。通过物联网实现业务流程再造，使制造与销售网络衔接更加紧密。面对复杂多变的环境，物联网技术还能缩短企业的备货时间，提高生产效率，降低管理成本，使企业能在最短的时间内应对紧急情况。

3. 大数据

伴随着云计算、物联网、移动互联网技术的发展，数据拥有了新时代全然不同的价值内涵，闯入人们生活的大数据颠覆了关于信息获取、信息记忆、信息储存的知识伦理。大数据成为能够反映物质世界和精神世界的运动状态和状态变化的信息资源，它的决策有用性，在客户需求洞察、产品协助设计、精准市场营销等方面能够提供高效的决策支持。

随着Web2.0、移动互联网等技术的发展，电子商务、微博、微信等各种系统和社交平台的深入应用，产生了海量、异构和动态数据，成为大数据技术产生和发展的时代背景，另外企业各种信息系统的应用也积累了海量数据，使得这些大数据成为企业经营决策的重要内外部资源。大数据管理拥有多种创造价值的方式，丰富的数据来源配上先进的大数据分析和挖掘技术可以在多方面给人们带来巨大的价值，如：①提升决策的科学性和时效性。大数据信息区别于以往单一信息，可以帮助企业全面地分析各种决策情景，有效地支持科学决策，为企业自有业务优化提供有力依据。②提升商业服务的针对性和精准性。通过提取网络上各种用户资源和市场资源，引入大数据技术，可以对用户的行为特征和购买方式进行有效分析，提升商业服务的针对性和准确性。③提升企业的核心竞争力，通过大数据分析，可高效地整合内外部资源，快速地响应市场多变的需求，最大限度地适应激烈的市场竞争。

总之，在新一代信息技术蓬勃发展的大环境下，企业不仅面临着许多新的发展机遇，同时也面临着巨大挑战，如果企业没有做好充分准备来应对，企业高层管理人员因不能及时结合新兴信息、技术发展企业，只会失去机会，错过在信息浪潮下发展的黄金时期。因此，如何适应新一代信息技术发展和应用带来的新的发展机遇是亟待思考的问题。

1.1.3　信息技术带动物业服务企业商业模式变革

互联网带来了社会经济的蓬勃发展。毋庸置疑，信息化已经成为人类社会发展的总体趋势，信息化程度和水平已成为衡量一个国家社会进步、经济发展、文明程度等综合实力的重要标志。

作为现代服务业的组成部分，中国物业管理行业在经济新常态下同样呈现出新的发展趋势。物业服务企业处在社会和社区的节点上，贴近社区的资源和用户，与社区基层组织、周边商业圈关联度高，在最后"一公里"乃至最后"一百米"内，成为社区资源的隐形掌握者。一批品牌物业服务企业在商业模式、服务方式、管理方法上大胆创新与转型，带动更多的企业认识到行业向现代服务业转型升级的紧迫性，并积极参与到行业持续发展的创新探索与实践中，取得了可喜的社会效益和经济效益。互联网特别是移动互联网的出现，促成了"网上支付消费"和"社区O2O消费"两个巨大的服务消费市场。"互联网+物业"成为发挥资本、互联网、物业管理各自优势、整合线上线下资源的产业融合新业态。表1-1是国内部分品牌物业服务企业在"互联网+"思维下的商业模式创新。

品牌物业服务企业"互联网＋物业"商业模式创新　　　表1-1

物业服务企业	商业模式创新	技术实现
万科物业	"睿服务"	包含睿平台、服务中心和管理中心三个元素。其中，睿平台是体系的根基和工具，服务中心依托睿平台实现了易化的社区管理，管理中心借助睿平台实现对受托社区的智能化管控。三元素之间以易化（Facilitation）、智能（Intelligence）、依托（Trusteeship）为导向，形成了"FIT模型"，借力信息科技，变革原有物业管理模式
绿城物业	"智慧园区"	通过大数据平台的建立、智能设施设备的引入、移动互联网及应用程式的推行，优化基础物业服务、园区生活服务、微商圈、邻里社等资源，通过服务终端"幸福绿城"APP，搭建与业主的线上互动和交流平台。逐步实现服务内容向提供全方面生活服务、服务模式向"咨询、全委、代管"并重、服务周期向为建筑产品和业主提供全生命周期服务转变
长城物业	"一应云"	立足社区服务领域，通过"物联网+云计算技术"打造集物业服务、社区商务和公共服务于一体的智慧型社区运营平台。借助高速发展的网络技术实现成本降低和品质提升，通过涵盖社区商务、公寓短租、商业运营、"长者"服务等领域的"1+N"多角化战略，实现物业管理生态圈向社区商业生态圈的延伸
保利物业	"芯智慧"	搭建保利"芯智慧"社区云平台，实现一体化的数据集成、应用集成、服务集成。通过平台信息化及移动互联技术，实现物业信息系统、EBA智能监控、科技养老及保利开门APP（社区商务）等一体服务化集成。并依托社区大数据，逐步形成一个开放、稳健、可扩展、易维护和可支撑大用户量的核心架构平台
彩生活物业	"彩之云"	锁定社区"一公里生态圈"，与360、顺丰、房管家、搜房、京东等电子商务巨头高度整合，采取基础物业服务全面"e化"的手段，使业主足不出户便享有"一键悦意生活"
金地物业	"享"系列	"享"系列由"享家"、"享当家"和"享学"等互联网平台组成，通过信息化手段提升业务管控能力和客户服务效率。包括物业管理系统、设备设施管控软件、E控中心、呼叫中心、移动APP、微信等
龙湖物业	"智慧龙湖"	使用高新科技设施设备，运用员工手持终端及APP、设施设备管理系统（RBA）等打造智慧型物业服务，搭建掌握现代高新技术的复合型人才培养平台。充分利用物业管理区域内的各种资源挖掘边际效益
中海物业	"智慧中海"	以"悦居中海"云平台为核心，实现"随身"物业管理，在线灵活交互社区生活，打造智慧化的客户服务；通过"云瞳"远程监控计划，全面提升出入安全系数和便捷出行指数，打造中海安全卫士体系；通过线上商业智能BI系统，对大数据进行分析，全面提供决策支持、知识挖掘、商业智能等一体化服务
嘉宝物业	"生活家服务体系"	"物业服务O2O生态圈"、"社区生活服务O2O生态圈"和"生活家数据云"三位一体，把线下服务搬到线上，解决用户需求"痛点"，实现管理扁平化，让服务更简单。通过"耦合"一公里商家资源，搭建起一个以社区为中心的生活服务平台

1.1.4　物业管理信息化现状与发展趋势

1. 物业管理行业信息化发展阶段

我国物业管理行业信息化的发展阶段、发展特点、管理需求及信息化程度见表1-2。

物业管理行业信息化发展历程 表1-2

发展期	时间阶段	发展特点	管理需求	信息化程度
创立期	20世纪80年代初至20世纪90年代初	单一化、简单化	收费管理电算化、梳理和建立组织架构和业务流程	单一物业收费软件,简单物业办公软件
规范期	20世纪90年代初至20世纪90年代末	基础管理规范化、企业内部管控	规范内部管理,实施ISO 9000体系	财务管理、HR等项目型管理软件、小规模应用OA协同办公软件
品牌扩张期	2000年至2005年	贯彻以客户为中心的管理思想、市场化程度提高、企业规模扩大	集团管理模式、管理扁平化、信息传递快速化	集团型物业管理软件、集团型OA协同办公软件、呼叫中心、信息中心、数字化社区
创新期	2005年至今	新一代信息技术的快速发展,智能化系统的应用	突破行业盈利模式、业务流程重组、满足客户需求	集团型物业管理软件、集团型OA协同办公软件、社区服务网站与电子商务、ERP系统、CRM系统、社区O2O与智慧社区等

2. 我国物业管理行业信息化现状

物业管理行业是在结合我国国情和国外先进经验的基础上,逐步发展起来的,虽然平台较高但在管理和技术上与其他行业或国外相比,还有很大的差距。当前中国物业服务企业信息化管理与应用除存在企业信息化普遍存在的问题以外,还存在以下突出问题。

(1)总体水平较低

相对于其他行业而言,我国物业管理行业信息化建设总体水平较低、各地发展不均衡、应用层次低(业务层)、普及率低、投入低、信息化发展标准和规范不完善。

(2)管理与信息技术的结合不够

不少物业服务企业建立了ISO 9000质量管理体系,为每项业务制定了操作规范,但计算机业务处理系统或者不符合公司的管理模式,或者不能与实际操作流程配合,造成实际操作过程与信息系统脱节,业务处理系统成了记录静态内容的工具,不能很好地反映管理和服务状况。再如,管理处分布在各个地区,从管理角度来讲,随时掌握管理处的运作状况是一项非常关键的管理要求,但许多物业服务企业目前仍在使用比较传统的现场监督检查的方法,未能充分利用信息技术提高监控效率。

(3)网络架构不合理

一套能够真正反映管理个性化的物业管理信息系统,首先应该构建在一个包括良好的网络、数据库、程序语言和兼容操作系统的平台上,这是物业服务企业成功运用管理信息系统的前提。目前,许多物业服务企业由于网络架构的建立缺乏良好的规划,限制了物业服务企业未来业务的开展。

（4）缺乏深入沟通

物业管理信息系统一般是由物业服务企业提出工作流程，并对流程之间的关系进行识别，之后交软件开发商进行系统实现。为获得全面、有效的工作流程及其关联关系，通常都会有一个反复确认的过程，物业服务企业把软件开发商当作是自己的合作伙伴，通过合作方式共同完成物业管理信息系统的调整完善。但是，有些物业服务企业与软件开发商合作不够，造成对工作关联关系把握不到位的现象。

（5）后期维护与完善欠佳

对于物业管理信息系统而言，一般是通过自行开发、委托开发或购买商品化软件来实现的。其中最行之有效的、应用最为广泛的是购买成型商品化软件。但现在市场上的产品良莠不齐，软件开发商对于物业管理信息系统的开发往往当作工程而不是产品来做，容易造成软件投入使用后与实际工作难以协调的问题。对软件开发与使用缺乏配合，会直接导致信息化管理实施效果欠佳，进一步完善的后劲不足。

3．物业管理信息化的发展趋势

互联技术的迅速普及，为物业服务企业服务手段的信息化革新提供了技术支持。网络化、智能化管理服务已经成为当前和今后一段时间物业服务企业竞争制胜的关键筹码，并进一步成为物业服务企业的基本管理服务手段。如何借助先进的互联网技术提高管理服务水平，是当今物业管理迈进科学管理的新课题，对于推动物业管理工作的程序化、物业管理决策的科学化、物业管理服务的细节化意义重大。

（1）一体化解决方案将在大中型物业服务企业得到应用。一体化，指的是将企业管理功能、业务处理功能、信息门户等功能整合到一套解决方案中，并且实现数据共享。其具体的解决方案，将由一到多个软件产品组合而成，可能包括一系列成熟的、商品化的、可有效集成的软件产品相互配合，分别承担物业管理业务中的财务管理、收费管理、人力资源管理、设备资产台账管理、物流管理、停车场管理、BI商业智能等，也可能以OA协同办公管理软件作为结合点和信息总线。随着网络和通信技术的迅速发展，在数据库部署方案上将逐步向集中式或分层集中式转换，以提高大中型物业集团的上级监控能力。

（2）对物业行业多种经营的支持将成为物业管理信息化的重点。重视和开展社区多种经营，扩展增值收入渠道已经成为当前物业管理行业的发展趋势，更是出现了以"花样年"为代表的一批"以增值补物业"，向业主提供低物业管理费甚至零物业管理费的物业服务企业，成为业界的亮点。

要想从传统的"低收益微利行业"中走出来，将增值收入作为物业服务企业新的利润增长点，甚至成为物业服务企业收益的重要来源，如何为业主和住户提供规范、高效、贴心的服务、并在价格上取得优势成为物业服务企业必备的能力，而物业管理信息化手段将在规范物业服务知识传承、组织低价优质的货源、高效率调度企业人力资源并防止内部管理漏洞等方面为物业服务企业提供强有力的管理支持。

（3）与互联网的深入结合将最终改变物业管理行业的模式。互联网已经以无可阻挡之势进入了千家万户，无数商务活动在互联网上蓬勃开展，网络的方便和快捷让长尾效应得到了发挥的空间。与传统商务模式相比，网上电子商务有三大难题：信用、支付、物流，这是当前电子商务向家庭日常生活普及的主要阻碍。而物业服务企业在这三点上正好能发挥很大的作用：业主与物业服务企业之间的长期合作关系使得业主对于物业服务企业有一种普遍意义上的信任，因此物业服务企业可以作为网上电子商务经营商和业主之间的信用监管方（例如要求参与社区网上电子商务活动的商家都要先通过物业服务企业的评审并缴纳一定的信用保证金）；同样，物业服务企业也可以为业主提供信用和支付方面的支持（业主以房产为担保，可先消费甚至透支，后还款）；最后，作为人力密集型企业，物业服务企业可以用很少的代价为业主提供送货上门或上门收款服务，解决物流难题。

1.2 物业管理的数据、信息与知识

1.2.1 物业管理的数据

数据（Data）是指对客观事物的性质、状态及其相互关系的符号表示，是所有能输入到计算机中被程序处理的符号的总称。数据分为数值数据和非数值数据。数值数据是直接可以进行科学运算的数字或字母。非数值数据是指除数值以外的其他能被计算机处理的数据，其范围非常广泛。随着计算机技术的进步，可以处理的数据类型越来越多。小到一个数字、一个符号，大到一个声音文件、图形图像文件，都可以通过编码成为计算机处理的数据。

物业管理的数据是指对一系列物业管理活动或外部环境的客观事实的表示。物业管理数据包括结构性数据及非结构性数据，非结构性数据是以固定格式存在的数据，如传真文件、财务分析报表、员工训练手册、维修记录等；结构性数据是以电子格式存在的数据，如关系型数据库、数据仓储、电子文档等。

1.2.2 物业管理的信息

1. 信息的含义与特征

信息（Information）在不同的环境中有不同的解释。简单来说，信息是对于现实世界事物的存在方式或运动状态的综合反映。具体来说，信息是一种被加工为特定形式的数据，但这种数据形式对接收者来说是有意义的，而且对当前和将来的决策具有明显的或实际的价值。如中国物业管理协会《2015年全国物业管理行业发展报告》中指出，"截至2014年底，全国物业服务企业约10.5万家，较2012年调查的企业数量7.1万家增长了约48%"。

　　信息是客观世界各种事物的特征反应，而客观世界中任何事物都在不停地运动和变化，呈现出不同的特征，因此信息也具有不同的特征。

　　（1）可传输性。信息源于物质和能量，它不可能脱离物质而存在，信息的传递需要物质载体，信息的获取和传递要消耗能量。信息可以通过以下载体从信源到信宿进行传递，如电话、计算机网络、电台、电视、文字等。

　　（2）可存储性。信息可以存储在不同的介质中，以便于进行保存或传递，如磁盘、移动存储器、纸张等。

　　（3）价值性。信息是管理决策的依据，能够为企业带来经济或社会价值。

　　（4）共享性。通过信息在不同的部门、组织之间的传递、保存，可以实现信息的共享。

　　（5）可加工性。在信息的流通和使用过程中，经过综合分析和再加工，原始一次信息可以变成二次信息或三次信息，使原有的信息实现增值。

　　（6）时滞性。先有了事实，而后才有认识，才可能有信息。信息再快，也有滞后性。

　　（7）层次性。企业管理中的信息，可以根据管理层次的不同，划分为以下三个层次，如图1-1所示。

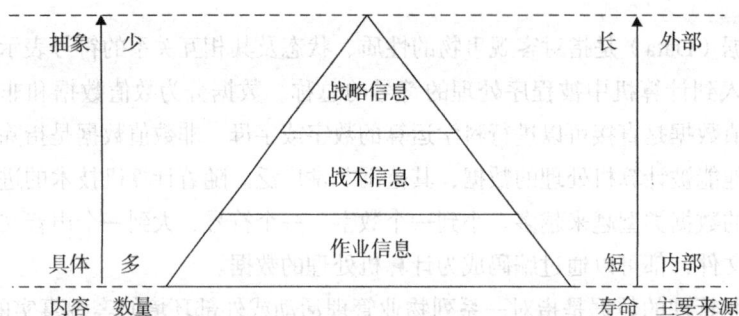

图1-1　信息的层次性

　　由图1-1可以看出，作业信息层、战术信息层和战略信息层的信息量由多变少、信息内容由具体逐渐抽象化、信息寿命逐渐变长、信息来源由主要来自企业内部转变为主要从企业外部获取。

　　2. 信息运动和信息循环

　　信源、信宿与载体构成了信息运动的三个要素。信息的发送者称为信源，信息的接收者称为信宿，传播信息的媒介称为载体，信源和信宿之间进行信息交换的途径与设备称为通道。

　　信息循环是信息运动的基本形式。这种形式，特别是信息反馈的存在，揭示了客观事物在相互作用中实现有目的运动的基本规律。正确地设置和利用信息反馈，可以使主体不断地调整自己的行动，更有效地接近和达到预定目标。

　　从信息的观点出发，我们把相互联系、相互作用的事物有目的的发展变化作为信息采集（获取）、传输、存储、加工、变换、输出的过程。任何事物的发展变化，既受其他事物的影响，又影响其他事物，也就是说，既接受来自其他事物的信息，又向其他事物发送信息。因此，信源和信宿是相对的。信息的循环运动如图1-2所示。

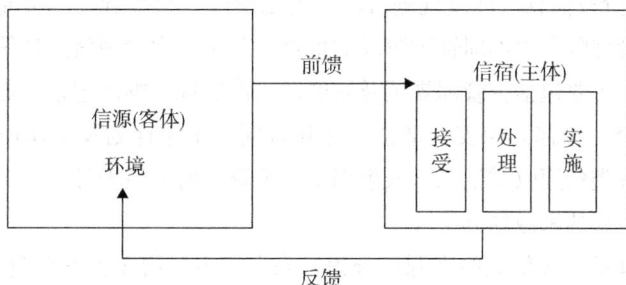

图1-2　信息的循环运动

3. 信息的度量

信息的度量可以用信息量来表示。信息量的大小取决于信息内容消除人们认识的不确定程度，消除的不确定程度大，则发出的信息量就大，消除的不确定程度小，则发出的信息量就小。如果事先就确切地知道消息的内容，那么消息中包含的信息量就为零。

信息论认为出现一个信号所取得的信息量与出现该信号的概率成反比。信息量的单位为比特（Bit，是二进制数字BinaryDigit的缩写）。一个比特的信息量是指含有两个独立均等概率状态的事件所具有的不确定性能被全部消除所需要的信息。在这种单位制下，信息量的定义公式可写成：

$$H(x) = -\sum P(X_i)\log_2 P(X_i) \quad i=1,2,3,\cdots,n$$

这里X_i代表第i个状态（总共有n个状态），$P(X_i)$代表出现第i个状态的概率，$H(x)$就是用以消除这个系统不确定性所需的信息量。

例如，硬币下落有正反两种状态，出现这两种状态的概率$P=1/2$，这时，

$$H(x) = -[P(X_1)\log_2 P(X_1) + P(X_2)\log_2 P(X_2)] = -(-0.5-0.5) = 1比特。$$

4. 物业管理信息的含义与分类

物业管理信息泛指任何经过电子或机械管道传递的事物，其定义已延伸到泛指任何传达出的讯息，不论此讯息是否对接收者有意义。如，物业服务企业员工的平均素质，可以由员工的年龄、学历、专长等数据大致分析出来；物业管理行业现状可以通过企业数量、管理规模、经营收入、从业人员数量等统计数据分析出来，所得到的信息可以作为政府决策或企业决策的参考。

物业管理的信息有多种分类方法。

（1）按信息的表现形式划分

1）管理类信息。包括文字信息、数字信息，是指各种物业费用的收取标准、住房信息、库房库存信息、维修记录、业主信息等。这些信息来源于物业管理相关部门，或者是在物业管理日常服务中产生的。

2）空间信息。包括地形测绘图、规划图、设计图、施工图、结构图及竣工

图等。如住宅小区的构筑物、道路、绿地、水域、活动场地、车棚、车位等设计图，给水管线图、污水管线图、煤气管线图、电力管线图、通信电缆图等地下综合管线图。

3）管理阶段信息。涉及规划阶段、施工阶段、验收阶段、招商阶段、入伙阶段、日常管理阶段等不同管理阶段的信息。其中日常管理信息是信息管理的重要内容之一，主要包括：管理规范及制度，法律法规，维修记录，业主、用户变更记录，装修、维修、保安、清洁、绿化合同，工作计划及工作记录，用户需求、投诉，各类费用收缴记录，人事档案，工资、财务报表等。

（2）按信息的来源划分

物业管理信息按信息的来源可分为：来自业主、物业服务企业、政府部门、承租户和其他相关企业的信息。

1.2.3 物业管理的知识

1. 知识的含义

知识的定义多种多样，在不同的领域，有不同的定义。Nonaka,I and H.Takeuchi（1995）认为知识是一种辨证的信念，可增加个体产生有效行动的能力。Davenport&Prusak（1998）从组织的观点认为知识是一种流动性质的综合体，它包括结构化的经验、价值及经过文字化的信息，同时也包括专家独特的见解，为新经验的评估、整合与信息提供架构。具体来说，专业人员将公司目前在各方面所得出来的各项统计信息加以分析，并依据本身经验、判断法则做出公司未来的运营走向，此过程所作的判断是经由时间的验证，经验法则才慢慢一点一点归纳出来，此种决策的智慧便是知识。

1995年哈佛大学管理学院的巴顿（Leonard-Barton）对知识做了更详细的阐述，它以知识基础的观点定义了企业的核心能力，并将这些核心能力分为四个知识层面，分别是：

（1）员工的知识与技能。包括科学知识、产业特有的知识及公司专属知识。

（2）技术系统。代表了许多工作上可使用的信息与程序，可能包含软件、硬件与仪器，主要是由过去许多组织成员的知识，所逐渐累积编纂而成的。

（3）管理系统。组织化的日常资源累积与调度管理，这些管理系统创造了知识取得和流通的管道。

（4）价值观和规范。根植于公司对人性的假设，以及创始人的价值观。价值观和规范决定员工应追求和培育何种知识，以及何种知识创造的活动可被容许和鼓励。

2. 知识的特征

（1）相对正确性。知识是人类对客观世界认识的结晶，受到长期实践的检验。因此，在一定条件和环境下，知识一般是正确的。但人类对自然、社会、思维规律的认识必然有一个过程，在一段时间内认为正确的东西，经过变革，可能发生变化。比如牛顿的经典力学理论，开辟了物理学的牛顿时代，但是随着实践的不断深入，人们发现牛顿力学不适用于高速运动的物体和微观条件下的物体。由此，爱因斯坦建立了相对论，并提出了光量子理论。所以，"一定条件和环境"是必不可少的，它是知识正确性的前提。

（2）不确定性。知识是相关信息关联在一起形成的信息结构。"信息"与"关联"是构成知识的两个要素。在复杂的现实世界中，这两个要素可能是精确的、确定的，也可能是模糊的、不确定的，因此知识就不是只有"真"与"假"两种状态，而是在"真"与"假"之间存在许多中间状态，也就是说，知识存在"真"的程度问题，即存在"真"的不确定性问题。

（3）依附性。知识与信息一样也依附于适当的形式表示，这种表示的形式称为载体。知识必须依附载体而存在，离开载体的知识是没有的，随着载体的消失，知识也随之消失。

（4）共享性。知识可在使用过程中反复重用，也可为人类共享。但为了鼓励知识创新，最新的技术知识受到知识产权法的保护，使用者只有支付了一定费用，才能获得这种知识的使用权。

3．知识的分类

知识按作用范围不同可分为常识性知识和领域性知识。常识性知识是人们普遍知道的知识，适用于所有领域。领域性知识是面向某个具体领域的专业性知识，只有该领域的专业人员才能掌握并用来求解领域内的有关问题。

知识按作用和表示可分为事实性知识、过程性知识和控制性知识。事实性知识提供概念和事实，描述系统状态、环境、条件和事物的属性等，使人们知道是什么。如"青蛙是动物"即为事实性知识。过程性知识主要指与领域有关的知识，提供有关状态的变化、问题求解过程的操作、演算和动作的知识，用于指出如何处理相关信息以求得问题的解，由领域内的规则、定律、定理和经验构成。控制性知识，又称为深层知识或者元知识，是关于如何运用已有知识进行问题求解的知识，常用来协调整个问题求解的过程，故又称为"关于知识的知识"。

另外，知识按确定性不同可分为确定性知识和不确定性知识；按结构及表现形式不同可分为逻辑性知识和形象性知识；按能否清晰地表述和有效的转移，可以分为显性知识和隐性知识。

4．物业管理知识的含义与分类

物业管理知识是指对于物业管理的数据与信息的分析、评断与整理，借以主动引发物业管理绩效的产生、物业管理问题的解决或物业管理决策支持等。它包括结构化的物业管理经验、物业管理价值及经过文字化的物业管理信息，同时也包括专家独特的见解等。物业管理的知识为物业管理方案的优化、物业管理资源的整合、物业服务企业管理效率的提高等提供支持。

物业管理的知识可以分为显性知识和隐性知识。显性知识主要指管理质量手册、ISO文件、操作章程、物业设施设备使用说明等明文信息。显性知识主要体现在企业的文件、资料、说明书以及报告中，其数量像露出水面的冰山尖端；隐性知识很难用语言或书面材料进行准确描述，但数量却似隐藏在水中巨大的冰山底部，如业务人员的业务网络、关系群、需求偏好、物业管理的危机处理经验、项目开发与经营经验、会议接待经验、礼仪安排经验等。隐性知识是物业服务企业的智力资本，是稳定与提高企业经营效益的关键，也是物业服务企业进行知识发现和知识管理的重点。

1.2.4　物业管理数据、信息与知识的关系

数据是信息的符号表示或载体，其本身并不具关联性与目标。信息则是数据的内涵，是对数据的语义解释，是包括关联性与目标性的数据。如"截至2014年底，全国物业服务企业约10.5万家，较2012年调查的企业数量7.1万家增长了约48%"中的数据"10.5万家""48%"等被赋予了特定的语义，它们就具有了传递信息的功能。数据要变成信息需要进行一系列的活动，我们把这些活动叫作数据处理。数据处理是将数据转换成信息的过程，包括对数据的收集、存储、加工、检索、传输等一系列活动。其目的是从大量的原始数据中抽取和推导出有价值的信息，作为决策的依据。

数据是原料，是输入，而信息是产出，是输出结果。"信息处理"的真正含义是为了产生信息而处理数据。信息与数据的关系如图1-3所示。

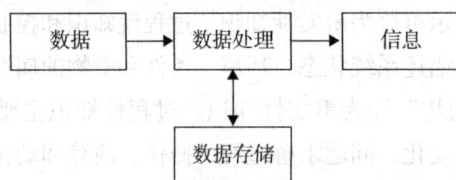

图1-3　信息和数据

知识是对信息的加工和运用能力，是一种流动性质的综合体，包括结构化的经验、价值以及经过文字化的信息。在组织中，知识不仅存在于文件与储存系统中，也蕴含在日常例行工作、过程、执行与规范中。信息与知识的关系就好比碳、水同人的关系，信息就是碳、水，而知识就是将他们结合起来所构成的。这样，数据、信息、知识就构成了一种层级关系，如图1-4所示。

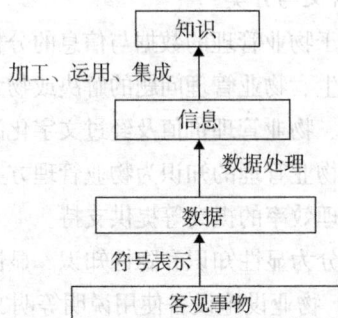

图1-4　数据、信息与知识的层级关系

物业管理数据必须要经过有效的处理才可以变成物业管理信息，物业管理信息要经过专家的获取和创造才有机会变成物业管理知识。这种物业管理知识的获得一般要经过专家支持系统、决策支持系统、知识管理系统等手段转化而来。物业管理数据、信息与知识三者关系如图1-5所示。

图1-5 物业管理数据、信息与知识的关系

1.3 物业服务企业的信息流动

不同的企业有不同的目的，其管理活动的内容和方式也各不相同，但归纳起来一个企业可以看成是由下列各种流和一系列处理过程组成的：物流、资金流、信息流、工作流、服务流贯穿于企业生产经营活动的全过程；生产经营活动可分为生产活动和管理活动，管理活动伴随和围绕着生产活动，执行决策、计划和调节功能，保证生产活动的顺利进行。物业管理行业是第三产业，物业服务企业就是通过为业主提供优质的服务从而实现企业盈利的目的，因此，服务流在物业管理中起着重要的作用。

1.3.1 物流

1. 物流的定义与分类

物流是指由原材料等资源的输入到变为成品而输出的过程中，在系统内进行形态的（物理的）、性质的（生物的、化学的）变化运动过程。

企业物流包括企业内部的物流和企业外部的物流活动。按物流过程，可分为供应物流、生产物流和销售物流。供应物流即企业组织物料供应而进行的物流活动；生产物流是生产流程的要求，组织和安排生产物料在生产环节之间进行的内部物流；销售物流是实现产品销售，组织产品送达用户和市场经销网点的外部物流。物流虽然只是商品交易的一个组成部分，但却是商品和服务价值的最终体现。

2. 生产加工型企业的物流

物流是单向的，整个过程是不可逆的。物流使生产、采购、销售各环节相互联系，形成了生产型企业的统一生产销售系统，且贯穿于企业始终。生产、加工型企业是否有生机，主要看物流是否通顺，图1-6是生产加工型企业的物流与信息流示意图。

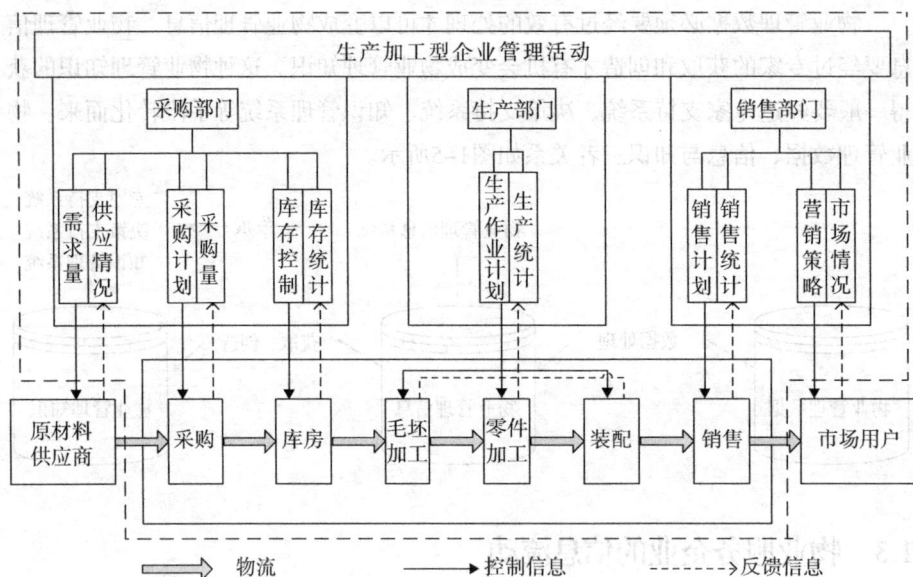

图1-6 生产加工型企业物流与信息流示意图

（1）从生产物流环节来看

生产加工型企业的生产物流需要经过毛坯加工、零件加工、装配等生产工艺环节。这种物流活动是与整个生产工艺过程相伴相生的，实际上已构成了生产工艺过程的一部分。企业生产过程的物流大体为：原材料从企业库房开始，进入到生产线的开始端，再进一步随生产加工过程一个一个环节地流，在流的过程中，本身被加工，物的形态发生变化，直到生产加工终结，经过装配后再流至产成品仓库，便终结了企业生产物流过程。

过去，人们在研究生产活动时，主要注重一个一个的生产加工过程，而忽视了将每一个生产加工过程串在一起，使得一个生产周期内，物流活动所用的时间远多于实际加工的时间。现代物流利用信息系统，制订统一的生产作业计划把生产物流的各个环节有机地协调起来，并随时监测生产过程中原材料的耗费情况和产成品的生产情况，及时通知采购部门进货和销售部门销售，从而大大缩减了生产周期，节约了劳动力成本。

（2）从供应物流环节来看

企业的供应物流包括采购和库房两个环节。为满足生产物流的需要，采购部门根据原材料市场的供应情况和企业的库存水平，制订采购计划向外部供应商进行采购活动，并实时统计企业的库存水平以保持在一个合理的限度。这种物流活动对企业生产的正常、高效进行起着重要作用。企业增强竞争力的关键在于：构建有效的供应网络、供应方式，很好地解决库存问题，保持库存的合理水平，甚至实现零库存的理想目标等。

（3）从销售物流环节来看

企业的销售物流包括包装、配货、送货、支付和售后等一系列环节。企业为了保证自身的经营效益，最终实现物流的增值，需要不断伴随销售活动，将产品所有权转给用户。在现代社会中，市场是一个完全的买方市场，因此，销售物流活动便带有极强的服务性，销售部门需要根据买方市场用户的需求特点制定详细的销售计划和销售策略，满足买方的需求，最终实现销售。

（4）从市场主体来看

企业在原材料市场和消费者市场中角色互易。在原材料市场中，企业是原材料的购买者，是买方；在消费者市场中，企业是产品的供应者，是卖方。负责与原材料市场和消费者市场沟通的分别是企业的采购部门和销售部门。因此，企业一方面要在内部协调好产供销的关系，以及采购部门、生产部门与销售部门的关系，防止产供销的脱节，另一方面要对供应市场和消费市场的变化具有敏捷的反应能力，提高在两个市场中的讨价还价能力，并根据消费者市场的变化合理地决定企业的原材料采购量、库存水平和产品的生产量，以销定产，以销定买，从而在角色转化中，实现企业的经济利益的最大化。

（5）从企业内部的管理活动来看

采购活动是物流的起点，销售活动包括配送和售后活动是物流的终点，是企业生产成果和价值的最终体现，生产活动是物流的增值环节，三者相互依赖，缺一不可。生产加工型企业只有理顺了三者的关系，构筑一体化的产供销体系和物流体系，保证在最低的存货条件下，物料畅通地买进、运入、加工、运出并交付到客户手中，才能获取最大化的企业收益。

随着知识经济时代的到来，经济全球化、市场一体化的趋势日益加强。面对变化反复无常、竞争日趋激烈的市场环境以及顾客需要多样化与个性化、消费水平不断提高的市场需求，企业必须从战略层次上来管理物流，建立物流管理信息系统，利用信息技术来提高物流的效率，降低库存水平。当前发展迅速的管理信息手段是物流的供应链管理（SCM）。供应链管理更强调供应链整体的集成与协调，要求各成员企业围绕物流、信息流和资金流进行信息共享与经营协调，实现柔性的、稳定的供需关系。

3. 物业服务企业的物流

对物业服务企业而言，最主要的是把采购、库存、配送、销售、业主等环节联系起来，形成物业服务企业的物流管理系统，如图1-7所示。

业主通过物业电子商务网站（没有建立电子商务网站的企业可以通过电话、传真等形式）提出商品信息需求，物资信息管理系统管理用户需求信息，并通过采购管理向供应商采购商品，商品经过库存管理、配送管理环节，送到物业业主手中。从图1-7可以看出，物流是单向的，不可逆的。

物业服务企业运用物流概念，实行物料配送信息网络化——建立虚拟仓库，是市场竞争条件下，提高物业服务企业组织化程度、实现集团化经营、优化资源配置、创造规模效益的有效形式，物业服务企业应该重视和大力推进。物业服务企业物流配送过程如图1-8所示。

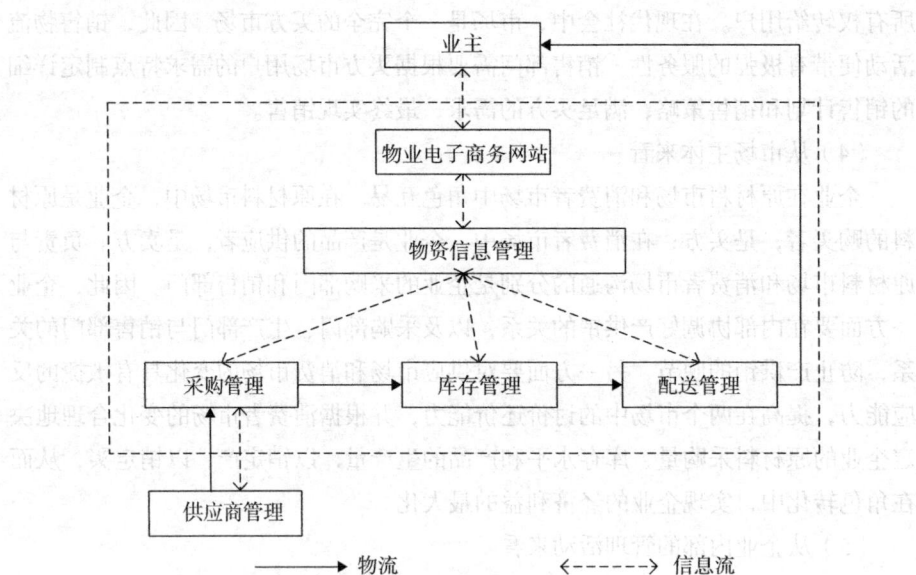

图1-7 物业服务企业物流示意图

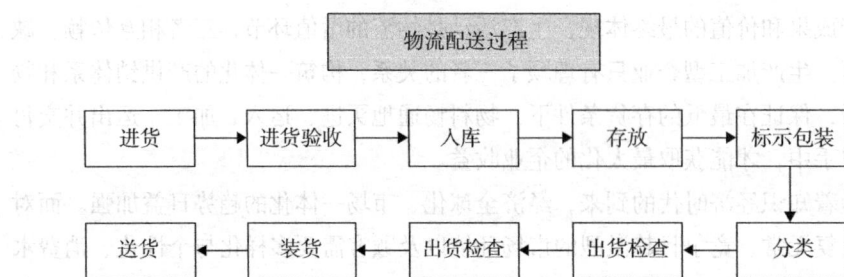

图1-8 物业服务企业物流配送过程

不同模式的配送中心作业内容有所不同，一般来说配送中心执行如下作业流程：进货—进货验收—入库—存放—标示包装—分类—出货检查—装货—送货。这些流程总结起来主要有进货入库作业管理、在库保管作业管理、加工作业管理、出货作业管理和配货作业管理。

1.3.2 资金流

资金流主要指资金的转移过程，它包括付款、收款、核算、转账、结算、资产管理、工资、兑换等过程。目前已经有了十分完整的会计核算体系、财务管理方法和财务分析方法。这些管理方法已十分成熟，是我们在物业信息化建设中必须遵循的，如图1-9所示。

资金流应从以下几个方面进行考虑：

（1）成本驱动。在企业管理中，始终以财务模式控制为主。如和物流之间的关系，物流在流动的过程中价值是在不断变化的，它遵循这样一个规则：价值=数量×市场价格。每一个环节都是如此。

反之，我们在每一个环节都需要付出代价，这个代价体现在它的成本上，价值-成本=增值。在物流的每一个环节上，都存在这样的规律，这就是建立在物

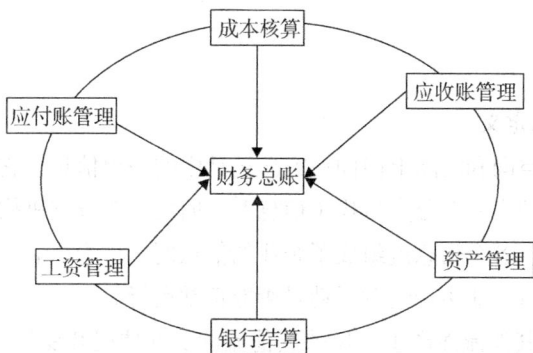

图1-9 资金在物业服务企业中的流动

流之上的价值链。这个价值链反映了企业生产经营活动过程中的一个增值的过程。要反映这个价值链必须使财务信息源渗透到物流的每一个环节中去，使财务管理能够准确、全面和及时地反映数据背后的经济活动，并能够及时、有效地加以控制，利用财务资金驱动事务处理。

（2）会计制度。会计制度中会计信息是按照科目来进行归结的。这是一种层次性的归结方式，这种方法无疑是科学、合理的，也可以在不改变按会计科目记账的同时，增加其他方式的归结，使管理活动更加灵活，如按任务进行归结等。当有了这些分类手段后，财务分析就十分方便和灵活了。

（3）财务数据。财务数据对企业运行状况的反映是滞后的，它的反映周期为月和年。而企业要求实时地反应企业营运状况，只有实时地反映企业营运状况，才能正确地经营决策，合理地组织生产，有效地控制成本。在企业信息系统中财务数据对企业运行状况的反映应该具体到点的管理。

图1-10是某小区物业服务收费资金流。小区资金流分成四个部分，包括已付物业管理费、应付物业管理费、其他应付款项、预付款；每个小区都有物业收费系统，通过小区物业收费系统实现业主和特约服务费用的收缴；物业管理信息系统包括一个财务管理子系统模块，以实现各个小区物业费用的管理和统计，并形成财务报表，供领导进行财务查询和管理决策；另一方面财务管理子系统也负责工资支付等资金支出活动。

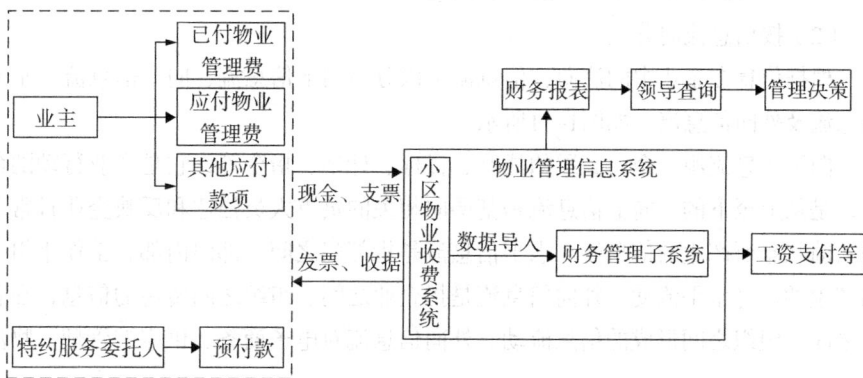

图1-10 某小区物业服务收费资金流

1.3.3 信息流

1. 信息流的定义

信息流是在空间和时间上向同一方向运动中的一组信息，它有共同的信息源和信息接收者，即由一个分支机构（信息源）向另一个分支机构（地址）传递的全部信息的集合。各个信息流组成了企业的信息网，称为企业的神经系统。信息流畅与否，决定着企业生产经营活动是否能正常运行。

信息流伴随其他流而产生，反映其他流的实际情况和变化的信息流动过程。管理者就是通过信息流来控制其他流的变化的，如各种进货单、下货单、发票、收据、检验记录及各类报表等。信息流具有双向的、可逆的特点。

2. 信息流的分类

（1）按流动边界分类

企业中的信息流按其流动边界可分为内部信息流和外部信息流。企业内部各部门、各员工之间的信息流动是内部信息流动。企业与宏观环境各政府机构、各行业、与本企业有业务往来的其他企业或个体之间密切而频繁的信息互换形成企业外部信息流。企业通过各种方法收集外部信息，包括市场信息、政策信息、需求信息等，然后加以分析、归纳、整理，从而制定自己的整体战略。企业商务过程的完成事实上也是一个企业与其他企业或个体之间不断交换信息，最终达成交易的过程。其中，交易各方之间的信息流是否顺畅，影响着整个交易过程的效率，决定着商务活动的成败。

物业服务企业外部信息流是指物业服务企业与业主之间的信息传递，物业服务企业与开发商、设备供应商、服务供应商之间的信息传递以及物业服务企业与政府物业主管部门、园林部门、水电部门等政府部门之间的信息传递。其中，最主要的还是物业服务企业与其顾客–业主之间的沟通。

信息对企业作用的前提是必须为企业所捕获。换言之，信息要对企业产生作用必须首先进入企业内部信息流。如果企业内部信息流不顺畅，信息在流动过程中出现滞塞，信息的效用及价值自然无法完整地实现。可见，内部信息流是决定企业生产经营活动结果和效率的重要因素。

（2）按信息流向分类

根据信息在企业中的流向，信息流可以分为向下信息流、向上信息流、水平信息流及外向信息流，如图1-11所示。

向下信息流源于企业高层的战略、目标、计划、指令等，它是企业行动的命令，是从上至下的。向上信息流是基层向相关的负责人员描述和反映企业日常事务当前状态所产生的信息流。水平信息流是指部门之间、部门内部、工作小组之间产生的信息水平流动。外向信息流是指企业之间、组织之间传递的信息，在企业之间、组织之间形成的信息流动。外向信息流对电子商务、供应链管理、物流

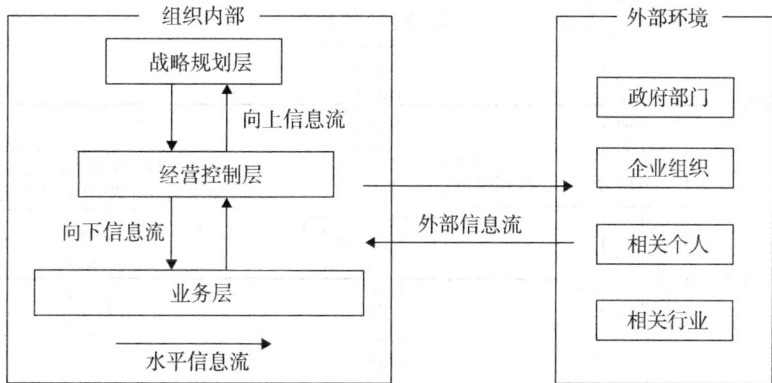

图1-11 企业信息流

运作管理有很大的影响。

3．企业各层次的信息流

（1）信息结构

企业在决定使用信息技术提高经营水平时需要对企业内部的信息构建一个总体的结构，这种结构应该是三个层次的保证：

1）战略规划信息的有效分解，它是确定企业的经营目标和策略，为企业长远发展做出的规划。

2）经营控制信息的有效执行，它是对战略规划信息的进一步具体细化，是企业不偏离战略规划的保障。

3）业务运作信息的有效收集。它是对企业业务经营全过程的反映，它将分散在各个领域、各个部门的系统的重要信息资源以客户为中心进行信息的再整合，以达到信息的完备性。

信息结构的要求如图1-12所示。

信息的连接是指对企业业务运作过程中的数据要具有采集能力，要完整、准确和及时地反映企业业务数据的变化和运动，使变化的信息能及时地在信息框架中反映出来。

信息的共享是使业务发生强相关性，使市场、销售、流通及制造环节中的物料控制、计划、成本控制之间的业务流程发生紧密的互动关系，并识别、评估、设定交易关系。

信息的构建是根据企业的战略规划，制定各项企业的业务指标，以指导企业业务的操作，并据此整合信息。

信息的分析是指对企业的业务数据进行挖掘、分析、提炼，为企业决策者提供有价值的决策参考。

企业的信息结构应是全方位的

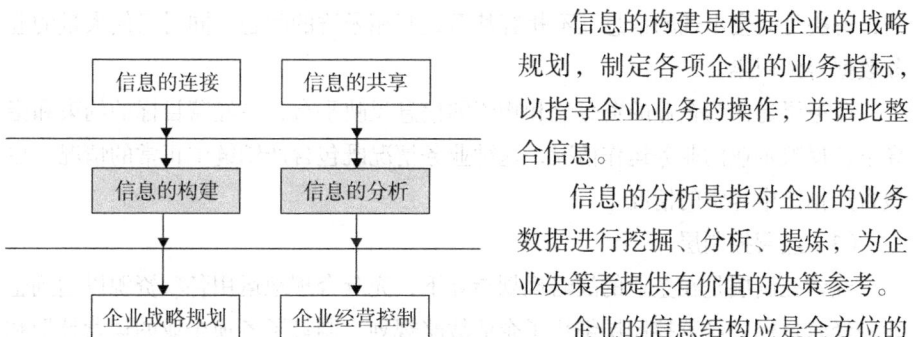

图1-12 信息结构的要求

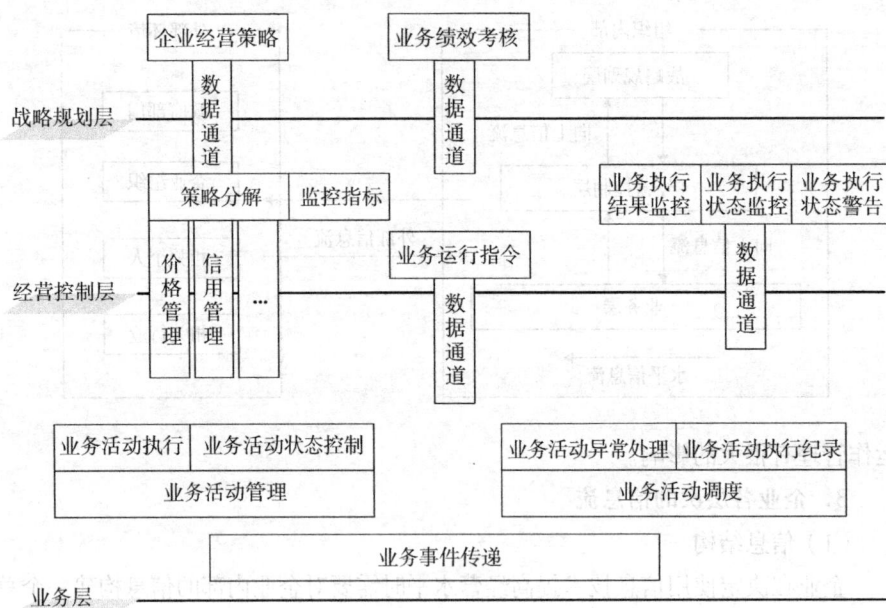

図1-13　企业各层次的信息结构

对企业业务的反映，这种业务反映不只包含业务记录，还应包含业务的整合、团队的协作、对环境的感知和适应性。企业各层次的信息结构，如图1-13所示。

（2）业务层的信息流

业务层将企业中的相关业务过程连接起来，以支持它们之间的信息流动和信息共享，这种流动和共享是通过三条主线实现的：

1）从产品设计到工程投产的全过程；

2）从按订单制定详细进度到送货的全过程；

3）从原材料到最终产品送到用户手中的物质转化和物流任务的全过程。

这三条主线清晰地表示了企业业务活动的过程，并很好地展示了信息在业务活动之间的流动，显示了控制这些流动的逻辑。信息清晰的流通首先要保证企业的各项业务活动的目标是一致的、业务活动是按一定规程被有效衔接的，并可被透明地管理，要有效地屏蔽分布在各个经营领域中的各个业务活动之间的障碍，实现业务活动上的协同工作和相互对话。只有这样才能使经营领域的信息流动顺畅，解决可能会出现的信息互不相容甚至是互相矛盾的问题，同时又使大量的业务数据得到积累。

业务层是作为企业的资金流和物流的信息反映平台，在经营目标的约束和指导下，反映企业的业务运作情况，这种业务情况既包含产销链中正常的情况，也包含产销链中异常的情况。

（3）经营控制层

经营控制层是在企业的战略规划指导下，充分合理地运用各项资源以达到企业的经营目标。经营控制层细化了企业战略规划，制订了各项企业的运营计划和业务规程，使企业的业务达到：

1）按照既定的计划和业务规程管理和监督业务的运行。

2）及时发现业务瓶颈，并进行有效疏导或改善业务流程。

3）使企业的业务处于完整的监控中，便于企业发现问题根源，采取解决措施。

4）避免传统处理方式中的随意性造成业务流程混乱。

5）增强业务各环节的协作能力，使业务运作更加顺畅。

6）有利于业务的评估和业绩考核。

经营规划层有两个重要的功能，一个是监控，另一个是模拟，如图1-14所示。

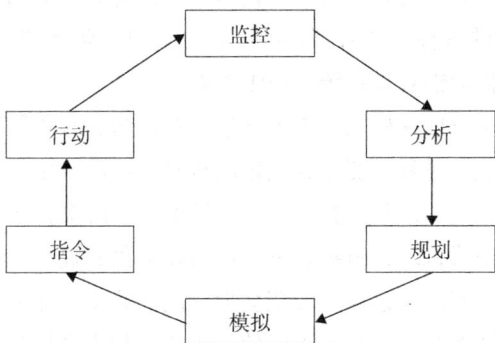

图1-14　经营控制层的信息流动

监控的目的是通过观察运行业务的状态，以发现没有价值的业务活动、费用，展现业务活动中存在的效率、质量和时间问题，使管理层了解企业的业务"问题出现在哪"。

模拟的目的是确保可以引导用户进行假设分析和建立未来业务的模型。模拟有两个作用：一是对企业的各项业务活动进行分析并发现问题，针对发现的问题设计行动方案，对行动方案采取"如果会这样"的模拟用来评价，最后选定行动方案，发出行动指令；二是预计未来的发展趋势、可能出现的资源瓶颈。

（4）战略规划层

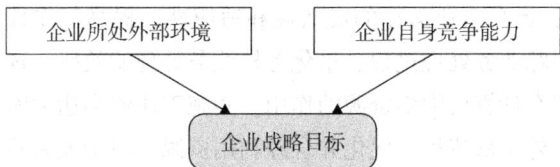

图1-15　战略规划层的信息流

战略规划层是企业的决策者根据当今急剧变化的商业环境和企业自身的竞争能力所做出的关于企业发展的战略目标的反映，如图1-15所示。

1.3.4　工作流

1．工作流的定义

工作流是针对工作中具有固定程序的常规活动而提出的一个概念。通过将工作活动分解定义成良好的任务、角色、规则和过程来执行和监控，达到提高生产组织水平和工作效率的目的。简单地说，工作流就是一系列相互衔接、自动进行的业务活动或任务。一个工作流包括一组任务（或活动）及它们的相互顺序关系，还包括流程及任务（或活动）的启动和终止条件，以及对每个任务（或活动）的描述。

工作流技术是实现企业业务过程建模、仿真分析、优化、管理与集成，最终实现业务过程的自动化的核心技术。企业利用工作流方法进行业务过程的建模和深入分析不仅可以规范企业的业务流程，发现业务流程中不合理的环节，而且可以对企业的业务过程进行优化重组。业务过程模型本身就是企业非常重要的知识库和规则库，可作为指导企业实施计算机管理信息系统的模型。在深入分析企业需求的基础上建立的企业业务模型，可以在最大程度上提高企业实施ERP或者其他管理信息系统的成功率。

工作流管理技术作为一种过程建模和过程管理的核心技术，可以与其他应用系统有效地结合，生成符合企业需求的各种业务管理系统，如办公自动化系统、项目管理软件、客户关系管理系统、供应链管理系统、ERP系统等。

工作流在大多数实际应用中的情况可以这样来简单地描述：在网络、服务器和多台计算机客户端的硬件平台上，业务过程按照预先设定的规则并借助应用程序和人对相关数据的处理而完成。例如，在日常办公中，当撰写好某份报告之后，可能需要将其提交给领导进行审阅或批示；审批意见可能需要汇集并提交给另外一个人，以便对报告进行进一步的修改。这样，可能会形成同一篇文档在多个人之间的顺序或同时传递。对于这样的情况，我们可以使用工作流技术来控制和管理文档在各个计算机之间进行自动传递，而非手工传递。这个过程就可以称为工作流。

类似的关于文档的自动化处理只是工作流技术的一种简单应用。事实上，工作流技术在现实生活中能够完成更多更复杂的任务。如企业（或机构）内部的各种数据或信息的自动处理，多种业务流程的整合，企业（或机构）之间的数据交换，借助Internet技术实现跨地域的数据传输和处理等。

物业服务企业实施工作流管理所带来的好处是非常明显的，这包括提高企业运营效率、改善企业资源利用、提高企业运作的灵活性和适应性、提高工作效率、集中精力处理核心业务、跟踪业务处理过程、量化考核业务处理的效率、减少浪费、增加利润、充分发挥现有计算机网络资源的作用。实施工作流会达到缩短企业运营周期、改善企业内（外）部流程、优化并合理利用资源、减少人为差错和延误，提高劳动生产率等目的。

2. 物业服务企业工作流举例

物业服务企业工作流反映了物业服务企业多个参与者之间按照某种预定义的规则传递文档、信息或任务的过程。图1-16是物业服务企业收费管理业务工作流。

物业服务企业向业主收取各种费用的活动涉及业主、财务部门、企业高层领导、银行、税务、供电部门和暖气公司等，这些主体之间需要进行文档、信息资料的传递。物业服务企业收费管理业务工作流包括以下工作：

1）初始设置：收费参数设置、项目标准定义、收费标准选用等。

2）输入数据：输入各费用的原始数据。

3）外部数据导入：可接收自动抄表系统转来的数据。

4）费用计算：根据费用的原始读数或计算公式计算出费用金额，包括收费参数传递、收费金额计算、收费数据校准、滞纳金校准。

5）预交管理：对客户预交款进行管理，包括：预交方案管理、预交收款、预交自动冲抵、预交使用查询、预交凭证管理。

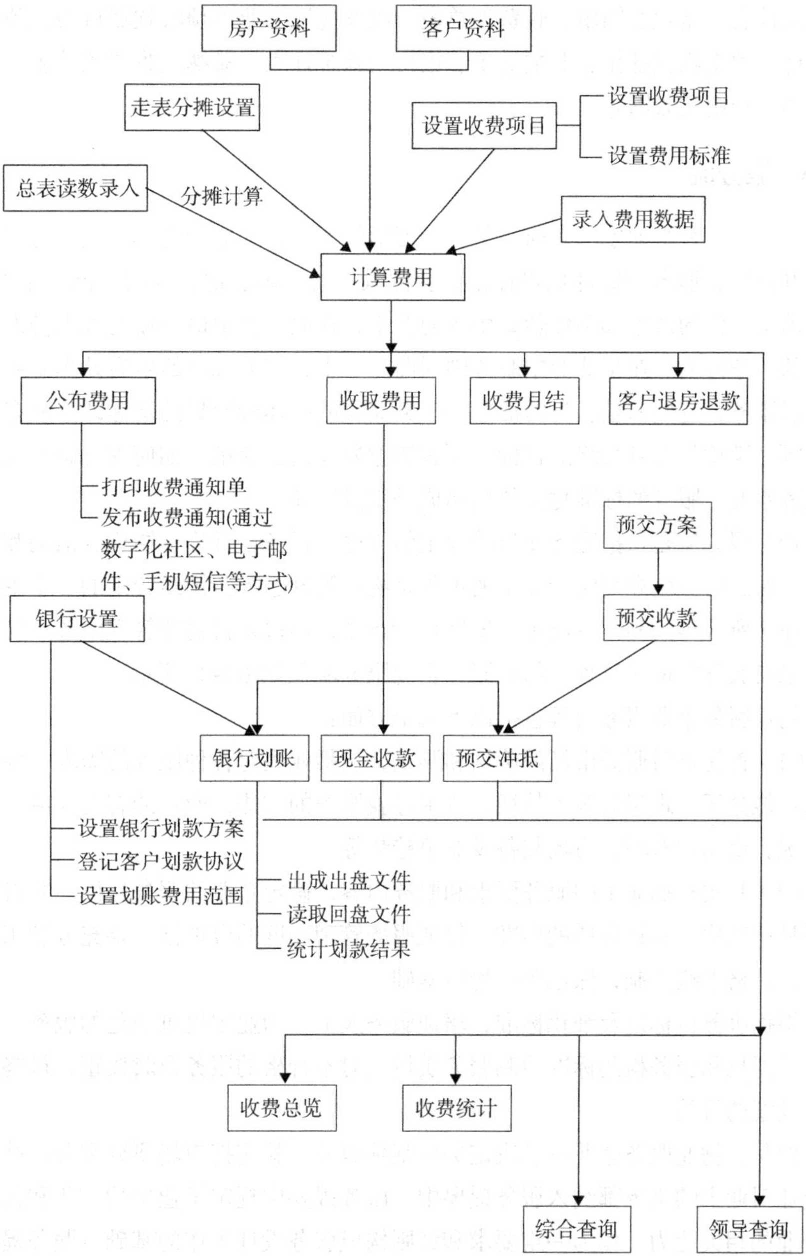

图1-16 物业服务企业收费管理工作流

6）收费登记：登记交费金额、交费时间、交款人等，并进行全部收款、部分收款、费用调整、本月备注、预交的查询等。

7）银行划款：通过银行账号直接收取费用，包括划款方案设定、划款协议录入、银行划款操作。

8）收费报表打印：打印各种费用报表等。

9）收费管理输出以下报表：

业主标准收费通知单、水表读数清单、电表读数清单、费用清单、费用减免表、欠收客户清单、已交客户清单、走表读数复核清单、日收款统计表、月收款详细统计表、缴款通知单、收费汇总表、收款凭证、业主预收款账目表、预交收款凭证、预交收款抵扣、业主清单、银行划款统计表、滞纳金收取统计表、费用分布图、费用实收图等。

1.3.5 服务流

服务是一种很抽象的东西，是一个无形的产品，附加于商品之上，与消费行为一并产生，服务的好坏极难评估，会因人、时、事、地、物的不同产生差异。任何消费行为的产生都会伴随着服务的发生，在服务业中最直接的表现是人和人之间的服务行为，在制造业中服务则因商品产生，如瑕疵品的事后处理服务、产品售后服务，这些都是服务的形态。服务品质的好坏最明显的指标即为顾客满意度，顾客满意是服务最终的目标，顾客满意要如何去衡量、如何提升企业或商品的服务水准、服务的标准化要如何达成是重点所在。

物业服务流是指把服务交付给业主的程序、任务、日程、结构、活动和日常工作。服务的产生和交付给业主的过程是物业管理服务营销组合中的一个主要因素。业主所获得的利益或满足，即客户满意度，不仅来自物业管理服务本身，同时也来自服务的递送过程。物业服务企业服务流程如图1-17所示。

物业服务企业服务流程包括以下几个方面：

（1）首先是对服务市场的确认和测量，包括业主对各种服务的需求，各种服务的功能分析，理想的服务特征，业主寻找服务的方法，业主的态度与活动，竞争状况，市场占有率，市场装备及竞争趋势等。

（2）其次根据业主的服务要求和服务内容，确定企业的服务目标。并将服务目标具体细化，制订合适的标准，保证服务管理制度的合理性。要充分利用外部资源，严格采购控制，保证服务物质基础。

根据服务目标以及细化标准，培训服务人员，为业主提供规范的服务。根据业主的意见和服务检测标准检测服务质量，对不合格的服务及时校正，最终达到业主满意的目的。

但是，物业服务企业一旦决定提供某项服务，就应把市场研究和分析结果以及企业对业主的义务都纳入服务提要中。服务提要中规定了业主的需要和物业服务企业的相关能力，作为一组要求和细则构成服务设计工作的基础。服务提要中

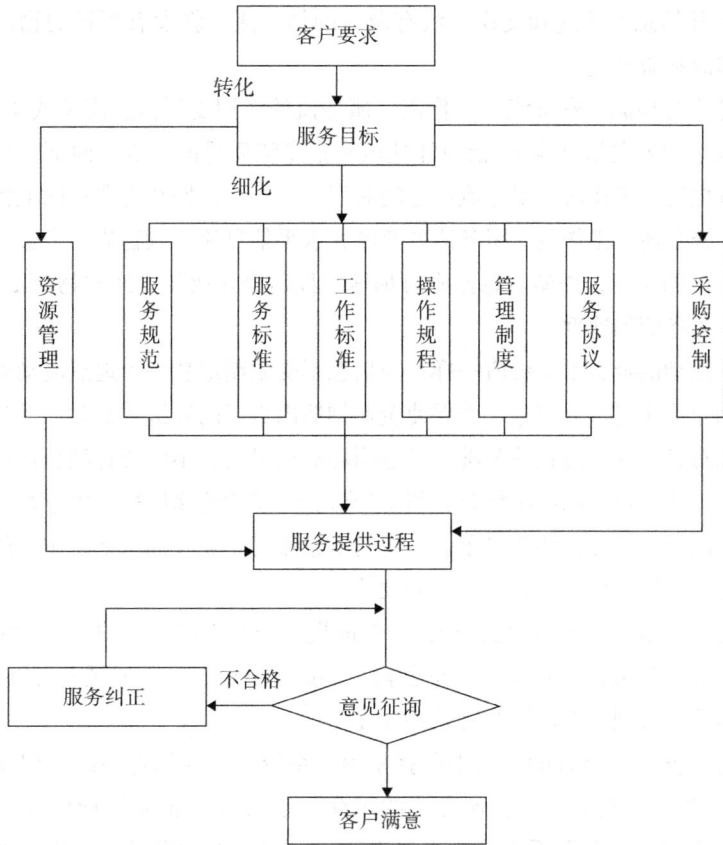

图1-17 物业服
务企业服务流程图

应明确包含安全方面的措施、潜在的责任以及使业主和环境风险最小化的适当方法。

（3）物业管理服务的最终目的是要达到四个满意的目标：业主满意、员工目标、投资者满意和社会满意。业主满意是物业服务企业的首要目标。业主的需求是个性化的，物业服务企业首先要了解业主的多样化需求，并将其融入物业管理的流程。通过企业的物流、服务流、信息流，生成服务产品，满足业主需求。

（4）物业服务企业流程改造就是要使每一个部门、员工都要面对市场，面对顾客，将自己的行动融入企业的活动中。同时变职能为流程，打破物业服务企业的各个项目部独立分割的关系，变企业利润最大化为顾客至上和物业的保值增值。

1.3.6 信息流在组织各流中的作用

物流、资金流、信息流、工作流与服务流五者关系密切，但就其本身的结构、性质、作用及操作方法来看，"五流"各有其特殊性。由于现代信息技术的快速发展，信息变得越来越重要，无论是商务活动、管理活动，还是物流和资金流都离不开信息的传递和交换，没有及时的信息流，就没有顺畅的物流、资金流、工作流和服务流。

信息流对物流、资金流、工作流、服务流的作用受到信息流模式（即向下、向上、水平和外向信息流）、信息流速度和信息流质量的影响。向下信息流控制物流、资金流、工作流、服务流产生的时间、大小、快慢和方向；向上信息流反映物流、资金流、工作流、服务流的速度；水平信息流协调物流、资金流、工作流、服务流的速度；外向信息流则可加速、控制合作伙伴之间的物流、资金流、工作流、服务流的速度。

如同流动的资金带来价值一样，当信息不受限制地从一个地点流动到另一地点，帮助企业实时获取信息，并促使企业创造出真正的经济效益时，才具有最高的价值和意义。这个过程的关键是打造闭环的信息流，不仅要打破企业内部各种信息孤岛，实现数据的收集整合、加工分析、信息的传递应用，信息数据的再加工、应用的反复循环，还要将企业内部的信息流与企业外部上下游用户的需求信息结合起来，形成内外融合的闭环的大信息流。

同时，"五流"的一体化整合，是全面提高企业生产经营的核心竞争力，是促进企业和谐发展的内在要求。整合就是协调"五流"全面发展，并互为促进，那么如何才能实现"五流"的有效整合呢？

实现"五流"整合的有效手段就是信息系统，因为信息系统不仅是一种技术变革，更是企业经营和管理方式的革命，通过调整企业管理模式、组织机构、权力布局、人际关系以及观念等多方面，形成新的以员工为中心的团队工作模式，重组企业组织结构，彻底改变传统的以大量中层管理人员为特色的金字塔型组织结构，使其形成扁平化、小型化、虚拟化、网络化的组织。同时在信息系统平台上，建立以"五流"为导向的管理机制，充分发挥"五流"的整合效益。

1.4 管理信息系统的定义、结构与分类

1.4.1 管理信息系统的定义

管理信息系统的定义一直有多种，但是直到20世纪80年代管理信息系统逐渐形成了一门学科，管理信息系统的定义才逐渐得到发展和成熟。

1970年，瓦尔特·肯尼万（WalterT.Kennevan）将管理信息系统定义为："以书面或口头的形式，在合适的时间向经理、职员以及外界人员提供过去的、现在的、预测未来的有关企业内部及其环境的信息，以帮助他们进行决策"。

1985年，管理信息系统的创始人、明尼苏达大学卡尔森管理学院的著名教授高登·戴维斯（GnrdonB. Davis）才给管理信息系统一个较完整的定义："它是一个利用计算机硬件和软件，手工作业，分析、计划、控制和决策模型以及数据库

的用户–机器系统。它能提供信息，支持企业或组织的运行、管理和决策功能"。

"管理信息系统"一词在中国出现于20世纪70年代末80年代初，在《中国企业管理百科全书》上的定义为：管理信息系统是"一个由人、计算机等组成的能进行信息收集、传递、存储、加工、维护和使用的系统。管理信息系统能实测企业的各种运行情况；利用过去的数据预测未来；从企业全局出发辅助企业进行决策；利用信息控制企业的行为；帮助企业实现其规划目标"。

20世纪90年代以后，支持管理信息系统的环境和技术有了很大的变化，因而，中国著名的管理信息系统研究专家薛华成教授在《管理信息系统》一书中重新描述了管理信息系统的定义："管理信息系统是一个以人为主导，利用计算机硬件、软件、网络通信设备以及其他办公设备，进行信息的收集、传输、加工、存储、更新和维护，以企业战略竞争、提高效率为目的的，支持企业高层决策、中层控制、基层运作的集成化的人机系统。"图1–18为管理信息系统总体概念图。

由图我们可以看出：

（1）管理信息系统是一个人机系统

计算机始终是一个辅助工具，尽管很重要，但人还是起着决定性的作用。数

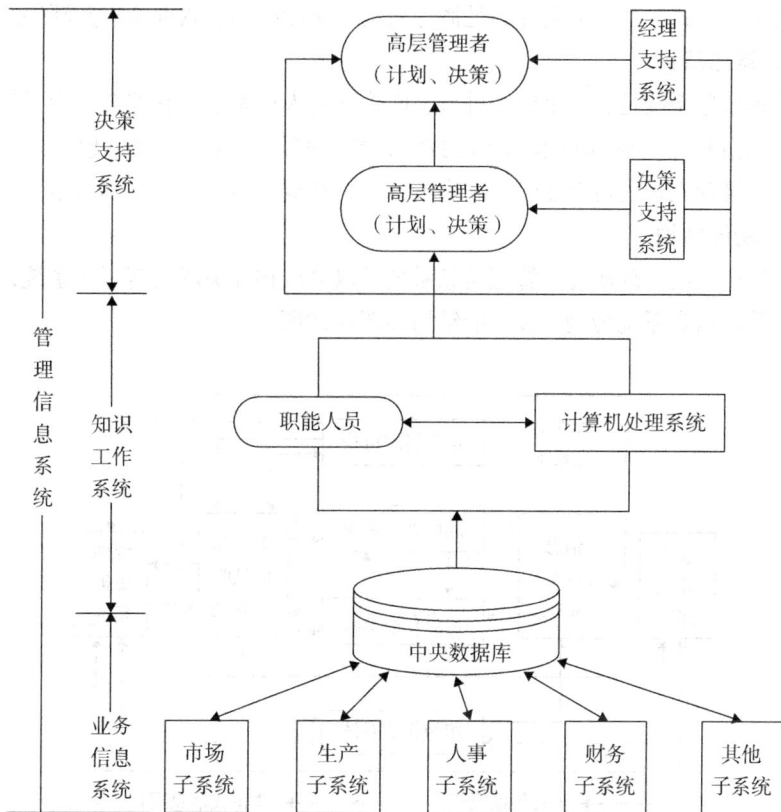

图1–18　管理信息系统总体概念图

据的收集、整理，系统的操作，大量的管理决策都需要人去完成，而在开发信息系统的时候关键是考虑什么工作交给计算机去做，什么工作交给人去做，充分发挥计算机和人在信息处理方面的优势和特点，这意味着管理信息系统应有良好的人机界面，便于用户操作使用。

（2）从全局出发规划设计系统

要求资源设备统一规划，强调系统各部门的统一协调，比如集中统一规划的数据库就可以使系统内的信息成为共享资源。有不少组织在各职能部门内部建立各类信息系统，如财务管理系统、人事管理系统等。但是这些系统互相独立，呈现出所谓的"自动化孤岛"现象，则这些系统的总和不能称为管理信息系统。

（3）有预测、控制和决策的功能

管理信息系统是计算机技术与先进的管理方法相结合的产物，除了可提供大量的原始数据和统计报表之外，管理信息系统还具有辅助决策的功能。它应包含若干用于定量分析的管理模型，如市场预测、投资决策等方面的模型，这也是管理信息系统与电子数据处理（EDP）的主要区别。

1.4.2 管理信息系统的结构

管理信息系统的结构是指系统各部件的构成框架，对部件的不同理解构成了不同的结构方式，其中最重要的是概念结构、功能结构、软件结构和硬件结构。

1. 概念结构

管理信息系统是对一个组织进行全面管理的人机系统，它综合运用了计算机技术、信息技术、管理技术和检测技术，并紧密结合现代管理思想、方法和手段，辅助管理人员进行企业管理和决策分析，其概念结构如图1-19所示。

2. 功能结构

按照企业的管理职能，管理信息系统可以分成相互关联的若干子系统，以制造业的管理信息系统为例，其功能结构如图1-20所示。

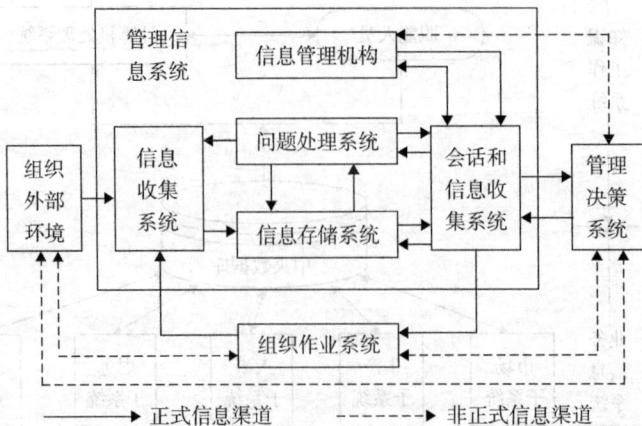

图1-19 管理信息系统的概念结构

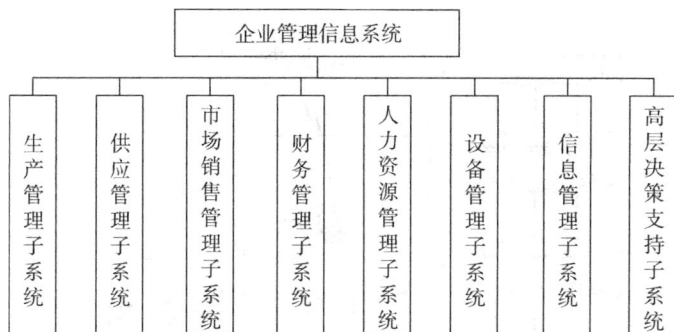

图1-20 管理信息系统的功能结构

3．软件结构

支持管理信息系统各种功能的软件系统或软件模块所组成的系统结构，是管理信息系统的软件结构，如图1-21所示。

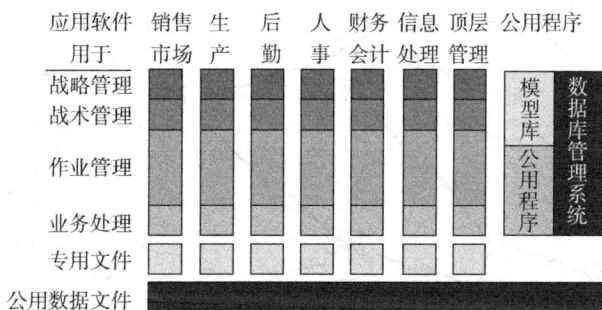

图1-21 管理信息系统的软件结构

4．硬件结构

管理信息系统的硬件结构说明硬件的物理位置安排、硬件的组成及其连接方式。管理信息系统硬件结构一般有两种：内部局域网（Intranet）和外部互联网（Internet）。它们的网络拓扑图分别如图1-22和图1-23所示。

1.4.3 管理信息系统的分类

管理信息系统是一个广泛的概念，分类的标准及角度较多。由于管理信息系统的功能、目标、特点和服务对象不同，从层次上可以分为事务处理系统、功能信息系统和决策支持系统。根据系统的功能和服务对象，可分为国家经济信息系统、企业管理信息系统、事务型管理信息系统、行政机关办公型管理信息系统和专业型管理信息系统等。

1．按照层次划分

（1）事务处理系统。事务处理系统是组织中处于业务操作层的最基本的信息系统，它应用信息技术支持组织中最基本的、每日例行的业务处理活动。业务处理活动是高度结构化的，其过程有严格的步骤和规范，典型的应用系统有：学籍注册与管理系统、储蓄业务处理系统、机票预售系统、客房预订与消费结算系统、货品盘点系统、公文运转管理系统等。

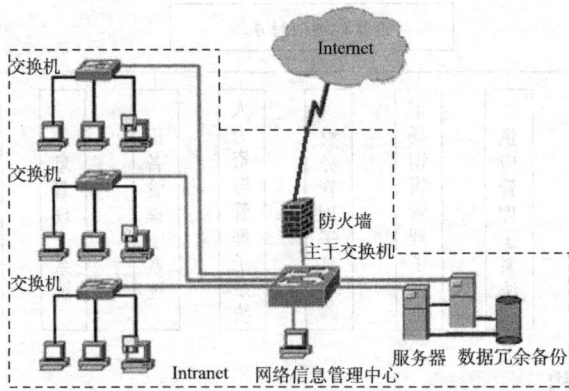

图1-22 内部局域网（Intranet）

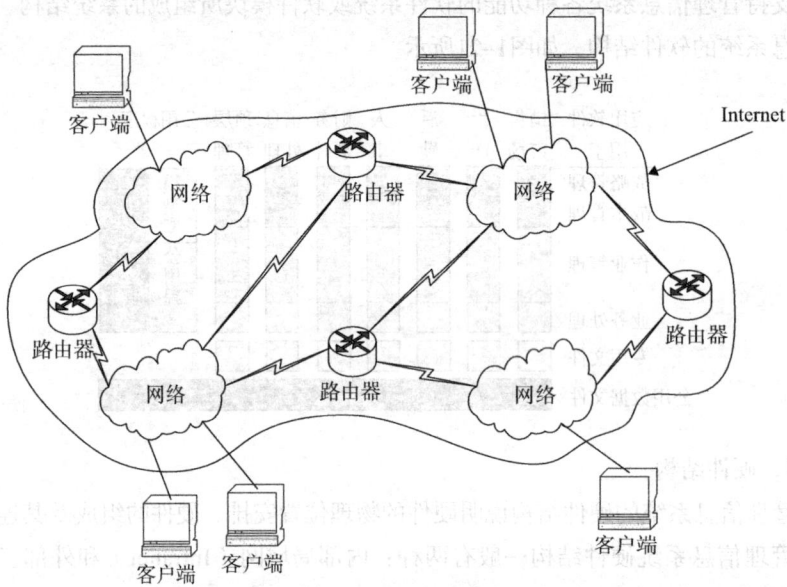

图1-23 外部互联网（Internet）

（2）功能信息系统。此类系统包含多个事务处理功能，并把他们有机地组合成一个整体。其目的是提高整个单位或部门的工作效率，及时为中高层管理人员提供需要的信息。这一类系统既可以大大提高基层部门管理人员的工作效率，又可以跨部门处理信息，以便得出综合性较高的信息。中高层管理人员可以迅速获取所管辖基层部门的各种具体信息和综合信息，如办公自动化系统。

（3）决策支持系统。决策支持系统也是面向组织的管理控制层和战略决策层，但它侧重于应用模型化的数量分析方法进行数据处理，以支持管理者就半结构化或非结构化的问题进行决策。

决策支持系统不仅要应用来自事务处理系统和管理报告系统等内部信息源的数据，同时还要应用来自于组织外部环境各种数据源的数据信息，如国家宏观经济政策与法规、行业统计信息、竞争对手相关信息和股票市场信息等，这些外部信息是组织进行决策的重要依据。

典型的决策支持系统应用有销售分析与预测、生产计划管理、成本分析、定价决策分析等。

2. 按系统的功能和服务对象划分

（1）国家经济信息系统。国家经济信息系统是一个包含各综合统计部门在内的国家级信息系统。这个系统纵向联系各省市、地市、各县直至各重点企业的经济信息系统，横向联系外贸、能源、交通等各行业信息系统，形成一个纵横交错、覆盖全国的综合经济信息系统。

（2）企业管理信息系统。企业管理信息系统主要用来加工处理工厂企业的信息。此类管理信息系统最为复杂，一般具备对工厂生产监控、预测和决策支持的功能。大型企业的管理信息系统都很庞大，"人、财、物"、"产、供、销"以及质量、技术应有尽有，同时技术要求也很复杂，因而常被作为典型的管理信息系统进行研究。

（3）事务型管理信息系统。事务型管理信息系统面向事业单位，主要进行日常事务的处理，如医院管理信息系统、饭店管理信息系统、学校管理信息系统等。由于不同应用单位处理的事务不同，这些管理信息系统逻辑模型也不尽相同，但基本处理对象都是管理事务信息，决策工作相对较少，因而要求系统具有很高的实时性和数据处理能力。

（4）办公管理系统。办公管理系统的特点是办公自动化和无纸化，其特点与其他各类管理信息系统有很大不同。在行政机关办公服务系统中，主要应用局域网、打印、传真、印刷、缩微等办公自动化技术，以提高办公事务效率。行政机关办公型管理信息系统对下要与各部门下级行政机关信息系统互联，对上要与行政首脑决策服务系统整合，为行政首脑提供决策支持信息。

（5）专业型管理信息系统。专业型管理信息系统指从事特定行业或领域的管理信息系统，如人口管理信息系统、材料管理信息系统、科技人才管理信息系统、房地产管理信息系统等。这类信息系统专业性很强，信息相对专业，主要功能是收集、存储、加工、预测等，技术相对简单，规模一般较大。另一类专业性很强的管理信息系统如铁路运输管理信息系统、电力建设管理信息系统、银行信息系统、民航信息系统、邮电信息系统等，其特点是综合性很强，包含了上述各种管理信息系统的特点，也称为"综合型"信息系统。

1.5 物业管理信息系统概述

1.5.1 物业管理信息系统的定义

信息管理体现和渗透到管理的所有方面，在物业管理活动中，信息涉及物业的产生、交易、维护、处理过程中人与人、人与物、物与物关系处理的各种记录、文件、合同、技术说明、图纸等资料，并且这些资料因物业种类、物业业主及管理者的不同而不同。因此，数据量大，管理任务重，需要利用管理信息系统管理物业服务企业的各项业务、处理各种信息和辅助企业决策。

物业管理信息系统（Property Management Information Systems，PMIS）是专门用于物业信息的收集、传递、存储、加工、维护和使用的系统，它能实测物业及物业管理的运行状况，并具有预测、管理和辅助决策的功能，帮助物业服务企业实现其规划目标。

1.5.2 物业管理信息系统的主要功能

物业管理的类型不同，物业管理的功能就不同，其管理业务流程也就不同。以管理业务流程为基础设计的物业管理信息系统也就具有不同的功能模块。物业管理信息系统主要包含以下一些功能模块：空间信息管理、客户信息管理、租售管理、收费管理、安防管理、环境管理、办公管理、人事管理、工程设备管理、系统维护管理、其他接口等。其功能如图1-24所示。

（1）空间信息管理

记录管理区、大楼、楼层、房间及配套硬件设施的基本信息。主要模块：项目（小区、写字楼、别墅等）基本信息管理、楼宇基本信息管理、房间管理信息模块。

（2）客户信息管理

实现对业主购房、出租、退房的全过程管理，可以随时查询业主历史情况和现状，加强对业主及业主的沟通和管理。小区包括业主信息管理，写字楼包括租户信息管理。

（3）租售管理

提供给物业服务企业的房产租赁人员使用，能够对所管物业的使用状态进行管理，可以按租赁状态等方式进行分类汇总、统计，还可根据出租截止日期等租赁管理信息进行查询、汇总，预先对未来时间段内的租赁变化情况有所了解、准备，使租赁工作预见性强。包括租户管租户入住信息管理、合同管理、调租、退租等；可以设置到期自动提醒功能，可设置在合同到期日多少天前自动提醒，在界面上相应的租户以不同颜色显示。

（4）收费管理

物业收费管理信息系统是整个综合物业管理信息系统的日常业务管理模块，对物业服务企业的经营管理工作起到至关重要的作用。在收费管理中，系统将收费分为社区、大楼、楼层、房间等多个级别。主要功能模块：应收款管理、费用设定与调整、实收款管理、欠费管理、收费情况统计查询等。

（5）安防管理

安防管理即消防保安管理，是企业正常运转的重要保证。本模块主要包括保安人员档案管理、保安人员定岗、轮班或换班管理、安防巡逻检查记录、治安情况记录以及来人来访、物品出入管理等功能。

（6）环境管理

环境管理主要包括两个方面：绿化管理和保洁管理。绿化管理即绿化安排及

图1-24 物业管理信息系统主要功能

维护记录，保洁管理包括清洁用具管理、保洁安排及检查记录。同时为了便于联系涉及环境管理的外包商、供应商等单位，还应设立单位联系管理，即对联系单位信息及联系记录进行管理。

（7）停车场管理

包括车位管理（登录、管理车位承租者信息，可实现与智能一卡通系统的数据共享）、车辆出入信息管理（常客、散客等进出停车场信息管理）、异常信息管理（各种异常报警事件的录入和管理）、收费管理（停车费计算、停车费基价、单价及优惠时段、折扣设定等）、停车卡管理（发放、注销、挂失等的日常管理）、收费员轮班管理等。

（8）客户服务管理

为客户订阅或收发邮件、书报期刊，为客户出差订票等是一些物业服务企业的服务性业务。主要模块有日常服务管理、客户投诉管理、报修管理、社区活动管理。本模块从服务申请、派工、完成、回访、统计等功能使日常服务管理流程化。

（9）采购库房管理

物资管理信息系统为企业提供了一种管理库存的电子集成化方案，从采购、入库，到库内作业、出库、核算等。主要模块：采购计划管理、供货商管理、物料档案管理、物资入库管理、物资出库管理、统计查询。

（10）办公管理

根据专门的需求分析后定做开发的办公OA管理，可以最大限度地实现无纸化、自动化办公。主要模块：个人工作秘书、公共信息管理、收发文管理、固定资产管理、文档资料库。

（11）人事管理

从员工的招聘、任用到员工的离职进行全面有效的管理，详细记录员工的个人资料、工资管理、岗位考核、在职培训、离职手续办理等资料。

（12）工程设备管理

建立设备基本信息库与设备台账；设备维修从申请，到派工、维修、验收等实现过程化管理；自动提示到期需保养的设备；包括设备保养、设备维修、设备档案图纸资料、巡查记录、运行日志、二次装修管理、工程图纸管理等模块。

（13）商务中心

对物业服务企业对外商务进行管理，包括会务管理、文印管理、餐饮管理等。

（14）决策支持

系统专门针对决策层的需求提供各种统计数据及分析图表，企业领导可随时随地查看公司最新营运统计资料。主要功能：按管理区、大楼统计出费用收缴情况，收费率统计，收费年、月、日报表；可分别按管理区、大楼统计出租率；领导查询。所有统计功能均可生成柱状、饼状及曲线图。

（15）门户网站

门户网站是小区对外展示的一个窗口，主要包括社区介绍、业委会信息、社区论坛、物业服务企业介绍和其他服务等。

（16）系统维护管理系统

主要包括以下模块：系统初始化设置、系统编码管理、系统权限管理、操作日志、数据备份与恢复、清空数据。

（17）其他接口系统

全面的物业管理系统还应该包括楼宇自控系统、门禁考勤系统、停车场管理系统、通信管理系统、智能监控系统、安全防护系统、巡查管理系统等的集中后台控制和管理，以及动态、智能的工单派发技术等，其后端一般均采用统一的计算机网络平台和系统平台技术，以便实现各个系统之间的互联、互通和信息共享。另外在通用物业管理业务平台技术基础上，还需要针对各物业服务企业物业管理项目的实际运作模式做进一步的开发和集成工作，并结合数据结构和工作流定制技术，最大程度地实现整个产品的适用性和可扩展性。

1.5.3 物业管理信息系统的任务

物业管理信息系统的主要任务是最大限度地利用现代计算机技术、数据库技术和网络通信技术加强物业服务企业的信息管理、改善物业服务企业的管理流程和业务规范，通过对物业服务企业拥有的人力、物力、财力、设备、技术等资源的调查研究，建立统一的企业数据，加工处理并编制成各种信息资料供企业管理层进行正确的决策，从而不断提高企业的管理水平和经济效益。其具体任务如下：

1．对各种物业资料的管理

物业档案资料是一种原始记录，包括各种承包合同、建筑物、管道设备、设施图纸以及业主各种信息等，都是物业管理实施的基础。例如，物业接管验收中的原始记录，可以成为日后保修与索赔的依据；业主的基本情况反映了服务对象的层次和差别，可为设定服务项目提供依据。

在最初的物业管理工作中，以手工操作为主，在档案管理方面还存在很多不足。档案不全、管理不规范等问题，给查阅和使用带来了很多不便。利用现代计算机技术进行管理，可以更方便快捷地得到所需要的信息，从而提高工作效率。现在多媒体技术可以保存声音、图像等信息，例如，房屋的外观、装修等都可以图像形式保存在计算机中。

2．高效低成本地完成日常信息处理业务

作为服务性行业，物业服务企业平时主要处理一些事务性的工作。物业管理信息系统可以大大提高信息处理效率，减轻劳动强度，从而提高工作效率和效益，同时又可促进管理人员整体素质的提高，改进管理质量和服务水平。如深圳某物业服务企业运用计算机收费获得了良好的效果。

3．辅助高层管理人员进行决策

物业管理中的决策工作相对来说并不复杂，但是，随着科学技术的进步和市场经济的发展，物业管理的范围日益扩大，管理程度却日益复杂。面对激烈的市场竞争和人们对生活质量的要求不断提高，物业管理的现代化是必然趋势。作为物业管理的决策者，必须学习和掌握现代管理理论和方法，运用现代化的管理手段来实现物业管理，其中涉及的许多决策，比如资金的运用、新型服务运用的策划、服务价格的制定、物业管理规划等都可以借助数学模型来作定量分析，以提高决策的效率和可靠性。

4．加强系统内部及系统与外部环境特别是业主的联系

物业管理信息系统可以根据工作的需要，与金融机构、上级主管部门、公共事业部门（如自来水公司、供电部门等）进行沟通交流，这将给各种收费工作带来极大的方便。如果能与用户的家用电脑联网，利用互联网提供服务信息，加强与业主的联系，物业管理的服务质量将大大提高，这也是物业管理信息系统未来的发展方向。

1.5.4 物业管理信息系统的分类

根据物业服务企业的规模以及管理物业类型的不同，物业管理信息系统大致可以有以下几种方案。

1. 小规模物业管理系统

主要以单机版物业管理软件为主要构架，主要用于实现小区的房产资源管理、费用管理、档案管理、维修管理、统计查询、自动生成多种报表等功能。多适用于所接管楼盘的规模较小、日常业务单一的物业服务企业。实践中如果需要，还可适当添加修改软件功能，从而形成独立的、具有各小区特色的管理软件。这种系统在软硬件配置以及系统运行环境上，要求都是最低的。

2. 大中等规模物业管理系统

以网络版物业管理软件为主要构架，多建立在物业服务企业的内部局域网基础之上，具有小区的"大楼资源管理、收费管理、档案管理、人事管理、维修管理、环卫管理、保安管理、统计查询、自动生成多种报表"等多种功能，适合于有企业内部局域网的物业服务企业。另外，如果小区的地域分布较广、地理环境复杂，还可采用地理信息系统（GIS），利用其在图形与数据处理方面的优势，结合系统本身所具有的多媒体功能，实现小区的可视化、图形化管理。此外，还可将小区内大楼的内部管线结构设计也采用GIS，以实现各种图形、图纸的直观性查询与分析。

3. 智能小区物业管理系统

以网络版物业管理软件和智能社区网络信息平台为主要构架，主要为业主提供完善的社区网上服务，并将远程抄表系统、停车场管理系统、社区内刷卡管理系统、监控系统等集成到统一的网络信息服务平台上，实现统一管理与查询。

4. 写字楼物业管理系统

主要以写字楼物业管理软件为主要构架，实现写字楼的出租管理、设备管理、人事管理、档案管理、安全保卫管理、大楼图形图纸、维修、保洁、环境等工程管理。另外，还可在公司写字楼的大厅放置触摸屏展示查询系统，可将写字楼的内部管线结构通过GIS系统实现各种图形、图纸的直观性查询与分析。与小区物业管理系统相比，主要区别在于不同物业业态所要实现的功能不同，但就系统设计技术来看，其根本上是类似的。

5. 集团化综合物业管理系统

集团化企业所涉及的物业具有多样化、复杂化特点，通常包含小区、公寓、写字楼、饭店宾馆、购物中心等多种物业形式，而且地域跨度广，分布松散。因此，公司可以进行分布式数据通信管理，建立集团统一的网络信息服务平台，在总部设立数据仓库及网管系统，在各分公司放置独立的数据库与应用软件；各分公司进行物业的日常事务处理，并通过远程通信实现总部数据仓库的更新。总公司通过数据仓库，进行宏观的决策处理，同时总部通过网管系统对各分公司的业务进行实时监控，通过网络信息服务平台协调整个集团内部的信息交流。这样既实现了集团内部数据管理的统一性与完整性，又实现了各分公司之间的独立性。

本章小结

信息技术的快速发展改变着企业的经营环境，新兴信息技术引发了物业服务企业商业模式的重大变革，互联技术的迅速普及，为物业服务企业服务手段的信息化革新提供了技术支持，如何借助先进的互联网技术手段提高管理服务水平，是当今物业管理迈向科学管理的新课题。

物业管理信息系统作为管理信息系统的一种，既包含了管理信息系统的共性，又有其独特的性质，我们要在了解管理信息系统基本原理的基础上，深刻理解物业管理信息系统的内涵，掌握物业管理信息系统的主要功能。

思考题

1. 我国物业管理行业信息化发展现状及存在问题，有何解决办法？
2. 物业服务企业信息化管理发展趋势如何？
3. 物业服务企业如何适应信息化管理发展的需要？
4. 物业管理数据、信息与知识的关系如何？
5. 企业内部有哪些信息流动，关系如何？
6. 管理信息系统主要有哪几种系统结构？
7. 管理信息系统包括哪些类型？
8. 什么是物业管理信息系统？
9. 物业管理信息系统有哪些主要功能？

2

物业管理信息系统的技术基础

学习目的

掌握信息技术基础设施的定义与构成、数据管理与存储、大数据、移动计算技术、物联网技术、云计算技术等相关技术；了解物业管理信息系统解决方案、基于信息技术的物业管理信息系统的构建。

本章要点

信息技术基础设施的定义、构成；计算机软硬件系统的构成及计算机网络的分类；数据仓库、数据挖掘、大数据以及地理信息系统的概念；移动计算、物联网、云计算的概念；移动计算平台、物联网平台、云计算平台的构成；大数据、移动计算、物联网和云计算的关系与融合及其在物业管理信息化中的应用。

物业管理信息系统是建立在现代信息技术的基础上的，没有现代信息技术就没有物业管理信息系统。计算机、互联网、大数据、移动计算、物联网、云计算等技术都是物业管理信息系统构建的基础，同时更多新技术及其应用也被不断开发出来，这些新技术的应用将会把物业管理信息系统推向新的发展阶段。了解这些技术以及其发展方向，才能有效地把技术与管理集成起来，使物业管理信息系统真正在物业服务企业的管理和决策中发挥作用。

2.1 信息技术基础设施

2.1.1 信息技术基础设施的定义与构成

信息技术基础设施（IT Infrastructure）是物业管理信息系统的基础，随着信息技术的不断发展，物业管理信息系统的功能不断强大，运用的领域也在不断拓展。信息技术基础设施不仅能为客户、供应商、员工提供全方位的服务，还能支持企业的业务与信息系统战略。新的信息技术对业务和信息技术战略以及客户服务的影响巨大。

信息技术基础设施是为物业管理信息系统的应用提供平台的共享技术资源，包括整个企业所共享的软件、硬件和一系列服务，这些资源可在整个企业或各个业务部门间实现共享。信息技术基础设施是一套覆盖整个物业服务企业的服务，由管理层负责预算开支，由人力和技术共同实施。它们分别是：

（1）提供计算服务的计算平台，如计算机、个人数字助理（PDA）以及互联网设备，可把员工、客户和供应商连在同一数字环境下。

（2）提供员工、客户和供应商之间的数据、音频、视频连接的通信服务。

（3）存储、管理和分析企业数据的数据管理服务。

（4）提供企业各部门共享的企业资源规划、顾客关系管理、供应链管理、知识产权管理等系统应用软件服务。

（5）运算、通信和数据管理等硬件设施管理服务。

（6）规划和开发信息技术基础设施的管理服务，包括部门协调、预算管理、项目管理等。

（7）建立相应的信息技术标准和政策，明确使用相关信息技术的时间及操作流程。

（8）提供员工如何使用系统及管理者如何规划和管理信息技术投资的培训服务。

（9）提供信息技术研究与开发服务，研究未来可帮助企业增强竞争力的信息技术项目与投资。

信息技术基础设施主要有七个部分构成，它们相互协调，相互合作，为公司提供统一的基础设施。信息技术基础设施组件包括计算机硬件平台、操作系统平台、企业软件平台、网络和通信平台、数据库管理软件、互联网平台、咨询和系统集成服务等，如图2-1所示。

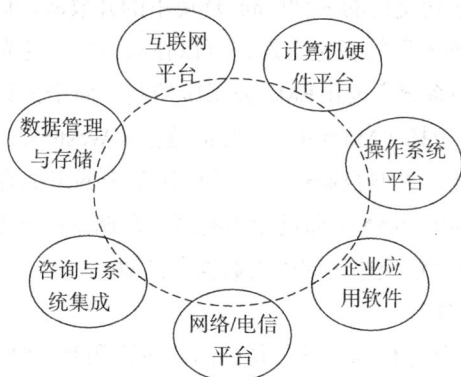

图2-1 信息技术基础设施的组成部分

1．计算机硬件

计算机硬件平台包括客户机（计算机、移动计算设备等）和服务器，客户机主要使用Intel或AMD公司生产的微处理器，而服务器市场则要复杂很多。刀片服务器是指在标准高度的机架式机箱内可插装多个卡式的服务器电元，实现高可用和高密度。刀片服务器主要使用Intel或AMD生产的处理器，但有些服务企业使用Sun公司的SPARC处理器或者IBM的PowerPC处理器。客户机/服务器架构虽占据了主导地位，但是大型主机并没有完全消失。大型主机的生产商只剩下IBM一家，一台IBM主机可以运行高达17，000个Linux或Windows服务器软件，可以取代成千上万个小型的刀片服务器。

2．操作系统

操作系统用于管理计算机的资源和活动。在客户机方面，大约95％的个人计算机和45％的手持设备使用的是微软的Windows操作系统（如Windows 7、Windows 10）。而在服务器方面，超过85％的公司服务器采用Unix或Linux操作系统。Unix和Linux之所以成为企业系统中主流的服务器操作系统，主要是因为它们的可扩展性、可靠性以及与大型主机操作系统相比低廉的价格。Unix和Linux还可以在多种不同的处理器上运行。Unix操作系统的主要供应商是IBM、HP和Sun公司。

3．企业应用软件

企业应用软件被视为信息技术基础设施的重要组成部分，最大的企业应用软件供应商是SAP公司，其次是甲骨文（Oracle）公司。SAP的企业应用软件可以在任何硬件平台和操作系统上运行，而甲骨文公司的企业应用软件虽然与各种硬件平台和操作系统兼容，但只能在0racle数据库上运行。企业应用软件还包括中间件软件，用于连接企业现有的各种应用软件，实现企业内系统的全企业集成。

4．数据库管理与存储

数据库管理软件负责存储、组织和管理企业数据，以供公司用户高效访问和使用。主流企业数据管理软件有IBM（DB2）、Oracle、微软（SQL Server）、Sybase（Adaptive Server Enterprise），总共占据了美国数据库市场超过90%的份额。HP公司和其他公司支持的一种Linux环境下的开放源代码的关系型数据库产品——MySQL是不断发展的新生力量，可以在因特网上免费下载。在数据存储方面，大型数据存储系统主要由EMC公司所控制，而个人计算机硬盘市场主要由希捷（Seagate）、迈拓（Maxtor）和西部数据（Western Digital）所控制。除传统的存储方式之外，大型企业现在开始应用基于网络的存储技术。存储域网（Storage Area Network，SAN）通过专用的高速存储网络把多个存储设备连接在一起，使多个服务器可以快速访问中央数据存储池。

5．网络/电信平台

网络服务主要包括电信和电话公司的语音线路和上网服务，Windows Server是占据领导地位的局域网操作系统，Linux和Unix也占据了一定的市场份额，大型企业广域网主要使用各种Unix操作系统。局域网和广域企业网络都使用TCP/IP协议作为网络通信标准，网络硬件设备的主要供应商是思科（Cisco）、朗讯（Lucent）、北电（Nortel）、Juniper网络公司、华为等。通信主要由提供语音和数据连接、广域网和因特网接入服务的电信/电话服务公司所控制。

6．咨询和系统集成

咨询和系统集成服务可以为企业建设信息技术基础设施提供业务流程、培训教育、软件集成等一系列的专业知识，具有巨大的市场潜力。IBM从咨询服务中获得的收益现在已经超过了其在硬件产品上的收益。Oracle和SAP等企业软件供应商在咨询、系统集成和系统维护方面的收益也超过了其软件销售方面的收益。

软件集成是指将新的基础设施与旧的企业系统相结合，实现新旧系统的无缝衔接。这样可以避免因替代和重新设计应用系统所投入的高额成本，将旧的系统集成到新的基础设施中去，可以节约成本。

7．互联网平台

互联网平台是指建立和维护企业网站、虚拟主机服务、内联网、外联网等所需的硬件、软件和管理服务的总称。硬件主要是指Web服务器等，供应商主要有Dell、HP/Compaq、IBM等；软件是指Web服务器软件、Web应用开发工具等，供应商主要有微软（.Net）、Sun（Java）等。

2.1.2　信息技术基础设施的发展过程

信息技术基础设施经历了五个发展阶段，每个阶段分别代表不同的计算机能力、配置和构成，如图2-2所示。需要指出的是，一个新阶段的开始并不意味着之前阶段的结束，如一些公司仍在使用传统的通用主机或微机计算系统。

1．通用主机和微机计算阶段：1959年至今

1959年，IBM1401和7090晶体管计算机的出现标志着主机进入了大规模商用阶段。1965年，IBM推出了IBM360系列，标志着通用商业主机时代的正式开始，

通用主机和微机阶段：1959至今	个人计算机阶段：1981至今	客户机/服务器阶段：1983至今	企业互联网计算阶段：1992至今	云计算阶段：2000至今
•1959年，IBM的1401、7090晶体管计算机出现，使得主机进入大规模商用阶段。 •1965年，IBM推出360系列，通用商业计算机正式诞生。 •1965年，DEC推出小型计算机，使得非集中式计算成为可能	•1970年代，Xerox、APPLE陆续推出个人计算机。 •1981年，IBM PC在商业机构中第一次得到普遍应用。 •从DOS向视窗转变，Wintel PC兴起	•两层结构 •多层结构具有优越性。 •Novell曾经是这个市场的领导者，但目前微软的影响力更胜一筹	•1990年初期，企业开始整合分散网络。 •1995年企业开始应用TCP/IP作为局域网连接标准。 •不同操作系统的互联。 •不同网络的互联。 •不同设备的互联	•2012年中国市场规模达到600亿元。 •2012年全球市场规模达到420亿美元。 •重点行业、大型企业率先应用。 •IBM、惠普等硬件生产商建立运算中心。 •谷歌、微软、Salesforce等提供应用程序

图2-2 信息技术基础设施发展史

IBM360是第一款拥有强大操作系统的商用计算机，拥有分时、多任务、虚拟内存等多种功能。主机逐渐发展为可支持多个远程终端的中央主机系统，它通过专用的通信协议和专用的数据线把多个远程终端连接在一起。1965年DEC公司推出功能强大的小型计算机（PDP-11以及后来的VAX），价格远低于IBM主机的价格，也使非集中式计算成为可能。这种小型计算机按具体部门或企业单位的特殊需要定做，而不是分时共享一台大型主机。

2. 个人计算机阶段：1981年至今

1981年IBM PC的出现标志着个人计算机时代的开始，因为这是IBM PC在美国商业机构中首次得到广泛应用。起初使用的操作系统是基于文本命令的DOS系统，后来发展为Windows操作系统，使得Windows操作系统和Intel微处理器的个人计算机成为标准个人计算机。随着20世纪80年代和90年代初期个人计算机的普及，出现了大量的软件工具，如文字处理软件、电子表格软件、小型数据库管理软件等，这些软件在家用和商用计算机中都得到了广泛应用。20世纪90年代，个人计算机操作系统得到进一步发展，具备了将分散的个人计算机连接入网的能力。

3. 客户机/服务器阶段：1983年至今

在客户机/服务器（Client/Server）架构中，被称为客户机的计算机通过网络与被称为服务器的计算机连接，并从服务器获得各种服务。两种不同类型的计算机分工不同，客户机主要是信息输入的用户终端，服务器提供客户机之间的通信、数据处理、存储共享数据、管理网络活动等服务。最简单的客户机/服务器网络就是由一台客户机与一台服务器组成，只是两台计算机的分工不同，这被称为两层客户机/服务器架构。大多数公司采用的是更为复杂的多层客户机/服务器架构，在这种架构中，整个网络的工作根据需要的服务类型，分布在多层不同的服务器中。客户机/服务器架构的出现使企业的计算能力迅速增长，相应的计算机应用程序也得到飞速发展。Novell Netware公司是客户机/服务器架构刚出现时的市场引领者，而微软公司则凭借其Windows操作系统成为当今市场的领导者。

4．企业互联网计算阶段：1992年至今

20世纪90年代初企业开始应用一些网络标准和软件工具对分散的网络和应用程序进行整合，形成了一个覆盖整个企业的基础设施网络。1995年以后，TCP/IP协议成为连接分散局域网的网络标准，不同类型的计算机连接成一个网络，使信息可以在公司内部以及不同企业之间自由流动。这一网络连接着不同类型的计算机硬件以及其他电子设备、公共基础设施。企业基础设施还要求软件能够连接不同的应用程序，使数据在不同业务部门之间自由传输。

5．云计算阶段：2000年至今

互联网日益增长的带宽使客户机/服务器模式得到进一步发展，出现了"云计算"模式。云计算的计算模式是指企业和个人通过互联网获得计算能力和软件应用程序，而不需要自己购买硬件和软件。目前，云计算是增长最快的计算模式，硬件供应商如IBM、HP、Dell正在建设庞大的可扩展云计算中心，可提供计算能力、数据存储和高速的互联网连接服务，使依靠互联网商业应用软件的企业获得信息更加便利。

2.1.3　计算机硬件系统

1945年美籍匈牙利科学家冯·诺依曼（J.Von Neumann）提出了计算机模型的"存储程序"原理，是现代计算机的理论基础。现代计算机已经发展到第四代，但仍遵循着这个原理。存储程序原理是指程序和数据一同输入到计算机并存储在内存储器中，程序存入存储器后，计算机便可自动地从一条指令转到执行另一条指令。

这一原理确定了计算机的基本组成和工作方式，如图2-3所示。图中实线为程序和数据，虚线为控制命令。计算步骤的程序和计算中需要的原始数据，在控制命令的作用下通过输入设备送入计算机的存储器。当计算开始的时候，在取指令的作用下把程序指令逐条送入控制器。控制器向存储器和运算器发出取数命令和运算命令，运算器进行计算，然后控制器发出存数命令，计算结果存放回存储器，最后在输出命令的作用下通过输出设备输出结果。

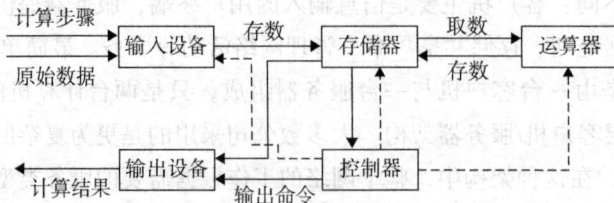

图2-3　计算机硬件系统的工作方式

现在使用的各种计算机均属于冯·诺依曼型，由运算器、存储器、控制器、输入设备和输出设备五大部分组成，通常将中央处理器和内存储器作为主机，输入设备、输出设备和外存储器称为外部设备，如图2-4所示。

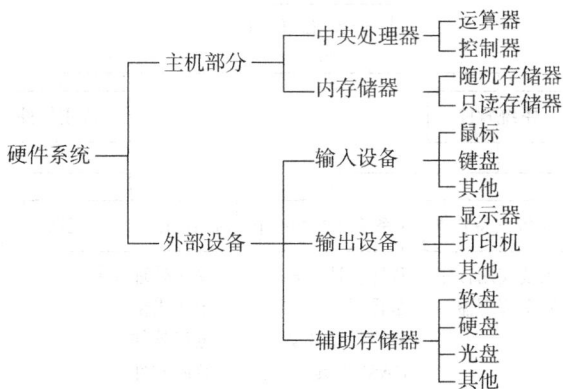

图2-4 计算机硬件系统的组成

1. 控制器

控制器是整个计算机的指挥中心，它取出程序中的控制信息，经分析后，便按要求发出操作控制信号，控制运算器、存储器、输入设备和输出设备协调一致地完成任务。

2. 运算器

数据的运算和处理工作就是在运算器中进行的。这里的"运算"，不仅是加、减、乘、除等基本算术运算，还包括若干基本逻辑运算。运算器中的数据取自内存，运算结果送至内存，运算器的运行由控制器统一控制。

3. 存储器

存储器是计算机中存放程序和数据的地方，并根据命令提供给有关部分使用。在存储器中，数据是以二进制的形式存储的。存储器系统包括主存储器（内存储器）、辅助存储器（外存储器）和高速缓冲存储器（Cache）。

4. 输入设备

输入设备的主要作用是把程序和数据等信息转换成计算机所适用的编码，并顺序送往内存。常见的输入设备有键盘、鼠标器、扫描仪等。

5. 输出设备

输出设备的主要作用是把计算机处理的数据、计算结果等内部信息按人们要求的形式输出。常见的输出设备有显示器、打印机、绘图仪等。输入设备和输出设备通称为计算机的外部设备。随着多媒体技术的迅速发展，各种类型的音频、视频设备都已列入了计算机外部设备的名单。

2.1.4 计算机软件系统

计算机软件就是一些程序的集合。这些程序有的用来支持计算机工作和扩大计算机的功能，有的则专为某些具体问题而编制，如管理信息系统。由于这些程序既看不着也摸不着，故称为"软件"。

计算机软件可以分为两类：系统软件和应用软件，如图2-5所示。系统软件主要依赖于制造商提供的计算机硬件系统，不同类别的硬件系统可能具有不同的

```
                          计算机软件
          ┌──────────────────┴──────────────────┐
       系统软件                              应用软件
   ┌──────┼──────┐                    ┌───────┴───────┐
系统管理程序软件  系统支持软件  系统开发程序    通用应用程序系统软件  专业应用程序

 操作系统      系统应用程序   程序设计语言    文字处理软件      财务会计
 数据库管理系统  安全管理器    翻译器        电子表格        ERP
 通信管理系统              程序设计环境     通讯软件        CRM
                        CASE工具       绘图软件
```

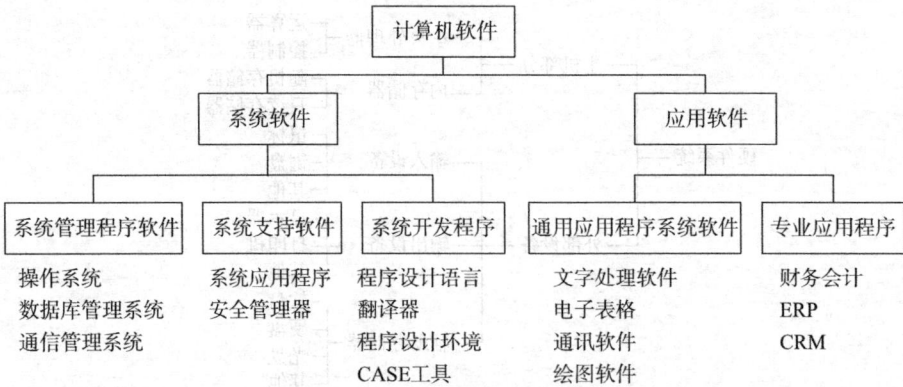

图2-5 计算机软件分类

系统软件。对于信息系统用户而言，系统软件和应用软件都是应该掌握的软件系统。

1. 系统软件

当计算机运行时，管理和支持计算机系统资源及操作的程序，称为系统软件。系统软件主要包括各种语言的汇编、解释或编译系统，如计算机监控、调试、故障检测程序，数据库管理程序，操作系统和网络通信管理程序等。根据所完成的功能不同系统软件主要分为以下四类：

（1）操作系统

操作系统是管理和控制计算机资源的一组程序，这些资源包括CPU、外部设备、内存和辅助存储器。操作系统的基本目的是最大化计算机系统的生产率、最小化操作过程用户的干预和向用户提供最有效的操作方式。目前最常用的操作系统有Microsoft的Windows系列，Apple的Macintosh OS，Hp UX，SUN Solaris、Linux和IBM-AIX等。

（2）语言处理程序

这类程序主要指帮助用户开发信息系统的应用程序。它是将各种程序设计语言所编写的程序，翻译成计算机的机器语言，从而被计算机执行的一种程序，主要包括各种语言解释器、编译器、程序设计工具及计算机辅助软件工程包。

（3）数据库管理系统

数据库管理系统是一类软件，该软件系统帮助组织开发、使用和维护组织的数据，并能很容易地抽取这些数据，形成报告信息。采用结构化查询语言（Structured Query Language，SQL），不编程就可查询数据库的数据，许多程序设计语言都支持内嵌的SQL。

（4）通信管理器软件

通信管理器软件提供了控制各种通信设备的能力，使得计算机能够与远离CPU的显示终端通信。

2. 应用软件

应用软件是计算机各种应用程序的总和。它的主要功能是解决一个实际问题或完成一项具体工作。这类软件一般由软件人员或计算机用户针对具体工作编制。应用分为以下两类：

（1）通用应用程序

通用应用软件包括进行数据分析、统计处理的数据处理软件，如统计分析软件包SPSS；声音、图像、文献等进行信息处理和进行信息检索的软件；模式识别和专家系统等人工智能软件；计算机辅助设计、辅助制造、决策支持系统等应用软件。

（2）专业应用程序

专业应用软件主要是针对某一方面或某些方面的需求而开发的软件，如财务核算软件就是针对会计核算业务的需要而开发的软件。

2.1.5　计算机网络与通信

计算机网络是指利用通信线路把分布在不同地理位置上的多个独立的计算机系统，通过各种通信手段，按不同的拓扑类型连接起来的一种技术，其目的就是实现广大用户对网络资源的共享。计算机网络能够提供用户共享软件、共享信息、共享外设和相互通信的能力，特别是共享处理能力。远程通信是指从一个地点向另一个地点传输电子化信息的过程。网络将各地的计算机连接在一起，从而使人们能共享与沟通信息。

计算机网络与远程通信密不可分，计算机网络支持远程通信。计算机网络通信系统是信息技术在当代商业中的一个重要组成部分，企业实现全球化战略时，将利用计算机网络通信与成千上万的顾客联系，与跨国企业组成贸易伙伴。

根据网络与企业组织的关系，可以将网络分为Internet、Intranet和Extranet。Internet就是因特网，是由许多小的网络（子网）互联而成的一个逻辑网，每个子网中连接着若干台计算机（主机）。Internet被描述成为网络的网络，连接了数以百万计的、遍布世界的、不隶属于任何组织的计算机和计算机网络。Internet以相互交流信息资源为目的，基于一些共同的协议，并通过许多路由器和公共互联网而成，是一个信息资源共享的集合。

Intranet又称为企业内部网，是Internet技术在企业内部的应用。Intranet的定义如下：它是一个基于Internet技术的企业网络基础结构，通过这个网络基础结构可以将企业系统和工作组系统整合起来协同工作。Intranet在内部网络上采用TCP/IP作为通信协议，利用Internet的Web模型作为标准信息平台，同时建立防火墙把内部网和Internet分开。当然Intranet并非一定要和Internet连接在一起，它完全可以自成一体作为一个独立的网络。Intranet服务的主要对象是企业内部员工，用以联络企业内部工作群体，促进企业内部信息沟通，提高工作效率。

Extranet英语翻译为外联网。Intranet是限于在组织内部使用的系统，Internet是向所有的用户开放的系统，而Extranet是介于两者之间的系统。Extranet的定义如下：它是一个基于Internet技术的企业网络基础结构，通过这个网络基础结构可以将企业系统、工作组系统和Internet整合起来协同工作。一个典型的Extranet就是允许一个组织与其他组织，如客户、供应商和合作伙伴连接的Intranet网络系统。组织利用Extranet网络系统，能够使客户了解组织的产品和服务细节，向客户提供产品和服务，提供电子商务解决方案，可以实现企业产品广告的发布，实现B2B电子商务，实现EDI（Electronic Data Interchange，电子数据交换），发布采购订单，接收销售订单。

2.1.6 互联网技术与应用平台

1. Apache Tomcat

Tomcat是Apache软件基金会（Apache Software Foundation）的Jakarta项目中的一个核心项目，由Apache、Sun和其他一些公司及个人共同开发而成。由于有了Sun的参与和支持，最新的Servlet和JSP规范总是能在Tomcat中得到体现，Tomcat 5支持最新的Servlet 2.4和JSP 2.0规范。因为Tomcat技术先进、性能稳定，而且是免费的，成为目前比较流行的Web应用服务器。

Tomcat服务器是一个免费的开放源代码的Web应用服务器，属于轻量级应用服务器，在中小型系统和并发访问用户不是很多的场合下被普遍使用，是开发和调试JSP程序的首选。当在一台机器上配置好Apache服务器，可利用它响应HTML（标准通用标记语言下的一个应用）页面的访问请求。实际上Tomcat部分是Apache服务器的扩展，但它是独立运行的，所以当你运行Tomcat时，它实际上是作为一个与Apache独立的进程单独运行的。

当配置正确时，Apache为HTML页面服务，而Tomcat实际上运行JSP页面和Servlet。另外，Tomcat和IIS等Web服务器一样，具有处理HTML页面的功能，另外它还是一个Servlet和JSP容器，独立的Servlet容器是Tomcat的默认模式。不过，Tomcat处理静态HTML的能力不如Apache服务器。

2. MS IIS

IIS（Internet Information Services，互联网信息服务），是由微软公司提供的基于运行Microsoft Windows的互联网基本服务。最初是Windows NT版本的可选包，随后内置在Windows 2000、Windows XP Professional和Windows Server 2003一起发行。Gopher server和FTP server全部包容在里面。IIS意味着能发布网页，并且由ASP（Active Server Pages）、JAVA、VBscript产生页面，具有一些扩展功能。IIS支持一些有趣的东西，像有编辑环境的界面（FRONTPAGE）、有全文检索功能的（INDEX SERVER）、有多媒体功能的（NET SHOW）。其次，IIS是随Windows NT Server 4.0一起提供的文件和应用程序服务器，是在Windows NT Server上建立Internet服务器的基本组件。它与Windows NT Server完全集成，允许使用Windows NT Server内置的安全性以及NTFS文件系统建立强大灵活的Internet/Intranet站点。IIS（Internet Information Server，互联网信息服务）是一种Web（网页）服务组件，其中包括Web服务器、FTP服务器、NNTP服务器和SMTP服务器，分别用于网页浏览、文件传输、新闻服务和邮件发送等方面，它使得在网络（包括互联网和局域网）上发布信息成了一件很容易的事。

3．.NET

.NET是微软公司2000年6月推出的下一代互联网软件，它代表了一个集合、一个环境、一个可以作为平台支持下一代互联网的可编程结构。.NET是Microsoft用以创建XML Web服务的平台，该平台将信息、设备和人以一种统一的、个性化的方式联系起来。

借助于.NET平台，可以创建和使用基于XML的应用程序、进程和Web站点以及服务，它们之间可以按设计，在任何平台或智能设备上共享和组合信息与功能，以向单位和个人提供定制好的解决方案。.NET的三大核心分别是XML、Web Services、.NET基础框架。

.NET的开发平台是微软.NET战略的重中之重。.NET的开发平台包括一个用于加载和运行应用程序的软件基础架构（.NET Framework和ASP.NET）、一个集成开发环境（Visual Studio.NET）以及支持该结构的多种编程语言（VB.NET、C#等）。.NET的开发平台如图2-6所示。

图2-6 .NET开发平台

4．Java

1995年Sun公司推出Java编程语言，其风格十分接近C、C++语言，是一个纯面向对象的程序设计语言。Java编程语言是一种简单、面向对象、分布式、解释性、健壮、安全、与系统无关、可移植、高性能、多线程和动态的语言。

Java继承了C++语言面向对象技术的核心，舍弃了C++语言中容易引起错误的指针（以引用取代）、运算符重载（Operator Overloading）、多重继承（以接口取代）等特性，增加了垃圾回收器功能用于回收不再被引用的对象所占据的内存空间，使得程序员不用再为内存管理而担忧。Java又引入了泛型编程（Generic Programming）、类型安全的枚举、不定长参数和自动装/拆箱等语言特性。Java不同于一般的编译执行计算机语言和解释执行计算机语言。

它首先将源代码编译成二进制字节码（Bytecode），然后依赖各种不同平台上的虚拟机来解释执行字节码，从而实现了"一次编译、到处执行"的跨平台特性。

与传统程序不同，Sun公司在推出Java之际就将其作为一种开放的技术。全球数以万计的Java开发公司被要求所设计的Java软件必须相互兼容。"Java语言靠群体的力量而非公司的力量"是Sun公司的口号之一，这获得了广大软件开发商的认同，其与微软公司所倡导的注重精英和封闭式的模式完全不同。Java平台是基于Java语言的平台，目前非常流行，而微软公司推出了与之竞争的.NET平台以及模仿Java的C#语言。

5. Google

Google（中文名：谷歌），是一家美国的跨国科技企业，致力于互联网搜索、云计算、广告技术等领域，开发并提供大量基于互联网的产品与服务，其主要利润来自于AdWords等广告服务。Google由曾在斯坦福大学攻读理工博士的拉里·佩奇和谢尔盖·布卢姆共同创建。1998年9月4日，Google以私营公司的形式创立，设计并管理一个互联网搜索引擎"Google搜索"。Google网站则于1999年下半年启用。Google的使命是整合全球信息，使人人皆可访问并从中受益。Google是第一个被公认为全球最大的搜索引擎，在全球范围内拥有无数的用户。2015年11月4日，谷歌无人机业务主管沃斯透露，预计能在2017年推出无人机送货服务。根据业界权威机构最新发布的2015年度"世界品牌500强"，得益于美国搜索和广告业务的增长，谷歌重返榜首。

6. 百度

2000年1月1日李彦宏在中关村创建了百度公司。百度拥有中国乃至全球最为优秀的技术团队，掌握着世界上最为先进的搜索引擎技术，使百度成为中国掌握世界尖端科学核心技术的中国高科技企业，也使中国成为除美国、俄罗斯和韩国之外，全球仅有的四个拥有搜索引擎核心技术的国家之一。

从创立之初，百度便将"让人们最平等、便捷地获取信息，找到所求"作为自己的使命。成立以来，公司秉承"以用户为导向"的理念，不断坚持技术创新，致力于为用户提供"简单，可依赖"的互联网搜索产品及服务，其中包括：以网络搜索为主的功能性搜索，以贴吧为主的社区搜索，针对各区域、行业所需的垂直搜索，Mp3搜索，以及门户频道、IM等，全面覆盖了中文网络世界所有的搜索需求。

2009年，百度推出全新的框计算技术概念和百度开放平台，帮助更多优秀的第三方开发者利用互联网平台自主创新、自主创业，在大幅提升网民互联网使用体验的同时，带动了围绕用户需求进行研发的产业创新热潮，对中国互联网产业的升级和发展产生巨大的拉动效应。

随着中国互联网从PC端向移动端转型，百度也在积极围绕核心战略加大对移动和云领域的投入和布局，不断把PC领域的优势向移动领域扩展。在通过技术创新不断满足用户的移动搜索需求的同时，百度也在继续积极推动移动云生态系统的建设和发展，与产业实现共赢。

7. 阿里巴巴

阿里巴巴集团由马云于1999年在中国杭州创立。自推出让中国的小型出口商、制造商及创业者接触全球买家的首个网站以来，阿里巴巴集团不断成长，成为了网上及移动商务的全球领导者。阿里巴巴集团及其关联公司目前经营领先业界的批发平台和零售平台，以及其他多项基于互联网的业务，当中包括广告和营销服务、电子支付、云端计算和网络服务、移动解决方案等。

阿里巴巴通过旗下三个交易市场协助世界各地数以百万计的买家和供应商从事网上生意。三个网上交易市场包括：集中服务全球进出口商的国际交易市场、集中国内贸易的中国交易市场，以及透过一家联营公司经营、促进日本外销及内销的日本交易市场。

阿里巴巴也在国际交易市场上设有一个全球批发交易平台，为规模较小、需要小批量货物快速付运的买家提供服务。所有交易市场形成了一个拥有来自240多个国家和地区超过6100万名注册用户的网上社区。

2003年5月，阿里巴巴建立网上贸易市场平台——淘宝网。2004年10月，阿里巴巴投资成立支付宝公司，面向中国电子商务市场推出基于中介的安全交易服务。2012年7月23日，阿里巴巴宣布调整淘宝、一淘、天猫、聚划算、阿里国际业务、阿里小企业业务和阿里云为七大事业群，组成集团CBBS大市场。

8. Web2.0

Web2.0是相对于Web1.0的新的时代。指的是一个利用Web的平台，由用户主导而生成的内容互联网产品模式，为了区别传统由网站雇员主导生成的内容而定义为第二代互联网。Web2.0则更注重用户的交互作用，用户既是网站内容的浏览者，也是网站内容的制造者。在模式上由单纯的"读"向"写"以及"共同建设"发展；由被动地接收互联网信息向主动创造互联网信息发展，从而更加人性化。

有人说既然有了Web2.0，就会有Wed3.0。假如说Web1.0的本质是联合，那么Web2.0的本质就是互动，它让网民更多地参与信息产品的创造、传播和分享，而这个过程是有价值的。Web2.0的缺点是没有体现出网民劳动的价值，所以2.0很脆弱，缺乏商业价值。Web3.0是在Web2.0的基础上发展起来的能够更好地体现网民的劳动价值，并且能够实现价值均衡分配的一种互联网方式。Web3.0不仅是一种技术上的革新，也是以统一的通信协议，通过更加简洁的方式为用户提供更为个性化的互联网信息资讯而定制的一种技术整合。

9. 微信

微信（WeChat）是腾讯公司于2011年1月21日推出的一个为智能终端提供即时通讯服务的免费应用程序，微信支持跨通信运营商、跨操作系统平台。通过网络快速发送免费（需消耗少量网络流量）语音短信、视频、图片和文字，同时，也可以使用通过共享流媒体内容的资料和基于位置的社交插件"摇一摇"、"漂流瓶"、"朋友圈"、"公众平台"、"语音记事本"等服务插件。截止到2015年第一季度，微信已经覆盖中国90%以上的智能手机，月活跃用户达到5.49亿，用户覆盖200多个国家、超过20种语言。此外，各品牌的微信公众账号总数已经超过800万个，移动应用对接数量超过85000个，微信支付用户则达到了4亿左右。截至2013年11月注册用户量已经突破6亿，是亚洲地区最大用户群体的移动即时通讯软件。2016年2月13日，微信公布了猴年春节期间（除夕到初五）的红包整体数据，微信红包春节总收发次数达321亿次。

2.1.7 信息技术基础设施的管理

建立和管理信息技术基础设施面临着多方面的挑战：平台与技术更新、基础设施管理以及做出明智的投资决策。

1. 平台与技术更新

新应用程序、企业并购以及业务量变化都会影响到计算机的工作负荷，在规划硬件能力时必须加以考虑。使用移动计算和云计算的公司需要新政策和新程序管理这些新平台。他们需要列明在业务中使用的移动设备的清单，并设计相应的政策和工具对其进行跟踪、更新和保护，对在其上运行的数据及应用程序进行控制。采用云计算和软件即服务（SaaS）的公司需要与远程供应商签订新的协议，以确保关键应用程序的硬件和软件随时可用。

2. 基础设施管理

一般企业都设有正式的信息系统部门负责提供信息技术方面的服务，也负责企业信息技术基础设施的维护，包括硬件、软件、数据存储器和网络等设施。信息系统部门如今不再自己动手开发软件等，而是把这些工作交给专门的供应商去做，他们只负责协调、监督和管理供应商的工作。信息系统部门提倡新的经营策略与信息化的产品和服务，协调企业技术发展与有计划变革之间的关系。在企业内部，管理工作还包括决定信息技术管理是各部门自己负责还是集中管理；集中的信息系统管理与各部门的信息系统管理之间的关系；信息技术基础设施的成本在各业务部门之间应该如何分配等。

3. 明智的投资决策

信息技术基础设施是企业的一项主要投资，如果在这方面投资过多，则会导致设备闲置浪费，并有可能影响企业的业绩；而如果在这方面投资过少，则会导致某些业务难以开展。管理在信息技术基础设施方面的投资是每个企业需要认真思考的问题。与之相关的问题是，企业要投资建立自己的信息技术基础设施，还是从外部供应商租用。不管是硬件还是软件，计算平台的一个主要趋势是软件外包，是自己购买信息技术资产，还是从外部供应商租用，这一决策称为租/买选择决策。

2.2 数据管理与大数据

2.2.1 数据管理与存储

随着企业不断发展，数据处理量不断增大，对不同部门之间的数据共享提出了更高要求，从而产生了数据管理技术。数据管理技术大致经历了初级数据管理阶段、文件系统管理阶段到现在数据库管理阶段和高级数据库管理阶段的发展过程。数据库技术作为数据资源管理中的一门技术近年来得到迅速发展。数据库系统DBS（Database System）是指数据库及管理、维护和使用数据库所需要的计算机软、硬件以及操作人员的总和。数据库系统是为适应数据处理的需要而发展起来的一种较为理想的数据处理系统，也是一个为实际可运行的存储、维护和应用系统提供数据的软件系统，是存储介质、处理对象和管理系统的集合体。

数据库管理系统（Database Management System，DBMS）是由建立、管理和维护数据库的一套程序组成的非常复杂的软件系统，主要用来完成定义数据的模式、逻辑结构和存储结构；控制数据库系统的运行，控制用户的并行访问，检验数据库的安全性、保密性、完整性，实施对数据的检索、插入、删除、修改等；维护数据库的运行，记录工作日志、监视数据库性能、在性能变坏时重新组织数据库；负责数据传输等任务。

使用数据库管理系统，能够把数据组织在一个数据库中，以便让不同的应用程序存取。这种统一的组织消除了数据冗余，并且使存储在数据库中的数据独立于使用它的计算机程序。使用数据库管理系统，应用程序并不像使用传统文件系统那样直接从存储介质上取出数据，它们必须先向DBMS请求数据，然后DBMS从存储介质上抽取数据并传递给应用程序。DBMS介于应用程序和数据之间，如图2-7所示。

目前市场上数据库产品较多，它们中市场份额较大的有Oracle、Sysbase、SQL Server、DB2、Access和Foxpro等。

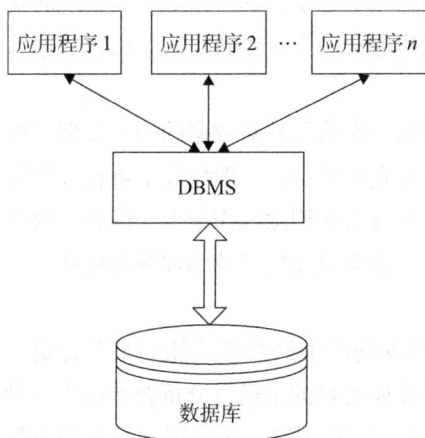

图2-7 应用程序、DBMS和数据库之间的关系

2.2.2 数据仓库

从本质上讲，设计数据仓库的初衷是为操作型系统过渡到决策支持系统提供一种工具或整个企业范围内的数据集成环境，并尝试解决数据流相关的各种问题。这些问题包括如何从传统的操作型处理系统中提取与决策主题相关的数据，如何经过转换把分散的、不一致的业务数据转换成集成的、低噪声的数据等。

数据仓库就是面向主题的（Subject-Oriented）、集成的（Integrated）、非易失的（Non-Volatile）和时变的（Time-Variant）数据集合，用以支持管理决策。数据仓库不是可以买到的产品，而是一种面向分析的数据存储方案。对于数据仓库的概念可以从两个层次理解：首先，数据仓库用于支持决策，面向分析型数据处理，不同于提高业务效率的操作型数据库；其次，数据仓库对分布在企业中的多个异构数据源集成，按照决策主题选择数据并以新的数据模型存储。此外，存储在数据仓库中的数据一般不能修改。

数据仓库主要有以下特征：

1. 面向主题

在操作型数据库中，各个业务系统可能是相互分离的。而数据仓库是面向主题的。逻辑意义上，每一个商业主题对应于企业决策包含的分析对象。操作型处理对数据的划分并不适用于决策分析。而基于主题组织的数据则不同，它们被划分为各自独立的领域，每个领域有各自的逻辑内涵但互不交叉，在抽象层次上对数据进行完整、一致和准确的描述。一些主题相关的数据通常分布在多个操作型系统中。

2. 集成性

不同操作型系统之间的数据一般是相互独立、异构的。而数据仓库中的数据是对分散的数据进行抽取、清理、转换和汇总后得到的，这样保证了数据仓库内的数据对于整个企业的一致性。这些系统内部数据的命名可能不同，数据格式也可能不同。把不同来源的数据存储到数据仓库之前，需要去除这些不一致。

3. 非易失性

操作型数据库主要服务于日常的业务操作，使得数据库需要不断地对数据实时更新，以便迅速获得当前最新数据，不至于影响正常的业务运作。在数据仓库中只要保存过去的业务数据，不需要每一笔业务都实时更新数据仓库，而是根据商业需要每隔一段时间把一批较新的数据导入数据仓库。事实上，在一个典型的数据仓库中，通常不同类型数据的更新发生的频率是不同的。例如产品属性的变化通常每个星期更新一次，地理位置上的变化通常一个月更新一次，销售数据每天更新一次。

数据非易失性主要是针对应用而言。数据仓库的用户对数据的操作大多是数据查询或比较复杂的挖掘，一旦数据进入数据仓库以后，一般情况下被较长时间保留。数据仓库中一般有大量的查询操作，但修改和删除操作很少。因此，数据经加工和集成进入数据仓库后是极少更新的，通常只需要定期的加载和更新。

4. 时变性

数据仓库包含各种粒度的历史数据。数据仓库中的数据可能与某个特定日期、星期、月份、季度或者年份有关。数据仓库的目的是通过分析企业过去一段时间业务的经营状况，挖掘其中隐藏的模式。尽管数据仓库的用户不能修改数据，但并不是说数据仓库的数据是永远不变的。分析的结果只能反映过去的情况，当业务变化后，挖掘出的模式会失去时效性。因此数据仓库的数据需要更新，以适应决策的需要。从这个角度讲，数据仓库建设是一个项目，更是一个过程。数据仓库的数据随时间的变化表现在以下几个方面。

（1）数据仓库的数据时限一般要远远长于操作型数据的数据时限。

（2）操作型系统存储的是当前数据，而数据仓库中的数据是历史数据。

（3）数据仓库中的数据是按照时间顺序追加的，它们都带有时间属性。

数据仓库主要包括数据的提取、转换与装载（ETL）、元数据、数据集市和操作数据存储等部分，常用的数据仓库结构如图2-8所示。

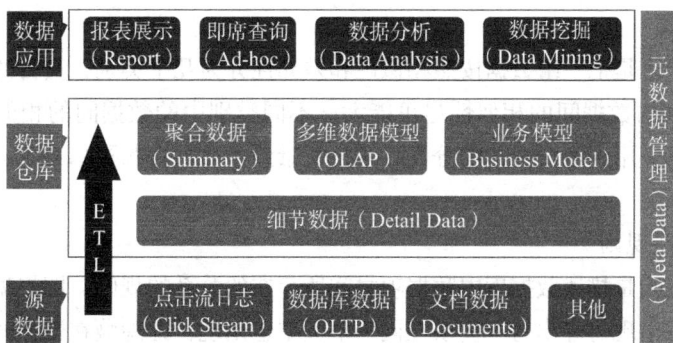

图2-8 数据仓库结构

2.2.3 数据挖掘

数据挖掘（Data Mining，DM）又称数据库中的知识发现（Knowledge Discover in Database，KDD）。数据挖掘是一种决策支持过程，它主要基于人工智能、机器学习、模式识别、统计学、数据库、可视化技术等，高度自动化地分析企业的数据，做出归纳性的推理，从中挖掘出潜在的模式，帮助决策者调整市场策略，减少风险，作出正确的决策。

数据挖掘是一种新的商业信息处理技术，其主要特点是对商业数据库中的大量业务数据进行抽取、转换、分析和其他模型化处理，从中提取辅助商业决策的关键性数据。企业数据量非常大，但其中真正有价值的信息却很少，因此从大量的数据中经过深层分析，获得有利于商业运作、提高竞争力的信息，就像从矿石中淘金一样，数据挖掘也因此而得名。

利用数据挖掘进行数据分析常用的方法主要有分类、回归分析、聚类、关联规则、特征、变化和偏差分析、Web页挖掘等，它们能够分别从不同的角度对数据进行挖掘。

1. 分类

分类是找出数据库中一组数据对象的共同特点并按照分类模式将其划分为不同的类，其目的是通过分类模型，将数据库中的数据项映射到某个给定的类别。

它可以应用到客户的分类、客户的属性和特征分析、客户满意度分析、客户的购买趋势预测等，如一个汽车零售商将客户按照对汽车的喜好划分成不同的类，这样营销人员就可以将新型汽车的广告手册直接邮寄到有这种喜好的客户手中，从而大大增加了商业机会。

2．回归分析

回归分析方法反映的是事务数据库中属性值在时间上的特征，产生一个将数据项映射到一个实值预测变量的函数，发现变量或属性间的依赖关系，其主要研究问题包括数据序列的趋势特征、数据序列的预测以及数据间的相关关系等。它可以应用到市场营销的各个方面，如客户寻求、保持和预防客户流失活动、产品生命周期分析、销售趋势预测及有针对性的促销活动等。

3．聚类

聚类分析是把一组数据按照相似性和差异性分为几个类别，其目的是使得属于同一类别的数据间的相似性尽可能大，不同类别中的数据间的相似性尽可能小。它可以应用到客户群体的分类、客户背景分析、客户购买趋势预测、市场的细分等。

4．关联规则

关联规则是描述数据库中数据项之间所存在的关系的规则，即根据一个事务中某些项的出现可导出另一些项在同一事务中也出现，即隐藏在数据间的关联或相互关系。在客户关系管理中，通过对企业的客户数据库里的大量数据进行挖掘，可以从中发现有趣的关联关系，找出影响市场营销效果的关键因素，为产品定位、定价与定制客户群，客户寻求、细分与保持，市场营销与推销，营销风险评估和诈骗预测等决策支持提供参考依据。

5．特征

特征分析是从数据库中的一组数据中提取出关于这些数据的特征式，这些特征式表达了该数据集的总体特征。如营销人员通过对客户流失因素的特征提取，可以得到导致客户流失的一系列原因和主要特征，利用这些特征可以有效地预防客户的流失。

6．变化和偏差分析

偏差包括很大一类潜在有趣的知识，如分类中的反常实例，模式的例外，观察结果对期望的偏差等，其目的是寻找观察结果与参照量之间有意义的差别。在企业危机管理及其预警中，管理者更感兴趣的是那些意外规则。意外规则的挖掘可以应用到各种异常信息的发现、分析、识别、评价和预警等方面。

7．Web页挖掘

随着Internet的迅速发展及Web的全球普及，使得Web上的信息量无比丰富。通过对Web的挖掘，可以利用Web的海量数据进行分析，收集政治、经济、政策、科技、金融、各种市场、竞争对手、供求信息、客户等有关的信息，集中精力分析和处理那些对企业有重大或潜在重大影响的外部环境信息和内部经营信息，并根据分析结果找出企业管理过程中出现的各种问题和可能引起危机的先兆，以便识别、分析、评价和管理危机。

2.2.4　大数据

大数据（Big Data）指无法在可承受的时间范围内用常规软件工具进行捕捉、管理和处理的数据集合，是需要新处理模式才能具有更强的决策力、洞察发现力和流程优化能力的海量、高增长率和多样化的信息资产。

麦肯锡全球研究所给出的定义是：一种规模大到在获取、存储、管理、分析方面大大超出了传统数据库软件工具能力范围的数据集合，具有海量的数据规模、快速的数据流转、多样的数据类型和价值密度低四大特征。

大数据技术的战略意义不在于掌握庞大的数据信息，而在于对这些有意义的数据进行专业化处理。换言之，如果把大数据比作一种产业，那么这种产业实现盈利的关键，在于提高对数据的"加工能力"，通过"加工"实现数据的"增值"。

现在的社会是高速发展，科技发达，信息流通快，人们之间的交流越来越密切，生活也越来越方便，大数据就是这个时代的产物。阿里巴巴创办人马云在一次演讲中提到，未来的时代将不是IT时代，而是DT的时代，DT就是Data Technology（数据科技），这说明了大数据对于阿里巴巴集团来说举足轻重。大数据并不在"大"，而在于"有用"。价值含量、挖掘成本比数量更为重要。对于很多行业而言，如何利用这些大规模数据是赢得竞争的关键。

大数据的价值体现在以下几个方面：①对大量消费者提供产品或服务的企业可以利用大数据进行精准营销；②做小而美模式的中长尾企业可以利用大数据做服务转型；③面临互联网压力之下必须转型的传统企业需要与时俱进充分利用大数据的价值。

2.2.5　地理信息系统

地理信息系统（Geography Information System，GIS）是一个能够获取、存储、管理、查询、模拟和分析地理信息的计算机系统。GIS在分析处理问题中使用了空间数据和属性数据，并通过数据库管理系统将两者联系在一起共同管理、分析和应用，提供数据更新的手段，便于用户查询、浏览、统计和分析，使地图可以与数据库中的表格实现真正意义上的融合，是图、文、表监控一体化的重要技术基础。

管理信息系统只有属性数据库的管理，即使存储了图形，也往往以文件等机械形式存储，不能进行有关空间数据的操作，如空间查询、检索及缓冲区分析等，更无法进行复杂的分析。由于物业对地理空间有较大的依赖性，GIS能够将物业管理所涉及的空间信息和属性信息进行有机的组织，并提供数据更新的手段，便于用户查询、浏览、统计和分析。

因此，采用GIS技术建立物业管理信息系统作为一种能科学地管理和综合地分析具有空间内涵的地理数据，能提供对管理和决策所需要信息的综合性技术系统，是有效地解决大型管理工作的先进的技术工具，可以实现物业管理的可视化和科学化。

2.3 移动计算技术

2.3.1 移动计算概念

移动计算是随着移动通信、互联网、数据库、分布式计算等技术的发展而兴起的新技术，是分布式计算在移动通信环境下的扩展与延伸。移动计算是节点处在移动或者非预定状态下的网络计算技术。移动计算技术将使计算机或其他信息智能终端设备在无线环境下实现数据传输及资源共享。它的作用是将有用、准确、及时的信息提供给任何时间、任何地点的任何客户。

移动计算是一种新型的技术，它使得计算机或其他信息设备在没有与固定的物理连接设备相连的情况下传输数据。新工作空间（New Workplace）模式的出现促使移动计算、嵌入式应用成为当前数据库应用领域新的增长点。

新工作空间指由于业务需要，流动工作的人员需要的新型配套设备。新工作空间解决方案支持新的终端用户角色：数据挖掘者（Data Miner，即需要对信息进行大量和快速访问的人员）；作业拥有者（Job Owner，即控制作业单元的所有任务的工程技术人员）；以及移动的和灵活机动的人员（Mobile and Flexible Employee，即工作地点经常变动的工作人员）。

因特网为信息传递、数据交互提供了一种无处不在的便捷方法。许多人由于业务需要，工作地点不断地变动，于是就要求信息服务部门提供新工作空间。这种新的工作模式与Web相结合，给市场带来了新的机遇。它能够提供基于Web的适用于移动、分散、随机接入等应用场合的数据服务。典型的新工作空间环境已经不仅包括PC和膝上电脑，也包括已经存在的原有设备（机械装置、仪器、传感器和其他离散数据采集设备）和新设备（传呼机、手持/Palm设备和移动电话）。

2.3.2 移动信息融合

信息融合又称数据融合，也可以称为传感器信息融合或多传感器信息融合，是一个对从单个和多个信息源获取的数据和信息进行关联、相关和综合，以获得精确的位置和身份估计，以及对态势和威胁及其重要程度进行全面及时评估的信息处理过程。该过程是对其估计、评估和额外信息源需求评价的一个持续精练（Refinement）过程，同时也是一个信息处理过程不断自我修正的过程，以获得结果的改善。

物业管理信息系统通过各种移动设备获取管理所需的数据，并利用信息融合技术对这些数据进行关联、相关和综合，对其重要程度进行全面及时评估，进而提取出最有价值的信息，用于管理和决策。移动信息融合的应用可以为物业管理提供更为人性化和精细化的服务，提高物业服务企业的服务效率和服务水平。

2.3.3 移动计算平台

1. 基于移动Agent的移动计算

移动Agent是一类特殊的软件Agent，它除了具有软件Agent的基本特性——自治性、响应性、主动性和推理性外，还具有移动性，即它可以在网络上从一台主机自主地移动到另一台主机，代表用户完成指定的任务。使用移动Agent来完成移动计算过程的计算模型称为基于移动Agent的移动计算模型。移动Agent可以减少网络流量、平衡网络负载，更重要的是它能够提供大量功能更强、形式更为丰富多样的服务。移动Agent技术具有很大的应用价值，其应用领域包括移动计算、分布式信息检索、网络管理、电子商务、信息发布等。

2. 基于双代理结构的移动计算

基于代理的移动计算模型通过过滤HTML文件（如简化页面格式、根据客户端的配置转换并发送相应分辨率的图像等）较好地解决了硬件限制问题。然而该模型并没有改进传输效率、优化通信，而且往往要求客户端浏览器改动代码以适应其传输格式。为此在三层计算模型基础上提出了浏览器/代理/智能代理/服务器的三层半计算模型（简称双代理，Broker-Agent）。

3. 基于广域网的移动计算

广域网是分成许多区域的，每个区域内部是通过高速的局域网连接，而各个区域之间是通过低速的广域网相连。该模型就是当移动用户在各个区域之间移动时，能够实现资源和服务的无缝迁移。在基于移动Agent的普适计算系统中，服务的迁移是通过Agent代码的迁移实现的，这不仅解决了广域网中资源迁移的问题，还减少了网络通信，特别是广域网的通信。

2.3.4 移动应用

移动计算不仅将人们从办公室中解放出来，而且还将让工作更轻松更有效。通过随时访问数据，可以作出更明智的决策，与同事保持经常性的联系，并掌握重要信息。移动计算的灵活性可直接影响工作满意度，借助于带有迅驰移动计算技术的网络，可以灵活地开展工作而不必非得在办公室的电脑前完成工作。移动计算可以用于移动办公、移动电子商务、移动教育、移动休闲与娱乐、军事应用等。

2.4 物联网技术

2.4.1 物联网概念

物联网（IoT）是利用射频识别（RFID）装置、各种传感器、全球定位系统（GPS）、激光扫描器等各种不同装置、嵌入式软硬件系统，以及现代网络及无线通信、分布式数据处理等诸多技术，实时监测、感知、采集网络分布区域内的各种环境或监测对象的信息，实现包括物与物、人与物之间的互相连接，并且与互联网结合，形成了一个巨大信息网络系统。

物联网是新一代信息技术的重要组成部分，也是"信息化"时代的重要发展产物。顾名思义，物联网就是物物相连的互联网。利用局部网络或互联网等通信技术把传感器、控制器、机器、人员和物等通过新的方式联在一起，实现人与物、物与物相联，形成信息化、远程管理控制和智能化的网络。这有两层意思：其一，物联网的核心和基础仍然是互联网，是在互联网基础上的延伸和扩展的网络；其二，其用户端延伸和扩展到了任何物品与物品之间，进行信息交换和通信。物联网通过智能感知、识别技术与普适计算等通信感知技术，广泛应用于网络的融合中，因此也被称为继计算机、互联网之后世界信息产业发展的第三次浪潮，是互联网的应用拓展。

2.4.2 物联网数据融合

物联网数据融合是针对多传感器系统而提出的。在多传感器系统中，信息表现形式的多样性、数据量的巨大性、数据关系的复杂性以及要求数据处理的实时性、准确性和可靠性都已大大超出了人脑的信息综合处理能力，在这种情况下，多传感器数据融合技术应运而生。

物联网的数据特点：

1. 数据的多态性与异构性

无线传感网节点、RFID标签、M2M等设备的大量存在，使得物联网的数据呈现出极大的多态性和异构性特征。物联网中的数据有文本数据，也有图像、音频、视频等多媒体数据，它们的数据结构不可能遵循统一模式。数据既包括静态数据，也包括动态数据。

2. 数据的海量性

物联网往往是由若干个无线识别的物体彼此连接和结合形成的动态网络。海量信息的实时涌现，给数据的实时处理和后期管理带来了新的挑战。

3. 数据的时效性

无论是WSN还是RFID系统，物联网的数据采集工作是随时进行的，数据更新快，历史数据因其海量性不可能长期保存，所以系统的反应速度或响应时间是系统可靠性和实用性的关键。

因为上述特点，数据融合技术的使用，能将传感器节点采集到的大量原始数据进行各种网内处理，去除其中的冗余信息，降低数据冲突，减轻网络拥挤，从而有效地节省了能源开销，起到延长网络寿命的作用。

2.4.3 物联网平台

物联网平台原是运营商差异化竞争的重要手段，也是运营商进军物联网的最佳切入点。随着物联网的快速发展，更多不同的物联网平台应运而生，如物联网信息平台、物联网服务平台、物联网应用平台、物联网云平台、物联网公共服务平台等。物联网平台为最终客户提供更可靠、更全面的管道服务，为系统集成商提供灵活的代计费和客户服务能力，为设备制造商提供终端监控和故障定位服务，为国际化终端厂家和物流厂家提供统一的计费和网络服务，为中小应用开发者提供快速、低廉的开发工具。

如中国硅谷在线www.sinosvo.cn，作为中国物联网产业国际化交易平台，融合了生活物联网各个领域的尖端科技产品，并且通过一个平台打通了采购、交易、物流等多个环节，让普通民众足不出户就可以轻松使用到潮流、智能的物联网产品，消费体验拥有生活物联网的高品质生活。物联网作为计算机、互联网、移动通信后的又一次信息化产业浪潮，有广阔的应用前景，在我国已获得国家新兴产业战略层级的定位，将面临巨大的发展契机。

2.4.4 物联网应用

国际电信联盟于2005年的报告中曾描绘"物联网"时代的图景：当司机出现操作失误时汽车会自动报警；公文包会提醒主人忘带了什么东西；衣服会"告诉"洗衣机对颜色和水温的要求等。

物联网用途广泛，遍及智能交通、环境保护、政府工作、公共安全、平安家居、智能消防、工业监测、环境监测、路灯照明管控、景观照明管控、楼宇照明管控、广场照明管控、老人护理、个人健康、花卉栽培、水系监测、食品溯源、敌情侦查和情报搜集等多个领域。

物联网把新一代IT技术充分运用在各行各业之中，具体地说，就是把感应器嵌入和装备到电网、铁路、桥梁、隧道、公路、建筑、供水系统、大坝、油气管道等各种物体中，然后将"物联网"与现有的互联网整合起来，实现人类社会与物理系统的整合。在这个整合的网络当中，存在着能力超级强大的中心计算机群，能够对整合网络内的人员、机器、设备和基础设施实施实时的管理和控制，在此基础上，人类可以以更加精细和动态的方式管理生产和生活，达到"智慧"状态，提高资源利用率和生产力水平，改善人与自然间的关系。

2.5 云计算技术

2.5.1 云计算概念

云计算的定义有多种。现阶段广为接受的是美国国家标准与技术研究院（NIST）的定义：云计算是一种按使用量付费的模式，这种模式提供可用的、便捷的、按需的网络访问，进入可配置的计算资源共享池（资源包括网络、服务器、存储、应用软件、服务），这些资源能够被快速提供，而只需投入很少的管理工作，或与服务供应商进行很少的交互。

云计算是一种商业计算模型，它将计算任务分布在大量计算机构成的资源池上，使用户能够按需获取计算力、存储空间和信息服务。这种资源池称为"云"。"云"是一些可以自我维护和管理的虚拟计算资源，通常是一些大型服务器集群，包括计算服务器、存储服务器和宽带资源等。云计算将计算资源集中起来，并通过专门软件实现自动管理，无需人为参与。用户可以动态申请部分资源，支持各种应用程序的运转，无需为烦琐的细节而烦恼，能够更加专注于自己的业务，有利于提高效率、降低成本和技术创新。

云计算的核心理念是资源池，这与早在2002年就提出的网格计算池（Computing Pool）的概念非常相似。网格计算池将计算和存储资源虚拟成为一个可以任意组合分配的集合，池的规模可以动态扩展，分配给用户的处理能力可以动态回收重用。这种模式能够大大提高资源的利用率，提升平台的服务质量。

之所以称为"云"，是因为它在某些方面具有现实中云的特征：云一般都较大；云的规模可以动态伸缩，边界是模糊的；云在空中飘忽不定，无法也无需确定它的具体位置，但它确实存在于某处。

2.5.2 云计算平台

云计算平台也称为云平台。云计算平台可以划分为三类：以数据存储为主的存储型云平台，以数据处理为主的计算型云平台以及计算和数据存储处理兼顾的综合云计算平台。由于云计算技术范围很广，目前各大IT企业提供的云计算服务主要都是根据自身的特点和优势实现的。下面以Google、IBM、Amazon为例说明。

1. Google的云计算平台

Google的硬件条件优势，大型的数据中心、搜索引擎的支柱应用，促进了Google云计算的迅速发展。Google的云计算主要由MapReduce、Google文件系统（GFS）、BigTable组成。它们是Google内部云计算基础平台的3个主要部分。Google还构建了其他云计算组件，包括一个领域描述语言以及分布式锁服务机制等。

2. IBM"蓝云"计算平台

"蓝云"解决方案是由IBM云计算中心开发的企业级云计算解决方案。该解决方案可以对企业现有的基础架构进行整合，通过虚拟化技术和自动化技术，构建企业自己拥有的云计算中心，实现企业硬件资源和软件资源的统一管理、统一分配、统一部署、统一监控和统一备份，打破应用对资源的独占，从而帮助企业实现云计算理念。

IBM的"蓝云"计算平台是一套软、硬件平台，将Internet上使用的技术扩展到企业平台上，使得数据中心使用类似于互联网的计算环境。"蓝云"大量使用了IBM先进的大规模计算技术，结合了IBM自身的软、硬件系统以及服务技术，支持开放标准与开放源代码软件。

3. Amazon的弹性计算云

Amazon是互联网上最大的在线零售商，为了应付交易高峰，不得不购买了大量的服务器。而在大多数时间，大部分服务器闲置，造成了极大的浪费，为了合理利用空闲服务器，Amazon建立了自己的云计算平台——弹性计算云EC2（Elastic Compute Cloud），成为第一家将基础设施作为服务出售的公司。

Amazon将自己的弹性计算云建立在公司内部的大规模集群计算的平台上，而用户可以通过弹性计算云的网络界面去操作在云计算平台上运行的各个实例（Instance）。用户使用实例的付费方式由用户的使用状况决定，即用户只需为自己所使用的计算平台实例付费，运行结束后计费也随之结束。这里所说的实例即是由用户控制的完整的虚拟机运行实例。通过这种方式，用户不必自己去建立云计算平台，节省了设备与维护费用。

2.5.3 云计算应用

云计算的表现形式多种多样，简单的云计算在人们日常网络应用中随处可见，比如腾讯QQ空间提供的在线制作Flash图片，Google的搜索服务，Google Doc，Google Apps等。云计算的主要服务形式有：SaaS（Software as a Service），PaaS（Platform as a Service），IaaS（Infrastructure as a Service）。

1. 软件即服务（SaaS）

SaaS服务提供商将应用软件统一部署在自己的服务器上，用户根据需求通过互联网向厂商订购应用软件服务，服务提供商根据客户所定软件的数量、时间的长短等因素收费，并且通过浏览器向客户提供软件。这种服务模式的优势是，由服务提供商维护和管理软件、提供软件运行的硬件设施，用户只需拥有能够接入互联网的终端，即可随时随地使用软件。这种模式下，客户不再像传统模式那样花费大量资金在硬件、软件、维护人员上，只需要支付一定的租赁服务费用，通过互联网就可以享受到相应的硬件、软件和维护服务，这是网络应用最具效益的营运模式。对于小型企业来说，SaaS是采用先进技术的最好途径。

目前，Salesforce.com是提供这类服务最有名的公司，Google Doc，Google Apps和Zoho Office也属于这类服务。

2. 平台即服务（PaaS）

把开发环境作为一种服务来提供。这是一种分布式平台服务，厂商提供开发环境、服务器平台、硬件资源等服务给客户，用户在其平台基础上定制开发自己的应用程序并通过其服务器和互联网传递给其他客户。PaaS能够给企业或个人提供研发的中间平台，提供应用程序开发、数据库、应用服务器、试验、托管及应用服务。

Google App Engine，Salesforce的force.com平台，八百客的800APP是PaaS的代表产品。以Google App Engine为例，它是一个由python应用服务器群、BigTable数据库及GFS组成的平台，为开发者提供一体化主机服务器及可自动升级的在线应用服务。用户编写应用程序并在Google的基础架构上运行就可以为互联网用户提供服务，Google提供应用运行及维护所需要的平台资源。

3. 基础设施服务（IaaS）

IaaS即把厂商的由多台服务器组成的"云端"基础设施，作为计量服务提供给客户。它将内存、I/O设备、存储和计算能力整合成一个虚拟的资源池为整个业界提供所需要的存储资源和虚拟化服务器等服务。这是一种托管型硬件方式，用户付费使用厂商的硬件设施。例如Amazon Web服务（AWS），IBM的BlueCloud等均是将基础设施作为服务出租。

IaaS的优点是用户只需低成本硬件，按需租用相应计算能力和存储能力，大大降低了用户在硬件上的开销。

2.6 物业管理信息系统解决方案

2.6.1 物业管理信息系统的建立

随着信息技术的推广与信息资源的利用，管理信息化正在往深度和广度发展，并进入了管理活动与业务活动综合信息化的新阶段。管理信息化的新发展使信息管理在整个管理中的地位得到提升。

信息管理体现和渗透到管理的所有方面。在物业管理活动中，信息涉及物业的产生、交易、维护、处理过程中人与人、人与物、物与物关系处理的各种记录、文件、合同、技术说明、图纸等资料，并且这些资料因物业种类、物业业主及管理者的不同而不同。因此，数据量大，管理任务重，需要利用管理信息系统管理物业服务企业的各项业务、处理各种信息和辅助企业决策。

物业管理信息系统是专门用于物业信息的收集、传递、存储、加工、维护和使用的系统，它能实测物业及物业管理的运行状况，并具有预测、管理和辅助决策的功能，帮助物业服务企业实现其规划目标。

物业管理的类型不同，物业管理的功能也就不同，其管理业务流程也就不同。以管理业务流程为基础设计的物业管理信息系统也就具有不同的功能模块。

物业管理信息系统主要包含以下一些功能模块：空间信息管理、客户信息管理、租售管理、收费管理、安防管理、环境管理、办公管理、人事管理、工程设备管理、系统维护管理系统、其他接口系统等。

物业管理信息系统的主要任务是最大限度地利用现代信息技术、移动计算技术、数据库技术、物联网技术和云计算技术加强物业服务企业的信息管理、改善物业服务企业的管理流程和业务规范，通过对物业服务企业拥有的人力、物力、财力、设备、技术等资源的调查研究，建立统一的企业数据，加工处理并编制成各种信息资料供企业管理层进行正确的决策，从而不断提高企业的管理水平和经济效益。

2.6.2 大数据、移动计算、物联网、云计算之间的关系与融合

《互联网进化论》一书中提出"互联网的未来功能和结构将与人类大脑高度相似，也将具备互联网虚拟感觉，虚拟运动，虚拟中枢，虚拟记忆神经系统"，并绘制了一幅互联网虚拟大脑结构图。根据这一观点，大数据、云计算、物联网和移动互联网与传统互联网之间的关系如图2-9所示。由图中可以看出：

物联网对应了互联网的感觉和运动神经系统；云计算是互联网的核心硬件层和核心软件层的集合，也是互联网中枢神经系统萌芽；大数据代表了互联网的信息层（数据海洋），是互联网智慧和意识产生的基础；物联网、传统互联网、移动互联网在源源不断地向互联网大数据层汇聚数据和接收数据。

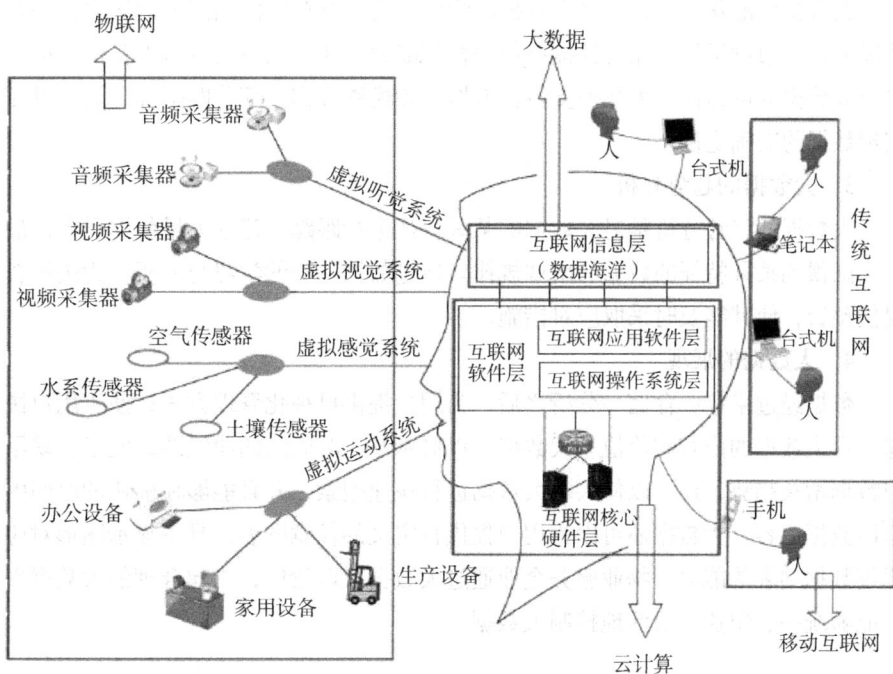

图2-9 大数据、云计算、物联网和移动互联网之间的关系（摘自《互联网进化论》一书）

物联网、移动互联网等是大数据的来源，而大数据分析则为物联网和移动互联网提供有用的分析，获取价值。云计算与大数据两者之间有很多的交集，业界主要做云的公司有谷歌、亚马逊等，他们都拥有大量大数据。大数据应用必须在云设施上运行，大数据离不开云的支持。同时，支撑大数据以及云计算的底层原则是一样的，即规模化、自动化、资源配置、自愈性。大数据的挑战不仅仅在于存储和保护，数据分析能力的强弱将成为这个时代的关键点，数据存储和保护的问题已经解决，所需要的时间并不能令人满意，海量数据分析的问题则更为严重。移动计算尽管为个人数据分析提供了更为便利的平台，但是并不能从根本上解决数据分析存在的问题。

2.6.3 基于大数据构建的物业管理信息系统

企业信息化发展到大数据阶段，亟需运用统一的大数据管控手段对所有结构化和非结构化的数据进行统一的采集、存储、搜索、分析和展现。

1．数据采集和标准化

大数据采集能够高度抽象各种不同格式的数据，并提供统一的结构化的抽象，便于进行标准化的分析和展现。大数据的采集模块分布式部署在企业各个管理部门，采集后统一标准化处理，过滤垃圾数据，减少冗余数据。大数据的标准化将不同格式的数据抽象为通用的数据模型，为数据的进一步分析处理做准备。

2．大数据的存储和搜索

经过处理的数据需要存储下来，存储主要包括3个方面，一是大数据自身，二是大数据标准化信息，三是大数据的索引。大数据存储面临巨大的压力，一般情况下，可通过增加存储硬件提高数据存储能力。通过在不同主机上备份，提高整个大数据的可靠性。大数据支持快速搜索和模糊查询、部分匹配等功能，以便实现数据的准确定位。

3．大数据的趋势分析

大数据的趋势分析是对大数据的某些特征进行跟踪，建立大量数据样本，最终逐渐得到某种特征的数据的出现规律。通过数据趋势的学习与分析，为决策者提供预警，使其能及时采取应对措施。

4．大数据的展现

数据经过采集、存储、分析之后，为用户提供可视化管理方式，便于用户快速发现大数据的内容和价值。大数据可以展示基于时间线的曲线图，便于发现用户数据增长趋势，还可以使人对大数据进行快速搜索，并且能够在极快的时间内返回数据内容。大数据还可以为用户提供自定义的任意图表，具备显示图形对应详细数据列表的能力。物业服务企业通过大数据获取价值，构建合理的大数据平台能够统一、快速、灵活地控制大数据。

2.6.4　基于移动计算构建的物业管理信息系统

基于移动计算的物业管理信息系统的主要特点是使用户可以在任何时间、任何地点获得基于所需要的管理信息服务，它实现了信息采集录入、个性化定制、信息审核与发布、信息分类检索、信息订阅、信息交换、企业主页定制、企业社区等的移动处理。其基本构成如图2-10所示，主要包括以下模块：

图2-10　基于移动计算的物业管理信息系统的基本构成

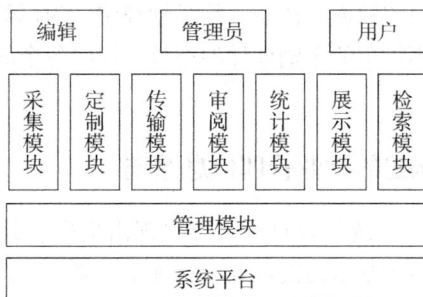

（1）信息采集模块。信息发布者无论身处何处，只要连通网站就可以发布信息，为信息及时准确地发布提供非常方便的途径。用户的信息提交以后，网站的所有相关页面都会得到自动更新。

（2）定制模块。为用户提供个人主页、企业主页定制功能，这个功能可以在不了解页面设计知识的前提下定制出符合一定要求的页面。

（3）传输模块。实现了信息在多机系统中的安全传递和在各角色间的传递，使信息的修改、审阅、发布成为可能。

（4）展示模块。根据用户的信息，以灵活多变的方式展现给最终用户，集中体现信息的不同价值和作用。

（5）审阅模式。提供操作简单的审阅功能，保证信息的准确性。在审阅的过程中可以设定是否允许更改信息。

（6）检索模块。提供信息的全文检索，并为编辑提供Internet检索以帮助其丰富所发布信息的内容。

（7）统计模块。对于已发布的信息有多种统计，以帮助网站掌握信息趋势和关注焦点。展现给最终用户的是多种形式的展示结果。

（8）管理模块。包括系统配置、用户管理、目录管理、分类管理和信息管理等。

2.6.5　基于物联网构建的物业管理信息系统

物联网通过智能感知、识别技术的融合应用，成为继计算机、互联网之后世界信息产业发展的第三次浪潮。物联网作为互联网的延伸为物业管理信息系统提供各种数字量化的收集、简单处理以及传输。而物业管理信息系统作为物联网感知数据的处理单元，对收集的各种数据进行复杂的处理、统计并按照一定的策略进行分析，以各种图表、方案的方式输出，供决策部门使用。物联网使物品和服务功能都发生了质的飞跃，这些新的功能将给使用者带来更大的效率、便利和安全，由此形成基于这些功能的新兴产业。

物联网在物业管理信息系统中的应用范围越来越广泛，为物业管理系统提供了丰富而准确的数据，它实现了三类功能的应用：智能识别功能、智能监测功能、定位跟踪功能。在物业管理信息管理系统中提供事物识别、检测和跟踪数据，为管理提供有价值的数据。例如，汽车管理中，为每辆车上安装识别、定位设备，就可以实现对不停车的车辆证件的查处，同时各个部门还可以实现信息的共享。

2.6.6 基于云计算构建的物业管理信息系统

云计算模式改变了传统的计算模式，呈现出集中、共享、自动、优化等特点。云计算平台包含三个基本层次：基础设施层、平台层和应用层。云计算基础设施层可以提供包括镜像管理、系统管理、用户管理、系统监控和账户计费等服务，通过这些服务用户可以获得基础设施层资源接口，以便在更高的层次上使用基础设施资源。云计算平台层采用多租户的系统架构，包括了运行、运营和开发这三个环境以及一系列的平台层服务。应用层是指云平台的应用集合。

物业服务企业可利用云计算技术构建统一的企业层信息技术基础设施，将原有的信息技术资源整合为服务，以供企业自身和其他企业来共享使用。通过对物业服务企业管理信息系统应用项目的总体分析，结合云计算技术的特点，规划设计物业管理信息系统云体系架构，以实现与企业运行密切相关的企业管理信息系统云方案。

本章小结

物业管理信息系统的建立离不开现代信息技术的支持，信息技术的迅猛发展为物业管理信息系统的完善和发展提供可靠的技术保障。

信息技术基础设施的发展经历了五个阶段，通用主机和微机计算阶段、个人计算机阶段、客户机/服务器阶段、企业互联网阶段和云计算阶段。今天，新技术仍然以迅猛的速度在发展，不断影响着管理信息系统的发展前景。互联网平台、数据管理技术、移动计算技术、物联网技术、云计算技术等新技术的发展，让信息系统管理的理念不断向人性化发展。移动计算技术和物联网技术提供了更为丰富的数据采集手段，数据的量极大增加，为管理的精细化提供了可能，但是也需要数据管理技术和大数据技术的支持，以便从海量数据中提取最有价值的信息。云计算改变了数据处理的方式，提供了更加方便、安全、精细的服务，在这些技术的支持下，互联网平台服务变得更加符合人们的需求。物业管理信息系统要建立在这些新技术的基础上，从而成为人性化的管理信息系统。

思考题

1. 信息技术基础设施的定义是什么，它是怎样构成的？

2. 计算机软硬件系统是如何分类的？

3. 数据仓库与数据挖掘是什么关系？

4. 地理信息系统在物业管理信息系统中有何作用？

5. 什么是移动计算？移动计算平台有哪些？

6. 什么是物联网？物联网的应用有哪些？

7. 云计算的概念是什么？云计算的应用有哪些？

8. 大数据、移动计算、物联网和云计算之间的关系与融合是什么？

9. 新一代信息技术包括哪些，如何运用到物业管理信息化建设中？

3

物业管理信息系统的开发方法

学习目的

　　了解物业管理信息系统开发的概念和开发方法的分类，理解物业管理信息系统的开发过程、原则、特点及其开发策略，在此基础上重点掌握结构化系统开发方法、原型化方法、面向对象开发方法的基本原理、开发过程、开发特点以及比较这三种开发方法的异同及其适用范围和开发工具，并根据实际情况选择合适的物业管理信息系统开发方法和开发方式。

本章要点

　　物业管理信息系统的开发过程、原则及其开发策略；结构化系统开发方法的基本原理、特点及其生命周期；原型化方法的基本原理、开发过程及特点；面向对象开发方法的基本原理、开发过程及特点；三种开发方法的优缺点及其适用范围比较；物业管理信息系统的开发方法选择。

　　物业管理信息系统的开发涉及的知识广、部门多，不仅涉及计算机技术，而且涉及管理业务、组织机构和组织行为。随着信息技术的发展，人们在长期的软件开发实践中总结出多种开发方法，虽然到目前为止，还没有一套完全有效的信息系统开发方法，但是这些方法在系统开发的不同方面和不同阶段仍然发挥了重要作用。为了保证开发工作的顺利进行，应根据物业服务企业信息化的现状、开发系统的实际情况，明确开发目标，掌握开发原则，运用有效的开发方法，使建设的物业管理信息系统经济、有效、实用。

3.1　物业管理信息系统开发概述

3.1.1　物业管理信息系统的开发过程

　　物业管理信息系统的开发是一个庞大的系统工程，对内涉及组织的内部结构、管理模式、服务和管理过程、数据的收集和处理过程等各个方面；对外涉及分包商、供应商、各级行政主管部门、金融机构、多产权用户协调以及市场分析等各个方面。面对这样一个复杂的组织机构和管理系统，我们应该如何认识、如何开发有效的管理信息系统呢？这就是系统开发认知体系所要研究的问题。

1. 从需求分析到系统开发

　　通常人们在做任何事情时，首先必须了解对象（即明确要做什么）；在了解对象以后，再开始考虑怎样去做的问题；最后才是实际动手去做这件事情的三步走的方法。这是人们从事任何一项工程时所必须遵循的一般规律。物业管理信息系统的开发当然也不能例外。物业管理信息系统的开发过程中上述三个步骤分别为：系统分析阶段；系统设计阶段；系统实施阶段，如图3-1所示。

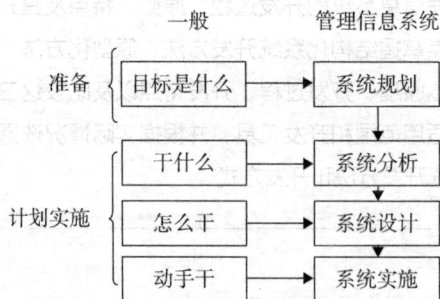

图3-1　从需求到开发

　　在传统的系统开发方法中，出于计算机软硬件设备条件所限，系统开发方法的重心向下、重点在于研究和告诉人们如何才能有效地系统设计、编程开发实现系统。

　　20世纪80年代以后，由于计算机速度越来越快，容量越来越大，应用软件的编程实现越来越容易，使得原来强调应用软件开发方法的部分不复存在，原来开发方法中强调的一些技巧和手段已经没有了存在的必要。于是，系统开发力法的重心开始往前移。人们逐步发现系统调查和需求分析才是系统开发过程中最费时、最费力、工作量最大，而且是目前各类软件工具都无法替代的环节，见表3-1。自20世纪80年代中后期以来，用什么样的系统开发认知方法体系来指导人们进行系统调查和系统分析工作成了管理信息系统开发方法研究的重点，物业管理信息系统的开发也不例外。

开发过程中各环节所占比重　　　　　　　　表3-1

阶段	调查	分析	设计	实施
工作量	>30%	>40%	<20%	<10%

2. 系统分析认知方法体系

要想调查、分析、了解进而设计、开发一个适用的系统，首先必须从指导思想上确定如何去做的问题。只有这样才能尽快地了解对象、抓住问题的实质，进而合理地开发出物业管理信息系统。

要想了解一个系统，就必须调查研究。这说起来容易，做起来就难。因为一个大型的系统往往头绪众多，涉及事物的方方面面，而且很多还被一些表面现象掩盖着，很难一下子就能接触和了解到它们的本质。那么应该如何展开系统调查和分析工作呢？

（1）系统分析法

系统分析方法是以系统的观点和系统工程的方法与原理来分析事物的。它的具体做法是对系统开发过程中的每一步都严格按照先整体后局部，从一般到特殊的原则进行。系统分析方法的具体内容可以简单地用下式表示：

系统分析=自顶向下+系统划分+关系结构（其中：自顶向下=先整体后局部+在整体最优下考虑局部）

系统划分=层次化+模块化

关系结构=系统结构+相关关系

（2）功能分析法

功能分析法是以对实际管理功能进行详细的分析基础之上来了解和规范被分析对象的。它的具体做法是对系统调查所得到的资料，按管理功能进行分解，以了解每一个功能的作用、结构和内部处理细节。然后再对其进行优化处理。功能分析法可以简单地表示为：

功能分析=结构划分+功能分解+功能规范化（其中：结构划分=层次化+管理功能结构）

功能分解=业务过程+处理功能+子功能+功能接口

功能规范化=规范功能行为+优化处理过程

（3）数据流程法

数据流程法是以数据在实际管理业务中的流动和处理过程来分析问题的。数据流程法以数据为主要对象，通过系统调查的资料，对实际管理业务中的数据流程进行分析，最终以数据指标和数据流程图的方式将它们规范化地确定下来。分析包括：了解业务流程、理顺数据流程和优化处理方法。数据流程法可简单地表示为：

1）数据流程分析=数据流程+指标体系+处理过程（其中：数据流程=业务过程+层次结构+数据流程图）；

2）指标体系=数据字典+管理指标+关系结构；

3）处理过程=处理方法+结构模式+分析模型。

（4）信息模拟法

信息模拟法是以机器模拟数据在实际管理业务中的作用而进行分析的方法。信息模拟方法将事物分解成若干个实体，着重分析其信息属性和相互关系。目前信息模拟法的主要工具是实体关系图。实体是指客观存在并且可以相互区别的"事务"，如一个学生、一本书等，关系则是指实体间的联系，如书与学生的联系。信息模拟方法可简单地表示为：

1）信息模拟分析=结构划分+实体划分+关系（其中：结构划分=实体的分层结构+指标的分层结构）；

2）实体划分=实体抽象+属性指标；

3）关系=数据关系+实体关系。

（5）抽象对象法

抽象对象法是信息模拟方法的进一步发展。在这里对象已不再是对事物本身的直接表述，而是事物运行方式、处理方法的属性值的一种抽象表述。抽象对象分析法就是要在系统调查资料的基础上，进行分类、整体和抽象。抽象对象分析法所要确定的内容可简单地表示为：

1）抽象对象分析=对象+类+继承+消息通信（其中：对象=实体+属性+关系+结构类=对象+子类+类+超类）；

2）继承=特化+泛化+继承集合运算；

3）消息通信=信息联系+方法+处理模型。

（6）模拟渐进法

模拟渐进法是以系统模拟和不断修改完善来完成分析和了解对象的过程。它的具体做法是在调查的基础上，基于系统开发工具立刻模拟出一个系统原型，然后与用户一道来不断修改和评价这个原型，直到双方满意为止。模拟渐进法可以简单地表示为：

1）模拟渐进法=模拟原型+评价修正+系统规范化（其中：模拟原型=归纳用户需求+原型开发）；

2）评价修正=原型运行+用户评价+修正原型+过程循环；

3）系统规范化=确定处理内容+功能规范+系统优化+程序和文档规范化。

3．系统实现

（1）编码

进入编码工作之后，可能会发现前面分析或设计阶段的某些错误，这时应返回到前面的阶段进行必要的修改。

这个过程既是实现功能的过程，也是检验前面设计是否可行的阶段。

如果在分析需求和系统设计阶段做得充分，则在实现的编码阶段就少出错，更符合用户需求和架构设计，产品也就越完善。

（2）测试

用正常数据、异常数据分别对软件严格地进行测试。

这步是系统的调试阶段，检验软件是否有异常，功能模块是否工作正常。它是软件开发后期保证软件质量的重要步骤。

3.1.2　物业管理信息系统的开发原则

物业管理信息系统的开发要遵循以下原则：

1．系统性原则

物业管理信息系统作为一个物业服务企业进行信息管理的系统，有鲜明的整体性、综合性、层次性和目的性，它由多个子系统集成，并与企业的管理活动和组织职能相互联系、相互协调，各子系统既相互独立又相互关联。因此，系统的建设要注重功能和数据的整体性、系统性。

2．可扩展性

这是系统建设必须遵循的原则。房地产业的快速发展，信息技术的不断更新、法规的不断健全，使得物业服务企业的管理模式、管理手段、管理水平以及战略思想不断更新。因此，系统设计既要能够满足目前企业内部各层管理者的需求，还要能够适用不断变化的新环境的需求，包括未来业务增长，信息技术更新等。要对环境有适应能力，就必须提高物业管理信息系统各子系统的独立性，减少子系统之间的依赖性，使系统便于扩展，如财务系统接口、网络协议接口等。

3．经济性原则

物业管理信息系统是物业服务企业的子系统，这个子系统在企业里的生死存亡，关键不在于它的技术有多先进，界面多么好看，可以应付或通过什么检查，可以充当什么道具，为多少人晋升职称创造了条件，而在于它是否在提高物业服务企业的办事效率，提高物业服务企业对市场的响应速度，为物业服务企业整合资源、节约资源、降低成本、提高效益方面发挥作用。管理信息系统在中国蓬勃发展，国外的许多软件公司如德国的SAP、荷兰的BAAN、美国的JDE、Oracle等，纷纷在中国设立机构，占领中国的市场；应运而生的中国软件公司也如雨后春笋般生长起来，成为一道亮丽的风景线。

企业的任何行为都是为了创造经济效益以及社会效益，因此，管理信息系统建设也不例外。据资料统计，一个合资企业由于其母公司管理信息系统建设得很早，我们发现该中国子公司的MRP用的仍是网状数据库，版本也较旧，但是他们几乎一切业务都"依赖"计算机完成，管理效果不错，且系统管理员也感觉良好。另一个企业建了一套相当先进的系统，也把这个系统管理得很有水平，但是该系统在企业运作中未担当主力，系统投资成了一笔不小的负担。作为一个发展中的低营利物业服务企业，进行物业管理信息系统建设，在提高物业服务企业的管理水平、增强企业竞争力、实现经济目标的同时，还要考虑经济利益、成本的费用开支，不去盲目追求先进的技术，要体现经济实用性。

4．持续性原则

物业服务企业管理水平、经营效益的提高是长期的、不断的，因此，与之相适应的物业管理信息系统的建设也是一个长期的、不断的过程，要从发展和变化的角度看待物业管理信息系统的建设。急功近利，一劳永逸，企图一次性把物业管理信息系统建设好的想法是非常有害的，势必影响到系统的正常建设。比如有的企业领导提出计算机配置要10年不落后，这实际上是按照一般工程建设的习惯对待物业管理信息系统建设问题，因而是错误的，也是后患无穷的。如果系统配置不从实际需要考虑，而是盲目求高求全求大，不仅不能发挥出物业管理信息系统的作用，而且随着计算机技术的更新换代，价格迅速下跌，大量的投资将化为乌有；同时，这种只顾眼前利益的做法，往往使所开发的系统不能随管理工作的变化而改动，使用一段时间后维护工作量太大，以致难以承受，甚至不得不推倒重来，使原来开发工作中的一切努力都付之东流。物业管理信息系统的建设需要大量的资金，把建成的系统推倒重来是极大的浪费。因此，急于在一次系统开发中做出突出成绩的做法是十分有害的。

5．先进性原则

物业管理信息系统的建设不能拘泥于旧的管理模式和处理过程，要根据实际情况和现代管理科学理论加以优化，关注计算机技术的发展，及时了解新技术，合理使用新技术，体现先进性。

3.1.3 物业管理信息系统的开发特点

物业管理信息系统开发的结果是一套软件产品，软件产品的生产具有以下特点：

1．技术含量高

物业管理信息系统的开发涉及多门学科：信息科学、计算机科学、通信技术、系统工程、管理科学等。对设计人员来说除了具有广博的知识、丰富的经验，更重要的是要有创新意识。不同的组织有不同的业务范围、组织机构和管理特点。物业管理信息系统的开发不能照搬老系统的管理模式，也不是简单地用计算机代替手工操作，其目的是建立起一套高效、有序、合理、先进的信息系统，全面提高管理的效率和质量，从而提高组织的竞争力。系统的开发既包括先进技术的运用，又包括先进管理思想和方法的运用。所以信息系统是高科技产品，创新是它的生命。

2．过程复杂

物业管理信息系统的服务对象是一个物业服务企业，而物业服务企业本身就是一个复杂系统。因此，物业管理信息系统的开发不仅要了解这个复杂的企业系统，还要了解企业所处外部环境。另外，系统开发阶段有大量的不同身份的人员参加，他们之间的分工合作和管理也增加了系统开发的复杂度。

3．质量要求高

系统一旦建立以来，所有的部门和各级管理人员就会对它有强烈的依赖，设计过程的一个小小错误，也有可能给组织造成巨大的损失。硬件产品的质量可以用产品标准来衡量，信息产品的质量可以从下面几个方面考虑：

用户的满意程度；系统功能的先进性、有效性、完备性；系统的经济性；系统所提供信息的准确性、有效性和实用性；开发过程的规范性等。

3.1.4　物业管理信息系统的开发策略

物业管理信息系统的开发，在很大程度上取决于系统开发人员的背景、经验和水平，可采用不同的方法、技术和途径。常采用的开发策略有"自上而下"和"自下而上"，以及两者结合的综合方法。现介绍常用开发策略。

1．"自上而下"方法

"自上而下"方法首先从物业服务企业的高层管理着手，考虑组织的目标、对象和策略，确定组织的管理信息系统模型。然后，再确定需要哪些功能保证目标的完成，从而规划出相应的业务子系统，并进行各个子系统的具体分析和设计。这种方法的通常步骤是：

（1）分析系统的整体目标，环境、资源和约束条件。

（2）确定各项主要业务处理功能和决策功能，从而得到各个子系统的分工、协调和接口。

（3）确定每一个子系统所需要的输入、输出和数据存储等。

（4）对各子系统的功能模块和数据进行进一步分析和分解。

（5）根据需要和可能，确定优先开发的子系统及数据存储等。

"自上而下"方法的整体性逻辑性较强，应用了模块分解的方法进行各个子系统的划分和功能确定。但对于一个大型系统的开发，应工作量太大而影响具体细节的考虑，致使周期变长，开发费用增加，评价标准难以确定等。

2．"自下而上"方法

"自下而上"方法则是首先从各种基本业务和数据处理入手，也就是从物业服务企业的各个基层业务子系统（如工资计算、订单处理、库存管理、维修服务等）的日常业务处理开始，进行分析和设计。这种应用子系统容易被识别、理解、开发和调试，有关的数据流和数据存储也便于确定。当下层子系统分析完成后，再进行上一层系统的分析与设计，将不同的功能和数据综合起来考虑。为了执行系统的总目标，满足管理层和决策层的需要，除增添新的功能和数据外，还要考虑一定的经济管理模型。

这种方法，是从具体的业务信息子系统逐层综合再集中到总的物业管理信息系统的分析和设计，实际上是模块组合的方法。因为在具体子系统的分析与设计中，不能很好考虑到系统的总目标和总功能，所以在上层分析和设计时，反过来又要对下层子系统的功能和数据做较大修改和调整。该方法可根据资源情况逐步满足用户要求，边实施边见效，但其整体目标和协调性较差，因此，可能导致功能及数据的矛盾、冗余，造成返工。

3．综合方法

为了充分发挥以上两种方法的优点，人们往往将它们综合起来一起应用。首先"自上而下"地制定物业服务企业的总体信息系统实施方案，然后再"自下而上"地进行具体业务信息系统的总体设计。在总体信息系统实施方案的指导下，"自下而上"对一个个业务信息系统进行具体功能和数据的分析与分解，并逐层具体到决策层。这两种方法的结合，可以对系统进行全面的分析，可保证系统的协调和完整，能得到一个比较理想的，耗费人力、物力、时间较少的用户满意的新系统。

3.2 物业管理信息系统开发方法分类

开发物业管理信息系统的方法有很多种，常用的分类体现方法有二维分类体系方法、三维分类体系方法。

3.2.1 二维分类体系方法

二维分类体系方法是指根据二维坐标对开发方法进行分类，一维是按时间过程的特点，另一维是按关键分析要素。按时间过程可以分为生命周期法和原型法。按照关键分析要素分为面向处理、面向数据和面向对象三种方法。

（1）面向处理方法。所谓面向处理方法就是系统分析的出发点在于搞清楚系统要进行什么样的处理。这里面又分为两种，一种是面向功能的，一种是面向过程的。面向功能是由物业服务企业的职能出发，例如财务、人事、市场、物业管理部等管理功能出发。面向过程则是跨越物业服务企业职能，由企业运营流程出发，划分成一些过程进行处理分析。

（2）面向数据方法。面向数据方法首先分析企业的信息需求，建立企业的信息模型，然后建立全企业共享的数据库。

（3）面向对象方法。面向对象方法首先分析企业的一些对象，把描述对象的数据和对对象的操作放在一起，或者说对象的数据和操作内容是对外封闭的。如果多个对象可以共享某些数据和操作，共享的对象和操作就构成了对象类。系统开发方法可以参考图3-2。

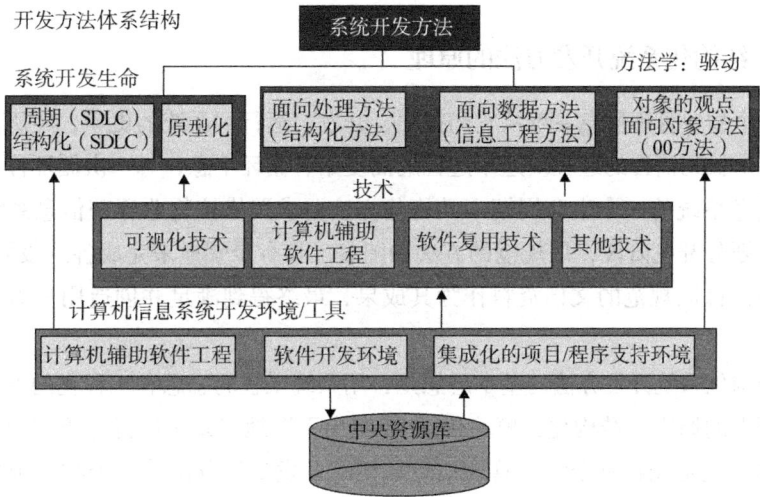

图3-2 系统开发
方法体系结构图

3.2.2 三维分类体系方法

三维分类体系方法把开发环境/工具看成是用于支持系统生命周期、开发方法学和技术的应用系统，其分类体系如图3-3所示。

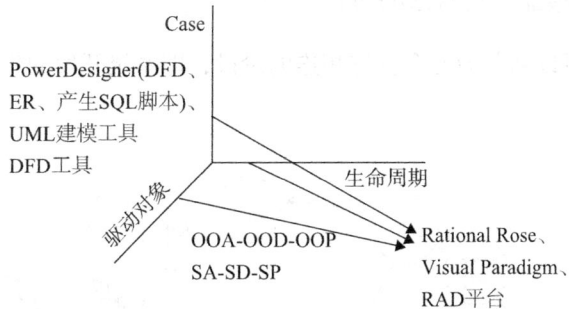

图3-3 系统开发
方法的三维体系
结构

这些方法在物业管理信息系统开发的不同方面和不同阶段各有所长又各有所短，结合具体系统及其环境条件，用其长而避其短，就能高效、经济、实用地开发物业管理信息系统。

下面我们介绍结构化系统开发方法、原型化方法和面向对象的开发方法。

3.3 结构化系统开发方法

结构化系统开发方法是面向处理和生命周期方法的结合。它是迄今为止开发方法中应用最普遍、最成熟的一种，在物业管理信息系统开发领域，结构化系统开发方法应用也是最广泛的。

3.3.1 结构化系统开发方法的原理

一个物业管理信息系统从它的提出、开发、运行到系统的更新，经历了一个孕育、生长到消亡的过程。这个过程周而复始、循环不息，每一次循环称为物业管理信息系统的一个生命周期。结构化方法要求严格按物业管理信息系统的生命周期划分开发阶段，用规范的方法和图表工具有步骤地来完成各阶段的工作，每个阶段都以规范的文档资料作为其成果，最终得到满足并创造用户需求的新系统。

结构化系统开发方法的基本思想是：用系统工程的思想和工程化的方法，按用户至上的原则，结构化，模块化，"自上向下"地对系统进行分析和设计。具体来说，就是先将整个物业管理信息系统的开发过程分出若干个相对独立的阶段，通常分为系统规划、系统分析、系统设计、系统实施和系统运行等阶段。每一个阶段都有明确的工作任务和目标以及预期要达到的阶段性成果，以便于计划和控制进度，有条不紊地协调各方面的工作。各阶段都要求写出完整而准确的文档资料，作为下一阶段开发工作的依据。在实际开发应用过程中，必须严格按照划分的工作阶段一步步展开工作。如有需要与可能可跳过某些步骤或有必要的反复，但不可打乱或颠倒之。

3.3.2 结构化系统开发方法的过程

整个系统可以划分为五个首尾相连的阶段，即系统开发的生命周期，如图3-4所示。

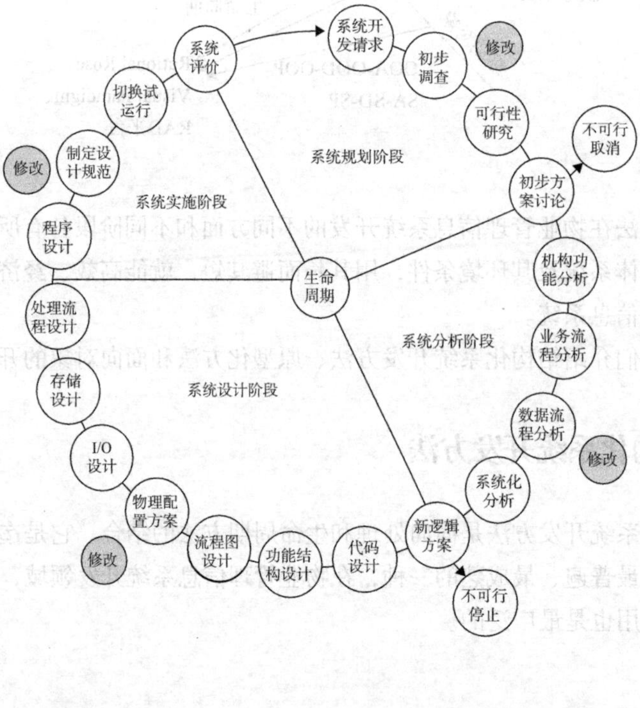

图3-4 系统开发生命周期

系统开发生命周期各阶段主要工作有：

（1）系统规划阶段

系统规划阶段是根据用户的系统开发请求，进行初步调查，明确问题，确定系统目标和总体结构，确定分阶段实施进度，然后进行可行性研究。

（2）系统分析阶段

系统分析阶段的主要任务是：分析业务流程；分析数据与数据流程；分析功能与数据之间的关系；最后提出分析处理方式和新系统逻辑方案。

（3）系统设计阶段

系统设计分成总体（概要）设计和详细（具体）设计两个阶段。其主要任务是：总体结构设计、代码设计、数据库文件设计、输入输出设计、模块结构与功能设计。与此同时根据总体设计的要求配置与安装一些设备，最终给出设计方案。

（4）系统实施阶段

系统实施阶段是新系统开发工作的最后一个阶段，是将结构化系统设计的成果变成可实际运行的系统的过程。系统实施的主要工作包括：人员培训，系统平台的建立，数据库的建立，应用程序设计与编码，程序测试与系统调试，试运行，现场布局调整与系统移入，组织机构调整，系统切换、文档整理与验收（鉴定）。

（5）系统运行阶段

系统运行阶段包括三个方面的工作：系统运行的日常管理与系统维护、系统管理和系统评价。系统评价通常每年定期进行，发生特殊情况后要及时进行。评价结果一般是提出维护要求；如果发现仅通过维护系统已无法满足用户新的需求时，就应该提出开发新的物业管理信息系统要求。这标志着旧系统生命周期的结束，新系统的诞生。这个全过程就是系统开发的生命周期。在每一阶段均有小循环，在不满足要求时，修改或返回到起点。

3.3.3 结构化系统开发的特点

结构化系统开发方法主要有以下特点：

（1）"自上而下"的系统分析与"自下而上"的系统开发相结合

在系统分析与设计时要从整体全局考虑，按照"自上而下"的原则工作。而在系统实施时，则要根据设计的要求先编制一个个具体的功能模块，然后"自下而上"逐步实施整个系统。

（2）用户至上

用户的要求是系统开发的出发点和归宿点，物业管理信息系统是为物业服务企业用户服务的，最终要交给物业管理人员使用。系统的成败取决于它是否符合用户的要求，用户是否对它满意。因此，用户要参与到系统分析与设计中来。在整个研制过程中，系统分析员应该始终与用户保持联系，充分了解用户的需求和愿望，不断让用户了解工作的进展情况，并随时从业务和用户的角度提出新的要求，从而使新系统更科学、更合理。

（3）深入调查研究

在系统设计之前，要深入实际单位，详细地调查研究，努力弄清实际业务处理过程的每一个细节，然后分析研究，制定出科学合理的新系统设计方案。

（4）严格区分工作阶段

把整个系统开发过程分为若干个阶段，每个阶段都有其明确的任务和目标及其预期要达到的阶段性成果。前一个阶段是后一个阶段的依据，只有前一个阶段完成了，才能进入到后一个阶段。

（5）充分考虑变化的情况

物业管理信息系统和物业服务企业外部环境是密切相关的，而物业服务企业外部环境是不断变化的。在系统调查和分析时对将来可能发生的变化给予充分的重视，并将这一点作为衡量设计的准则，强调所设计的系统对物业服务企业外部环境的变化具有一定的适应能力。

（6）开发成果规范化、标准化

为了保证工作的连续性，每个开发阶段的成果都要有详细的文字资料记载，要把每个步骤所考虑的情况、所出现的问题、所取得的成果完整地形成文字资料，资料格式要规范化、标准化。这些资料在开发过程中是开发人员、用户交流思想的工具，在新系统运行后是系统维护的依据。因此，开发成果描述必须简单、明确，既便于开发人员阅读和讨论，又便于用户理解。

但是，随着时间的推移，结构化生命周期法也逐步暴露出了不少的缺点，主要表现有：

（1）它的起点太低，所使用的工具（主要是手工绘制各种各样的分析设计图表）落后，致使系统开发周期过长而带来了一系列的问题，例如，组织的资源条件和竞争环境等都在不断改变，管理模式的变革和信息技术的发展都会促使系统需求发生较大的变化，因而使开发出来的系统相对滞后，缺乏适合组织竞争需要的快速反应能力。

（2）预先完整定义需求比较困难。由于要求系统开发者在早期调查中就要充分掌握用户需求、管理状况以及预见可能发生的变化，用户长期看不到实际运行的系统，无法确切表达其需求，难以真正参与。

（3）在系统分析阶段建立起来的逻辑模型到系统设计阶段建立物理模型的自动化过渡困难。

（4）文档编写工作量极大，且难以及时更新。

因此在实际开发中有一定的困难，从而催生出新的开发方法。

3.3.4 适用范围及工具

结构化系统开发方法主要应用在数据处理密集、组织相对稳定、业务处理过程规范、需求明确、大型复杂的系统等情况下，要求对系统的需求要有深刻的认识。

其建模工具有业务流程图、数据流程图、数据字典和E-R图等。

3.4　原型化方法

原型化方法是20世纪80年代随着计算机软件技术的发展，特别是在关系数据库系统、第四代程序语言和各种系统开发生成环境产生的基础上，提出的一种从设计思想、工具、手段都全新的系统开发方法。它有利于解决用户需求模糊、结构化方法开发过程中缺乏弹性、用户在短时间内希望看到系统等问题。

3.4.1　原型化方法的原理

原型化方法就是根据用户提出的需求，由用户与开发者共同确定系统的基本要求和主要功能，并在较短时间内建立一个实验性的、简单的小型系统，称作"原型"，然后将原型交给用户使用。通过实践，用户了解了未来系统的概貌，判断哪些功能符合他们的需要，哪些功能应该加强，哪些功能是多余的，哪些功能需要补充进来。开发人员根据这些意见，快速修改原型系统，然后用户再次试用修改后的原型系统，再提出修改意见，这样反复多次试用和改进，最终建立起完全符合用户需要的系统。原型化方法通常是先开发运行一个子系统或分子系统，再扩充其功能或者开发另一个相关的子系统或分子系统，并进行归集，这样自下向上地逐步得到一个较完整的物业管理信息系统。

3.4.2　原型化方法的开发过程

与结构化系统开发方法对问题需求要首先进行严格定义截然不同，原型化方法只是先了解用户的基本需求，把需求定义看成是开发人员与用户不断沟通和反复交流并逐渐达成共识的一个过程。它允许用户在开发过程中分阶段地提出更合理的要求，开发者根据用户的要求不断地对系统进行完善，其实质是一种循环迭代的开发过程。原型化方法的基本开发过程如图3-5所示。

1. **识别基本需求**

识别基本需求是为了能够设计和建立初始模型。为此必须对当前系统进行调查、与用户交互、做业务性研究，传统的需求调查方法都可采用，调查的内容主要有约束条件、系统的输入/输出、数据、功能、人-机界面、安全性、可靠性、应用范围和运行环境等。需求分析的目标是为初始模型搜集大量信息。

原型化方法与传统分析方法的主要不同是：它既不必是完整的，也不必是完善的，而只是一种"好设想"。

2. **构造初始模型**

构造初始模型是根据系统的基本需求建立原型的初始方案，以便进行讨论。

一般这个初始模型是在计算机上初步实现的信息系统，包括了数据库模型、系统功能模型，其中多种功能的屏幕和报告是系统改进的基本动力。

3．验证模型

验证系统模型的正确程度，进而提出开发新的、修改原有的功能需求。这项工作必须通过所有有关人员的检查、评价和测试。开发者要积极地鼓励所有的评论者提出修改意见和需求，同时充分解释所完成模型的合理性。这个模型应该在开发人员和广大用户的相互交流中达到完善。

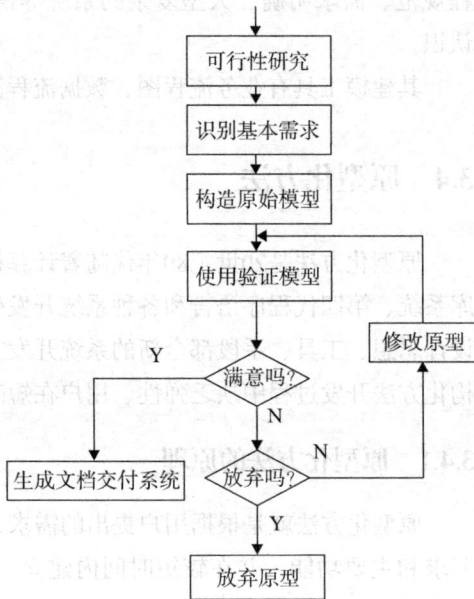

图3-5　原型化方法的开发过程

4．修改和改进原型

为了使模型与用户的愿望一致，就要对模型进行修改。大多数的修改是在现有模型的基础上进行的，为了使修改工作顺利进行，必须建立一套完整的文档资料，特别是数据字典，它不仅用以描述系统中的数据和功能，而且可以作为修改的依据。保留修改前后的两个模型和数据字典是有好处的。这不仅当用户需要时易于退回，而且并存地演示两个可供选择的对象是帮助决策的良好方式。

5．判定原型完成

对于模型来说，每一个成功的改进都会促进模型的进一步完善。实际上模型是描述功能和对最终系统的展示。判断系统是否完成是判断有关用户的各项应用需求是否已经被掌握并开发出来，这个重复周期是否可以结束。

因此根据判定结果可以有两种转向，一是继续修正和改进，二是进行详细的说明，即进入整理原型、提供文档阶段。

6．生成文档并交付使用

系统经过反复修改和验证并最终被用户所接受时，就要进行文档的整理，然后交付用户使用。生成原型文档是把原型进行整理和编号，并将其写入系统开发文档资料中，以便为下一步的运行、开发服务。原型法同结构化方法一样也必须具有一套完整的文档资料，它包括用户的需求说明、新系统的逻辑方案、系统设计说明、数据字典、系统使用说明书等，这也是系统运行维护的依据。

3.4.3　原型化方法开发的特点

从上述开发过程来看，原型化方法无论从原理到流程都是十分简单的，并无高深的理论和技术，但是与结构化系统开发相比，具有如下几个方面的特点：

（1）从认识论的角度来看，原型化方法更多地遵循了人们认识事物的规律，即循序渐进的原则，因而更容易为人们理解和接受。

（2）原型化方法将模拟的手段引入系统分析的初期阶段，沟通了人们的思想，缩短了用户和系统分析人员之间的距离，解决了结构化方法中最难于解决的一环，用户也能很快看到原型系统，从而可以尽早发现问题。

（3）充分利用了最新的软件工具，摆脱了老一套的工作方法，使系统开发的时间、费用大大地减少，提高了开发效率，节省了开发时间。

但是其面临着开发过程难于管理，对开发环境要求较高等问题。

3.4.4 使用范围及工具

1．软件支持环境

原型化方法有很多长处，有很大的推广价值。但是它的推广应用必须有一个强有力的软件支持环境作为背景。一般认为原型化方法所需要的软件支撑环境主要有：

（1）一个方便灵活的关系数据库系统（RDBS）提供设计上和存取上的方便，允许直接进行数据的模型化和简化程序开发。

（2）一个与RDBS相对应的方便灵活的数据字典，它具有存储所有实体的功能，用于存储所有系统实体的定义和控制信息。

（3）一套与RDBS相对应的快速查询系统，能支持任意非过程化的（即交互定义方式）组合条件查询，且能将查询结果保留，并和字典融为一体。

（4）一套高级的软件工具（如4GL或信息系统开发生成环境等）用以支持结构化或面向对象程序，并且允许采用交互的方式迅速地进行书写和维护，产生任意程序语言的模块。

（5）一个非过程化的报告或屏幕生成器，允许设计人员详细定义报告或屏幕输出样本。

（6）原型人员工作台：提供原型开发人员使用，具有交互功能，使用方便，并能产生反馈信息的工作站。

基于上述这些软件支持工具，"原型"可以快速生成，可以快速地测试，即可以测试新的构思，新的设想的好坏优劣。对于想法、概念、观点和要求的正确性，都可以在原型实验室中加以验证。这就是原型技术目前越来越广泛地存在于各种形式的开发活动中的主要原因。

2．适用范围

作为一种具体的开发方法，它有一定的适用范围和局限性。主要表现在：

（1）对于一个大型的系统，如果我们不经过系统分析来进行整体性划分，想要直接用屏幕来一个一个地模拟是很困难的。

（2）对于大量运算的，逻辑性较强的问题，原型法很难构造出模型来供人评价。

（3）对于基础管理不善，信息处理过程混乱的问题，使用有一定的困难。

（4）对于一个批处理系统，其大部分是内容处理过程，这时用原型方法有一定的困难。

因此原型化适用于小型、简单、处理过程比较明确、没有大量运算和逻辑处理过程的系统，它开发周期短、费用相对低、易于用户沟通。所以，目前物业服务企业采用这种方法开发系统的比较多。

原型方法是在信息系统研制过程中的一种简单的模拟方法，与人们不经分析直接编程时代以及结构化系统开发时代相比，它是人类认识信息系统开发规律道路上的"否定之否定"。它站在前者的基础之上，借助于新一代的软件工具，螺旋式地上升到了一个新的更高的起点；它"扬弃"了结构化系统开发方法的某些繁琐细节，继承了其合理的内核，是对结构化开发方法的发展和补充。

结构化方法与原型化方法的区别见表3-2。

结构化方法与原型化方法　　　　　　　　表 3-2

开发方法	开发模型	成本	需求	用户	应用范围
结构化方法	瀑布式	高	全面	难以确切表达其需求	大而复杂的系统
原型化方法	螺旋式	低	初步-全面	易沟通	小型局部系统

3.5　面向对象的开发方法

在信息系统工程中，结构化生命周期法把软件工程中重在处理过程的结构化开发方法与数据库设计中重在数据结构的实体联系方法结合起来，努力实现动态过程与静态结构的集成融合和开发阶段间的圆滑过渡，正是这种努力孕育了面向对象的基本思想和开发方法。

3.5.1　面向对象开发方法的原理

面向对象的开发方法认为，客观世界是由各种各样的对象组成的，每种对象都有各自的内部状态和运动规律，不同对象之间的相互作用和联系就构成了各种不同的系统。对象是现实世界事物的抽象，是组成世界的基本模块，对象内部有自己的静态结构（属性）和动态行为（操作）；对象之间的静态联系（关联）是相对稳定的，而其动态连接（事件驱动）则不断地改变着对象的状态，使世界千姿百态丰富多彩；对有共性的对象的抽象概括与封装把对象划分为类，而通过派生继承又得到子类，构成类层次；在整个信息系统生命周期中保持这些概念与模型不变，从而真正实现了动态过程与静态结构的完全集成融合和开发阶段间的无缝连接。

一种使用较为广泛和成熟的对象模型技术（OMT），从三个不同但相互关联的角度去建立系统模型。它们分别是：描述系统数据结构的对象模型，描述系统动态结构的状态模型，描述系统功能的数据流图模型（DFD）。

3.5.2 面向对象开发方法的开发过程

面向对象的开发方法仍被认为有面向对象分析（OOA）、面向对象设计（OOD）和面向对象实现（OOP）三个阶段。面向对象的方法在整个开发过程中使用的是同一套工具，整个开发过程实际上都是对面向对象的三种模型的建立、补充和完善，因此，面向对象的开发方法对系统分析和系统设计的界限并没有明确强调。

1. 面向对象分析（OOA）

这一阶段主要采用面向对象技术进行需求分析。面向对象分析运用以下主要原则：

（1）构造和分解相结合的原则。构造是指由基本对象组装成复杂或活动对象的过程；分解是对大粒度对象进行细化，从而完成系统模型细化的过程。

（2）抽象和具体结合的原则。抽象是指强调事务本质属性而忽略非本质细节；具体则是对必要的细节加以刻画的过程。面向对象的方法中，抽象包括数据抽象和过程抽象：数据抽象把一组数据及有关的操作封装起来，过程抽象则定义了对象间的相互作用。

（3）封装的原则。封装是指对象的各种独立外部特性与内部实现相分离，从而减少了程序间的相互依赖，有助于提高程序的可重用性。

（4）继承的原则。继承是指直接获取父类已有的性质和特征而不必再重复定义。这样，在系统开发中只需一次性说明各对象的共有属性和服务，对子类的对象只需定义其特有的属性和方法。继承的目的也是为了提高程序的可重用性。

面向对象方法构造问题空间时使用了人们认识问题的常用方法，即：

区分对象及其属性，例如区分一棵树和树的大小或位置；区分整体对象及其组成部分，例如区分一棵树和树枝，在面向对象方法中把这一构造过程称为构造分类结构；不同对象类的形成及区分，例如，所有树的类和所有石头的类的形成和区分。在面向对象方法中把这一构造过程称为组装结构。

根据上述分析的主要法则，首先利用信息模型（实体关系图等），分析阶段得到的模型是具有一定层次关系的问题空间模型，这个模型是相对有弹性，且易修改、易扩充的。技术识别出问题域中的对象实体，标识出对象间的关系，然后通过对对象的分析，确定对象属性及方法，利用属性变化规律完成对象及其关系的有关描述，并利用方法演变规律描述对象或其关系的处理。

2. 面向对象设计（OOD）

这一阶段主要利用面向对象技术进行概念设计。值得注意的是面向对象的设计与面向对象的分析使用了相同的方法，这就使得从分析到设计的转变非常自然，甚至难以区分。可以说，从OOA到OOD是一个积累型的扩充模型的过程。这种扩充使得设计变得很简单，它是从增加属性、服务开始的一种增量递进式的扩充。这一过程与结构化开发方法那种从数据流程图到结构图所发生的剧变截然不同。

一般而言，在设计阶段就是将分析阶段的各层模型化的"问题空间"逐层扩展，得到下个模型化的特定的"实现空间"。有时还要在设计阶段考虑硬件体系结构，软件体系结构，并采用各种手段（如规范化）控制因扩充而引起的数据冗余。

3．面向对象实现（OOP）

这一阶段主要是将OOD中得到的模型利用程序设计实现。具体操作包括：选择程序设计语言编程、调试、试运行等。前面两阶段得到的对象及其关系最终都必须由程序语言、数据库等技术实现，但由于在设计阶段对此有所侧重考虑，故系统实现不会受具体语言的制约，因而本阶段占整个开发周期的比重较小。

面向对象的开发方法应尽可能采用面向对象程序设计语言，一方面由于面向对象技术日趋成熟，支持这种技术的语言已成为程序设计语言的主流；另一方面，选用面向对象语言能够更容易、安全和有效地利用面向对象机制，更好地实现OOD阶段所选的模型。

3.5.3　面向对象开发方法的特点

面向对象方法是现实世界和人对现实世界认识的自然映射，具有其不可比拟的优势和发展潜力。其特点有：

（1）封装性。面向对象方法中，程序和数据是封装在一起的，对象作为一个实体，其操作隐藏在方法中，其状态由对象的"属性"来描述，并且只能通过对象中的"方法"来改变，从外界无从得知。封装性构成了面向对象方法的基础。

（2）抽象性。面向对象方法中，把从具有共同性质的实体中抽象出的事物本质特征概念，称为"类"（Class），对象是类的一个实例。类中封装了对象共有的属性和方法，通过实例化一个类创建的对象，自动具有类中规定的属性和方法。

（3）继承性。继承性是类特有的性质，类可以派生出子类，子类自动继承父类的属性与方法。这样，在定义子类时，只需说明它不同于父类的特性，从而可大大提高软件的可重用性。

（4）动态链接性。对象间的联系是通过对象间的消息传递动态建立的。

3.5.4　适用范围及工具

面向对象的方法解决了传统结构化开发方法中客观世界描述工具与软件结构的不一致性问题，缩短了开发周期，解决了从分析和设计到软件模块结构之间多次转换映射的繁杂过程，是一种很有前途的系统开发方法。用这种方法建立的系统便于维护、易于管理和拓展，但是同原型化方法一样需要一定的软件支持才可以应用，另外在大型管理信息系统开发中，若不经自上向下的整体划分，而是一开始就自下向上地采用面向对象的方法开发系统，会造成系统结构不合理、各部分关系失调等问题。所以，面向结构的方法和结构化系统开发方法仍是两种在系统开发中相互依存、不可替代的方法。

结构化开发方法与面向对象方法的区别见表3-3。

结构化方法与面向对象方法　　　　　　　　　表3-3

开发方法	本质	分析对象	CASE 工具	正确性	可扩展性
结构化方法	自顶向下逐步求精	功能/过程/数据	少	高	不好
面向对象方法	自底向上逐步归纳	对象（数据和过程封装）	多	低	好

本章小结

采用何种开发方法及开发方式进行物业管理信息系统的开发非常重要。

系统的开发方法主要有结构化系统开发、原型化和面向对象开发方法等。结构化系统开发方法强调把整个物业管理信息系统的开发过程分为系统规划、分析、设计、实施和运行等若干个相对独立的阶段，每个阶段都有明确的工作任务、目标和预期阶段性成果，以便于计划和控制进度，有条不紊地协调各方面的工作，而相互联系的各个阶段就构成了结构化系统开发方法的生命周期。原型化方法强调开发人员应尽快建立一个简洁的功能模型作为原始系统，然后和用户一起针对原型系统的运行情况反复对它修改，直到用户满意为止。面向对象的开发方法包括面向对象分析、设计和实现三个阶段，解决了传统结构化方法开发方法中客观世界描述工具与软件结构的不一致性问题，缩短了开发周期，解决了从分析和设计到软件模块结构之间多次转换映射的繁杂过程，真正实现了动态过程与静态结构的完全集成融合和开发阶段间的无缝连接。

思考题

1. "自下而上"和"自上而下"两种开发策略各有何优缺点？

2. 试述什么是结构化系统开发方法，并描述其生命周期？

3. 试述原型化方法的基本原理以及如何利用原型化进行物业管理信息系统的开发？

4. 面向对象开发方法是如何进行物业管理信息系统的开发的？

5. 如何选择适当的系统开发方法进行物业管理信息系统开发？

6. 结构化系统开发方法、原型化方法与面向对象开发方法有何异同？

4

物业管理信息系统的战略规划

学习目的

在了解战略规划、诺兰阶段模型的基础上，了解物业管理信息系统战略规划的步骤，掌握企业系统规划法、关键成功因素法、战略目标集转移法、业务流程重组等相关知识。学会初步调查的方法、原则及其调查内容，并在初步调查的基础上，提出新系统的模型，通过经济、技术、管理等可行性分析，判断其是否可行，写出可行性研究报告。

本章要点

战略规划的定义及其内容；诺兰阶段模型；物业管理信息系统战略规划的步骤；企业系统规划法、关键成功因素法、战略目标集转移法、业务流程重组等的基本原理、规划步骤；系统初步调查的原则、方法和内容；可行性研究报告。

物业管理信息系统的战略规划是从企业整体战略的角度出发，对企业信息系统中长期的任务和目标，实现方法和策略等内容所做的统筹和设计。目前物业管理行业成长迅速，物业服务企业规模扩大，组织结构日益复杂，组织系统内部及内外部之间的信息流增加，从而使得物业服务企业的管理日趋复杂化，简单的企业管理方式已经不再适应物业管理行业日益发展的需要。实力雄厚的物业服务企业纷纷着手建立或改进管理信息系统来提升企业的竞争力，但是如何结合组织的特点和建设需求，采用合适的方法做好物业管理信息系统的战略规划，已成为亟待解决的问题。

4.1 物业管理信息系统战略规划概述

4.1.1 战略规划概述

1. 战略规划的含义

战略规划是组织发展的长远计划，主要是描述企业领导者关于企业发展的一些概念的集合，包括：

（1）组织的环境。包括政治、经济、社会、技术（简称：PEST）环境；竞争对手和自身环境，应用SWOT（优势、劣势、机会、威胁）分析。

（2）组织的方向。包括组织的使命、愿景、目的。使命是组织成立的依据，是组织的根本大任，愿景是对未来向往的憧憬，目的则是靶心，是行动方向相对位置的描述。

（3）组织的目标和达到目标的战略。

2. 战略规划的特点

战略规划的有效性包括两个方面：一方面是战略正确与否，正确的战略应当做到组织资源和环境的良好匹配；另一方面是战略是否适合于该组织的管理过程，即是否匹配组织活动。一个有效的战略一般有以下特点：

（1）方向目标明确。战略规划的方向应当明确而无二义性，内容应当简明扼要，使人振奋和鼓舞，如建设世界一流大学，奔小康等。战略规划的语言描述应当坚定和简练，目标应当先进但经过努力可以达到，如十年翻一番。

（2）可执行性良好。好的战略应当是通俗的，明确的和可执行的。它应当是各级领导的向导和指南。各级领导能确切地了解战略、执行战略，并使自己的战略与企业整体战略保持一致。

（3）组织人事落实。制定战略的人也是执行战略的人，一个好的战略只有通过优秀的人员执行，才能实现。因而，战略计划要求一级级往下落实，直到把战略目标细分到个人。高层领导制定的战略一般应以方向和约束的形式告诉下级，下级接受任务，并以同样的方式告诉次下级，这样一级级的细化，做到深入人心，人人皆知，战略计划也就个人化了。

个人化的战略计划明确了每一个人在组织中的责任和地位，充分调动每一个人的积极性，激励成员努力完成自己的计划，同时增强了组织的生命力和创造性。

（4）灵活性好。一个组织的目标可能不随时间而变，但它的活动范围和组织计划的形式无时无刻不在改变。现在所制定的战略计划只是一个暂时的文件，只适用于现在，应进行周期性的校核和评审，灵活性强使之容易适应变革的需要。

3. 战略规划的内容

（1）战略规划内容的构成

1）方向与目标

方向是企业管理层对未来的一种希望，而目标是在一定时间内企业可以达到或者预期将要达到的抱负。方向与目标的确立往往是很困难的，管理者在设立方向和目标时有自己的价值观和领导风格，但又要受制于企业面临的外部环境和自身条件。而最终目标的确定往往与管理者的初衷不太一致，它通常是各方面影响因素的折中。

2）约束与政策

约束是组织自身在资源方面的限制，而政策主要是在一定环境条件下组织寻找的发展机会。面对资源约束与环境限制，管理者需要找到一些最好的活动集合，寻求发展机会与组织资源限制之间的平衡，使它们能最好地发挥组织的长处，以便最快地达到组织的目标。

3）计划与指标

这是近期的任务，计划的责任在于进行机会与资源的匹配，并把这些机会与资源的匹配细化成指标，实现最优计划。

战略规划的各个部分与管理者自身对机会的识别能力、组织现有资源的把握以及个人的价值观念等都有很大的关系。通常，战略规划的制定是平衡各方面影响因素的结果。

（2）战略规划内容的制定

战略规划的内容主要体现企业资源的机会的平衡折中，任何时候进行战略规划都要遵循此原则。

制定信息系统战略规划时要考虑并回答以下问题：

1）我们要求做什么？What do we want to do?

2）我们可以做什么？What might we do?

3）我们能够做什么？What can we do?

4）我们应该做什么？What should we do?

企业高层领导要对这些问题作出回答，首先应该正确认识企业现在和将来面临的机会和环境，其次对组织现有资源及将要拥有的资源进行评价，并在制定战略规划时考虑企业的价值观和抱负。需要注意的是，在回答问题时，不仅要考虑现在，还要想到未来。

（3）战略规划的层次

企业信息系统的战略规划一般应该包括企业级、业务级、执行级三个层次，每个级别都包含上面提到的三个要素：方向和目标、约束和政策、计划和指标。这是因为战略规划不仅仅是企业最高层的事情，在中层和基层也应该有相应的战略。

各层次要素之间的关系如图4-1所示。

图4-1 信息系统战略规划内容层级结构图

从上面结构图我们可以看出，元素1除了受企业外部环境的影响外，基本上不受其他元素的制约。它与元素4的关系是一种总目标与分目标的关系，剩下的元素都是相互关联的。例如业务级的方向与目标4与1、2、5、7都有关系，这表明，在制定业务级的信息系统战略规划内容的时候，业务经理不仅要考虑上级目标1，也要考虑企业级的约束与政策2，由4还可以引出业务级的约束与政策5；同时业务经理还需要考虑执行级有自己的目标7，并对该目标进行指挥和引导。

由于企业战略环境日益趋于模糊和动态、IT环境日益复杂，新旧技术的连接和融合问题、组织结构的复杂性，不同组织或同一组织在不同发展时期结构可能不同，使得战略规划是一项复杂的工程，企业在制定规划的时候必须认真考虑和对待。

4.1.2 管理信息系统发展的阶段论

把计算机系统应用到一个企业的管理中去，一般要经历从初级到成熟的发展阶段。美国管理信息系统专家诺兰通过对200多个公司、部门发展信息系统的实践和经验的总结，提出了著名的信息系统进化的阶段模型，即诺兰模型。诺兰认为，任何组织由手工信息系统向以计算机为基础的信息系统发展时，都存在着一条客观的发展道路和规律。数据处理的发展涉及技术的进步、应用的拓展、计划和控制策略的变化以及用户的状况四个方面。1979年，诺兰将计算机信息系统的发展道路划分为6个阶段。诺兰强调，任何组织在实现以计算机为基础的信息系统时都必须从一个阶段发展到下一个阶段，不能实现跳跃式发展。

诺兰模型的6个阶段分别是：初始阶段、传播阶段、控制阶段、集成阶段、数据管理阶段和成熟阶段。

1. 初始阶段

一个企业组织购买了第一台计算机并初步开发管理应用程序。该阶段组织引入了像管理应收账款和工资这样的数据处理系统，各个职能部门（如财务）的专家致力于发展他们自己的系统。人们对数据处理费用缺乏控制，信息系统的建立往往不讲究经济效益。虽然计算机的作用被初步认识到，个别人具有了初步使用

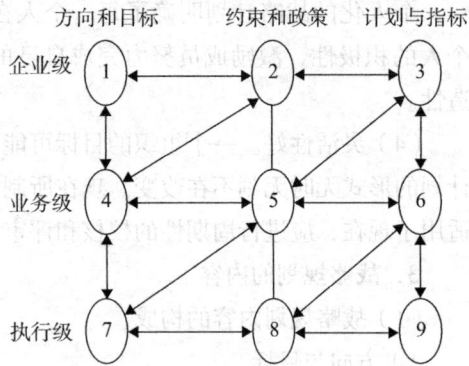

计算机的能力，但大部分用户对信息系统抱着敬而远之的态度。

2．传播阶段

在应用系统初见成效后，信息系统从少数部门扩散到多数部门，并开发了大量的应用程序，使企业部门的事务处理效率有了提高。这时，组织管理者开始关注信息系统方面投资的经济效益，但是实质的控制还不存在，而数据冗余性、不一致性、难以共享等困难的存在阻碍了信息系统进一步发挥作用。

3．控制阶段

管理部门开始认识到企业投资在计算机软硬件方面的资金大量增加，而投资的回收却不理想。出于控制数据处理费用的需要，管理者开始召集来自不同部门的用户组成委员会，以共同规划信息系统的发展。管理信息系统成为一个正式部门，以控制其内部活动，启动了项目管理计划和系统发展方法。目前的应用开始走向正规，并为将来的信息系统发展打下基础。诺兰先生认为第三阶段是企业实现从计算机管理为主到以数据库管理为主转换的关键，一般发展较为缓慢。

4．集成阶段

所谓集成，就是在计算机应用控制的基础上，按组织的统一规划，对各个子系统中的硬件进行重新布局，建立集中式的数据库及能够充分利用和管理的各种应用系统。

5．数据管理阶段

在此阶段，数据管理成为组织的重要资源。在20世纪80年代，美国尚处于第四阶段，诺兰没能对该阶段进行详细的描述。但从现在看来，数据管理阶段主要表现是信息系统开始从支持单项应用发展到在逻辑数据库支持下的综合应用。组织开始全面考察和评估信息系统建设的各种成本和效益，全面分析和解决信息系统投资中各个领域的平衡与协调问题。

6．成熟阶段

成熟阶段的信息系统，既可以满足组织中各管理层次（高层、知识管理层、中层、基层）的要求，又可以满足组织各部门的管理要求。既能适应组织对数据处理的需要，又可以满足组织对信息挖掘的需要。从而真正实现信息资源的管理。图4-2所示为诺兰模型示意图。

诺兰阶段模型总结了发达国家信息系统发展的经验和规律。一般认为模型中的各阶段都是不能跳过的。因此，无论在确定开发物业管理信息系统的策略，或者在制定物业管理信息系统战略规划的时候，都应首先明确物业服务企业当前处于哪一阶段，进而根据该阶段特征来指导物业管理信息系统的建设。

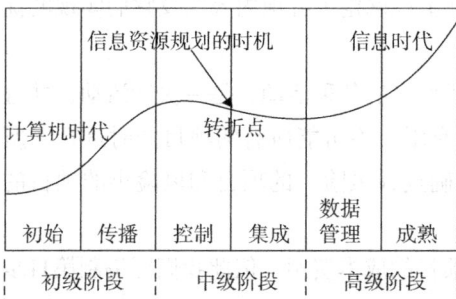

图4-2 诺兰阶段模型

4.1.3 物业管理信息系统战略规划的步骤

1. 物业管理信息系统战略规划的概念

物业管理信息系统战略规划是将物业服务企业的组织目标、支持组织目标所需要的信息、提供这些必需信息的信息系统以及这些信息系统的实施等诸要素集成的信息系统战略方案，是面向组织中物业管理信息系统发展远景的系统开发计划，是物业服务企业整体战略规划的重要部分。物业管理信息系统战略规划可以帮助物业服务企业充分利用信息系统及其潜能来规范组织内部管理，提高组织工作效率和顾客满意度，为组织获取竞争优势，实现组织的宗旨、目标和远景计划。

2. 物业管理信息系统战略规划的步骤

物业管理信息系统战略规划的内容包含甚广，由物业服务企业的总目标到各职能部门的目标，以及它们的政策和计划，直到企业信息部门的活动与发展。一个物业管理信息系统的战略规划应包括组织的战略目标、政策和约束，计划和指标的分析，管理信息系统的目标、约束、计划和指标的分析，应用系统或系统的功能结构，信息系统的组织、人员、管理和运行，信息系统的效益分析和实施计划等。物业管理信息系统战略规划分为以下步骤如图4-3所示。

第1步，规划基本问题的确定。应包括规划的年限、规划的方法，确定集中式还是分散式的规划，以及是进取还是保守的规划。

第2步，收集初始信息。收集信息的来源主要有：企业内部的各层管理人员，同行业的其他企业，企业内部的各种文件，有关方面的书籍、报纸、杂志，已有的信息系统，企业信息人员等。

第3步，现存状态的评价和识别计划约束。包括目标、系统开发方法、现有硬件、软件、设施及其质量、信息部门人员及人员经验、资金、安全措施、管理流程和标准、中长期优先顺序、物业服务企业内外部情况以及员工的思想道德状况。

第4步，设置目标。这实际上应由总经理和计算机委员会来设定。它包括服务的质量和范围、政策、组织以及人员等。它不仅包括信息系统的目标，而且应有整个企业的目标。

第5步，准备规划矩阵。这实际上是物业管理信息系统规划内容之间相互关系所组成的矩阵，这些矩阵列出后，实际上就确定了各项内容以及它们实现的优先顺序。

第6、第7、第8、第9步是识别上面所列出的各种活动，是一次性活动，并且是重复性的经常进行的活动。由于资源有限，不可能所有的项目同时进行。所以要优先选择效益大的项目先进行，正确选择风险大的项目和风险小的项目的比例。

第10步，是给定项目优先权和估计项目的成本费用。依此我们可编制第11步

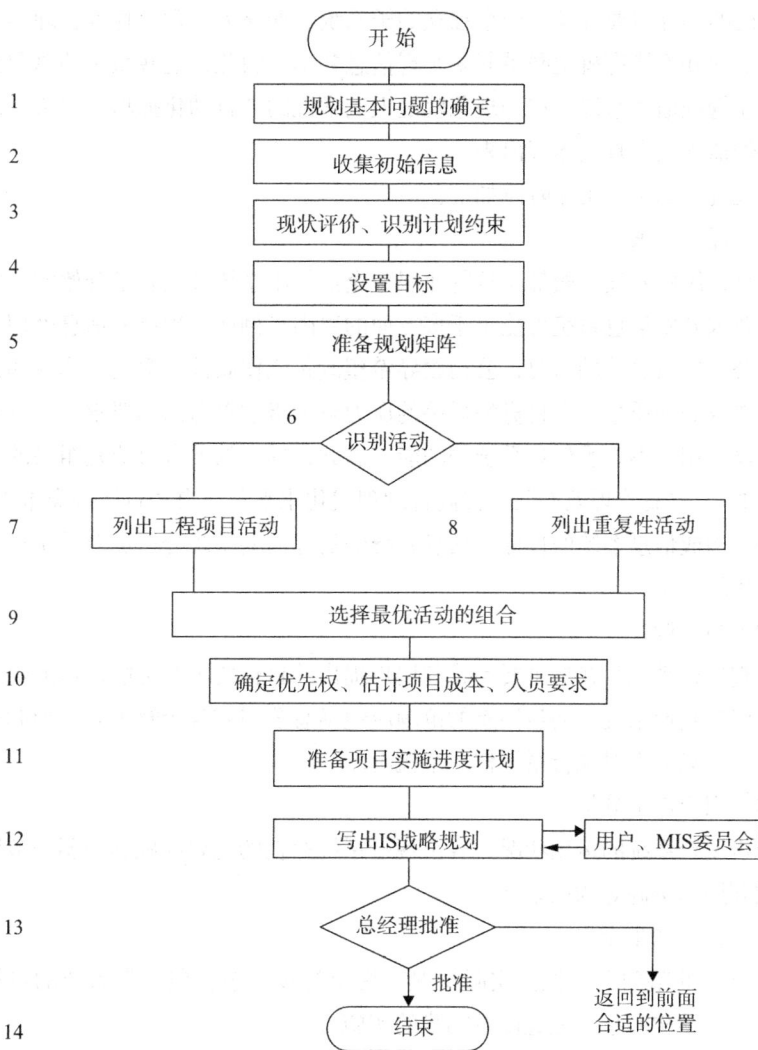

```
                    开 始
1            规划基本问题的确定
2              收集初始信息
3          现状评价、识别计划约束
4               设置目标
5              准备规划矩阵

6              识别活动
7  列出工程项目活动        8  列出重复性活动
9          选择最优活动的组合
10     确定优先权、估计项目成本、人员要求
11        准备项目实施进度计划
12      写出IS战略规划  →  用户、MIS委员会
13           总经理批准
             批准        返回到前面
14           结束        合适的位置
```

图4-3 物业管理信息系统战略规划步骤

的项目实施进度计划，然后在第12步把战略规划书写成文，在此过程中还要不断与用户、信息系统工作人员以及信息系统委员会的领导交换意见。

战略规划书要经过第13步．总经理批准才能生效，并宣告战略规划任务的完成。如果总经理没批准，只好再重新进行规划。

3．物业管理信息系统战略规划的几个阶段

系统规划是信息系统开发的第一个阶段，系统规划的目标是根据物业服务企业需求和现有的基础条件，制定出一个与企业发展相适应的、先进实用的、以计算机系统为基础的物业管理信息系统总体规划方案。系统规划要站在战略的高度，把企业作为一个有机的整体，全面考虑企业所处的环境、企业本身的潜力、企业具备的条件和企业发展的需要，规划出企业在一定时期所需建立的信息系统的蓝图。目前许多物业服务企业往往不重视信息系统的总体规划，各个业务部门根据自己的实际需要开发一个个独立的子系统，如财务管理、物资管理等，这些子系统之间并不能有机地联系起来实现信息共享，因此，这些系统的总和并不能称为物业管理信息系统。这种现象就是人们常说的"自动化孤岛"现象，信息的作用和价值并没有真正体现出来。

系统规划的主要工作阶段如下：

（1）提出要求

信息系统的开发一般都是从物业服务企业提出系统开发要求开始的。物业服务企业要求开发信息系统可能出于多方面的原因，例如：现有的信息处理手段满足不了公司经营决策的需要，公司领导希望改善工作条件、提高工作效率，从而提高工作或服务质量；来自竞争对手的压力或上级主管部门的要求；信息系统专家的建议。用户不熟悉信息系统的功能，因此，提出的要求可能是粗略的、定性的，比如："提高管理效率"、"提高管理现代化水平"、"自动打印各类报表"等，这些不能构成信息系统的目标，信息系统的目标需要系统分析员对系统进行初步调查后才能确定。

（2）初步调查

调查现行系统存在的主要问题和用户提出的目标要求及可能取得的收益。对于物业服务企业来说，初步调查的范围应包括总公司和各个管理处，但调查不需要很深入，只要求对现行系统作一个概况的描述。

（3）用户需求分析

分析现行系统的运用状况，找出现行系统存在的主要问题和薄弱环节以及系统可供利用的资源等约束条件。

（4）提出初步设想

在调查的基础上，根据实际情况，提出初步设想，包括新系统的目标、范围、功能、结构和系统配置以及初步的实施方案。

（5）可行性研究

首先分析系统开发的必要性，再从经济、技术及管理等方面分析新系统开发的可能性。当研究结果可行时才能正式进行系统分析。

4.1.4 物业管理信息系统战略规划的重要性

物业管理信息系统建设不单纯是信息工程，而是牵动企业各个层面，资金耗费大、历经时间长、技术复杂且内外多要素交叉影响的管理系统工程，没有详细科学的规划是不能取得成功的。

由于信息技术、数据库技术、网络通信技术和硬件制作工艺日新月异，其更新周期加快，而物业管理信息系统的建设周期比较长，耗资巨大的企业服务器、路由器、交换机、PC机等硬件设备、已构建的物业服务企业信息系统以及购买的各种应用软件都面临着即将被市场淘汰的风险。因此企业在搭建信息系统平台时，其投入不是一次性的，企业需要应付技术和管理市场的变化，持续不断地追加投资，才能维持本身的信息系统的能力和优势，这就需要企业在实施信息系统之初，结合企业对信息系统的需求程度，软件硬件的更新换代周期、技术和管理理念的发展趋势，详细对物业服务企业的信息系统进行战略规划，开发适应物业服务企业当前阶段，注重实效并具有一定前瞻性的物业管理信息系统。

由于机制的转换和管理内容的增加，对物业服务企业提出了新的挑战，一是服务观念的转变，增强服务意识；二是管理手段现代化，即必须利用现代先进的数据库技术、网络通信技术和信息技术来进行物业管理。这是物业管理发展的趋势要求。因为管理内容、事项的增多，组织系统的数据信息量大而繁杂，如小区的房屋管理、业主管理、维修情况记录、回访记录、用户投诉记录与满意度调查、物业费用的收缴、水电等费用的代收代缴以及月末、年末的各种财务报表等，这些工作如果再靠传统的手工工作方式，需要耗费大量的人力和物力，而且文件存档不易，资料容易丢散，查询效率不高，信息资源不能有效地为企业的决策与经营服务。手工方式难以为客户提供准确、及时、高效的服务，影响物业服务企业的总体服务形象，从而驱使企业管理者寻找更有效的企业管理办法。

在中国，物业管理行业总体信息化水平不高，缺乏成功的案例让管理者去按图索骥，理论水平不高也严重制约了物业服务企业的信息化实践。从其他行业信息化的建设经验来看，许多企业曾经为忽视管理信息系统规划付出过沉重代价，浪费了大量的经济资源和宝贵的战略时机。要避免"一把手"随断决断，避免长官意志的任意干扰，确保管理信息系统建设符合物业服务企业实践的需要，就需要在采取行动之初就进行充分的酝酿和筹划。

4.1.5 如何执行物业管理信息系统战略规划

如何实现一个已经制定好的战略规划，是战略规划的一个重要内容，这在实践中被称为战略规划的操作化。

1. 认识实现战略规划的困难

物业管理信息系统战略规划本身的特点决定了它在实施过程中存在着两个先天性的困难。

（1）一次性的特点。物业管理信息系统的战略规划是不能事先进行试验的，它是一次性的决策过程。即物业服务企业在实施战略的过程中发现战略规划制定得不成功，想要修改或重新制定战略规划，这时所造成的损失是不可挽回的。在实施战略的过程中，往往存在这样的矛盾：管理科学理论所建立的模型往往得不到物业服务企业员工的承认，他们更喜欢用自己的实践经验来实现战略规划，由于不能进行试验，所以在实施过程中往往会产生分歧。

（2）企业员工的反对。物业管理信息系统战略规划在实施过程中，可能遭到企业员工的不支持或反对。执行战略规划的人员多为企业内部人员，而规划为了适应企业经营环境的变化，不可避免地要对企业内部进行管理变革和组织变革，这些变革往往是不受企业人员欢迎的。

2. 如何有效执行物业管理信息系统战略规划

为了能有效执行物业管理信息系统战略规划，需要从以下几方面做好准备。

（1）规划活动是一项长期并连续的工作。并不是规划完了就可以停止前进，战略规划贯穿于企业信息系统的整个生命周期中。尤其是在规划实施中，会发现一些需要不断完善的地方。因此，企业需要不断"评价和控制"战略规划，不断对其作出调整。

（2）做好组织动员，获得员工支持。在这里，企业的高层领导者，也就是经理人要做许多细致的工作。让企业各个层次的人员都了解战略规划的意义，使各级管理人员均知道如何才能执行好战略规划，让执行规划的人员了解制定规划人员的思想，并巧妙化解员工的抵触情绪。

（3）激发新的战略思想。与其说企业的信息化战略规划是一个规划，不如说它是一种思想，即一种战略思想。"一叶障目，不见泰山"，在实际工作中我们经常因为事务性的工作而忽略了战略思想的重要性。在物业服务企业实施信息系统的战略规划中，我们需要有新的战略思想出现并应用到企业的信息系统中。激发员工的战略思想可以为企业带来强大的生命力。让员工做主，让他们自由交流并鼓励他们提出意见，是激发战略思想的一种行之有效的方法。

物业管理信息系统战略规划在实施过程中面临着一些先天性的困难，但是只要领会并贯彻上面所讲的内容，实施过程中遇到的困难就会迎刃而解。战略规划一旦制定，无论实现时顺利与否，都不要轻易改动，除非证明先前所制定的规划是完全错误的。

4.2 物业管理信息系统的战略规划方法

目前，已经有很多种行之有效的方法被应用到系统的总体战略规划中。这些方法主要包括：企业系统规划法、关键成功因素法、战略目标集转移法等。这些方法也适合应用于物业管理信息系统的总体战略规划中。另外还有投资回收法、成本效益法等用于企业总体规划某一阶段的方法。下面主要介绍企业系统规划法、关键成功因素法和战略目标集转移法的基本原理。

4.2.1 企业系统规划法

企业系统规划法（Business System Planning，BSP）是IBM在20世纪70年代提出的，旨在帮助企业制定信息系统的规划，以满足企业近期和长期的信息需求，它较早运用面向过程的管理思想，是现阶段影响最广的方法。

1. BSP的基本思路

管理信息系统必须要支持企业的运行，为了达到这一目的，要求所建立的信息系统支持企业目标；表达所有管理层次的要求；向企业提供一致性信息；对组织机构的变革具有适应性。实质是把企业目标转化为信息系统战略的全过程。

2．BSP的基本原则

企业系统规划法是一种能够帮助系统规划人员根据企业目标制定出管理信息系统总体战略规划的结构法方法。在使用过程主要遵循如下的原则：

（1）支持企业的战略目标

企业系统规划法从企业的战略目标出发，通过分析企业内外环境、组织机构和业务流程等情况对信息系统的需求，确定管理信息系统的战略目标，使它们与企业总体战略保持协调。

（2）满足企业各管理层的需求

在一个企业内部至少都存在三个管理层次：战略规划层、管理控制层和业务处理层，不同的活动层次有不同的信息需求。企业系统规划方法主要是建立一个合理的框架，能够满足各个不同层次的需要，特别是对企业高层管理人员决策的支持。

（3）为企业提供一致信息

信息一致性是对信息系统开发最基本的要求。由于传统的数据处理系统采取"自下而上"的开发方法，缺乏统一规划，各个业务子系统数据分割，信息冗余，数据难以保持时空的一致性，真正的数据共享难以实现，严重影响系统的效果，给管理层决策带来较大的制约。企业系统规划法采用"自上而下"的规划方法，对于数据的域定义、结构定义、记录格式和更新时间等方面都作了统一的规定，保证了整个企业数据和信息的一致性。

（4）适应组织机构和管理体制变化

企业系统规划法按照业务流程设计的思想，独立于企业的具体管理体制和组织结构，对任一企业，可以从逻辑上定义一组流程，只要企业的具体业务基本保持不变，对过程的改动就会极小。这样，提高了管理信息系统对环境的适应性。

（5）采用"自上而下"规划与"自下而上"实施相结合

企业系统规划法采用"自上而下"规划，从顶层到底层来识别系统目标、识别企业过程、进行数据分析，形成数据文件，同时采用"自下而上"分步设计系统。图4-4是BSP规划实施图。

图4-4 "自上而下"识别和分析与"自下而上"设计

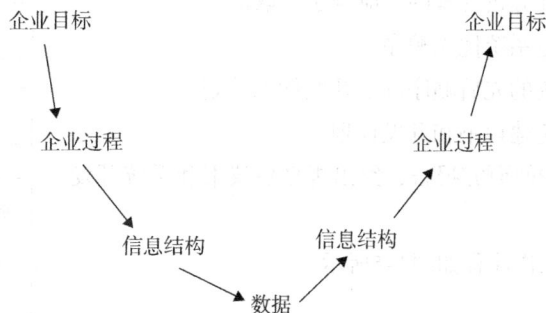

3．BSP的工作流程

（1）准备工作

准备工作主要包括接受任务和组织队伍。成立一个由最高领导牵头的委员会，由委员会明确规划的方向和范围。在委员会下设一个规划组，组长由熟悉公司业务和管理的主要领导担任，并提出工作计划。

（2）调查研究

规划组要召开动员会或讨论会，让全体研究组成员对企业现状和目标系统有一个全面的了解。主要做到明确系统的目标、期望输出的结果、研究前景以及研究目标与企业之间的关系；熟悉已经收集的资料、了解企业现状；介绍当前数据处理部门的情况，包括历史、现状、存在的问题和规划将要发生的变法。

（3）定义业务过程

定义业务过程又称企业过程，指的是对企业信息系统环境的了解。企业业务过程被定义为一组逻辑上相关的决策活动和活动的集合，这些决策和活动是管理企业资源所需要的。通过对企业业务过程的研究可以做出关系矩阵，通过关系矩阵形成信息系统的模型。定义业务过程是BSP方法的核心。

（4）定义数据类

数据类是指支持业务过程所必需的逻辑上相关的数据，定义数据类就是识别企业数据。从各项业务过程的角度将与该业务过程有关的输入输出数据按逻辑相关性整理出来并归纳成数据类。

（5）定义信息系统总体结构

定义信息系统总体结构的目的是刻画未来信息系统的框架和相应的数据类。其主要工作是划分子系统，实现工具是U/C矩阵即过程/数据类矩阵。U/C矩阵将在系统分析部分介绍。

（6）业务流程重组

业务流程重组是在业务过程定义的基础上，找出哪些过程是适应企业状况和计算机要求的，哪些过程是低效的，需要在信息技术的支持下进行优化，还有哪些过程是不适合计算机处理的，应当予以取消。

（7）确定系统优先顺序

按子系统的先后顺序制定开发优先计划。

（8）制定建议书和开发计划

完成BSP的研究报告，给出规划建议书和系统开发计划。

BSP的工作流程如图4-5所示。

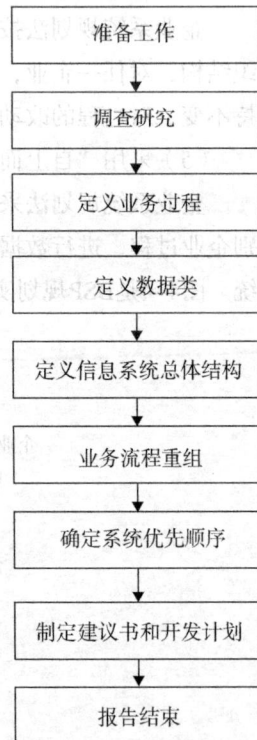

图4-5 BSP工作流程图

4.2.2 关键成功因素法

1. CSF的一般原理

1970年，哈佛大学的William Zany教授在管理信息系统模型中使用了关键成功变量，用以确定管理信息系统成功的因素。1980年，麻省理工学院的John Rockmart 教授把CSF进一步完善，从而成为一种系统规划方法。

关键成功因素（Critical Success Factors，CSF）是指那些对管理信息系统开发的成败起关键作用的因素。在现行系统中，总存在着多个变量影响系统目标的实现，其中若干因素是关键的和主要的，通过分析找出使企业成功的关键因素，围绕其确定系统需求和优先顺序，进行规划。

2. CSF的主要步骤

利用CSF方法来进行企业信息系统识别，包括以下几个步骤，如图4-6所示。

1. 目标识别   2. CSF识别   3. 性能指标识别   4. 数据字典定义

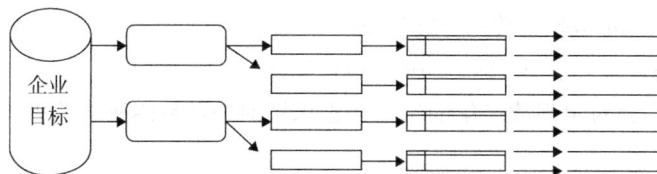

图4-6 CSF方法的步骤

（1）了解组织目标和管理信息系统的目标。

（2）识别关键成功因素。使用逐层分解的方法，引出影响企业或管理信息系统的各种因素及影响这些因素的子因素。

（3）识别性能指标和标准。

（4）识别测量性能的数据，形成数据字典的定义。

用CSF进行信息系统规划，可以让人们清楚地了解到，为了实现企业的信息化，哪些事情必须要做，哪些事情不必要做，哪些事情必须先做，哪些事情可以暂缓，避免了那些非必要数据的高成本积累，从而开发出有实际意义的管理信息系统。识别关键成功因素所用工具是树枝因果图，对于习惯于全体决策的企业，可用德尔斐法或其他方法把不同人设想的关键因素综合起来。

4.2.3 战略目标集转移法

1. SST的一般原理

1978年，William King提出了战略目标集转移法（Strategy Set Transformation，SST），该方法把整个战略目标看成"信息集合（使命、目标、战略、管理复杂性、环境约束等）"。MIS的战略规划过程就是把组织的战略目标转化为MIS的战略目标的过程。SST的基本思想如图4-7所示。

图4-7 SST战略规划的过程

2. SST的规划步骤

组织的战略集应在长期计划的基础上进一步归纳形成。由于企业的战略目标和战略计划通常不是以书面形式给定的，为此需要一个明确的战略集元素的确定过程。该过程步骤如下：

（1）识别组织的战略集

每一个组织均有一组战略，构造战略集步骤有：描绘组织的人员结构（经理、雇员、顾客、供应商、竞争者等）；识别每类人员的目标；识别每类人员的使命和战略。

（2）将组织的战略集转化为MIS战略

MIS战略包括：系统目标、约束、设计原则。

转化过程：对组织战略集的每个元素识别对应的MIS战略约束，提出MIS结构。

4.2.4 各种规划方法的比较

BSP方法通过管理人员酝酿"过程"引出系统目标，企业目标到战略目标的转换是通过组织/系统、组织/过程以及系统过程/矩阵的方法分析得到的，这样可以定义新的系统以支持企业过程，但是它缺乏明显的目标引出过程，即对计划和控制没给出有效的识别过程。而且BSP方法收集分析资料花费时间多、把企业目标转化为系统目标，依赖于分析。

CSF方法能够较好地抓住主要矛盾、使企业目标识别重点突出，最有利于确定管理目标，但是关键因素主观确定有随意性。

SST方法保证目标全面，反映了与系统相关的各种人员的要求，给出了分层结构，然后转化为信息系统目标的结构方法。缺点是难以突出重点。

信息系统规划方法的基本原理不仅适合一般的企业，对物业服务企业也是适用的。因此针对不同的物业服务企业，需要选择合适的规划方法，进行物业管理信息系统的战略规划。

4.3 业务流程重组

目前已经有很多规划方法被应用于物业管理信息系统规划当中，包括前面我们已经介绍到的三种方法。这些方法基于企业的职能结构，虽然企业系统规划法也是面向过程的，但其定义的过程是从当前组织的业务流程中识别出来的，通常被认为是传统的规划方法。而业务流程重组则是从根本上面向过程的，它要求从过程的视角出发来进行管理信息系统的规划，把企业系统规划法向前推进了一大步。

4.3.1　业务流程重组的概念

企业的业务流程直接体现了企业的核心能力，是企业完成其使命，实现其目标的基础。1990年，美国的M.哈默（Micheal Hammer）博士把"重新设计"的思想引入了管理领域，提出了业务流程重组的概念。

哈默认为，业务流程重组（Business Process Reengineering，BPR）是指对企业的业务流程进行根本性的再思考和彻底的再设计，从而使企业的关键绩效指标，如成本、质量、服务、效率等获得巨大的提高。

这里描绘BPR用了三个关键字：根本的、彻底的和巨大的提高。

（1）根本的：不是枝节、表面，而是本质的、革命性的。即要抛弃现有企业条条框框和企业习惯的束缚，对现有系统进行彻底的怀疑，用敏锐的目光看出、看透企业存在的问题，才能从根本上解决问题。

（2）彻底的：意思是要动大手续，大破大立，不是一般的修补。即从本质上重新设计企业的经营过程和业务流程，完全抛弃旧有的结构和过程，创造出新的工作方法，并利用先进的计算机技术固化新的流程体系。实现企业流程重组是一个高风险、有阻力的重大变革，需要企业高层领导的抱负、知识、意识和艺术，没有企业领导的变革决心和能力，BPR是难以成功的。

（3）巨大的提高：是指成十倍成百倍的提高，这种巨大的改变是在原有线性增长的基础上呈现一个非线性的跳跃，是量变基础上的质变，出现一个跃变点。

4.3.2　业务流程重组的原则

企业流程重组要遵循以下几个原则：

（1）有一个明确的、有启发性的目标，即共同远景

把企业的业务流程看作企业战略的对象，把流程与企业联系起来是流程改革项目成功的必要条件。然而，在一个复杂的企业里，在战略和流程之间往往存在着一条鸿沟。连接企业战略和企业业务流程的桥梁便是流程远景。因此，流程创新应该从企业的战略开始，所期望的战略定位和流程远景应该是业务流程改革的起点。

（2）充分考虑顾客价值

在当今以消费为导向的时代，对急剧变化的市场环境作出快速反应、有效地提供顾客满意的产品和服务是业务流程改革的另一个驱动力。顾客的满意度和企业的竞争力之间存在着密切的联系，企业必须充分考虑顾客和潜在的顾客价值。

（3）必须服从统一指挥

业务流程改革必须是一个自上而下的过程，同时它又是一个跨部门综合性的

全新工程，为确保业务流程改革的有序贯彻，必须使员工服从统一指挥。同时，要求领导人必须是企业高层的、资深的、有威信的核心人员。

（4）充分做好横向及纵向沟通

一方面，再造从上往下推行，高层管理人员讲清楚为什么这样做以及如何做，使得全体员工理解再造的方法和目标；另一方面，流程改革势必造成中层管理人员减少，这也要求部门之间多加沟通。

（5）认识流程改革的两大要素——信息技术和组织管理

流程改革将对企业流程进行彻底的革新，这种变化的推动器是信息技术和组织的管理。两者相辅相成，缺一不可，它们是企业流程创新的源泉。利用信息技术固化新的流程体系，尽可能的抛弃手工管理环节，可以防止管理的反弹。

（6）树立典型、逐步推进，充分利用变革的涟漪效应

业务流程改革在实施过程中，一般也不可能所有流程并驾齐驱，这就要求精心挑选适当规模实验项目，以一般渐进法改善无显著绩效增长的项目，向员工们表明流程改革的有效性，树立典范。再推广到整个组织，从而引起整个组织的变革，实现涟漪效应。

4.3.3 业务流程重组的步骤

BPR的核心思想是过程管理，它要求打破部门间的界限，从过程的角度而不是职能部门的角度来看问题。BPR规划方法一般分为4个阶段：企业战略分析、过程分析、信息系统战略形成、实施规划，具体步骤如图4-8所示。

4.3.4 物业服务企业业务流程重组

物业管理从起步时期发展到现在，外部环境发生了巨大的变化，面对变幻莫测的市场以及物业服务企业遗留的诸多历史问题，物业服务企业需要对现有的企业管理观念、组织原则、工作流程进行重组才能在激烈的市场竞争中获取核心优势。

1. 物业服务企业实施流程重组的必要性

虽然经过了二十几年的发展，但大多数物业服务企业并没有完全建立一种完善的市场管理模式，而是仍然处于原有的管理运作上，没有在战略和全局层次上对管理流程和组织方式进行有效的改进。

主要表现在：

（1）建设与管理职责不清，缺乏有效衔接。

从全国看，大约有三分之一的物业服务企业是从房地产开发企业派生出来的，这种建管不分的体制决定了物业管理依附、受制于房地产开发，重建设、重销售、轻管理的问题没有根本解决。物业服务企业对开发企业的依附关系不改变，这些问题就无法从根本上得到解决。

（2）市场机制尚未完全建立，现代企业经营制度还有待进一步完善。

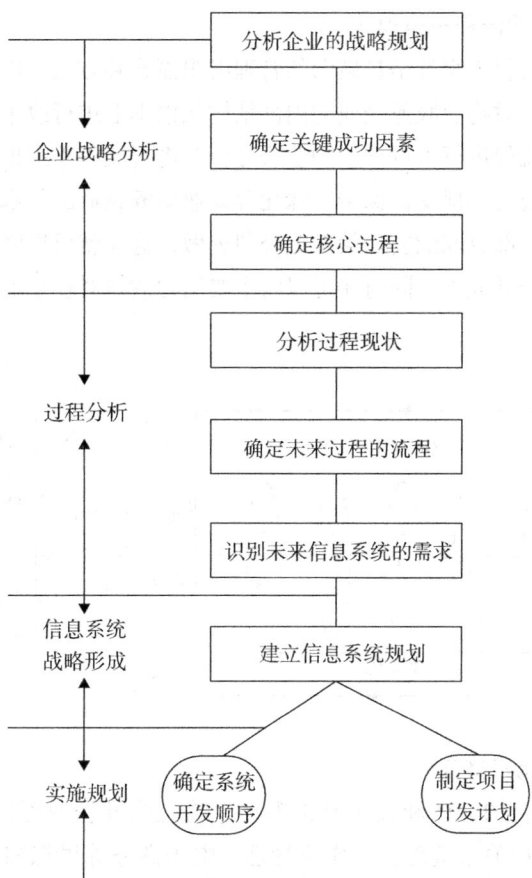

图4-8 BPR的
实施步骤

　　近年来，物业管理逐步引入竞争机制，积极推行招标投标，取得了一定成效。但多数的新建住宅小区仍然是开发企业自建自管，房改房物业管理基本上是由原产权单位后勤部门转制的企业包揽，业主与物业服务企业双向选择的机制尚未建立，市场竞争环境没有形成，物业管理整体水平较低。一些物业服务企业忽视业主的权益，日常工作不能按合同、制度办事，处理问题和矛盾时简单生硬，服务质量和服务态度很难使业主满意。

　　（3）物业服务企业间的竞争行为缺乏规范化，从而导致了恶性竞争，表现在：

　　1）关系营销——在市场竞争中，拉关系、走后门、给好处，争夺物业管理权。

　　2）低价营销——为了扩大管理规模、抢占市场份额，在招标投标中，不考虑服务质量及企业正常的经济效益，一味地压低价格抢标，变竞标为竞价。

　　3）行政营销——具有政府背景的物业服务企业，依靠政府资源，在市场竞争中享有一定的特权。

　　4）人才营销——为寻求快速发展，或为了进行市场炒作，利用高额的薪酬福利从一些同行业中领先的企业中挖取高级物业管理人才。

2. 物业管理的流程重组模式

物业管理的流程重组就是打破旧的管理组织模式和方法，以业主、员工、效益和效率为目标，对物业服务企业的内部结构从根本上进行改革，对物业服务企业的组织结构和流程进行再设计。物业服务企业进行流程重组模式如图4-9所示。

（1）专业化公司如保安，保洁、绿化等物业服务企业的外部市场资源，物业服务企业可以将一部分职能委托给专业公司去做，这样就可以降低组织的层次结构，精减人员，降低成本。同时还可以将主要精力放在对业主的服务，提高业主的满意度上。

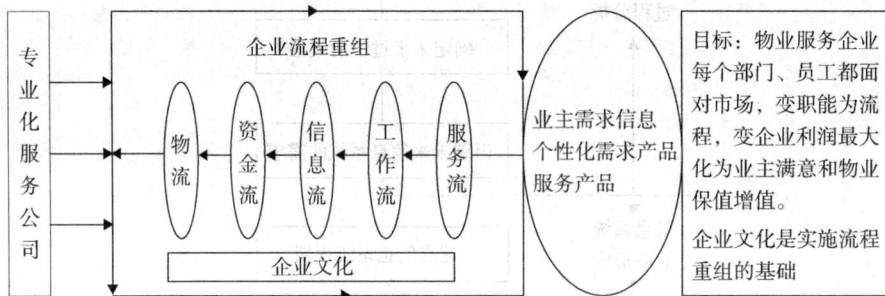

图4-9　物业服务企业流程重组模式

（2）企业的流程整合

企业流程整合的方法和技术有很多种，物业服务企业可以引入ERP系统、供应链管理、客户关系整理、工作流管理、电子商务等思想和手段对物业管理的物流、资金流、信息流、工作流和服务流进行整合，打造大信息系统，以追求业主满意度的最大化、实现物业的保值增值、全面提升物业服务企业的核心竞争力。

4.4　物业管理信息系统的初步调查

系统调查是信息系统开发中最重要的环节之一，也是其他各阶段工作的基础。我们知道，在开发新系统之前，任何一个组织都存在一个信息处理系统，物业服务企业也不例外。它可能是一个手工处理的信息系统，也可能是一个人机处理的信息系统，这个现行的物业管理信息系统既有合理的地方也存在着许多问题，新的物业信息系统是建立在现行系统基础之上的，只有对现行系统作全面的调查研究，才能了解物业服务企业信息处理的规律，总结好的经验，发现旧系统的不足，建立符合物业服务企业信息管理需要的新系统。

4.4.1　初步调查的原则

（1）系统分析员与管理人员密切配合

系统调查涉及物业组织内部管理的各个方面、涉及物业组织内部的各种人员，因此调查者应善于同被调查者沟通，吸取他们的经验，要善于启发被调查人员参与讨论，提出意见。而对管理人员来说自己是主人翁，是系统的直接受益者，要积极配合、帮助开发人员总结物业业务工作中的信息处理规律。良好的人际关系可能导致调查和系统开发工作事半功倍，反之则有可能根本进行不下去。

（2）自顶向下全面展开

系统调查工作应严格遵照自顶向下的系统化观点全面展开。在初步调查阶段，我们可以从物业服务企业的组织结构入手，然后根据它自上而下逐渐展开调查。在了解物业服务企业总体情况的基础上，再采取自下而上的方法进行详细调查。

（3）使用各种图表工具

为了便于系统分析人员和管理人员之间进行充分交流和讨论，在调查过程中应尽量使用各种形象、直观的图表工具。图表工具很多，通常可以使用组织机构图、业务流程图等。

4.4.2 初步调查方法

（1）查阅资料

收集物业管理各部门日常使用的各种信息载体，如业务服务手册、设施设备检验维修手册、绿化与保洁服务手册、财务管理手册、各种单据和记录等。进行ISO 9001、ISO 14001或OHSAS 18001管理体系认证的企业可以参看其管理体系文件。

（2）开调查会

开调查会是一种集中征求意见的办法，可以按职能部门（如：管理部、经营部、物业部等）召开，了解各职能部门的工作流程、管理方法以及与其他部门的联系；也可以召集各类人员联合座谈，集中听取用户对现行系统的看法和对未来系统的要求。

（3）实地访问

通过调查人员与被访问者的自由交谈，可以对某些问题进行深入细致的了解。比如，我们可以通过走访管理处主任，了解管理处与总、分公司各职能部门之间的业务联系。

（4）发调查表

调查表由问题和答案两部分组成，问题由系统分析员列出，答案由被调查单位的业务人员给出。

（5）参加业务实践

对某些关键的业务环节，若缺乏必要的规范性，开发人员可参与一定的业务实践，以便了解物业服务企业管理流程，提出改进方案。

4.4.3 初步调查的内容

根据调查的目的和范围的不同，系统调查可分为初步调查和详细调查两步。

初步调查是在可行性研究之前进行，侧重于粗略地了解整个物业服务企业的概貌，包括开发新系统的必要性、开发条件、存在的困难以及当前企业已有系统的概况和总体功能，它主要包括以下几方面的内容。

（1）组织的概况

调查物业服务企业发展规模、经营效果、历史情况、业务范围、外部环境，以便确定系统的边界，并对现有管理水平作出评价。

（2）组织机构和管理方式

调查物业服务企业组织机构设置、管理职能、企业规模、人员数量以及用计算机辅助管理的可能性。

（3）主要业务流程

了解物业服务企业现行系统的主要业务流程，根据各部门所处的地理位置、信息量大小初步确定系统的物理结构和通信方式。

（4）已有信息系统的概况

调查正在运行的物业管理信息系统的工作方式、结构、可行性、人员素质、技术手段、存在的主要问题以及可利用的技术力量和信息处理设备。这部分调查结果是提出新系统方案和论证技术可行性的主要依据。

（5）组织的资源条件

调查物业服务企业现有的资源状况和预期可以利用的资源，包括技术力量和可以投入的人、财、物等资源。

（6）各类人员对信息系统的态度

调查包括领导和各级管理人员在内的物业服务企业员工对现行系统的看法，对新系统的支持和关心程度以及对新系统的要求。

初步调查是对物业服务企业总体情况及其环境的概况调查，在此基础上，要初步确定物业服务企业新系统达到的目标、提出新系统可能的几种开发设想和解决方案，为可行性分析和总体规划提供依据。初步调查一般由系统分析员、物业服务企业管理骨干人员和有关部门领导组成的专门小组。

4.5 物业管理信息系统的可行性分析

可行性是指在现有条件下，系统的开发工作是否具有可能性和必要性。可能性取决于实现现有系统的资源和条件。必要性取决于用户对系统开发的迫切性，如果物业服务企业的领导和各级管理人员对系统的需求不迫切，则系统不具有可行性。可行性研究是为了保证资源的合理利用，避免不必要的浪费。

4.5.1 开发方案构想

在初步调查和分析的基础上，本着服从和服务于企业战略使命和长期目标要求，以及继承与优化相结合的原则，初步制定物业管理信息系统开发方案。新系统的开发方案主要包括以下内容：

（1）新系统的目标，包括近期、中期和远期目标；

（2）新系统的总体结构和层次；

（3）新系统的主要功能和子系统的划分；

（4）新系统的硬件配置原则；

（5）新系统的实施计划，包括系统开发阶段划分、系统开发的进度计划、开发的组织方式、指定投资概算以及对管理方面调整的初步设想。

在开发方案构想的过程中，同样需要企业管理专家的参与，系统方案既要解决现行系统存在的问题，又要充分预计未来需求的变法，使系统具有足够的适应性和先进性。既要便于开发实现，又要方便运行管理与维护。因此，系统开发方案的构想是一个在一定资源约束条件下，多目标的寻优过程。

4.5.2 可行性研究的内容

可行性研究是总体规划的最后阶段，它包括新系统开发的必要性、技术可行性、经济可行性、组织管理可行性等方面。

1．新系统开发的必要性

从服从和服务于物业服务企业战略目标的角度出发，分析现行系统的信息处理能力，对物业服务企业目标的满足程度，存在的薄弱环节和问题，从而得出新系统开发是否必要的结论。如果现行的信息处理系统的处理能力满足不了日益发展的管理要求，且已成为实现企业战略目标的主要障碍，则新系统的开发是必要的。如果系统开发是必要的，则进一步从技术、经济和组织管理可行性方面进行分析。

2．技术可行性

主要分析现有的技术条件对实现物业管理信息系统的可能性。技术条件包括专业技术力量和软、硬件技术水平。组织拥有自己的专业技术队伍非常重要，因为自己的专业人员比较熟悉管理业务，更容易开发出满足实际要求的信息系统，而且给将来的运行和维护带来了方便。如果组织缺乏足够的技术力量、可以采用委托开发或联合开发的方式，也可以直接购买现成的软件包，但可能会给将来的系统维护带来困难。所以，对于技术力量薄弱的单位应该引进人才，或内部调剂培训。软、硬件技术水平是指现有的硬件设备、软件水平以及为满足用户需求可以获得的软、硬件技术，另外还包括管理模型和定量分析方法的获得。

3. 经济可行性

主要是进行投资预算和经济效益评价。投资包括开发费用和运行费用，其中有计算机设备、网络设备、人员培训费、开发费用和日常维护费用等。经济效益应从两方由综合考虑，一部分是可以用货币衡量的效益，比如减少的人员费、降低的成本等，还有一部分是间接效益，很难用货币指标衡量，如提高管理水平、提高信誉、提高服务质量等。

物业管理信息系统的成功应用所产生的间接经济效益可体现在以下几个方面：

（1）管理人员能更准确、及时地得到信息，从面改进决策的质量。

（2）信息的共享使部门之间、管理人员之间的联系更紧密，这可以加强他们的协作精神，提高物业服务企业的凝聚力。

（3）加强基础管理工作，为其他管理工作提供有利的条件。

（4）上级部门能更早了解物业管理各方面的运行情况。

（5）能显著改善企业的形象，对外使业主得到更好的服务，对内可提高员工的自信心与自豪感。

在分析物业管理信息系统的经济效益时应该注意，不能只重视物业服务企业直接效益的提升，而忽略新的管理模式和管理方法所带来的间接经济效益，后者是新系统创造效益的主体，也是物业服务企业开发新系统的目的所在。

经济可行性可以通过投资收益率、净现值、投资回收期、内部收益率等静态和动态经济评价指标的计算来加以判别，当然还要考虑间接经济效益和社会效益。若效益大于成本则可行，反之不可行。

4. 进度可行性

主要是进行系统开发时间范围的评估和预测。分析进度可行性时，必须考虑时间和成本的相互关系。例如，加快项目进度可能会使项目可行，但可能会消耗更大的成本。进度可行性分析主要与以下几方面相关：

（1）公司或项目组是否可以控制那些影响进度可行性的因素。

（2）管理人员是否创建了系统开发时间表，时间安排是否合理。

（3）在系统开发阶段必须要满足哪些条件。

（4）如果加快进度是否会造成风险。

（5）应采取怎样的项目管理技术来协调和控制项目。

5. 管理可行性

主要分析物业服务企业管理人员的态度和现有的管理基础。如果物业服务企业的主管领导态度不坚决或不支持，项目肯定不可行；如果与项目有关的管理人员有误解或抵触情绪，也说明条件不成熟，或需要加强宣传，创造条件。现有的管理基础是指管理方法是否科学，基础数据是否完备，规章制度是否齐全等。

通过以上分析，可以得出可行性分析的结论：

（1）可行；

（2）修改目标或等待时机，以达到可行性；

（3）不可行。

4.5.3　可行性研究报告

可行性分析的结果应形成书面报告即可行性研究报告。可行性研究报告的主要内容如下：

（1）引言

（2）现行系统分析

1）组织机构及管理体制

2）现行系统的状况

3）可供利用的资源及约束条件

4）存在的主要问题及薄弱环节

（3）新系统方案

1）新系统的目标

2）新系统的功能

3）新系统的结构

4）计算机的配置

5）新系统开发的进度计划

（4）可行性研究

（5）结论

本章小结

随着物业服务企业的管理日趋复杂，信息系统的建设必然日趋复杂，因此在建设信息系统之前，做好物业管理信息系统的战略规划尤为重要。

本章介绍了诺兰阶段模型，该模型把信息系统的成长过程划分为：初始阶段、传播阶段、控制阶段、集成阶段、数据管理阶段和成熟阶段。本章讨论了物业管理信息系统战略规划的作用和内容。物业管理信息系统战略规划是组织战略规划的重要组成部分，是关于物业管理信息系统的长远规划。本章还讨论了企业系统规划法、关键成功因素法、战略目标集转移法和业务流程重组等相关知识，物业服务企业可以根据实际情况，选择不同的战略规划方法，从物业服务企业整体战略的角度出发，对企业信息系统中长期的任务和目标，实现方法和策略等内容进行统筹和设计。

最后介绍了系统初步调查的方法、原则及内容，并在初步调查的基础上，提出新系统的模型，通过经济、技术、管理等可行性分析，判断其是否可行。

思考题

1. 诺兰阶段模型的实用意义何在？它把信息系统的成长分成哪几个阶段？

2. 物业管理信息系统战略规划有何步骤，有何重大意义？

3. 试比较企业系统规划法、关键成功因素法、战略目标集转移法的异同。

4. 什么是业务流程重组，物业服务企业应如何进行业务流程重组？

5. 系统初步调查的目的是什么？应坚持怎样的原则、方法？如何进行系统的初步调查？

6. 如何进行可行性分析？可行性研究报告包括哪些内容？

7. 试以某个物业服务企业为例，在对其进行初步调查的基础上，提出新系统方案，并提交可行性研究报告。

5

物业管理信息系统的系统分析

学习目的

在了解系统分析的主要步骤和特点的基础上，掌握需求分析的原则和方法，对物业服务企业进行用户需求分析；理解详细调查的原则和方式，在详细调查的基础上，采用结构化分析方法，能分析物业服务企业的组织结构、功能结构、业务流程、数据流程，并能绘制组织结构图、功能结构图、业务流程图、数据流程图和建立U/C矩阵，从而建立起新系统的逻辑模型，撰写系统分析报告。

本章要点

系统分析的主要任务、步骤；需求分析的过程、原则和方法；物业服务企业需求分析；详细调查的原则和方式；组织结构分析及组织结构图的绘制、功能结构分析及功能结构图的绘制；业务流程分析及业务流程图的绘制；数据流程分析与数据流程图的绘制；数据字典；处理逻辑的表达工具；新系统的逻辑模型及系统分析报告。

物业管理信息系统分析的主要任务是将在系统调查中所获得的资料集中在一起，对物业服务企业内部整体管理状况和信息处理过程进行分析。它侧重于从业务全过程的角度进行分析。分析的主要内容有：业务和数据流是否畅通、合理；数据、业务过程和实现管理功能之间的关系；系统管理模式改革和新系统管理方法的实现是否具有可行性等。

在物业管理信息系统分析中常使用的仍然是自顶向下的结构化方法。分析过程分两步，首先应将业务或数据流程弄清并理顺，然后再提出新系统拟采用的方案。

5.1 系统分析概述

系统分析的目的是将物业服务企业的需求及其解决方法确定下来，这些需要确定的结果包括：开发者关于物业服务企业现有组织管理状况的了解；物业服务企业对信息系统功能的需求；数据和业务流程；管理功能和管理数据指标体系；新系统拟改动和新增的管理模型；新系统的逻辑模型等。系统分析所确定的内容是今后物业管理信息系统设计、系统实施的基础。

5.1.1 系统分析的一般步骤

1．现行系统的详细调查

集中一段时间和人力，对物业服务企业现行系统做全面、充分和详细的调查，弄清现行系统的边界、组织机构、人员分工、业务流程、各种计划、单据和报表的格式、种类及处理过程、物业服务企业资源约束情况等，为系统开发做好原始资料的准备工作。

2．组织结构与业务流程分析

在详细调查的基础上，用图表和文字对物业服务企业现行系统进行描述，详细了解各级组织的职能和有关人员的工作职责，决策内容对新系统的要求、业务流程各环节的处理过程及信息的来龙去脉。

3．系统数据流程分析

分析各业务流程中的信息流动、传递、处理与存储过程。

4．建立新系统的逻辑模型

在系统调查和系统分析的基础上建立新系统的逻辑模型。用一组图表工具表达和描述，方便用户和分析人员对系统提出改进意见。

5．提出系统分析报告

对系统分析阶段的工作进行总结并向有关领导提交文字报告，为下一步系统设计提供工作依据。

在运用上述步骤和方法进行系统分析时，调查研究将贯穿于系统分析的全过程。调查与分析经常交替进行，对物业服务企业进行系统分析的深入程度是影响物业管理信息系统成败的关键因素。

5.1.2　系统分析的特点

系统分析是一项复杂的工作，必须充分认识其特点，采用科学的方法，才能完成这一阶段的工作任务。系统分析具有如下一些特点。

1．工作内容涉及面广、不确定性大

系统分析是围绕管理问题展开的，但要涉及现代信息技术的应用。分析人员既要和各级、各类管理人员打交道，又要了解相关技术（如计算机硬软件技术、数据库技术、计算机网络和通信技术）的应用与发展情况。由于系统分析工作的主要任务是明确问题、确定目标、了解物业服务企业的信息需求，因此完成这类任务可能遇到的困难、需要解决的问题及工作量，甚至工作进程都难以预先估计，工作的不确定性大。

2．面向组织管理问题，工作方式主要是与人打交道

系统分析是要明确物业管理信息系统在支持管理决策方向要解决什么问题，因此必须对物业服务企业进行描述。由于管理系统以人为主，人的思想与行为，如决策过程、信息需求的描述是系统分析的主要困难之一。必须综合运用定性、定量分析方法和有关知识与经验，对组织行为和管理决策过程进行科学分析，对各级、各类管理人员的信息需求进行深入地了解。因而在系统分析工作中，大量的工作是和物业服务企业的各类管理人员进行联系和交流，这是明确问题．获取信息需求的主要工作方式。

3．用画图的方法，直观、易理解

在对现行物业服务企业系统的业务流程和数据流程进行描述时，不是用繁琐的语言来描述，而是用画图的方式，简单明确地表达这个系统的现行状态，使用户从这些图中就能直观地了解系统的概貌，这样可以避免用语言描述所带来的理解上的偏差，保证系统分析员能够正确理解现行系统，同时系统分析员在理解的基础上所产生的新系统的逻辑结构仍然是用图形工具来描述，也使物业服务企业的员工能够充分理解新系统的概况及其逻辑功能，提出修正意见。另外，作为系统设计员来说，他也能够直接根据这些图形进行系统设计，并保证设计的正确性。因此，图形工具是系统分析员和物业服务企业员工、系统分析员和系统设计员之间联系的"通信手段"。

4．强调逻辑结构而不是物理实现

系统分析阶段的主要任务是确定新系统能够实现用户提出的哪些需求，能够达到什么目标，至于用哪种计算机、用什么技术、怎么去实现的问题不是系统分析阶段所要解决的。这样做的优点在于系统分析员在分析阶段可以不用过多地考虑具体的实现细节，而把精力放在逻辑功能的确定上，首先确保设计基础是正确的，进而才能保证未来系统的正确性。

5．追求的是有限目标

在物业管理信息系统建设中，由于物业服务企业各部门、各类人员的信息需求和目标的多样性，有些目标和需求不一致，甚至相互冲突。而且物业管理信息系统的建设是长期任务，不是一次项目开发所能全部完成的。因此，在一次系统开发中，系统分析工作实现的目标是有限的。而不可能把现有系统中所有问题都提出来，更不可能都去解决，因而一次系统开发只能满足物业服务企业的部分信息需求，做到各有关用户人员大体满意，其他问题需留待后续的系统开发项目解决。所以在系统分析中，既要明确本次系统开发项目要集中力量解决哪些问题，即"做什么"，又要清醒认识这次开发哪些问题暂时不去解决，即"不做什么"，明确系统开发任务的边界。管理系统各部分之间联系密切，如果系统开发的边界不明确则可能造成系统开发任务在开发过程中不断扩张而使主要任务难以解决。

6．避免了重复工作

系统分析工作的主要成果是文档资料，这些文档资料一方向可以用来与用户进行交流，另一方面用来进行系统设计，这就大大增强了系统开发的一致性。正确而规范的文档资料又可以提高系统的可修改性，当然它并不能保证系统分析不出错。实际上系统分析阶段中的分析过程也是文档资料的编制过程，系统分析员在编制文档资料的过程中要相当仔细，尽量避免出现错误，特别是逻辑上的错误或矛盾。一旦发现错误就要及时更正，不要把错误带到下一阶段的开发工作之中。

5.2 系统需求分析

需求分析是系统开发工作中重要的环节之一，实事求是地全面调查是分析与设计的基础，也就是说这一部分工作的质量对于整个开发工作的成败是有决定性的。同时，需求工作量很大，所涉及的业务和人、数据、信息都非常多。

企业对信息系统的需求是由企业的使命、目标与战略决定的。这一阶段的分析是面向整个组织的，要准确识别不同的管理层次需要什么信息支持，这些信息对不同的管理产生什么样的效果。因此企业信息需求分析在物业管理信息系统的研究中具有重要的意义。

5.2.1 需求分析过程

1．问题识别

研究可行性报告和系统实施计划，确定对目标系统的需求，并且提出实现这些需求的条件，以及需求应达到的标准。

（1）功能需求：列出所开发软件在功能上应做什么，这是最主要的需求。其主要工作是明确物业管理信息系统需要具备哪些功能，然后将这些功能逐步细化，提出物业管理信息系统建设的具体需求目标，并考察实现这些需求的条件是否满足等。作为物业服务企业的高层管理者，需要从全局的角度对功能需求分析工作作出指导。

（2）性能需求：系统性能需求分析的任务是要明确物业管理信息系统的技术性能指标。如网络传输速度要求、硬件的存储容量要求和系统安全指标等。

（3）环境需求：这可以从系统运行的软件和硬件环境来提出需求。软件环境需求包括使用什么系统软件来支持物业管理信息系统的运行，具体的如选择何种类型的操作系统、数据库管理系统、网络软件等。硬件需求方面，包括系统运行需要多快的运行速度、选择什么机型来支持运行、需要哪些外部设备等。

（4）稳定性需求：系统运行过程中，各子系统有可能因出错而崩溃。由于各项业务对企业的重要性不同，各子系统崩溃造成的影响和损失也不同。所以在系统需求分析时，应该在调查系统环境的基础上，对企业信息化项目的无故障运行时间作出规定。对于哪些出错后可能引起严重后果的子系统，要提出较高的稳定性要求。这样在系统设计和开发时，就可以采取各种措施来保证系统能长时间的安全稳定运行，并给出出错的补救措施，如数据备份与系统恢复。

（5）安全保密需求：物业管理信息系统各子信息系统对安全保密的要求是不同的，应对安全、保密的需求作出恰当的规定，以满足系统运行的需要。

（6）用户界面需求：在需求分析时，必须对用户界面细致地作出规定。

（7）资源使用需求：系统运行环境资源和开发资源要在需求分析中明确。

（8）成本和进度需求：企业的资金是有限的，应根据合同，规定开发进度和费用，保证花最少的钱办最多事，并确保能按进度完成物业管理信息系统的开发。

应当预先估计系统可能达到的目标，给系统的扩充与修改留有余地，同时要关注非功能性需求。

2. 问题分析与综合

从数据流和数据结构出发，逐步细化所有系统功能，找出系统各元素间的联系、接口特性和设计上的限制，分析它们是否满足功能要求，是否合理。依据功能、性能和运行环境需求等，删除不合理部分，增加需要部分，最终综合成为系统解决方案，给出目标系统详细解决模型。分析和综合工作需要反复进行，直到正确地制定该系统的需求规格说明书为止。

常用的分析方法有面向数据流的SA方法，面向对象的OOA方法，以及用于建立动态模型的状态迁移图等。这些方法都采用图文结合的方式，可以直观地描述系统逻辑模型。

3. 文档编制

已经明确的需要应当得到清晰准确的描述并进行文档编制。通常把描述需求的文档叫作需求分析说明书。为了表达用户系统输入、输出要求，还需要编制数据要求说明书及编写初步的用户手册，着重反映被开发系统的用户界面和用户使用的具体要求。从目标系统的精细模型出发，准确地估计所开发项目的成本与进度，从而修改、完善并且明确系统开发实施计划。

4. 需求分析评审

需求分析的最后一步，应对功能的正确性、完整性和清晰性及其他需求进行评价。评审的主要内容是定义的目标、文档及文档描述、接口描述、数据流与数据结构、图表、主要功能覆盖、约束条件、风险、其他方案、潜在需求、检验标准、初步用户手册、遗漏与估算方法等。为了保证系统需求定义的质量，评审应指定专门机构负责，且严格按规程进行。评审结束后应由评审负责人签署评审意见。通常，在评审意见中包括一些修改意见，必须按照这些修改意见进行修改，待修改完成后还要再评审，直至通过才可以进入设计阶段。

5.2.2 需求分析原则

需求分析实际上是对物业服务企业进行系统调查。在调查过程中应坚持正确的方法，确保结果的客观性、正确性。需求分析遵循以下几点原则：

1. 自顶向下全面展开

首先从物业服务企业管理工作的顶层开始，然后再调查确保顶层工作完成的下一层的管理工作支持。完成了这两层工作后，再深入一步调查确保第二层管理工作的下一层的管理工作支持。

2. 必须能够表达和理解问题的数据域和功能域

系统定义与开发工作的最终目的是解决数据处理问题，将一种形式的数据转换成另一种形式的数据。其转换过程必定经历数据输入、加工和产生结果等。程序处理的数据域应当包括数据流、数据内容和数据结构。

3. 全面铺开与重点调查结合

如果开发整个组织的物业管理信息系统，开展全面的调查工作是理所当然的，如果只需要开展组织内部某一局部的信息系统，就必须坚持全面铺开和重点调查相结合的方法。

4. 主动沟通和友善的工作方式

系统调查涉及物业服务企业内部管理工作的各个方面，涉及各种不同类型的人。因此调查者主动与被调查者在业务上的沟通是十分重要的。

5.2.3 需求分析方法

需求分析方法由对系统数据域和功能域的系统分析过程及其表示方法组成。它定义系统逻辑模型和物理模型方式。大多数需求分析方法是由数据驱动的，这些方法提供一种表示数据域的机制，根据这种表示，确定系统功能及其他特性，最终建立一个待开发系统的抽象模型。目前已经出现了许多需求分析方法，主要包括：访谈、问卷调查、开调查会、特尔菲方法和原型法（启发式法）等。

由于访谈、问卷调查和开调查会这三种方法已经在前面作了详细的介绍，因此，在这里只讨论特尔菲方法和原型法。

（1）特尔菲方法（Delphi Method）。这个方法是请一组专家回答一些问卷，并就这些回答反复讨论，专家不断修改调整自己的看法，最后得出比较一致的意见。

（2）原型法（启发式法）。传统的确定用户需求的过程，是在物业管理信息系统建立之前就确定一个全面正确的需求集合，但是在许多情况下，需求是不易正确地确定的，因为用户可能不知如何使需求形式化，由于没有用户需求模型，而将需求形象化是困难的。因此，可采用原型法（或称为启发式法）。

5.2.4 物业服务企业需求分析

1．内部需求分析

对物业服务企业和物业管理软件开发公司进行了大量的调查，对业主以及企业内部从顶层到底层的管理层次，从不同的角度进行深入细致的调查，获取了大量文档资料，进行了比较全面地分析，得出物业服务企业内部需求应从以下三个层面入手。

（1）集团层面：最主要的需求就是统计分析，决策支持，同时对各区域公司进行有效监控，建立整个集团的各种标准体系（ISO 9000）并推广。简而言之：决策和监控，标准运作体系的建立和推广。

（2）管理控制层面：最主要的需求就是对下属管理处进行管理控制，包括人、财、物的控制和调度。

（3）操作层面：最主要的需求就是高效、规范地处理各项业务，实现管理目标。

2．外部需求分析

物业服务企业要及时发布相关信息、法规政策，物业服务企业的物业管理规定、服务指南、社区文化服务、业主和物业服务企业的信息交流以及业主查询和物业费用查询。向业主提供交互式的信息服务，内容包括社区介绍、物业通告、费用查询、投诉报修、业主论坛、会所设施预订、家庭智能化系统工作状态查询、社区电子商务、生活百科全书、网上教育等。实现业主与企业对话，意见反馈。

使外部合作伙伴、主管部门了解企业机构、职能、特色，获得更多的商业机会，保持与金融机构的快捷合作，为业主各种费用的缴纳提供便利的服务。物业管理信息系统与外部系统的关系如图5-1所示。

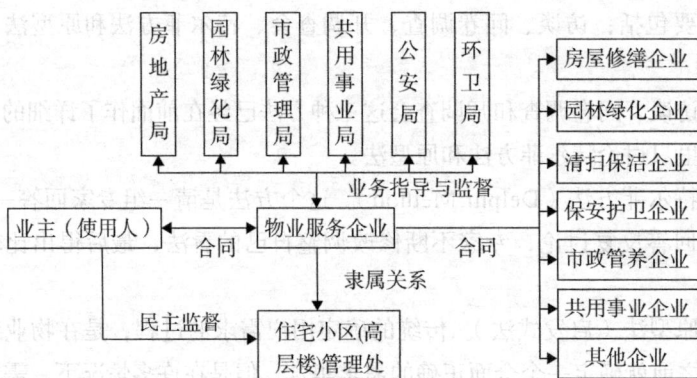

图5-1 物业服务企业对外关系

5.3 系统详细调查

5.3.1 详细调查概述

详细调查就是对现行系统（又称当前系统，可能是手工系统，也可能是基于计算机的信息系统）实施调查，其目的在于了解现行系统的现状，从中发现问题和瓶颈，并收集资料，为下一步逻辑设计工作做好准备。

详细调查主要针对管理业务和数据流程两部分进行。

5.3.2 详细调查的原则和方式

在详细调查过程中要坚持管理信息系统建设的原则，如CEO原则、用户参与原则，要制定调查计划，与被调查人员建立融洽的人际关系。

一般常见的详细调查方式有：

1. 重点询问调查

首先列出影响物业管理信息系统成败的关键因素，编制一个调查问卷表，然后自顶向下对组织的各个管理层次进行访问，并分类整理结果，从而了解各部门的全部工作和设想。

2. 全面业务需求分析的问卷调查

针对所需调查的各项内容，绘制相应的各种形式的图表，用这些图表对企业管理岗位上的工作人员进行全面的需求分析调查（填表），见表5-1，然后分析整理这些图表逐步得出我们所要调查的内容。

常见的调查表有：

（1）上级单位对企业要求调查表；

（2）系统功能需求调查表；

（3）企业业务流程调查表；

（4）企业各业务部门组织结构及业务范围调查表；

（5）信息需求调查表；

（6）业务文件/报表调查表。

需求分析调查表 表 5-1

报表/文件名称：							共 页		第 页	
编制人：		使用频率：					数据库	中文	西文	合计
输出方式：		保留期：								
文件编制（或传来）频度		最多	最少	平均	来源	使用者	可能的变动情况			
							份数			
							传送部门			
数据项说明										
序号	数据向名称		描述	取值范围		备注				
填表人：						日期：				
附空白表单编号：										

3．深入实际的调查方式

即参加业务实践，对于复杂的计算过程如能亲自动手算一算，对以后编写程序设计说明书是很有益的。一个好办法是在这个阶段就收集出一套将来可供程序调试用的试验数据，这对系统实施阶段考核程序的正确性很有用处。

5.4 组织结构与功能调查分析

组织结构与功能调查分析主要有三部分内容：组织结构分析、功能结构分析、组织结构/功能分析，其中组织结构分析通常是通过组织结构图来实现的。组织结构图是指将调查中所了解的组织结构具体地描绘在图上，作为后续分析和设计之参考。功能结构分析通常是通过功能结构图来实现的。功能结构图是把组织内部各项管理业务功能都用树状形式表示出来，它是今后进行功能数据分析、确定新系统拟实现的管理功能和分析建立管理数据指标体系的基础。组织结构/功能分析通常是通过组织结构/功能联系表来实现的。组织结构/功能联系表是利用系统调查分析中所掌握的资料着重反映管理业务过程与组织结构之间的关系，它是后续分析和设计新系统的基础。

5.4.1 组织结构调查

1．组织结构

组织结构，指的是一个组织（部门、企业、车间、管理处、分公司等）的组成以及这些组成部分之间的隶属关系或管理与被管理关系。

2．组织结构调查的内容

（1）弄清楚组织内部的部门划分；

（2）各部门之间的领导与被领导关系；

（3）信息资料的传递关系；

（4）部门之间的物资流动关系与资金流动关系。

（5）此外，还应该了解各级组织存在的问题以及对新系统的要求等。

3．物业服务企业的组织结构图

物业服务企业作为现代服务企业，有其自身的组织结构方式。物业服务企业组织结构图是反映物业服务企业内部各部门的组成及其隶属关系的树状结构图。以集团化物业服务企业为例，图5-2、图5-3、图5-4分别是集团化物业服务企业总部、区域分公司和物业管理处的三级组织结构图。

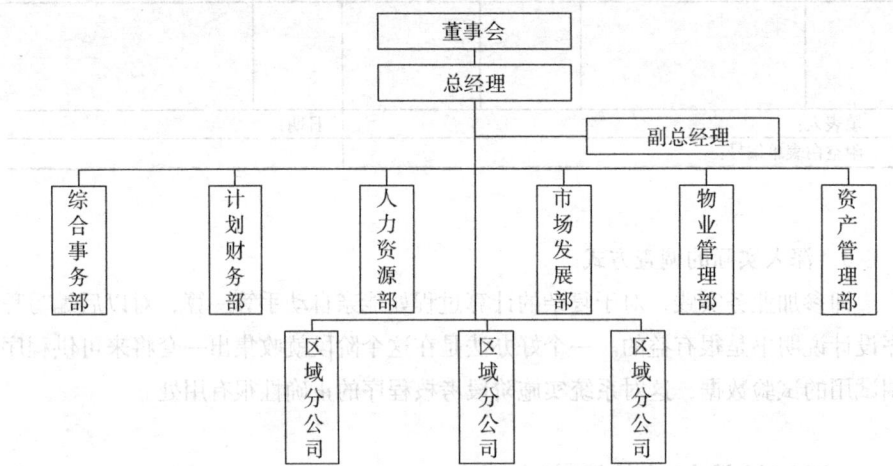

图5-2 集团化物业服务企业总部组织结构图

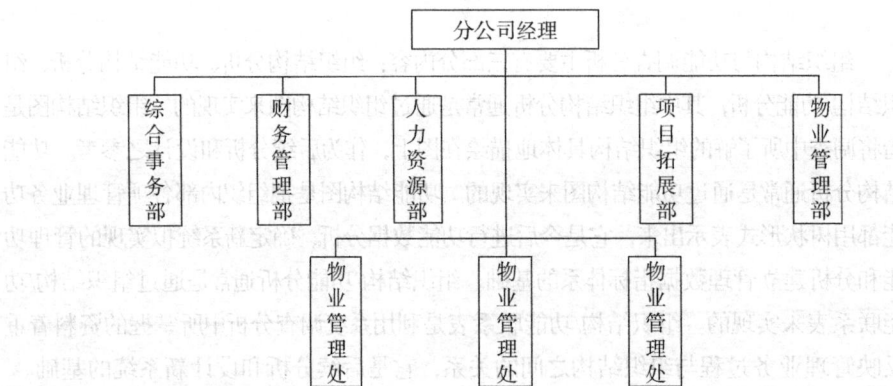

图5-3 集团化物业服务企业区域分公司组织结构图

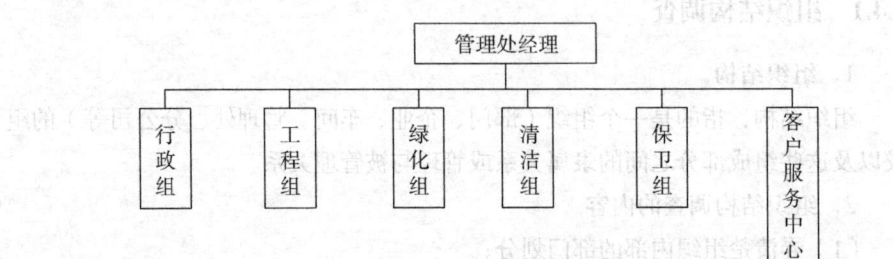

图5-4 集团化物业服务企业物业管理处组织结构图

5.4.2 功能结构调查

1. 功能

功能指的是完成某项工作的能力。为了实现组织的目标，必须具有各种能力。各功能的完成又依赖于下面更具体的工作的完成。管理功能的调查是要确定系统的业务管理功能。

2. 物业服务企业的功能结构图

功能结构的描述工具是功能结构图。功能结构图是一个完全以业务功能为主体的树形图，其目的在于描述组织内部各部门的业务和功能。

物业管理主要业务由领导查询、资产管理、管理服务、财务管理、安防管理、清洁绿化、设备管理、车辆管理以及业主相关的物业数据的自动采集和处理等组成。下面以财务管理部门为例描述业务管理功能，如图5-5所示。

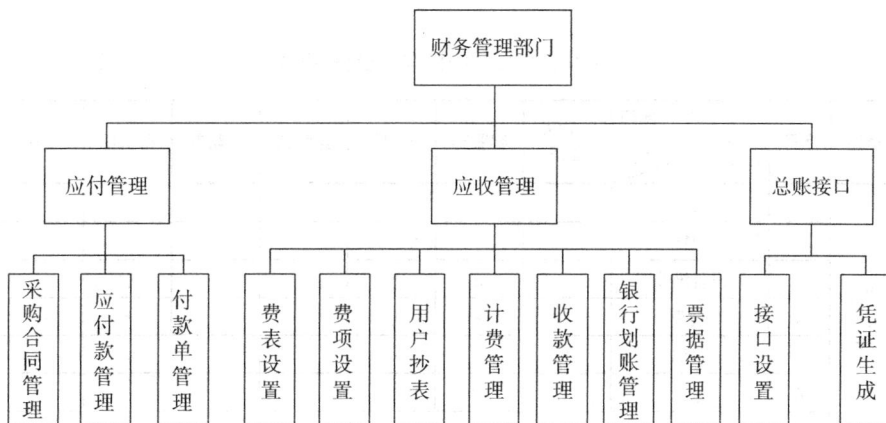

图5-5 物业服务企业财务管理部门功能结构图

5.4.3 组织结构/功能分析

1. 分析目的

组织结构图反映了组织内部和上下级关系，但是对于组织内部各部分之间的联系程度，组织各部分的主要业务职能和业务过程所承担的工作等却不能反映出来，这将会给后续的业务、数据流程分析和过程/数据分析等带来困难。为了弥补这方面的不足，通常增设组织结构/功能联系表来反映组织各部分在承担业务时的关系。

2. 组织结构/功能分析表

组织结构/功能联系表中的横向表示各组织名称，纵向表示业务过程，中间栏表示业务在组织机构中的联系程度，生产型企业的组织结构/功能联系表见表5-2，物业服务企业的组织结构/功能联系表见表5-3。

生产型企业组织结构 / 功能联系表　　　　表 5-2

功能	序号	部门＼业务	计划科	质量科	设计科	工艺科	技术科	总工室	研究所	生产科	供应科	人事科	总务科	教育科	销售科	仓库	……
	1	计划	*					√		×	×				×	×	
	2	销售		√												×	
功能与业务	3	供应	√							×	*						
	4	人事										*	√	√			
	5	生产	√	×	×	×		*		√	×				√	√	
	6	设备更新				*	√	√	√	×							
	7	……															
		……															

注：* 表示该项业务是对应组织的主要业务；× 表示该单位是参加协调该项业务的辅助单位；√表示该单位是该项业务的相关单位；空格：表示该单位与对应业务无关。

物业服务企业组织机构 / 功能联系表　　　　表 5-3

功能	序号	部门＼业务	行政人事部	客服部	工程部	经营部	安防部	财务部	……
	1	安全			√		*		
	2	租赁		×		*			
功能与业务	3	设备维修		×	*			√	
	4	收费		×	√			*	
	5	培训	*						
	6	绿化		√	*				
	7	……							

注：* 表示该项业务是对应组织的主要业务；× 表示该单位是参加协调该项业务的辅助单位；√表示该单位是该项业务的相关单位；空格：表示该单位与对应业务无关。

应用组织机构/功能联系表可以进行如下分析：

（1）现行系统中的不合理现象是什么？业务所涉及组织机构是否太多？组织机构分配的业务功能是否不尽合理？

（2）不合理的业务功能对企业的整体目标有多大的影响？

（3）为什么会产生这种现象？是否能够改变？

（4）怎样进行改进？对相关部门和人员有何种影响？

5.4.4　功能重组和组织变革分析

在对上述情况进行分析以后，需要对业务功能进行重新组合以及对组织机构进行重新调整，改进业务功能中多余的、不合理的部分。物业管理信息系统的建设受制于企业的组织机构形式，但同时物业管理信息系统对物业服务企业组织机构和业务功能也会产生重大的影响。这种影响主要表现在三个方面。

（1）物业管理信息系统的建立将使得组织机构和组织功能发生急剧变化，引起企业组织机构重组和组织功能重新整合。

（2）物业管理信息系统的建立将使组织机构由传统向现代组织转变，如网络化、扁平化、学习型组织等。

（3）为了适应物业管理信息系统对流程规范的要求，组织将按照业务流程重组理论对功能进行重组。

5.5 业务流程调查与分析

在对系统的组织结构和功能进行分析时，需从一个实际、业务流程的角度将系统调查中有关该业务流程的资料都收集起来做进一步的分析，业务流程分析可以帮助我们了解该业务的具体处理过程，发现和处理系统调查工作中的错误和疏漏，修改和删除原系统的不合理部分，优化业务处理流程。

5.5.1 业务流程分析的任务

业务流程调查的主要任务是调查系统中各环节的管理业务活动，掌握管理业务的内容、作用及信息的输入、输出、数据存储、信息处理方法和过程等，为建立物业管理信息系统数据模型和物理模型打下基础。在此基础上，用尽量标准的符号描述出来，绘制成现行系统的业务流程图（Transition Flow Diagram，TFD）。业务流程图是掌握现行系统状况，确立系统逻辑模型不可缺少的环节。其步骤如下：

（1）绘出各业务部门的业务流程图；

（2）结合物业服务企业实际情况与业务人员进行讨论；

（3）利用科学管理理论，分析业务流程中存在的问题；

（4）提出改进流程的建议和方案；

（5）提交决策和评审机构，确立新的业务流程。

5.5.2 业务流程的描述工具

描述管理业务流程可以使用业务流程图和表格分配图。

1. 业务流程图

业务流程图，就是用一些规定的符号及连线来表示某个具体业务处理过程。业务流程图的绘制基本上按照业务的实际处理步骤和过程绘制。换句话说，就是一本用图形方式来反映实际业务处理过程的"流水账"，绘制出这本"流水账"对于开发者理顺和优化业务过程是很有帮助的。

（1）业务流程图的图例

业务流程图包含有6个基本图形符号，符号的内部解释可以直接用文字标于图内。这些符号所代表的内容与信息系统最基本的处理功能一一对应，如图5-6

所示。圆圈表示业务处理单位，报表符号表示输出信息（报表、报告、图形等），卡片符号表示收集和统计资料，方框表示业务处理内容，开口的方框表示存储文件，矢量连线表示业务过程联系。业务流程图图例可以参考国家标准《信息处理数据流程图、程序流程图、系统流程图、程序网络图和系统资源图的文件编制符号及约定》GB 1526—1989，也可以使用自行定义的一些符号。

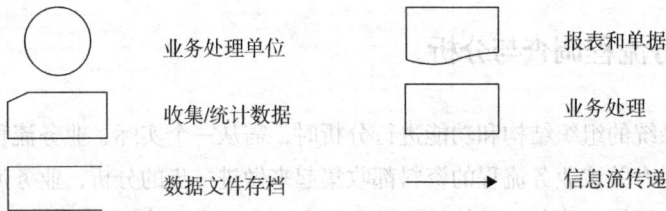

图5-6 业务流程图例

（2）业务流程图的绘制

业务流程图的绘制是根据系统调查表所得到的资料和问卷调查的结果，按业务实际处理过程将它们绘制一张图上。

业务流程分析则是在业务功能的基础上将其细化，利用系统调查的资料将业务处理过程中的每一个步骤用一个完整的图形串起来。在绘制业务流程图的过程中发现问题，分析不足，优化业务处理过程。所以说绘制业务流程图是分析业务流程的重要步骤。图5-7是一个物业服务企业物资管理业务流程图。

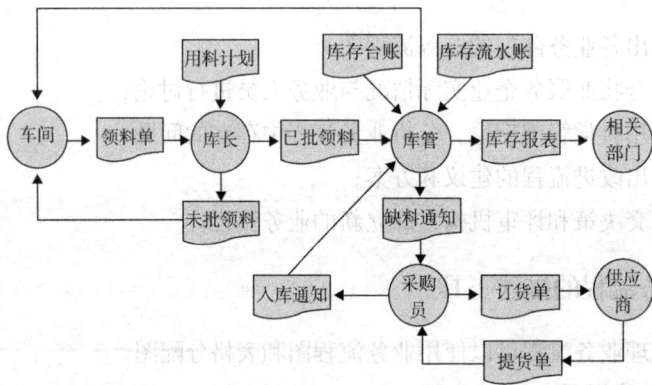

图5-7 某物业服务企业库存管理业务流程图

（3）业务流程图的特点

1）按业务部门划分的横式图，即其中的主要业务流向从左到右；

2）图中描述的主体是票据、账单；

3）票据、账单的流程路线与实际业务处理过程一一对应。

（4）业务流程图的作用

1）业务流程图是系统分析员做进一步系统分析的依据，如果没有业务流程图，仅仅通过文字语言的描述，不容易分析业务流程是否合理。

2）业务流程图是系统分析员和管理人员交流思想的工具，用业务流程图可以很明白地说明问题。

3）系统分析员可以直接在业务流程图上拟出计算机要处理的部分。业务流程图包括人要处理的部分和计算机要处理的部分，用该图例可以明确地标出两者的分界线，从而明确管理信息系统要处理的部分。

2．表格分配图

表格分配图能够表使出系统中各种单据或报告都与哪些部门发生业务关系。表格分配图如图5-8所示。

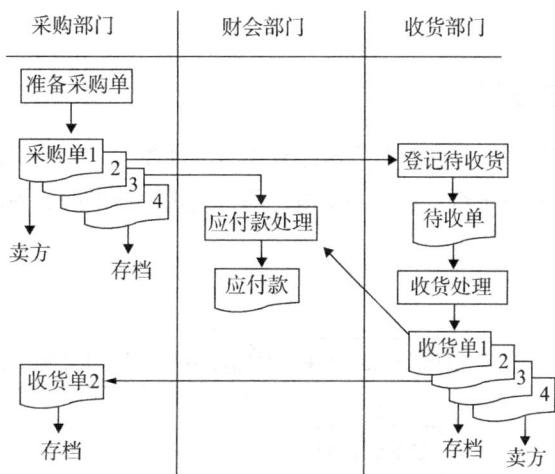

图5-8 表格分配图

5.5.3 物业管理业务流程分析

分析物业管理业务流程，要明确以下几点内容：

（1）确定管理对象

对各类信息进行归集、分类、处理，按不同时期收集不同物业管理信息，如：物业接管时的信息，此时可全面掌握房屋建筑、附属设备、公共设施、绿地绿化等物业基本情况；入伙时的信息，此时可全面掌握业主或使用人基本情况和物业使用情况；上门访问时的信息，通过主动上门访问，与业主或使用人进行对话和沟通，核对已有记录；接待投诉时的信息，通过日常接待和处理投诉，掌握动态变化，修正原有记录；维修更新时的信息，此时收集维修更新后的物业变动情况。

（2）对收集的信息进行分类

对收集的各类信息，按其本身内在的规律进行科学的划分。分类方法有很多，通常有年度分类法、组织机构分类法、问题分类法、作者分类法、地区分类法、文件名称分类法等。

（3）信息汇总、统计、分析

在月度、季度、年度结束时，常常要进行一些财务汇总，如员工工资汇总表、物业费用汇总报表等，统计用户投诉记录、物业维修情况、客户对服务满意情况，以便及时掌握工作质量及工作效率情况，以期得到改善和提高。

（4）查询及输出信息

存储的档案常常遇到客户或管理者本身需要查询的事务，如查询某大楼某业主的基本信息、交费情况，查询工作计划、会议记录、仓库物料情况、保安排班情况、巡逻情况等信息。所有分类信息排序编号，并建立分类索引表，设定查询条件，进行查询。对于所有的查询及汇总统计资料都可通过计算机输出，以作为监督、决策依据。物业维修服务业务流程、物业管理投诉处理流程如图5-9、图5-10所示。

5.5.4 业务流程重组

在业务流程调查中，必然会发现流程不合理现象，这时可能需要对物业服务企业的管理流程进行重组。在流程重组之前，要进行详细的业务流程分析，分析的重点包括：

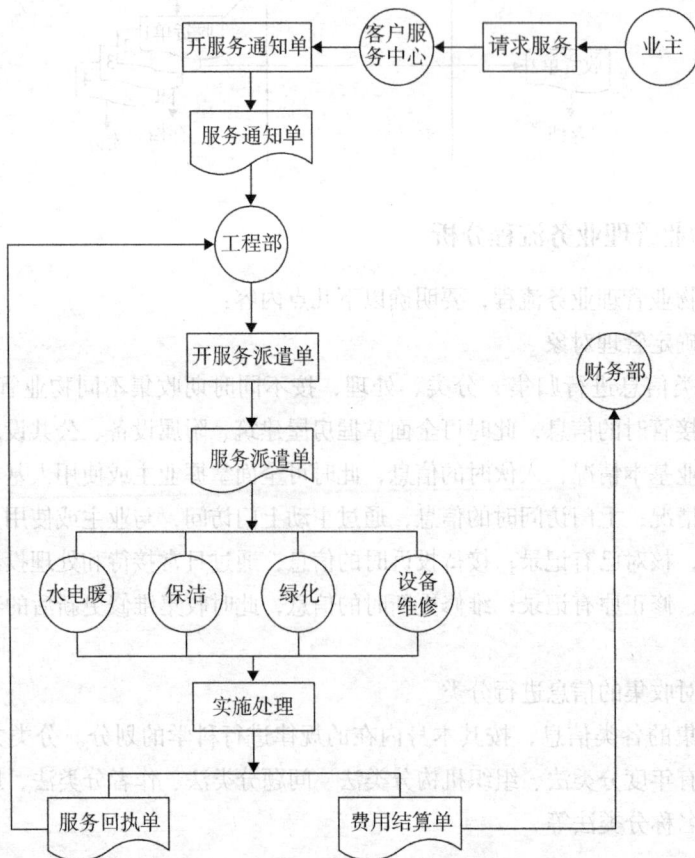

图5-9 物业维修服务业务流程图示例

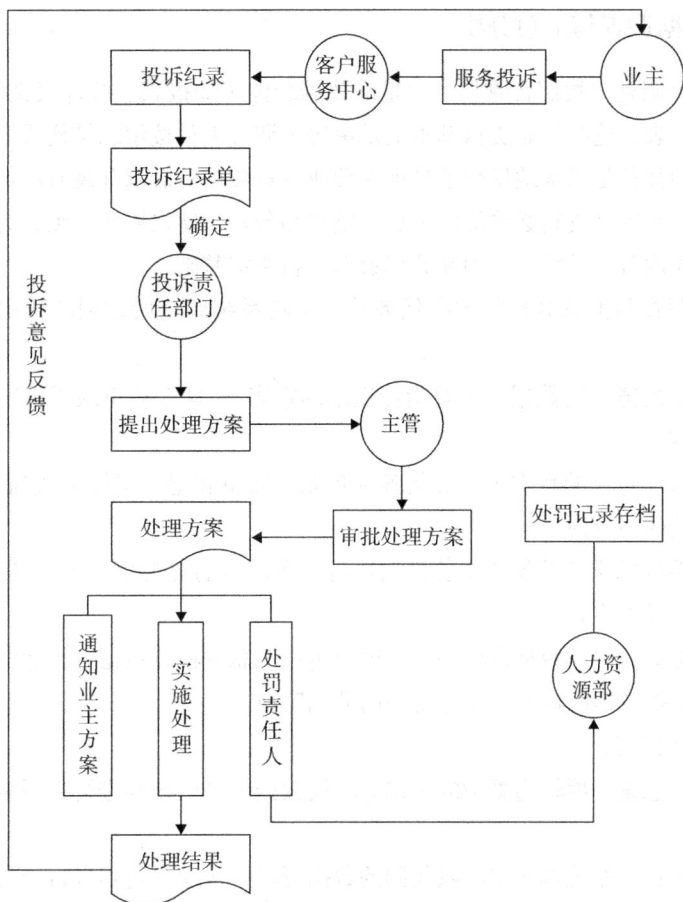

图5-10　物业管理投诉处理流程

（1）不合理的业务流程有哪些?

（2）不合理的业务流程产生的原因是什么?

（3）改进的措施有哪些? 改进会涉及哪些方面?

（4）改进后对组织目标的影响有多大?

5.6　数据与数据流程调查分析

数据是信息的载体，是今后系统要处理的主要对象。组织机构和业务调查过程中绘制的组织结构图、业务流程图等虽然形象地表达了管理中信息的流动和存储过程，但仍然没有脱离一些物质要素（如货物、产品等）。因此，为了用计算机进行信息管理，必须对系统调查中所收集的数据以及统计和处理数据的过程进行分析和整理。如果有没有弄清楚的问题，应立刻返回去弄清楚它。如果发现有数据不全、采集过程不合理、处理过程不畅、数据分析不深入等问题，应在本分析过程中研究解决。数据与数据流程分析是今后建立数据库系统和设计功能模块处理过程的基础。

5.6.1 数据调查与汇总分析

在系统调查中我们曾收集了大量的数据载体（如报表、统计表文件格式等）和数据调查表，这些原始资料基本上是由每个调查人员按组织结构或业务过程收集的。它们往往是局部地反映了某项管理业务对数据的需求和现有的数据管理状况。对于这些数据资料必须加以汇总、整理和分析，使之协调一致，为以后在分布式数据库内各子系统的调用和共享数据资料奠定基础。

数据调查与汇总分析的主要任务首先是将系统调查所得到的数据分为如下三类：

（1）系统输入的数据（主要指传送来的报表），即今后下级子系统或网络要传递的内容；

（2）系统存储的数据（主要指各种台账、账单和记录文件）。它们是系统数据库要存储的主要内容；

（3）系统输出的数据（主要指系统运行所产生的各类报表）。它们是系统输出和网络传递的主要内容。

然后再对每一类数据进行如下三项分析：汇总并检查数据有无遗漏；分析数据，检查数据的匹配情况；建立统一的数据字典。

1. 数据汇总

数据汇总是一项较为繁杂的工作。为使数据汇总能顺利进行，通常将它分为如下几步。

第一步：将系统调查中所收集到的数据资料，按业务过程进行分类编码，按处理过程的顺序排放在一起。

第二步：按业务过程自顶向下地对数据项进行整理。例如，对于成本管理业务，应从最终成本报表开始，检查报表中每一栏数据的来源，然后再查该数据来源的来源，……，一直查到最终原始统计数据（如进货统计、消耗统计、库存统计等）或原始财务数据（如单据、凭证等）。

第三步：将所有原始数据和最终输出数据分类整理。

第四步：确定数据的字长和精度。根据系统调查中用户对数据的满意程度以及今后预计该业务可能的发展规模统一确定数据的字长和精度。对数字型数据来说，它包括：数据的正、负号，小数点前后的位数，取值范围等；对字符型数据来说，只需确定它的最大字长和是否需要中文。

2. 数据分析

数据汇总只是从某项业务的角度对数据进行了分类整理，还不能确定收集数据的具体形式以及整体数据的完备程度、一致程度和无冗余的程度，因此还需对这些数据做进一步的分析。分析的方法可借用BSP方法中所提倡的U/C矩阵来进行。U/C矩阵本质是一种聚类方法，它可以用于过程/数据、功能/组织，功能/数据等各种分析。我们只是借用它来进行数据分析。在这里不作具体讨论。

5.6.2 数据流程的描述工具

数据流程指数据在系统中产生、传输、加工处理、使用和存储的过程，通常用数据流程图来描述。

1. 数据流程图的定义

数据流程图（Data Flow Diagram，DFD）是一种能全面描述信息系统逻辑模型的主要工具，它可以用少数符号综合地反映出信息在系统中的流动、处理和存储情况。数据流程图是根据业务流程图绘制出来的，它舍去了业务流程图中具体（物理上）的元素，如一些组织机构、业务人员、工作地点、材料等，只从信息流动的角度考察业务处理过程。所以数据流程图是对业务流程图的抽象，抽象的目的是为了分析和概括。

数据流程图具有两个主要特征：

（1）抽象性。在数据流图中只保留数据流动、数据存储、加工和使用细节，去掉了其他的具体业务对象；

（2）概括性。由于抽象化，数据流图将各种业务处理过程联系起来，形成一个整体。数据流图的抽象是为了概括，概括是为了分析的需要。数据流程图要与业务流程图对应。

2. 数据流程图图例

常见的数据流程图有两种，一种是以方框、连线及其变形作为基本符号来表示数据流动过程，另一种是以圆圈及连接弧作为基本符号来表示数据流动过程。这两种方法在实际表示一个数据流程时大同小异，但是针对不同的数据处理流程却各有特点。因此这里只介绍其中一种方法，以便读者在实际工作中根据实际情况选用。

图5-11给出了数据流程图的基本图形符号。

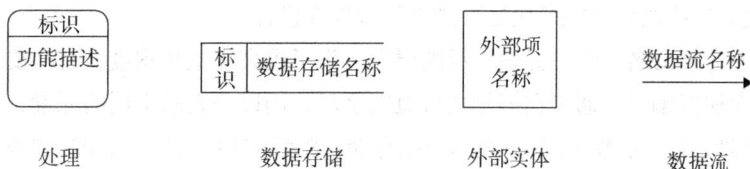

图5-11　数据流程图的基本图例

处理　　　　　　数据存储　　　　　外部实体　　　　数据流

（1）处理

表示主要的系统活动，它代表从数据输入转换到数据输出的算法或程序，诸如查验用户信用、开发票给客户。这些活动最好用动词描述，如建立、产生、计算、确定或验证。在处理方框图中，上方加上处理标识或编号，下方是具体的功能描述。

（2）数据存储

用来指明数据保存的地方，以便将来由一个或多个过程来访问这些数据。这里所说的"地方"不是指数据保存的物理地点或物理存储介质，而是指数据存储的逻辑描述，实际上就是数据库的逻辑描述。在数据存储图中，左方写上存储标识，这个标识一般用D或DB开始，右方写明数据存储的具体名称，这个名称要适当而且必须是名字。为了避免在一张数据流图中出现线条交叉，同一个数据存储可以出现若干次。

（3）外部实体

表示一个数据源或一个数据的目的地，它提供数据输入或接受数据输出，一般是指系统边界之外的人或单位，它们和系统有信息传递关系。在绘制某一系统的数据流程图时，凡属于子系统之外的人或单位，也都被列为外部实体。为了避免在一张数据流图中出现线条交叉，同一个外部实体可以出现若干次。

（4）数据流

数据流表明了数据在处理、数据存储和外部实体之间的移动及其名称，它是数据载体的表现形式之一。一般用一个带有箭头的直线来表示，箭头指出了数据的移动方向。数据流的名称即数据载体的名称一般写在数据流的上方，其名称一定是名词而不能出现动词。除了与数据存储相关的数据流之外，数据流中的箭头只采用单箭头来表示。

3．数据流程图的绘制方法

绘制数据流程图应遵循以下原则：

（1）自上而下，逐层展开。先画顶层图，再画次顶层图，将顶层图的一个处理框展开成次顶层图的一个图，再依次将该层图中的一个框展开成下一层图的一个框。

（2）输入输出，保持平衡。将上一层图的某个框展开成下一层图的一张图之后，该框的输入/输出数据流的个数和方向应与下一层图的输入/输出数据流的个数和方向保持完全一致。

（3）数据流程图的层次应依实际情况而定，以层次不超过4，每层处理不超过7为宜，最终画到功能模块处理逻辑和数据库设计。

（4）合理命名，唯一标识，反映层次。为了提高规范化程度，有必要对图中各个元素加以编号。通常在编号之首冠以字母，用以→表示不同的元素，可以用P表示处理，D表示数据流，F表示数据存储，S表示外部实体。如P2.1.2表示第二子系统第一层图的第二个处理。

（5）数据流线应尽量避免交叉，如果交叉可以采用连结符号，如用→Ⓐ和←Ⓐ表示。

下面举例说明数据流程图的绘制，从图中可以看出数据流程图是分层次的，上层的图叫父图，父图的下层图叫子图，绘制时采用自顶向下逐层分解的办法，父图与子图的输入输出要保持平衡。图中分别表示数据流程图的顶层、第一层、第二层和第三层。

顶层图即0层图，0层图是信息系统的最高层的展示，它显示了系统的界限和范围。0层图只画出外部实体和中央处理过程，并不画出数据存储。图5-12说明

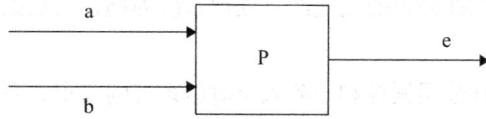

图5-12 数据流程图的第0层图例

信息处理系统P有两个外部输入信息a和b，一个外部输出信息e。

第1层图说明信息处理系统P有3个子系统P1、P2、P3，从P1、P2到P3分别有内部信息c与d。1层图是第0层图的子图，必须与其父图（顶层图）平衡：即输入到P1、P2的外部信息有a和b，P3输出为e，表明第0层到第1层是一致的，如图5-13所示。

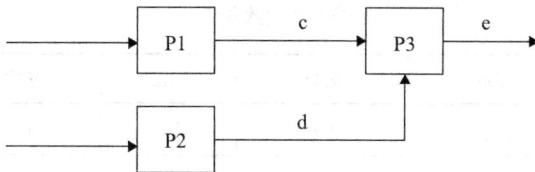

图5-13 数据流程图的第1层图例

第2层图分别展开图5-13中的P1、P2、P3，故有3张图，均是第1层图的子图，如图5-14所示。

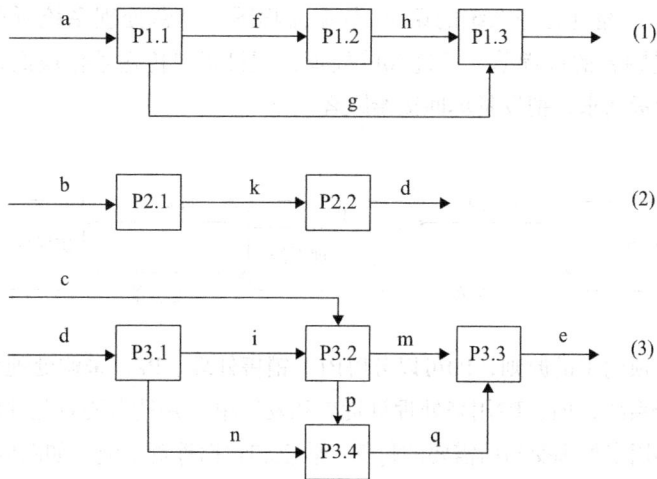

图5-14 数据流程图的第2层图例

第3层DFD图将有9张，分别展开处理逻辑P1.1，P1.2，P1.3，P2.1，P2.2，P3.1，P3.2，P3.3，P3.4，例如画其中一张P2.1的子图如图5-15所示。

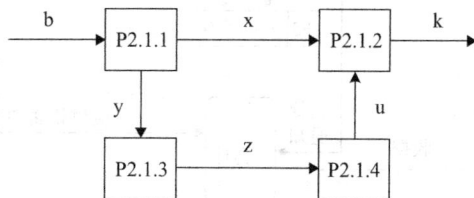

图5-15 数据流程图的第3层图例

下面以某汽车配件公司的企业经营处理系统为例，对数据流程图的绘制加以具体化。

根据对汽车配件公司领导和业务人员对新系统的要求，系统分析员认为，建立汽车配件公司的经营处理系统应具有以下三项功能，分别是销售管理、采购管理和会计账务。信息系统的主要外部项有两个：顾客和供应商。顾客是指所有购买汽车配件公司货物的单位和个人；供应商是指所有为该公司提供汽车配件的生产厂家和批发单位。

系统主要的输入数据流和输出数据流见表5-4。

输入输出数据流　　　　　　　　表 5-4

输入	来源	去处	输出	来源	去处
订货单	顾客	销售管理	收据	会计账务	顾客
发货单	供应商	采购管理	付款	会计账务	供应商

信息系统的主要数据存储是有关汽车配件库存的数据和应收/应付款明细账。

由此可以画出第0层和第1层的数据流程图，如图5-16、图5-17所示。

图5-18是经营处理系统的第0层数据流程图，经营处理系统所在方框就是P0，它接受顾客的订货单，经过P0的处理，把订货单传送给供应商，然后接受供应商的发货请求，把发货单回馈给顾客。

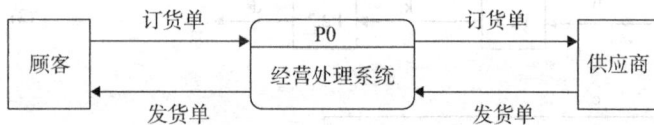

图5-16 经营处理系统第0层数据流程图

按照自顶向下的原则，P0可以分解P1：销售处理、P2：采购处理和P3：会计处理三个子系统，P1，P2用来处理订货单和发货单，并且需要对配件库存进行数据存储。P3用来处理交易所需的付款、收款和收据等资金流，如图5-17所示。

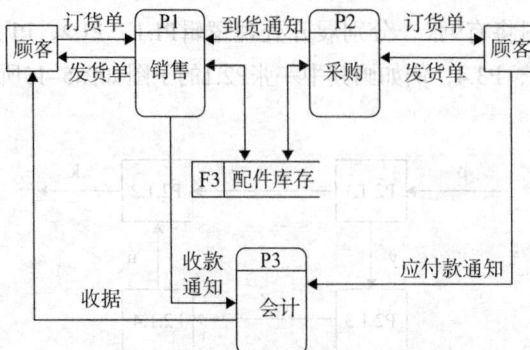

图5-17 经营处理系统第1层数据流程图

在画出第0层、第1层的数据流程图后，再对其中每一个处理过程进行扩展。即对销售管理子系统、采购管理子系统会计账务子系统进一步扩展。

销售管理子系统的外部项有三个：顾客、经理和采购管理。其中采购管理是汽车配件公司信息系统的一个子系统。

销售管理子系统的输入输出数据流见表5-5。

销售管理子系统的输入输出数据流　　　　　　　　　表5-5

输入	来源	去处	输出	来源	去处
订货单	顾客	编辑订货单	发货单	开发货单	顾客
到货通知	采购管理	核对顾客预订单	报表	报表	经理
查询要求	经理	检索库存	回答	检索库存	经理

与销售管理子系统有关的数据存储如下：

（1）F1，配件目录；

（2）F2，顾客目录；

（3）F3，配件库存；

（4）F4，暂存订货单（顾客对配件的预订单）；

（5）F5，销售历史；

（6）F10，应收款明细账。

根据上述分析，可将P1的处理逻辑进一步扩展，如图5-18所示。即销售处理子系统P1又可以分解为P1.1：编辑顾客订单、P1.2：记录新顾客数据、P1.3：

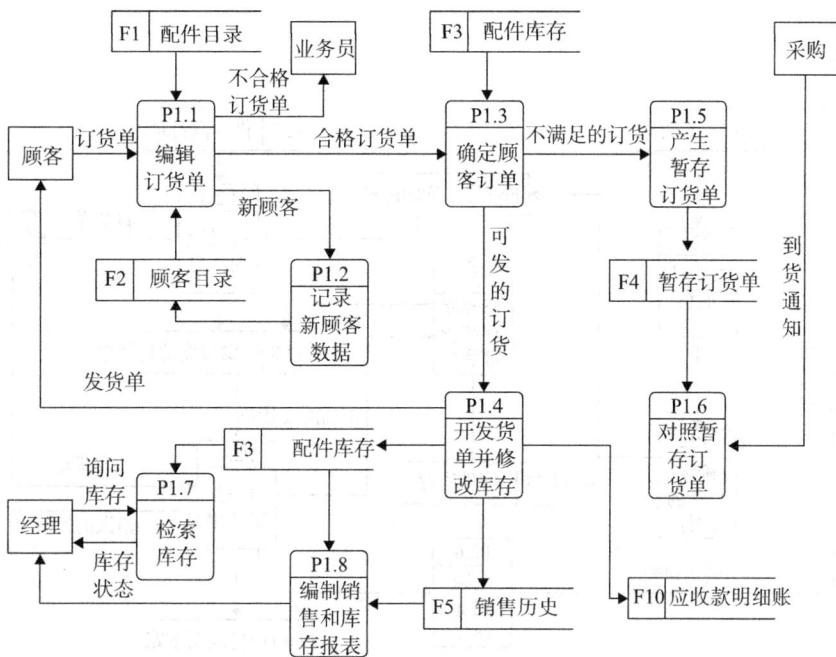

图5-18 经营处理系统第2层销售管理子系统的扩展

确定顾客订单、P1.4：开发货单并修改库存、P1.5：产生暂存订货单、P1.6：对照暂存订货单、P1.7：检索库存、P1.8：编制销售和库存报表8个部分。

采购管理子系统有两个外部项：供应商和销售管理。

采购管理子系统的输入输出数据流见表5-6。

采购管理子系统的输入输出数据流　　　　表5-6

输入	来源	去处	输出	来源	去处
发货单	供应商	核对发货单	订货单	按供应商汇总订货单	供应商
到货通知单				打印到货通知单	销售管理

与采购管理子系统有关的数据存储如下：

（1）F3，配件库存；

（2）F4，暂存订货单；

（3）F6，待订货的配件；

（4）F7，供应商目录；

（5）F8，向供应商的订货单；

（6）F9，应付款明细账。

根据上述分析和层层分解、输入输出平衡原则，采购管理子系统P2又可以分解为P2.1：按配件汇总、P2.2：确定订货的配件、P2.3：按供应商汇总、P2.4：核对发货单、P2.5：修改库存和待订货量、P2.6：编制到货通知6个部分，如图5-19所示。

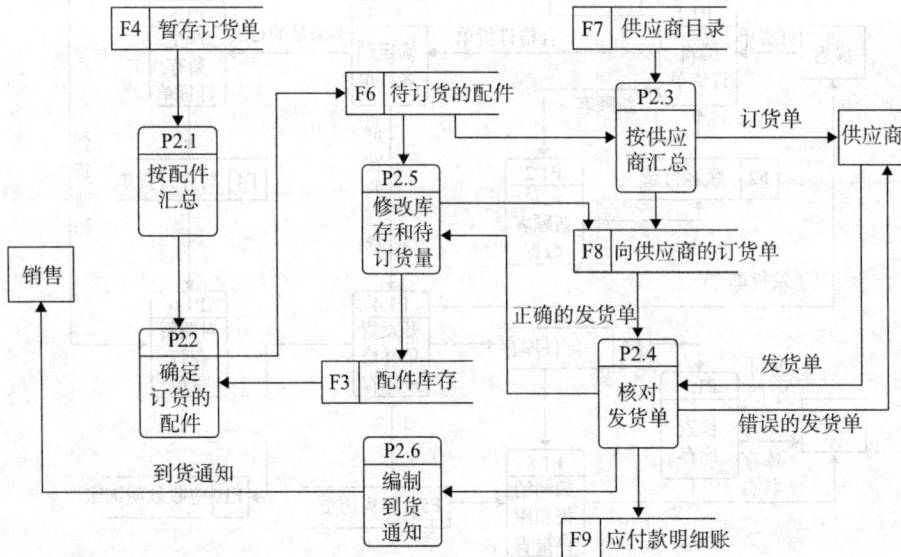

图5-19 经营处理系统第2层采购管理子系统的扩展

会计账务子系统的外部项有三个：顾客、供应商和经理。

会计账务子系统的输入输出数据流见表5-7。

会计账务子系统的输入输出数据流　　　　　　　表5-7

输入	来源	去处	输出	来源	去处
付款	顾客	开收据	收据	应收款账务	顾客
应付款通知	供应商	核对应付款通知单	付款	应付款账务	供应商
会计报表			编辑报表		经理

与会计管理子系统有关的数据存储如下：

（1）F9，应付款明细账；

（2）F10，应收款明细账；

（3）F11，总账。

根据上述分析和层层分解、输入输出平衡原则，会计管理子系统P3又可以分解为P3.1：开收据并修改明细账、P3.2：核对付款单、P3.3：收款并修改明细账、P3.4：修改总账、P3.5：编制会计报表5个部分，如图5-20所示。

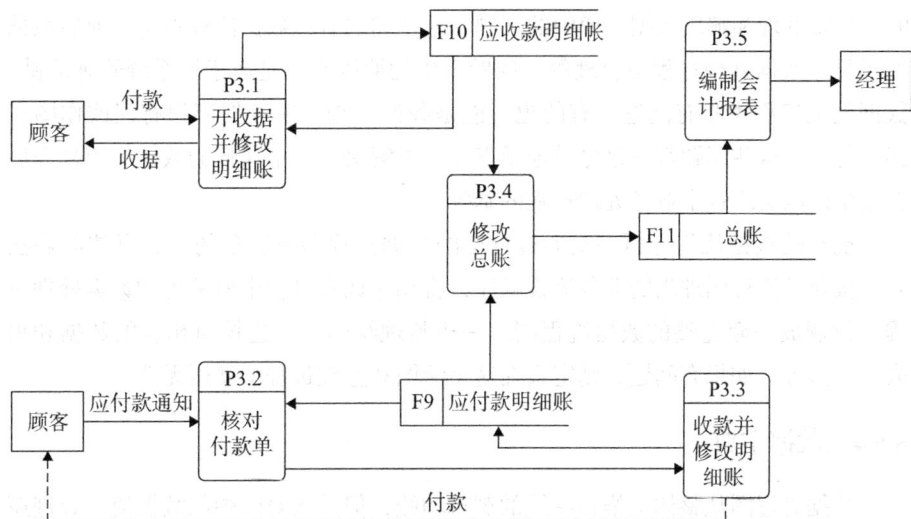

图5-20　经营处理系统第2层会计管理子系统的扩展

4．数据流程图的优点

（1）数据流程图简单、明了、易于理解，尤其便于用户理解，可以成为系统分析员与用户的共同语言。用户能根据自己对业务的了解提出修改数据流程图的建议使它更确切地描述企业活动，用户还能迅速检查出流程图中存在的问题，使这些问题在系统设计之前就能得到修改。

（2）数据流程图的抽象性和综合性，描述了流经系统的数据及其加工、存储的情况而不涉及完成加工的设备，机构或人员。这样使我们有可能抽象地总结出信息系统的任务与各项处理功能之间的顺序、关系，并把这些处理功能恢复、汇总起来形成总体。这样，有助于我们不受职能机构的局限，抽象分析企业的业务过程，从这样抽象、综合而成的数据流程图出发，设计出的系统可免受或可受体制机构限度的影响，具有很好的稳定性。

（3）数据流程图采取自顶向下，分层描述的表达方式，体现了结构化分析的特点。随着对系统由概要到细节的逐步深入了解，能产生自顶向下许多分组数据流程图。上层提供系统概貌，下层提供系统细节，不同层次的数据流程图可满足不同的使用要求。

（4）在系统设计过程中，从数据流程图可以顺利地转换成结构图，对数据流程图中的数据存储作进一步的数据分析，可以向数据库设计过渡。所以，数据流程图是系统分析的结果，又是系统设计的依据。

5.6.3 数据流程分析

有关数据分析的最后一步就是对数据流程的分析，把数据在组织（或原系统）内部的流动情况抽象地独立出来，舍去了具体组织机构、信息载体、处理工作、物资、材料等，单从数据流动过程来考查实际业务的数据处理模式。数据流程分析主要包括对信息的流动、传递、处理、存储等的分析。数据流程分析的目的就是要发现和解决数据流通中的问题，这些问题有：数据流程不畅，前后数据不匹配，数据处理过程不合理等。问题产生的原因有的是属于原系统管理混乱、数据处理流程本身有问题；有的也可能是我们调查了解数据流程有误或作图有误。总之，这些问题都应该尽早地暴露并加以解决。一个通畅的数据流程是今后新系统用以实现这个业务处理过程的基础。

现有的数据流程分析多是通过分层的数据流程图来实现的。其具体的做法是：按业务流程图理出的业务流程顺序，将相应调查过程中所掌握的数据处理过程，绘制成一套完整的数据流程图。一边整理绘图，一边核对相应的数据和报表、模型等。如果有问题，则定会在这个绘图和整理过程中暴露无遗。

5.6.4 数据字典

数据流程图从整体上描述系统的逻辑功能，但并未对图中的数据流、处理逻辑和数据存储等元素的具体内容加以说明。建立数据字典是为了对数据流程图上各个元素作出详细的定义和说明。数据流程图加上数据字典，就可以从图形和文字两个方面对系统的逻辑模型进行完整的描述。

1. 数据字典的定义

数据字典（Data Dictionary，DD）是对数据流程图中的数据项、数据结构、数据流、处理逻辑、数据存储和外部实体进行定义和描述的工具，是进行数据分析和整理的工具。

数据字典包括以下几种：数据项、数据结构、数据流、处理逻辑、数据存储、外部实体。

（1）数据项

数据项是数据的最小组成单位。数据项的定义包括名称和编号、类型、长度、取值范围或含义。

例：数据项定义

数据项编号：D1

数据项名称：客户代码

类型及长度：字符型，8位

取值含义：××99-999，××表示小区代号，99-999表示楼号和单元号

（2）数据结构

数据结构描述了某些数据项之间的关系。一个数据结构可以由若干数据项组成，也可以由若干数据结构组成。

如果是一个简单的数据结构，则要列出它所包含的数据项；如果是一个嵌套的数据结构（即数据结构中包含数据结构），则只需列出它所包含的数据结构的名称，因为这些被包含的数据结构在数据字典的其他部分已有定义。

例：数据结构

数据结构编号：DS101

数据结构名称：客户档案

简述：记载入住客户的基本信息

数据结构组成：楼号+客户代号+业主名称+联系电话+证件名称+证件代号+人口数

（3）数据流

数据流由一个或一组固定的数据项组成。定义数据流时，不仅要说明数据流的名称、组成等，还应指明它的来源、去向和数据流量等。

例：数据流定义

数据流编号：DF01

数据流名称：材料清单

简述：维修工从仓库领出材料的清单

数据流来源：维修部材料仓库

数据流去向：维修处理模块（M1）

数据流组成：材料编号+材料名称+领用数量+日期+领用单位

数据流量：10份/天

（4）处理逻辑

处理逻辑的定义仅对数据流程图中最底层的处理逻辑加以说明。

例：处理逻辑定义

处理逻辑编号：

处理逻辑名称：统计

简述：每个月月底，要统计当月的维修情况，包括各种类型的材料费、人工费、回访串、满意度等

输入的数据流：已完工维修单、未完工的维修单

输出的数据流：输出的数据流是"统计表"，去向是外部实体"经理"

处理频率：每月处理一次

（5）数据存储

数据存储在数据字典中只描述数据的逻辑存储结构，那个涉及它的物理组织，主要描述它所包含的数据结构和输入、输出数据流。

例：数据存储定义

数据存储编号：

数据存储名称：已完工委托单

简述：记录维修内容和维修费用

数据存储组成：日期+地点+报修内容+报修时间+完成时间+维修情况记录+维修经办人+业主验收人+维修材料费+维修人工费+回访时间+满意程度

关键字：维修单编号

相关处理：N、P6、P7

（6）外部实体

外部实体包括：外部实体编号、名称、简述及有关数据流的输入和输出。

例：外部实体定义

外部实体编号：s01

外部实体名称：用户

简述：接受服务的用户

输入的数据流：委托请求、用户意见

输出的数据流：发票

编写数据字典是系统开发的一项重要的基础工作。一旦建立，并按编号排序之后，就是一本可供查问的关于数据的字典，从系统分析一直到系统设计和实施都要使用它。在数据字典的建立、修正和补充过程中，始终要注意保证数据的一致性和完整性。数据字典可以用人工建立卡片的办法来管理，也可存储在计算机中用一个数据字典软件来管理。

2. 数据字典的作用

数据字典的用处有以下几个方面：

（1）是描述企业或组织数据资源的重要文本。

（2）是分析人员与用户交流的工具。

（3）可以提供标准的术语和词汇、数据元素、数据结构、数据流、数据存贮、过程处理。这样既方便查询，在系统设计时也不会有遗漏。

（4）可解决不同子系统之间数据一致性的问题。

3．计算机辅助方法建立数据字典

数据字典是系统分析的重要工具，采用手工处理方法建立并维护数据字典是一项工作量极大的任务。

我们可以借助计算机工具来辅助建立并维护数据字典。具体的途径有三种：一是利用已有的DBMS，针对数据字典建立一个应用系统；二是有的DBMS本身包含一个数据字典子系统，在建库的同时能自动生成数据字典；三是在很多中小型计算机上配置独立的数据字典系统，用它可以对其他数据项的名称、别名、意义、来源、职责、用途等有关信息进行描述，本身是一种特殊的数据库。

计算机辅助方法开发数据字典要比手工维护数据字典方便高效得多，而且能保证数据的一致性、完整性。但是，增加了技术难度与机器的开销。

5.6.5 处理逻辑表达工具

计算机处理包括数学运算、信息交流和逻辑判断三部分，其中难以描述的是逻辑判断。为了描述业务流程图或数据流程图中处理模块的复杂功能及实现步骤，在系统分析和程序设计过程中，经常使用一些特许的处理工具，如判断树、判断表及结构化描述语言。

1．判断树

判断树是用树杈分叉图来表示处理逻辑的一种工具。它由两部分组成：左边用分叉表示条件，最右边一列表示采取的行动。图5-21是一张用于查找产品并计算金额的判断树，以说明对不同交易额、不同信誉、不同交易时间的顾客所采取的不同优惠政策。判断树比较直观，容易理解，但当条件多时，不容易清楚地表达出整个判别过程。

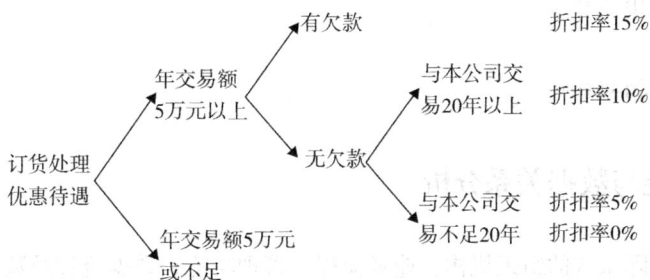

图5-21 订货处理的判断树

2．判断表

判断表是采用表格方式来描述处理逻辑的一种工具。它由4部分组成：左上角为条件说明，右上角为各种条件组合，右下角为各种条件组合下的行动，左下角为行动说明。由表5-8可知，如用文字表达这种多元的逻辑关系，不仅十分繁琐，而且难以看清，采用判断表可以清晰地表达条件、决策规则和应采取的行动之间的逻辑关系，容易为管理人员和系统分析人员所接受。

条件与行动＼不同条件组合	1	2	3	4	5	6	7	8
C1：交易额 5 万元以上	Y	Y	Y	Y	N	N	N	N
C2：无欠款	Y	Y	N	N	Y	Y	N	N
C3：与公司交易 20 年以上	Y	N	Y	N	Y	N	Y	N
A1：折扣率 15%	√	√						
A2：折扣率 10%			√					
A3：折扣率 5%				√				
A4：折扣率 0%					√	√	√	√

订货处理的判断表　　表 5-8

3．结构化描述语言

结构化语言是一种介于自然语言和形式语言之间的半形式语言，是模仿计算机语言的处理逻辑描述工具。它使用了由"IF"、"THEN"、"ELSE"等词组成的规范化语言。下面是运用结构英语表示法表示的处理订货单逻辑过程。为了使用方便，这里将条件和应采取的行动用中文表示：

　　IF年交易额＞5万元

　　　　IF欠款数=0 THEN

　　　　折扣率=15%

　　　　ELSEIF与本公司交易期限＞=20年THEN

　　　　折扣率=10%

　　　　ELSE

　　　　　折扣率=5%

　　　　ELSE

　　　　　折扣率=0%

5.7　功能与数据关系分析

在对实际系统的组织机构、业务流程、管理功能、数据流程及数据分析都作了详细了解和形象化描述后，就可以进行系统分析的设计，以便整体地考虑新系统的功能子系统和数据资源的合理性。进行这种分析的有力工具之一就是功能/数据分析。

5.7.1　功能与数据间的关系分析

功能与数据关系分析是分析业务处理过程中产生数据和使用数据之间的关系。其分析的目的如下：

（1）使功能与数据之间的关系更合理；

（2）为划分子系统提供依据。

功能与数据关系分析的工具就是U/C（User/Create）矩阵是IBM公司于20世纪70年代初在BSP中提出的一种系统化聚类分析方法。它通过由一些功能产生，并被一些功能所使用的数据之间的关系，判断数据产生与使用之间的关系是否正确，对功能进行分类，为系统划分提供依据。

5.7.2 U/C矩阵

1. U/C矩阵及其建立

首先对系统做自顶向下的划分，然后逐个确定其具体的功能和数据，最后填上功能/数据之间的关系，即完成了U/C矩阵的建立过程。即首先建立一张二维表格，将调查的数据填写在横向方向（X_i），将功能填写在纵向方向（Y_j）；然后按照数据与功能之间的产生与使用关系，分别在相应的单元格填入U或C。

2. U/C矩阵的功能

U/C矩阵的主要功能有以下4点：

（1）通过U/C矩阵的正确性检验，及时发现前段分析和调查工作中的疏漏和错误；

（2）通过对U/C矩阵的正确性检验分析数据的正确性和完整性；

（3）通过对U/C矩阵的规划过程最终得到子系统的划分；

（4）通过子系统之间的联系可以确定子系统之间的共享数据。

3. U/C矩阵的校验

正确性检验是利用U/C矩阵来分析系统的重要一步，它可以指出前段工作的不足和疏漏，或是划分不合理的地方，及时地督促并加以改正，可以从以下三方面进行U/C矩阵的检验。

（1）完备性检验

具体的数据项/类必须有一个产生者（C）和至少一个使用者（U），功能则必须具有产生或使用发生，否则这个U/C矩阵是不完备的。

（2）一致性检验

具体的数据项/类必有且仅有一个产生者（C），如有多个产生者，则必然发生数据的不一致性，其结果将会给后续开发工作带来混乱。

（3）无冗余性检验

表中不允许有空行空列。如果有空行空列发生，则可能出现如下问题：漏填了"C"或"U"元素，功能项或数据项的划分是冗余的。

4. U/C矩阵的求解

U/C矩阵的求解过程就是对系统结构划分的优化过程。它是基于划分的子系统独立性好、内部凝聚性高这一原则之上的一种聚类操作。其具体做法是调换表中的行变量或列变量，使表中的"C"元素尽量靠近U/C矩阵的对角线，然后再以"C"元素为标准划分子系统。这样划分的子系统独立性和凝聚性都较好，因为它可以不受干扰地独立运行。表5-9就是一个矩阵的实例。

U/C 矩阵示例　　　　　　　　　　　　表 5-9

功能	客户	订货	产品	加工路线	材料表	成本	零件规格	原材料库存	成品库存	职工	销售区域	财务	计划	设备负荷	材料供应	工作令
经营计划						U						U	C			
财务规划						U				U		C	U			
产品预测	U		U									U	U			
产品设计开发	U		C		U		C									
产品工艺			U	U	C		U									
库存控制								C	C						U	U
调度			U											U		C
生产能力计划				U									C	U		
材料需求			U		U										C	
作业流程				C										U	U	U
销售区域管理	C	U	U													
销售	U	U	U								C					
订货服务	U	C	U													
发运		U	U						U							
会计	U									U						
成本会计		U				C										
人员计划										C						
人员招聘考核										U						

5.8　新系统的逻辑模型

　　系统分析的重要任务之一就是构造新系统的逻辑模型。它既是系统分析的重要成果，又是下一阶段系统分析的主要依据。

　　新系统的逻辑模型主要包括：对系统业务流程分析整理的结果；对数据及数据流程分析整理的结果；子系统划分的结果；各个具体业务处理过程以及根据实际情况应建立的管理模型和管理方法。同时新系统的逻辑模型也是系统开发人员和用户共同确认的新系统处理模式以及努力的方向。

5.8.1 确定新系统的逻辑处理方案

在对原有系统进行分析和优化的结果就是新系统的拟采用的信息处理方案，它包括以下几个部分。

1. 确定合理的业务流程处理

（1）删除或合并多余或重复的业务流程；

（2）明确需要对哪些业务流程进行处理，处理的原因是什么，改动后将给企业目标带来哪些好处；

（3）给出最终确定的业务流程图；

（4）指出哪些部分需要新系统来完成，哪些仍然要借助手工的处理流程。

2. 确定合理的数据及数据流程

（1）请用户确认最终的数据指标体系和数据字典；

（2）需要对哪些数据及数据流程进行优化和改动，改动的原因是什么，改动将给物业服务企业的目标带来什么样的好处；

（3）给出最后确定的数据流程图；

（4）指出数据流程图中的人机界面。

3. 确定新系统的逻辑结构和数据分布

（1）新系统的逻辑划分方案；

（2）新系统的逻辑资源划分方案，如哪些在本系统的设备内部，哪些在网络服务器或者是主机上。

5.8.2 新系统的管理模型

新系统的管理模型就是实现系统目标的具体思路和框架。管理模型分为物理模拟模型和数学模拟模型两种。业务过程使用最多的还是数学模型，比如，MRP，线性规划，EOQ模型等。

基本的管理模型有以下5种：

（1）综合计划模型：综合发展模型和资源限制模型；

（2）生产计划模型：MRP模型、投入产出模型和网络计划模型等；

（3）库存管理模型：ABC分类模型、库存平衡模型和EOQ模型等；

（4）财务成本管理模型：回归分析和量本利分析模型等；

（5）统计和预测模型：方差和概率分布模型、多元回归预测模和时间序列预测模型等。

究竟使用哪些模型，一方面要根据物业管理的需要，另一方面要根据应用环境的可能性，也就是根据自身条件来取舍。

5.8.3 新系统的运行环境分析

在对现行系统计算机资源调查的基础上，根据用户需求、管理业务和管理模式的要求，对系统的运行环境进行分析，主要内容为现行计算机应用的状况及水平，目前国内外计算机应用状况，系统计算机资源的配置等。

1．设备选配的依据

设备选择与配置应根据实际情况确定，即按照系统分析调研的结果，考虑配制设备。具体来说有总体方案、容量、外设、终端及网路的配置、速度和软件等5个方面。

2．硬件的配置

硬件的配置主要指主机、辅机、外设、通信设备、办公自动化设备和接口设备等的选择和配置。

3．系统软件的配置

系统软件由支持应用程序运行的一些计算机程序组成，包括汇编程序、各类语言的编译程序、维修机器的诊断程序、操作系统及数据库管理系统等。

4．工具软件的选择

工具软件的选择指开发物业管理信息系统时，能起到某些通用工具作用的应用软件。这些软件可以加快物业管理信息系统的开发进度，提高软件的开发质量。

5．应用软件开发分析

应用软件是为了解决某些应用问题而专门编制的程序，一般分为应用程序包和自编程序两类。这类程序经过优化，一般情况下编制质量和运行质量都比较高，用户使用方便。对于物业管理信息系统来说，自编程序是不可缺少的，需要做好购买还是开发的决策。

5.8.4　新系统功能模型

根据U/C矩阵及其他工具，在对子系统进行划分以后，便可建立新系统的功能模型，其步骤如下：

（1）根据子系统的划分，绘出子系统新的数据流程图；

（2）建立各子系统的功能模型；

（3）建立系统总的功能模型。

5.8.5　新系统的逻辑模型

新系统的逻辑模型包括以下主要内容：

（1）新系统的业务流程；

（2）新系统的数据流程；

（3）新系统的逻辑结构；

（4）新系统的数据资源分布（C/S、B/S或其他模式）；

（5）新系统的管理模型（数学模型或管理模型）。

5.9 系统分析报告

系统分析报告又称系统说明书，是系统分析阶段的成果和重要文档。它反映了这一阶段调查分析的全部情况，是下一步设计与实现系统的纲领性文件。物业服务企业可通过系统分析报告来验证和认可新系统的开发策略和开发方案，而系统设计师则可用它来指导系统设计工作和作为以后的系统设计标准。此外，系统分析报告还可作为评价项目成功与否的标准。

一份合格的系统分析报告不但应能充分展示前段调查的结果，而且还要反映系统分析结果——新系统逻辑方案。系统分析报告应达到的基本要求是：全面、系统、准确、翔实、清晰地表达系统开发的目标、任务和系统功能。

系统分析报告主要包括如下5个方面。

1．系统开发项目概述

这部分主要对分析对象的基本情况作概括性的描述，摘要说明新系统的名称、主要目标及功能、新系统开发的有关背景以及新系统与现行系统的主要差别。

2．现行系统概况

使用组织结构图、功能体系图、业务流程图、数据流程图、数据字典等，详细描述现行组织的目标，现行组织中信息系统的目标及系统的主要功能、组织结构、业务流程等。此外，还要对各个环节对业务处理量、总的数据存储量、处理速度要求、处理方式和现有的技术手段等作扼要的说明。

3．系统需求说明

在掌握了现行系统的真实情况的基础上的用户就新系统对信息的各种需求。

4．新系统的逻辑方案

新系统的逻辑方案是系统分析报告的主体部分。这部分主要反映分析的结果和对构筑新系统的设想，应根据原有系统存在的问题，明确提出更加具体的新系统的目标，确定新系统的主要功能、各个层次的数据流程图、数据字典等。主要说明的内容有：

（1）组织结构图；

（2）重建或改造的业务流程图及其说明；

（3）重建或改建的信息流程（包括数据流程图、数据字典、数据存储分析、查询分析、数据处理分析）；

（4）系统管理模型；

（5）系统运行环境分析；

（6）系统功能模型。

5．系统实施计划

系统实施计划主要包括：

（1）对工作任务分解，即对开发中应完成的各项工作按子系统（或系统功能）划分，指定专人分工负责。

（2）进度安排，即给出各项工作的开始日期和结束日期，规定任务完成的先后顺序。

（3）预算，即逐项列出本项目所需要的劳务以及经费的预算，包括各项工作所需人力及办公费。

本章小结

系统分析是物业管理信息系统开发的重要环节，包括用户需求分析、可行性分析、详细调查、组织结构与功能结构分析、业务流程分析、数据流程分析，U/C矩阵的建立等步骤，最后完成新系统的逻辑模型，形成系统分析报告。

新系统的开发往往来自于对原有系统的不满，在系统开发之前，应根据物业服务企业用户的需求，对原有系统进行问题识别，对新开发系统进行可行性分析，明确系统建设的必要性和可行性。

详细调查主要针对现行系统的管理业务和数据流程进行，以利于掌握现行系统的状况，找出问题所在和薄弱环节，绘制组织结构图、功能结构图、业务流程图和数据流程图等。在详细调查的基础上，找出不合理的业务流程和数据流程，建立U/C矩阵，进而求解新系统的逻辑模型，包括原系统的不足、新系统的目标、子系统的划分、数据字典的建立等。

系统分析的最终目的是提出新系统的逻辑方案。逻辑方案反映了系统分析的结果和对新系统的设想，为系统设计提供条件。

思考题

1. 系统分析的主要任务是什么？有何特点？

2. 如何进行用户需求识别？试进行物业服务企业的需求分析。

3. 详细调查有哪些方式，要达到什么目的？

4. 如何进行组织结构和功能结构分析？并绘制组织结构和功能结构图。

5. 如何进行业务流程分析？如何绘制业务流程图？

6. 如何进行数据流程分析，如何绘制数据流程图？什么是数据字典，有何作用？

7. 如何建立U/C矩阵？如何校验？如何求解？

8. 建立新系统的逻辑模型需要经过哪些过程？

9. 试以某个物业服务企业为例，在进行详细调查的基础上，分析其业务流程和数据流程，最终提出其新系统的逻辑模型，并完成系统分析报告。

6

物业管理信息系统的系统设计

学习目的

　　了解系统设计的要求及原则，理解结构化设计的基本原理与模块化设计思想，能画出模块结构图；掌握变换型结构与事务型结构设计的异同，能进行变换分析设计与事务分析设计；掌握信息系统的物理配置设计、能进行信息系统的子系统划分和网络结构设计；理解代码的功能、设计原则及其分类；掌握数据库设计各个阶段的原则和方法，能合理地进行数据库设计；理解输入输出设计的基本原则和内容；学会利用程序流程设计工具进行设计，并绘制程序流程图；了解系统设计报告的主要内容。

本章要点

　　结构化设计的基本原理；变换型结构与事务型结构；变换分析设计与事务分析设计；代码的功能与设计原则；数据库设计的4个阶段；E-R图；关系模式；输入输出设计的原则和内容；程序流程设计工具及程序流程图；系统设计报告的主要内容。

物业管理信息系统设计是根据系统分析阶段提出的逻辑模型来构建物理方案，即根据系统的逻辑功能要求，结合实际条件，进行总体设计与详细设计，解决"系统怎么样做"的问题。

6.1 系统设计概述

6.1.1 系统设计目标和任务

系统设计的目标是建立适合物业服务企业发展的信息系统，提高物业管理和服务过程中信息处理和反馈，支持多种查询方式，对各种信息、处理结果实行授权查询，辅助决策系统。这有助于高层管理及时了解企业状况，帮助决策者实现人、财、物的一体化管理，建立以业主为核心的快速反馈系统，利用先进的网络信息资源对业主提供更完善、周到的服务。

系统设计的任务是在科学、合理的逻辑系统模型的基础上，根据系统分析说明书，详细地确定新系统的物理模型，为下阶段实施做好充分的准备。即利用物业服务企业现有资源与条件通过比较分析进行最佳的设计过程。设计任务主要包括：

（1）要按照系统分析阶段的结果，即用户的需求，确定的目标、任务和逻辑功能进行设计工作。

（2）技术方面，要结合物业服务企业的特点，选择适当的计算机硬件技术、软件技术、数据库技术和计算机网络技术等。

（3）要遵循现行的信息管理和技术标准、规范和相关法规。

（4）系统运行环境。系统的设计要和物业服务企业现行的管理方法相匹配，与组织的改革与发展相适应。符合当前的工作需要，同时也要兼顾未来发展的趋势，要有一定的应变能力，适应物业服务企业快速的发展。不能盲目照搬别的行业或国外同行业系统的设计。

6.1.2 系统设计内容

物业管理信息系统设计阶段的主要依据是系统分析报告和开发者的知识和经验。系统设计的主要内容包括根据物业管理信息系统分析说明书所描述的系统目标、功能、环境相约束条件，确定合适的计算机处理方式和计算机总体结构，确定合适的计算机系统配置。根据物业管理信息系统分析所得到的系统逻辑模型、数据流图和数据字典，借助于一套标准化的图、表工具，导出系统的功能模块结构图。

物业管理信息系统的详细设计主要包括代码设计、数据存储设计、输入设计、输出设计、业务处理过程设计、编写系统设计说明书等。

6.1.3 系统设计原则

系统设计在系统分析的基础上，由抽象到具体实现，设计的优劣直接影响到整个系统的质量和所获得的经济效益。所以，要想使设计的系统能最大限度地满足用户的需求，具有较强的生命力，在系统的设计中要遵循以下原则：

1. 系统性原则

物业管理信息系统要有鲜明的整体性、综合性、层次性和目的性。它是由多个子系统集成的，与物业服务企业的管理活动和组成职能相互联系、相互协调。各子系统功能处理既独立又相互关联。因此，物业管理信息系统的建设要注重功能和数据的整体性和系统性。

2. 可扩展性

这是物业管理信息系统建设必须遵循的原则。房地产业和信息技术的快速发展，行业法规的不断健全，使得物业服务企业的管理模式、管理手段、管理水平以及战略思想不断更新。因此，系统设计能满足当前物业服务企业内部各层管理者的需求，还要能够满足环境变化带来的新的需求，以及未来的业务增长需要、信息技术发展等变化需要。要对环境有适应能力，提高各子系统的独立性，减少子系统之间的依赖性，便于系统扩展。

3. 经济性原则

物业管理信息系统是物业服务企业的子系统，这个子系统在企业里的生死存亡，关键不在于它的技术有多先进，界面多么好看，而在于它是否在提高企业办事效率，提高企业对市场的响应速度，为企业合理利用资源、节约资源、降低成本、提高效益发挥作用。企业的任何行为都是为了创造经济效益以及社会效益，物业管理信息系统建设也不例外。

4. 先进性原则

系统的建设不能拘泥于旧的管理模式和处理过程，要根据实际情况结合现代管理科学加以优化，关注计算机技术的发展，要及时了解新技术，合理使用新技术，体现先进性。物业管理信息系统应考虑采用客户/服务器模式以及先进的分布式数据库相结合的信息处理方式。开发平台应尽量选用市场的主流产品，并尽可能与公司现有的其他软件相结合。由于采用分布式技术，数据信息可实现分散采集与统一管理。而软件设计采用模块化、结构化，能够很方便的根据不同的情况、不同的需求，作出及时灵活的调整。

5. 可持续性原则

物业服务企业管理水平、经营效益的提高是长期的、不断的，因此，与之相适应的物业管理信息系统的建设也是一个长期的、不断的过程，要从发展和变化的角度看待物业管理信息系统的建设。实际工作中，常常有急于在一次开发过程中做好一切工作，希望以后长期受益的做法影响到系统建设的正常进行。比如有的物业管理信息系统建设者提出计算机配置要10年不落后，这实际上是按照一般工程建设的习惯对待物业管理信息系统建设，因而是错误的，也是有害的。

6.2 系统总体结构设计

系统设计是物业管理信息系统开发过程中另外一个重要的阶段。在这一阶段我们根据前一阶段系统分析的结果，进行新系统设计。系统设计包括两个方面，首先是总体结构的设计，其次是具体物理模型的设计。

到目前为止，系统设计所使用的方法还是以自顶向下的结构化的设计方法，但是在局部环节上使用原型法、面向对象的方法，这是目前比较流行的发展趋势。

6.2.1 结构化设计方法的基本原理

由于系统的可变性对系统的性能具有决定性的影响。系统的可变性与系统的结构具有密切的关系。系统是由若干部分，即子系统组成。这些子系统之间都存在着联系，即信息交流，如图6-1所示。如果系统具有n个子系统，各子系统之间的联系R可能为：

$$R = \frac{1}{2}(n^2 - n)$$

也就是说当系统具有10个子系统时，它们之间存在的可能的联系为45个。对于图6-1，当改动子系统A时，可能会涉及子系统B、C和D的变动。故变动子系统A会影响整个系统，即产生了"波动效应"。因此必须寻找一种方法来设计系统的结构，将这种变动某子系统所产生的"波动效应"降到最低程度。结构化设计（SD）就是这样一种方法。

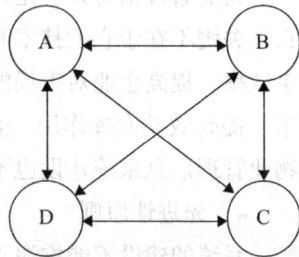

图6-1 子系统的信息交流

结构化设计方法是从数据流程图出发，逐步产生系统的总体结构。它将系统看成一个模块，然后按任务和功能逐步将其分解成更具体的模块，直到模块足够简单、明确，使程序设计人员能按照模块的处理过程描述进行编程时为止。用结构化设计方法设计的系统结构清晰、具有层次关系。

结构化设计方法的基本原理是模块化。模块化是将一个复杂的信息系统，按照"自顶向下，逐步求精"的方法，分解成为若干个功能单一、相互之间尽可能独立并且具有层次联系的模块。这些模块内部凝聚力较强，而模块之间联系较弱，目的是使每个模块的内部设计和模块的维护较为方便、容易，也就是使每个模块具有较好的可读性、可靠性和可维护性。

结构化设计方法把复杂的方法简单化，它具有以下特点：

（1）按照"自顶向下，逐步求精"的方法分解复杂的系统；

（2）是用图形表达工具；

（3）具有一组设计原则和方法；

（4）具有一组对模块结构进行评价和优化的方法。

6.2.2 模块化设计思想

在结构化设计方法中，系统的物理实体是模块。输入、输出和逻辑功能是模块的外部属性，运行程序和内部数据是模块的内部属性。这种把一个信息系统设计成若干模块的方法称为模块化。模块化的基本思想是将系统设计成由相对独立、功能单一的模块组成的结构，从而简化开发工作，防止错误蔓延，提高系统的可靠性。一方面，各个模块具有相对独立性，可以分别加以设计实现；另一方面，模块间的相互关系（如信息交换、调用关系）则通过功能模型予以说明。各模块在这些关系的约束下共同构成一个统一的整体，完成系统的功能。在这种模块结构图中，模块之间的调用关系非常明确、简单。每个模块可以单独的被理解、编写、调试、查错与修改。模块结构整体上具有较高的正确性、可理解性与可维护性。

1. 模块

模块（Module）在结构化系统设计中被定义为："具有4种属性的一组程序语句称为一个模块，这4个属性是：输入与输出、逻辑功能、运行程序与内部数据。"模块可以是设计语言中的过程、函数、子程序、宏等。把一个系统分解成为若干彼此独立又具有一定联系并能完成特定任务的模块，是总体结构设计的任务。

模块是功能结构图中最基本的元素，它一般具有以下属性：

（1）模块名称：每个模块都有自己的名字，调用它的模块使用该名字调用该模块执行其功能。

（2）模块调用：每个模块都可以调用其他模块，也可以被其他模块调用。后者称为"被调用"。

（3）输入输出：输入是模块需要处理的事务数据，一般由调用该模块的模块提供；输出就是模块处理完事务后产生的结果，一般将输出返回调用它的模块。

（4）逻辑功能：逻辑功能就是模块能做什么，也就是将输入转变成输出的能力。

（5）程序代码：程序代码是逻辑功能的具体实现。

（6）内部数据：内部数据是模块自身包含的数据。

从总体设计过程的角度看，可以将一个模块当成一个"黑箱"（Black Box）系统来分析模块结构。"黑箱"系统具有以下特点：已知输入和输出；不知道模块内部的构造（如何实现功能），但会使用模块。

2. 模块结构图

一个系统使用结构化设计方法逐层分解，得到具有层次结构的模块，构成系统的功能结构，以图形表示，就是模块结构图或功能结构图。模块结构图不仅表示了一个系统的层次结构关系，还反映了模块之间的调用关系以及模块之间的数据传递关系。组成模块结构图的主要符号如下所列：

（1）模块

用方框表述模块，方框中写有模块的名字。该名字应当由能够反映模块功能的谓语动词和宾语名词组成，如"打印应收账款"、"查询客户信用记录"，如图6-2（a）所示。

（2）模块间调用

模块间调用表述了模块之间的联系，调用联系将系统中所有模块有序地组织在一起。调用使用箭头表示：箭头表示被调用模块，箭尾表示调用模块。模块间调用类型分为直接调用、判断调用和循环调用三种形式。

1）直接调用

直接调用形式如图6-2（b）所示。模块A调用模块B，模块A称为调用模块。模块B称为被调用模块。一个模块可以直接调用一个模块，也可以直接调用多个模块。

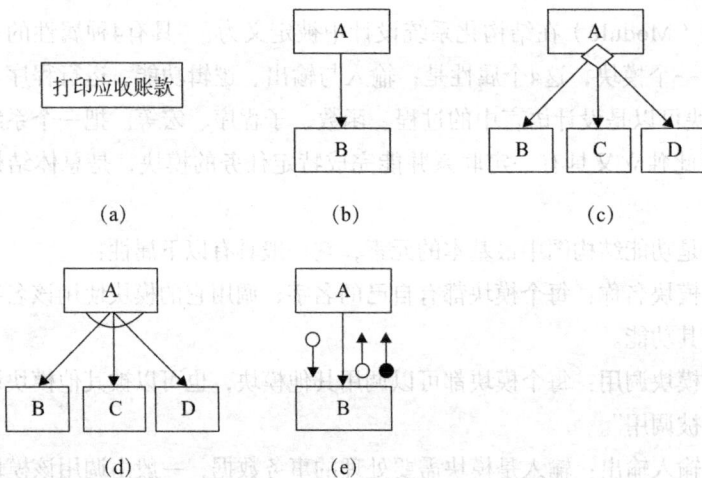

（a）　　　　　　（b）　　　　　　（c）

（d）　　　　　　（e）

图6-2　组成模块结构图的要素

2）判断调用

判断调用形式如图6-2（c）所示。判断调用要依据判断条件决定是否调用一个模块或调用哪个模块。判断用菱形表示。判断调用的应用如图6-3所示。

3）循环调用

循环调用形式如图6-2（d）所示。循环调用表示调用模块中存在一个循环，在循环中调用一个或多个模块。循环用一个弧线表示。循环调用的应用如图6-4所示。

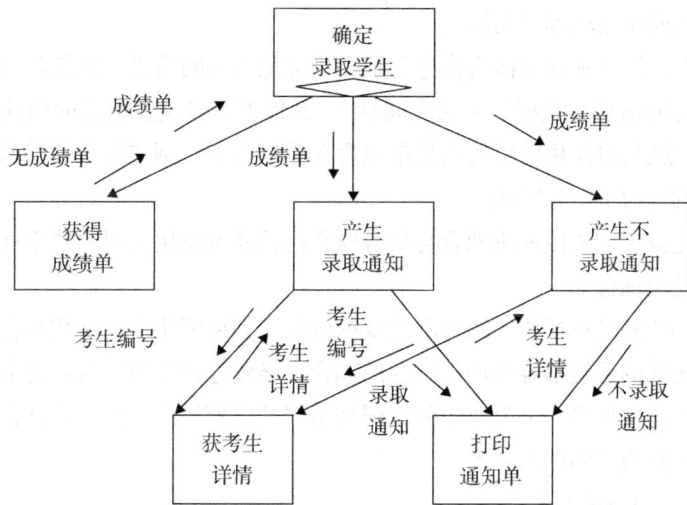

图6-3 模块之间的判断调用

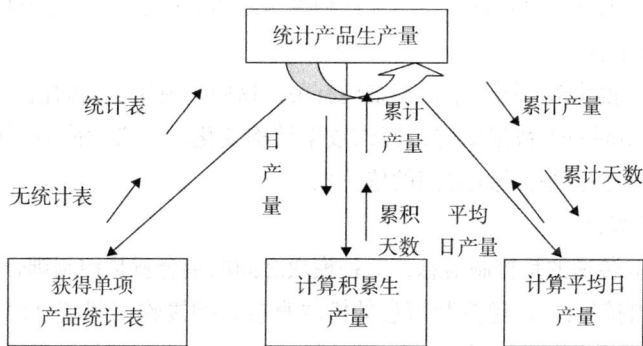

图6-4 模块之间的循环调用

模块之间的调用规则符合层次结构规则，即上级调用下级，同级不能调用的规则。

（3）模块间通信

模块调用时，一般在模块之间传递数据，这称为模块间通信。模块间通信有两种类型：

1）数据通信：数据通信表示一个数据流，即一个模块向另一个模块传送的数据流。数据通信用箭尾为空心圆的箭头表示，如图6-2（e）所示。

2）控制通信：控制通信表示一个控制流，即一个模块向另一个模块传送的是控制信息。控制通信用箭尾为实心圆的箭头表示，如图6-2（e）所示。

3. 模块的耦合与聚合

当把一个信息系统的结构设为具有层次模块结构的系统时，设计者希望模块之间彼此尽可能独立，也就是说模块之间的联系越少越好。模块的独立性具有以下好处：独立程度强的模块比较容易开发；独立程度强的模块之间接口简单；独立程度强的模块比较容易测试。

实际上，模块独立是体现信息隐蔽和局部化概念的结果。信息隐蔽就是一个模块内包含的信息（数据、方法和属性），其他不需要这些信息的模块不能访问它。局部化就是将模块使用的信息都包含在模块内部，例如函数的局部变量，局部化目的就是为了信息隐蔽。

结构化设计方法用模块耦合与聚合两个指标评价模块之间的独立性。

（1）模块耦合

模块耦合就是指模块之间关联程度的度量。如果模块之间互相存在联系，由这些模块构成的系统很难维护。广泛的耦合会导致连锁反应，也就是上面介绍的"波动效应"，结果是一个模块中的错误会引起其他模块的错误。设计模块时要尽可能地降低模块之间的耦合度。

模块耦合有5种形式：

1）数据耦合

模块之间的联系只是数据通信，这种模块之间的耦合就是数据耦合。

2）特征耦合

如果两个模块都与同一个数据结构有关，这两个模块之间的耦合就是特征耦合。由于使用同一个数据结构，当该数据结构变化时，必然同时影响这两个模块，结果增加了这两个模块之间的依赖性。

3）控制耦合

模块之间传递的是控制信息，这种模块之间的耦合就是控制耦合。该类耦合对系统的影响较大，传递控制信息的模块直接影响接收控制信息模块的内部构成，接收控制信息模块就不是"黑箱"系统了，因此不利于模块的修改和维护。

4）公共耦合

如果两个模块都与同一个公共数据域有关，这两个模块之间的耦合就是公共耦合。由于使用同一个公共数据域，当该公共数据域变化时，必然同时影响使用这个公共数据域的模块，结果增加了模块之间的依赖性。

5）内容耦合

如果一个模块与另一个模块的内部属性有关，如程序代码、内部数据属性，不经调用直接使用另一模块的程序代码或内部数据，这两个模块之间的耦合就是内容耦合。由于一个模块使用另一个模块的程序代码或内部数据，当后者修改时可能会引发前者出现错误，并且该错误不易排查，从而增加了系统修改和维护的难度。

这5种耦合模块在耦合的程度上是不相同的，比较结果具体见表6-1。由表中可见，数据耦合的可维护性最好，内容耦合最差。因此在设计时，要以数据耦合为主，尽可能不使用其他耦合。

模块耦合比较评价 表6-1

耦合类型	影响程度	可读性	可维护性	通用性
数据耦合	*	*****	*****	*****
特征耦合	**	****	****	****
控制耦合	***	***	***	***
公共耦合	****	**	*	*
内容耦合	*****	*	*	*

注：*的数量代表强弱。

（2）模块聚合

聚合是指一个模块内部通过编写程序实现的功能在单一性和明确定义程度上的度量。例如，一个在数据库表中查找满足条件的记录或错误消息显示的模块被用来实现一个特定的单一功能，并且模块所实现的任务非常明确。由高聚合度模块组成的程序具有较好的灵活性和可维护性。例如用户想改变查找记录的条件，设计者可以在查找满足条件记录的那个模块中修改条件，而这种修改不会影响错误消息显示模块以及其他模块的功能。

相反，如果一个模块内包含有太多的功能，这个模块就缺少内聚性，或者聚合度较低。功能复杂的模块很难被修改，发生错误的机会大大增加，并且几乎不可能被重用。设计模块时要尽可能地提高模块之间的聚合度。

模块聚合有7种形式：

1）功能聚合

一个模块内部各组成部分是为执行同一功能组合在一起，并且只执行同一功能，该模块内部各组成部分的聚合就是功能聚合。

因具有的功能聚合的模块只完成一种任务，所以能够明确定义模块的功能，有确定的输入，必然有确定的输出，模块就是一种"黑箱"模块，其聚合程度最高。

2）顺序聚合

一个模块内部各组成部分的执行顺序是确定的，不能随意更改，该模块内部各组成部分的聚合就是顺序聚合。顺序聚合模块内前一执行部分的输出数据是后一执行部分的输入数据，因此不能随意更改次序。

3）通信聚合

模块内部各组成部分是因具有相同的输入数据或输出数据而聚合在一起，该模块内部各组成部分的聚合就是通信聚合，又称为数据聚合。

4）过程聚合

模块内部各组成部分执行不同的任务，因受同一个控制流支配而聚合在一起，该模块内部各组成部分的聚合就是过程聚合。

5）暂时聚合

模块内部各组成部分因为经常需要在同一个时间段内完成各自的执行任务而聚合在一起的，该模块内部各组成部分的聚合就是暂时聚合，又称为时间聚合。

6）逻辑聚合

模块内部各组成部分功能不同或彼此无关，但因处理动作在逻辑上相似而聚合在一起，该模块内部各组成部分的聚合就是逻辑聚合。

7）机械聚合

如果一个模块内部各组成部分的处理动作无任何关系，而是偶然地聚合在一起，该模块内部各组成部分的聚合就是机械聚合，又称为偶然聚合。

这7种聚合在聚合的程度上是不相同的，比较结果具体见表6-2。由表中可见，功能聚合的可维护性最好，机械聚合最差。因此在设计时，要以功能聚合为主，尽可能不使用其他耦合。

模块聚合比较评价

表6-2

耦合类型	聚合程度	可读性	可维护性	通用性
功能聚合	*******	*******	*******	*******
顺序聚合	******	******	******	******
通信聚合	*****	*****	*****	*****
过程聚合	****	****	****	****
暂时聚合	***	***	***	***
逻辑聚合	**	**	**	**
机械聚合	*	*	*	*

注：*的数量代表强弱。

尽管模块的耦合度和模块的聚合度是从两个方面来衡量模块设计质量的，但这两个指标是相互关联的，通常提高模块的聚合度，自然会降低模块之间的联系程度。

4．模块的分解原则

模块的分解就是把一个模块分解成若干个从属于它的子模块。如果一个模块很大，那么它的内部组成部分必定比较复杂，它的内聚性可能就比较低，或者它和其他模块之间的耦合程度就比较高，因此要对其进行分解。把该模块分解成为若干个功能尽可能单一的较小的模块，而原有的模块成为它的上级模块，这时，它本身的内容就会大大减少。一般来说，分解模块不是按编程语句的多少，而应该按功能分解，直到不能作出明确的功能定义为止，否则会出现过程组合或暂时组合模块。另外如果分解出来的模块和其他模块的接口很复杂，说明分解仍然存在问题。在分解时，既要考虑模块的内聚性，又要考虑模块之间的耦合程度。模块的条数太多不好，但是如果把一个模块分解得太少，也是不可取的。因为模块之间的连接关系太复杂了。

5. 模块的控制范围和影响范围

（1）模块的控制范围

一个模块的控制范围，是指由它可以调用的所有下属模块及其本身所组成的集合。这里的下属模块包括直接下属模块和间接下属模块。控制范围完全取决于系统的结构，它与模块本身的功能并无多大关系。例如，如图6-5（a）所示，模块M的控制范围是集合{M，M1，M2}。

（2）模块的影响范围

一个模块的影响范围，是指由该模块中包含的判处理所影响到的所有其他模块的集合。模块的影响范围也称模块的作用范围。只要某一模块中含有一些依赖于这个判断的操作，那么该模块就在这个判定的作用范围之内。如果整个模块的全部操作都受到该判定的影响，则这个模块连同它的上级模块都在这个判定的作用范围之内。例如，图6-5（a）模块M的影响范围是集合{M1，M2}。

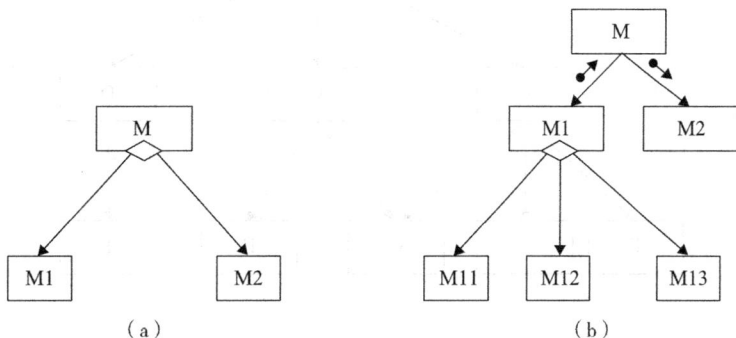

图6-5 模块的控制范围和影响范围

（3）控制范围大于影响范围的改进

理想的模块结构是它的影响范围应该在控制范围内。

当控制范围大于影响范围时，如图6-5（b）所示，图中模块M1的判断影响M11、M12和M13，也影响M2，这时M1要传递控制信息给M并经M传给M2，M1和M2模块间出现了控制耦合。解决方案是将判定上移至M，或者将M2由M1直接控制。

6. 模块的扇出和扇入

（1）模块的扇出

模块的扇出表达了一个模块与其直属下级模块的关系。模块的扇出系数是指其直属下级模块的个数。如图6-6所示，模块A的扇出系数为3，模块B的扇出系数为3，模块C的扇出系数为2，模块D的扇出系数为1。

模块的扇出原则是：模块的扇出系数必须适当。模块的扇出过大，则意味着该模块的直接下属模块较多，控制与协调困难，模块的聚合可能较低。模块的扇出过小，说明上下级模块或模块本身过大，应进行分解，使得功能结构变得合理。模块的扇出直接决定着系统的宽度。实践经验表明，一个设计良好的系统，它的平均扇出系数为3至4左右，一般不应该超过7个，否则出错的概率就会急剧增大。但是如果一个模块比较大，而它的扇出系数比较小，也是不适合的。这种情况下，要适当地调整模块的扇出系数。

（2）模块的扇入

模块的扇入表达了一个模块与其直属上级模块的关系。模块的扇入系数是指其直接上级模块的个数。图6-6中模块G的扇入系数为2。

模块的扇入原则是：模块的扇入说明系统的通用情况，模块的扇入系数越大，表明共享该模块的上级模块的数目就越多，通用性就越强。系统的通用性强，维护也方便。但是如果片面追求高扇入，模块的独立性也会降低。

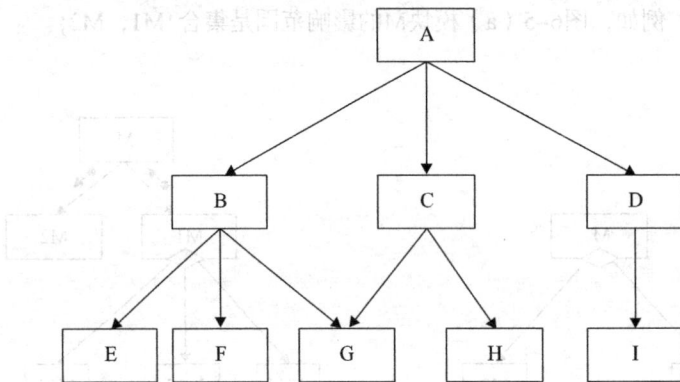

图6-6　模块的扇出和扇入

（3）模块的扇入扇出总原则

一个较好的系统，其模块的扇入扇出总原则通常是：高层模块的扇出系数较高；中层模块的扇出系数较少；低层模块有较高的扇入系数。

7. 模块的深度和宽度

模块的深度表示系统结构中的控制层数。

模块的宽度表示系统的总分布，即同一层次的模块总数的最大值。

一般情况下，模块的深度和宽度标志着一个系统的大小和复杂程度，模块的深度和宽度应有一定的比例，即深度和宽度要适当。深度过大，说明系统分割过细；宽度过大，可能带来管理上的困难。

8. 模块的规模

在进行系统模块分解时，什么样的规模适合呢？

大量的实践表明，模块的规模比例要适中，不可过大，也不可过小。规模过大，则系统分解不充分，聚合性低；模块过小，则可能降低系统模块的独立性，造成系统接口的复杂化。

一般认为模块的规模要限制在一张纸内，即能用50～100个语句对它加以描述，这样的模块易于维护和修改。当然模块的规模绝不应以模块的语句条数来决定，最主要的还是要按功能进行适当分解，否则容易产生过程聚合和时间聚合模块。

6.2.3 功能结构图设计

为了设计的合理性和简化设计工作，一个物业管理信息系统要被划分成若干子系统。子系统的初步划分是在系统规划和系统分析阶段完成的。划分成若干子系统后，还需要对这些子系统再行分解，设计出功能单一且相互之间尽可能独立的模块的层次结构，即功能结构图设计。

良好设计主要的特点之一是高聚合度和低耦合度，系统设计者就像一个建筑师，他必须按照这个原则构造模块，并且将模块搭建成层次型的模块框架。在搭建过程中系统设计者应使用功能结构图作为模块化的工具。

功能结构图或者功能模块图的设计就是从数据流程图中导出系统初始功能结构图，并根据上述模块设计原则对初始功能结构图进行优化，优化后得到新系统的功能结构图。

依据数据流程图导出系统功能结构图，首先把整个系统当作一个模块。然后再逐层向下分解。分解时既要实现数据流程图中的各项功能，又要使系统结构尽量合理。

1. 数据流程图的两种典型结构

数据流程图一般有两种典型结构：

（1）变换型结构

变换型结构，就是以变换为中心的结构。变换型结构的数据流程图可以明显地分解为输入、处理（变换中心）和输出三个部分，如图6-7所示。

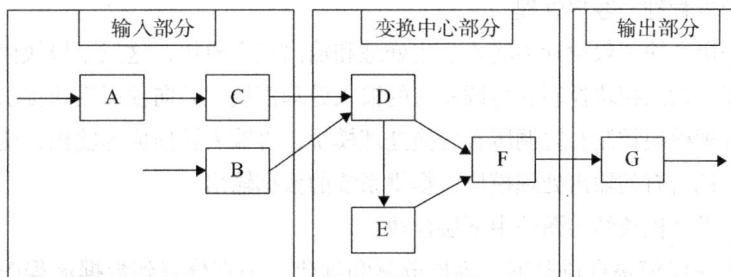

图6-7 以变换为中心的数据流程图

（2）事务型结构

事务型结构，就是以事务为中心的结构。事务型结构的数据流程图可以将它的输入数据流分离成一束平行的输出数据流，然后根据具体情况选择执行的路线，如图6-8所示。

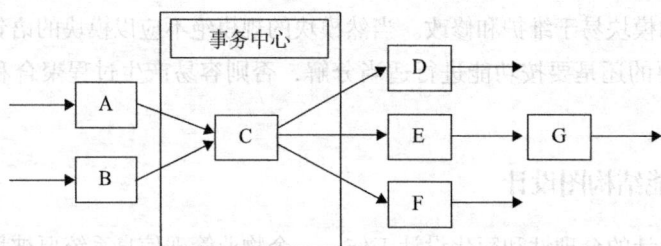

图6-8　以事务为
中心的数据流程图

2. 变换分析设计方法

变换分析设计方法是以变换型数据流程图为基础，经过转换设计出模块结构图的一种方法。其步骤如下：

（1）识别变换中心、逻辑输入和输出

在数据流程图中跟踪分析作为数据源的实体产生的各种输出，一直找到数据流被处理，这些数据流属于输入部分，如图6-7中的A、B处理；如果在图中只是对数据流作形式上转换，并未做出实际的数据处理，这些数据流仍属于输入部分，如图6-7中的C处理。

在数据流程图中找出接收数据的实体，逆向跟踪分析进入该实体的数据流，一直找到数据流被处理，这些数据流属于输出部分，如图6-7中的G处理；如果在图中只是对数据流作形式上转换，并未作出实际的数据处理，这些数据流仍属于输出部分。

排除了输入和输出部分，图中其余部分可能就是变换中心部分。如图6-7中的D、E和F处理。

（2）设计模块结构图的顶层和第一层模块

设计模块结构图首先要构造一个顶层模块，用于控制第一层模块，顶层模块应能说明系统整体功能或主要功能，顶层模块的命名应能够说明变换中心整体功能，如销售管理、客户管理。

第一层模块一般设计为输入、主处理和输出三个模块，这三个模块由顶层模块来调用。输入模块控制和协调所有的输入处理模块，并向顶层模块提供数据输入；主处理模块控制和协调所有变换处理模块，将输入转换成为输出；输出模块控制和协调所有的输出处理模块，提供系统的数据输出。

（3）设计模块结构图的中下层模块

由第一层模块自顶向下，逐层分解和细化，一直分解到数据流程图的输入和输出端为止。具体做法是将数据流程图中的处理逻辑转换为模块，这些模块根据其所属（输入、处理和输出）分别挂在第一层模块的输入、主处理和输出三个模块下面。图6-9是由图6-7以变换为中心的数据流程图导出的模块结构图。

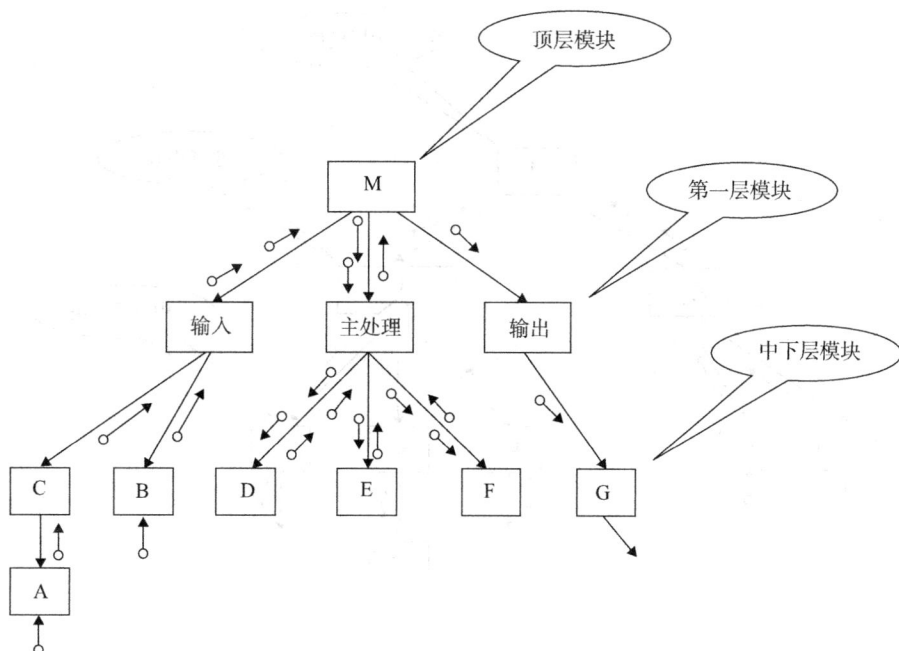

图6-9 从以变换为中心的数据流程图导出的模块结构图

3. 事务分析设计方法

事务分析设计方法是以事务型数据流程图为基础，经过转换设计出模块结构图的一种方法。其步骤如下：

（1）识别事务中心

当一个处理是根据输入数据的类型在多个处理中选择一个处理逻辑来执行时，该处理即是事务中心。在数据流程图中，事务中心的特征是具有一束平行的输出数据流。

（2）设计模块结构图的顶层和第一层模块

识别事务中心后，首先设计一个顶层模块，用于控制第一层模块。顶层模块应能说明系统整体功能或主要功能，顶层模块的命名应能够说明事务中心整体功能，如销售管理、客户管理。

第一层模块一般设计为输入和事务中心两个模块，这两个模块由顶层模块来调用。输入模块控制和协调所有的输入处理模块，并向顶层模块提供数据输入；事务中心模块用于分析事务类型并调用下级模块。

（3）设计模块结构图的中下层模块

将数据流程图中为事务中心提供数据的处理转换成输入模块的中下层模块；将事务中心导出的多个处理转换为事务中心的下层模块。图6-10是由图6-8以事务为中心的数据流程图导出的模块结构图。

实际上，数据流程图经常存在变换型和事务型混合在一起的情况，这时可以

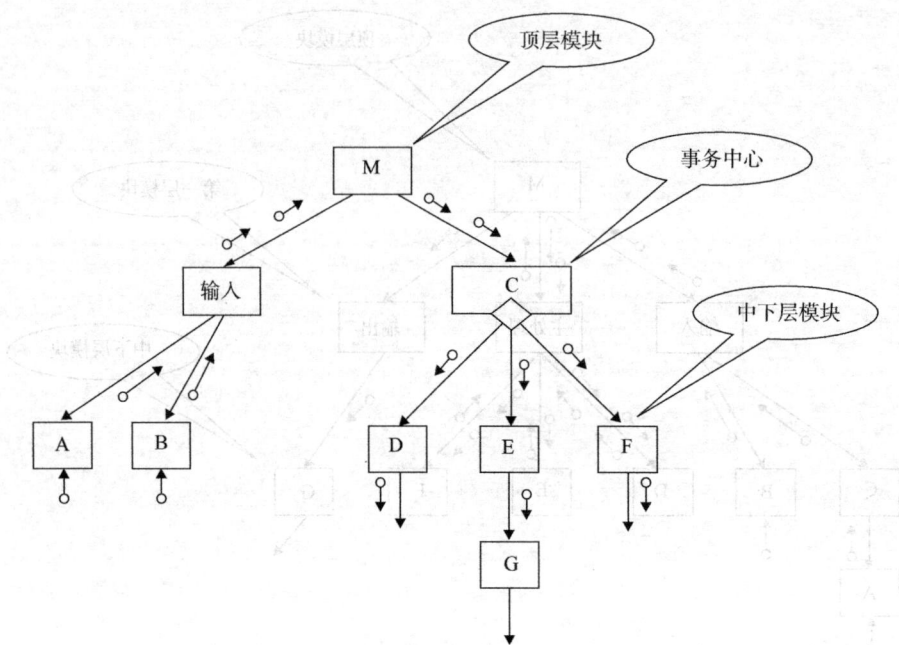

图6-10 以事务为中心的数据流程图导出的模块结构图

先行以变换分析为主，然后以事务分析为辅分析数据流程图。

6.2.4 功能结构图的优化

初始的功能结构（功能模块）图可能存在一些问题或不足，需要进行优化。优化的原则如下：

（1）提高模块的聚合度，降低模块的耦合度；

（2）模块的规模应适当；

（3）模块的深度和宽度适当；

（4）加大模块的扇入数，控制模块的扇出数；

（5）模块的影响范围应该在它的控制范围内；

（6）设计单入口和单出口模块，单入口和单出口主要是避免出现内容耦合，并且软件比较容易理解。

6.2.5 信息系统物理配置设计

信息系统物理配置设计也就是管理信息系统体系结构图中提到的基础结构的设计。基础结构是组织信息系统的基础。

1. 设计依据

（1）系统吞吐量；

（2）系统的响应时间；

（3）系统的可靠性；

（4）集中式还是分布式；

（5）地域范围；

（6）数据管理方式。

2．计算机硬件选择

（1）硬件采购标准

组织采购的计算机硬件应该能够适合整个组织的模式，随意的设备采购会导致组织中的计算机系统具有多种显示器、总线结构、主板、打印机和其他外设类型。这种情况会导致许多问题，如缺少兼容性、扩展性和可靠性。为了避免这些问题，许多组织试图建立它们采购计算机的硬件标准。

1）兼容性

所谓兼容性就是一种计算机系统中使用的硬件能否在另一种计算机系统中使用的度量。如果一个组织未建立计算机标准，每个部门或每个雇员都能决定采购的计算机类型，会产生兼容性的问题。例如在一种计算机总线结构中工作的扩展板不能在另一种计算机总线结构中工作，一种计算机的输出数据在没有硬件或软件转换情况下不能在另一种计算机上使用，一种终端不能与组织的主机相连，为某种计算机开发的软件程序不能在其他种类型的计算机上使用导致组织必须为每种计算机都定购相似的软件系统等。这些例子都是兼容性问题造成的，尽管能够使不同种类的计算机一起工作，但成本会比较高。

硬件标准会影响计算机维护的成本。例如，维护计算机硬件需要专门的人员，如果一个组织具有许多硬件类型，可能每种硬件类型都需要技术人员维护，这导致必须有更多的技术人员和更多的培训。另外维护计算机需要有库存一些备件，多种硬件类型导致库存备件大量增加。

2）扩展性

所谓扩展性就是现有设备在未来提升性能或扩充能力的度量。由于对计算机需要的增长，组织可能提升现有计算机的能力。一些计算机系统能够被更新或提升原有的能力。计算机系统一直在变化发展，计算机行业每天都在发布新机型新特点。提高性能、增加新特点意味着计算机系统的生命周期被延伸。组织开发新系统的成本（包括系统采购、启动和培训成本）可能得到避免或减少。硬件的扩展性是组织建立硬件标准要考虑的重要的因素，因为它可以使组织现有计算机系统硬件性能得到提升以适应组织业务的需要，可以减少或避免组织的更新成本，换句话说可以保护组织的投资。

3）可靠性

所谓可靠性就是设备在一段时间内故障率高低的一种度量（Mean Time To Failure，MTTF，平均无故障时间）。采购最先进的硬件系统对许多购买者来说都具有诱惑力，但最先进的东西往往也存在着一些问题。当新产品推出之后，商业和计算机杂志通常都刊载用户发现而厂家忽视了的问题。硬件设备在购买之前一般不能得到用户事先充分地测试，就像买了一辆新车一样。使用了最新的技术，也可能带来新技术的风险。所以从设计者的"图板上"购买硬件新设备通常是最不明智的。

组织应该制定计算机硬件设备采购标准，以保证硬件采购的兼容性、扩展性和可靠性。

（2）其他硬件采购问题

为了保证建立和维护硬件标准，管理者在硬件采购时要面对其他一些问题。

1）采购时间

自从20世纪60年代计算机受到欢迎，它们性能持续提高的同时购置成本却在下降，这种趋势并未得到缓解。管理者通常选择性能更好成本更低的新型硬件。因此购买者具有一种延缓购买计算机系统的趋势。当最后购置了硬件时，他们经常对性能更高成本更低的新型号感到烦恼和失落。然而，我们必须认识到未来的硬件一定是性能更高成本更低的现实，所以采购决策一定是基于对成本和收益做出精确估计后做出的，而不能一味地等下去。

2）选择硬件厂商

硬件厂商的选择对一个管理者来说可能没有什么余地，因为组织已经同一个或多个硬件厂商建立了关系，这种特别的关系可以给组织提供大的折扣、快速的服务、特别的培训、定制安装和其他服务。

如果能够选择硬件供应商，必须对供应商进行认真的审定，要考虑许多问题，例如：

①能派出多少技术支持人员？

②最近的服务中心在哪，是否有网上服务中心（Internet网站）？

③是否有800号技术服务热线，技术支持最快的反应时间有多长？

④保修期是几年，硬件保修范围都有哪些设备？

⑤从事计算机商业活动有多长时间，供应商的发展势头如何？

⑥供应商有哪些用户，财政声誉如何？

⑦离组织最近的培训中心在哪，什么样等级的培训，培训开课的频率如何？

⑧随机赠送的软件是否适用和丰富，说明书是否是中文的？

如果组织对计算机系统没有经验，可以选择提供大量支持的公司。但不要忘记支持服务是有成本的，这可能反应在组织购买计算机设备的成本中。如果组织有丰富的计算机系统经验，可以选择支持较少的供应商，因为价钱可能便宜。如果组织是一个跨国组织，选择的经销商应能够提供本地现场服务。

3）安装、维护和培训

采购计算机系统只是第一步，接下来是安装和维护。使用计算机的部门可能需要添置空调、专门的线缆、供电系统和特别的安全系统。接下来就是使用者的培训。计算机系统安装是否容易、维护成本和难易程度、使用方便性等问题都是管理者关心的问题。一次性的采购成本只是总成本的一部分。

4）运行成本和环境

环境保护机构（Environmental Protection Agency）估计PC机占办公室用电量

的74%。然而许多微机供应商可能很少考虑环境和能源预算。有些计算机系统标有"绿色"和"能源之星",因为它们符合EPA的较低能源消耗的标准。一些供应商的"能源之星"计算机比其他传统计算机省1/3的电力。这对运行成本和环境保护是有益处的。有些组织对使用计算机的员工作出了一些规定,例如长时间离开座位应关闭计算机,设定空屏保而不是漂亮的、运动的屏保,浏览电子文档而不是打印出来浏览,使用电子邮件而不是传统邮件,重复利用打印纸等,以减少计算机的运营成本。

3．计算机网络选择

（1）网络产品的选择：100BaseT、千兆网、无线网（ IEEE 802.11x ）；

（2）网络逻辑设计：布线系统,主干网设计,网段划分设计；

（3）网络操作系统的选择：Windows NT，UNIX，Linux，Netware等。

4．数据库管理系统的选择

（1）数据库的性能；

（2）OS平台；

（3）安全性保密性；

（4）支持的数据类型；

（5）分布能力；

（6）支持C/S以及Web性能；

（7）性能价格比。

5．应用软件的选择

（1）软件是否能够满足用户的需求；

（2）软件是否具有足够的灵活性；

（3）软件是否能够获得长期稳定的技术支持。

6.3 物业管理信息系统总体结构设计

6.3.1 物业管理信息系统子系统的划分

物业管理信息系统子系统的划分就是将实际对象按其管理要求、环境条件和开发工作的方便程度,将其划分为若干相互独立的子系统。

在子系统划分过程中,为了便于今后系统开发和系统运行,系统划分应遵循以下几项原则:

（1）子系统按逻辑功能划分后,应具有相对独立性。子系统内部功能、信息等各方面凝聚性要好,子系统或模块相对独立,尽量减少各种不必要的数据调用和控制联系。

（2）子系统之间数据的依赖性要少。子系统之间联系减少,接口要变得简单、明确。在划分时要把联系较多的列入同一个子系统内。

（3）数据冗余较小。如果忽视这个问题，则可能会使相关功能数据分布到不同的子系统，大量的原始数据调用，中间结果要保存和传递。从而使得程序紊乱，数据冗余，给软件编制工作带来困难。

（4）子系统的划分要考虑今后管理发展的需要。

（5）子系统的划分应便于系统分阶段实现。信息系统的开发是一项较大的工程，它的实现一般要分期分步进行，所以子系统的划分应能适应这种分期分步的事实。

（6）子系统的划分应充分考虑各类资源的充分利用。既要考虑有利于各种设备资源在开发中的搭配使用，又要考虑各类信息资源的合理分布和充分使用。

6.3.2 子系统划分举例

我们已经在前面进行了物业管理信息系统的分析，通过与用户充分的沟通、了解，并查询相关资料，根据用户需求，我们将系统初步划分为企业内部管理子系统、业务管理子系统和信息服务子系统三大块，如图6-11所示。

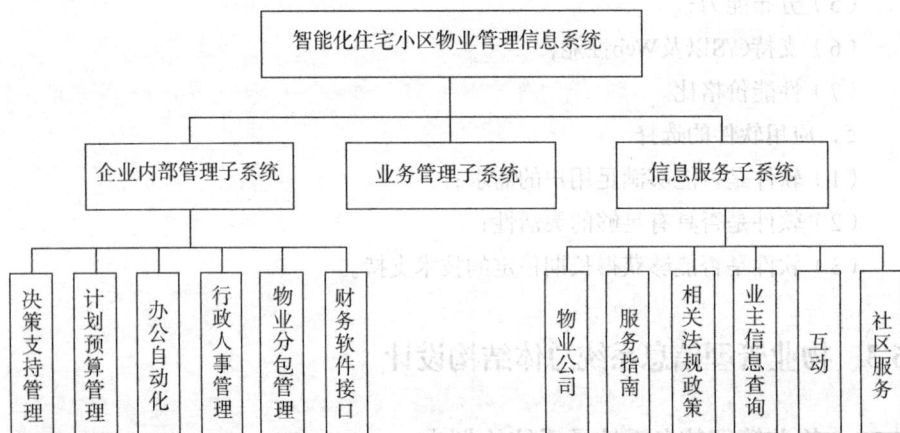

图6-11 物业管理信息系统结构图

1．企业内部管理子系统

企业内部管理子系统主要用来管理公司的内部事务，为物业数据分析和管理提供决策支持。办公自动化系统提供的OA软件，与其他模块的数据高度共享，实现OA与MIS的整合，物业分包管理帮助物业服务企业有效地管理分包商。包括分包商资料管理、分包合同管理、分包工作考评记录、支付管理等。财务软件接口通过"收费管理"模块将管理处发生的各项费用都记录下来，并且通过"财务软件接口"，导入第三方财务软件中。

2. 信息服务子系统

信息服务子系统主要提供物业服务企业物业政策、服务指南、社区文化服务、业主和物业服务企业的信息交流以及业主查询和物业费用查询。

3. 业务管理子系统

业务管理子系统主要由住宅用户物业信息管理子系统、公共物业信息管理子系统组成，如图6-12所示。业务管理子系统主要用来实现住宅小区的房产管理、客户管理、物业收费管理、安防管理、清洁绿化、设备管理、车辆管理以及业主相关的物业数据的自动采集和处理等。

（1）住户物业信息管理子系统

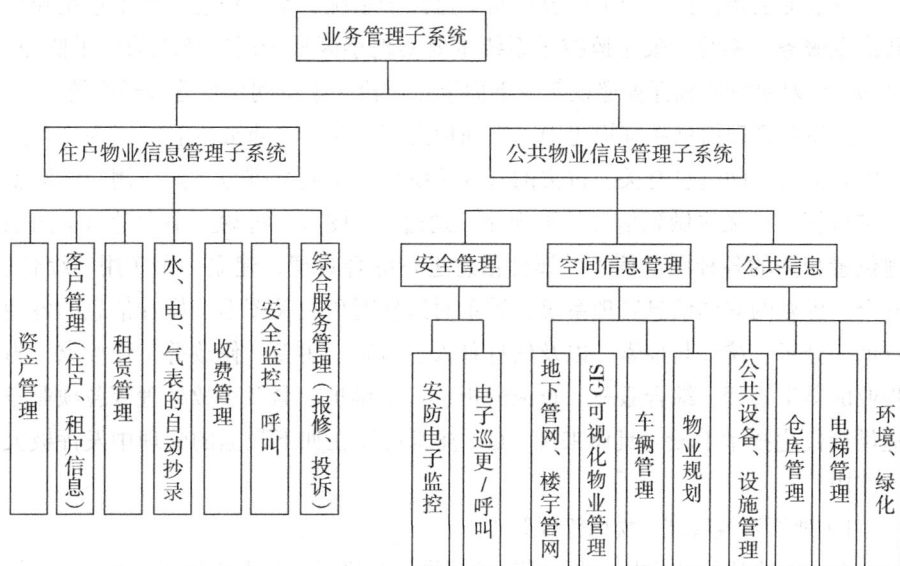

图6-12 业务管理子系统

该系统主要用来实现住宅用户的物业信息的监控、安防、数据采集、收费、业主物业信息（房屋租赁等）发布、查询和物业费用管理等功能模块组成。

1）资产管理：针对物业服务企业所属的一切房产信息进行集中管理。包括：详细描述记录小区、楼盘、业主单元的位置、物业类型、小区设施分布、房屋结构、房号、户型等信息，并可对小区、楼盘、房屋提供"实景图片、照片"的描述接口。

2）客户管理：帮助物业服务企业建立起完整的客户档案，对物业服务企业所管房间的业主、租户进行管理。可详细记录业主的姓名、身份证号、银行托收账号等信息，有关人口的描述信息。

3）租赁管理：面向物业服务企业的房产租赁中介部门使用，能够对所管物业的使用状态进行管理，可以按租赁状态等方式进行分类汇总、统计，还可根据出租截止日期等租赁管理信息进行查询、汇总，预先对未来时间段内的租赁变化情况有所了解、准备，使租赁工作预见性强。

4）水、电、气自动抄录。

5）收费管理：对物业服务企业向业主收取各种费用的活动进行管理的功能模块，所有收费项目、客户价格类型、损耗分摊、各类报表均可采用客户自定义方式，可随时增减修改，满足物业服务企业灵活多变的收费管理。

6）安全监控、呼叫。

7）综合服务：对客户投诉、二次装修等进行管理，可以按照房间号和客户名称查询相关投诉、装修信息等综合信息。

（2）公共物业信息管理子系统

该系统主要包括三个子系统：安全监控子系统、空间信息管理子系统和公共信息服务子系统。安全监控子系统主要实现小区整个周边环境的电子监控、自动巡更对讲呼叫和保安巡视等。下面重点讨论一下空间信息管理子系统。

在物业管理信息系统构建中，空间信息管理是一个重要内容，因为许多业务内容都与空间信息有关。过去的管理系统中，空间数据也主要采用二维数据库进行管理，无法做到信息的可视化。通过GIS技术，将物业中大量与空间地理位置相关的各种图形信息、属性信息进行综合管理，建立一个实用、综合、安全、可靠的立体信息管理系统，满足对这些对象有关图形、属性信息的各种查询、分析、统计与检索，以及信息录入、编辑、更新、修改等工作要求，为物业的科学管理、综合服务、查询分析、日常维护、紧急事故处理等各项业务提供现代化技术手段。具体来说，GIS技术可以在如下数据的管理中发挥极大的作用。

1）地下管线管理、楼内管线管理

在小区的基础建设中，地下管线的埋设、维修是一个重要环节。地下管线纵横交错，它包括给水、排水、热力、煤气、电力、电讯等几大类。在各种施工、抢修过程中，经常因情况不明导致错挖、误挖，造成不必要的经济损失。如何正确高效地管理维护好这些地下设施，保证正常的生活、工作需要，是管理工作者经常考虑的问题。二维可视化的GIS软件的迅速普及为地下管网的科学管理提供了可能。

楼宇内管线管理：楼宇的内部管线结构也比较复杂，应该将这部分信息纳入管理体系中，通过GIS技术加强管理。

2）物业规划管理小区中的树木、草地、花坛等规划及管理也是空间信息管理的重要内容。在何处该种植什么样的树木或花草，绿化率的提高，树木花草的日常管理等都可在直观的小区电子地图上实现。

3）可视化的物业管理小区中的楼盘分布图，每单元的业主情况，配套设施的分布情况，窨井水沟涵洞的位置等都可在小区地图上反映出来。也可利用电子地图来反映业主的各类交费情况，例如用不同颜色来反映已交费或未交费的业主分布情况。

4）车辆管理、自动巡更、设备自控、安全防范等方面的管理

GIS技术在上述项目的管理中有着不可低估的潜力。譬如，集合GIS的定位系统，可以管理进出小区的车辆的动态信息，可以监控管理巡更人员具体巡更路径和巡更时间，这些信息都可实时在小区电子地图上直观地显示出来，同时在系统中保留下这些工作日志信息，以备查询。又如，防盗报警、越界报警、消防报警、煤气泄漏报警等也可及时地在小区电子地图上反映出来，以便管理人员及时查询到报警地点，以最快的时间作出反应。

6.3.3　网络结构设计

网络系统是物业管理信息系统的信息传输的主要介质，也是系统运行的基础支撑，因此，网络结构在物业管理信息系统的研究中显得很重要。

1．网络设计原则

网络设计，就是如何将初步规划中的各个子系统从内部用局域网连接起来，以及今后系统如何与外部系统相连接的问题。从物业管理的服务特性出发，物业管理网络通信系统的设计，最重要的是实时、准确、安全，并且要考虑到由于系统的扩展和网络服务增加的需求。因此，在网络结构的选择、设计要遵循以下原则。

（1）技术先进性原则。网络技术发展迅速，新技术不断出现，不仅能降低网络的运行和维护成本，而且用新技术开发的系统成熟性和稳定性更好。

（2）网络的可伸缩性和易管理性。要充分考虑网络的扩展性，随着企业的发展、业务的转化和扩大，必将引起系统的扩展和网络的升级。

（3）要合理规划技术选择、设备配置、安全等。

2．网络结构的选择

为使系统内部各子系统之间，以及系统与外部环境之间进行良好的信息交流与通信，网络结构亦采用应用广泛的客户机/服务器（Client/Server）、浏览器/服务器模式及其混合模式等。

智能化住宅小区物业管理信息系统应当根据实际需求，充分利用企业内部网与互联网的功能，采用星型拓扑结构将结构分布的数据库服务器、应用服务器等连接到交换机上，在企业内部建立连接，并通过Internet面向用户，形成一个数据采集、汇总、信息发布的网络结构。物业管理信息系统的网络结构如图6-13所示。

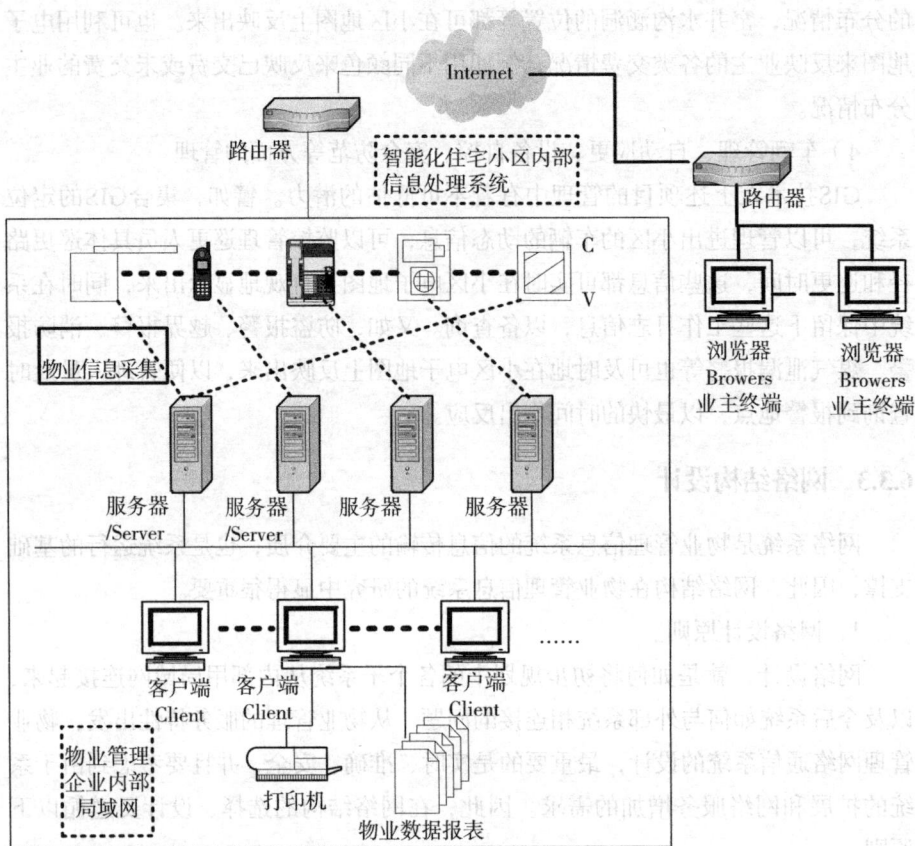

图6-13 物业管理信息系统网络结构

6.4 代码设计

设计一个好的代码方案对于系统的开发工作是一件极为有利的事情。它可以使很多机器处理（如某些统计、校对查询等）变得十分方便，另外还把一些现阶段计算机很难处理的工作变成很简单的处理。

6.4.1 代码的功能

代码是代表事物名称、属性、状态等的符号。为了便于计算机处理，一般用数字、字母或它们的组合来表示。通过设计良好的代码，建立统一的物业管理信息系统的语言，有利于提高物业服务企业通用化水平，使资源共享，实现集成；有利于采用集中化措施以节约人力，加快处理速度，便于检索。具体来讲，代码有以下功能：

（1）它为事物提供一个概要而不含糊的认定，便于数据的检索；

（2）使用代码可以提高处理的效率和精度；

（3）提高了数据的全局一致性，它可以解决相同事物不同称谓的问题，也可以解决不同事物相同称谓的问题；

（4）代码是人和计算机的共同语言。

6.4.2 代码设计规则

代码设计的目的就是使数据表达标准化，简化程序设计，加快输入，减少出错。便于计算机处理（记录、检索、排序等），节省存储空间，提高处理速度。代码设计是一项重要的基础工作。设计质量的好坏，不仅关系到计算机的处理效率，而且直接影响物业管理信息系统的推广与使用。代码设计过程中要遵循以下几点原则：

（1）标准化、系统化原则。标准化、系统化的代码具有适合计算机处理便于实现提高处理速度等优点。因此，凡国家或主管部门制定了统一代码的，均应采用标准代码形式。

（2）唯一性原则。即设计代码代表的实体或属性唯一。

（3）统一性、直观性、逻辑性原则。具备这些特点的代码便于记忆、助于减少错误。

（4）可扩展性。即代码设计要预留足够位置，便于增加新实体时，可直接在原代码系统中进行扩充，而不必改变原编码结构。

（5）代码设计要在逻辑上能满足用户要求，在结构上与处理方法相一致。例如，在设计用于统计的代码时，为了提高速度，可以将有关统计项目内容编入代码中，以便于在系统处理时可以不调用相关文件而直接根据代码实现统计。

（6）简短性。即代码设计应力求短小精悍，以免过长的代码导致过大的存储空间和过高的出错率。一般说来，如果代码长于6个数字字符就应将其分为小段，这样便于人们的阅读和记忆。

（7）避免使用易错字符与混淆字符。

6.4.3 代码分类

代码问题的关键在于分类。有了一个科学的分类系统建立编码就容易了。所谓分类就是将所要处理的对象科学合理地分门别类。准确的分类是我们工作标准化、系列化、合理化的基础和保证。

1. 分类的原则

一个良好的分类既要保证处理问题的需要，又要保证科学管理的需要。在实际分类时必须遵循以下原则：

（1）必须保证有足够的容量和足以包括规定范围内每项所包含的所有对象。

（2）按属性系统划分，要按照实际分类的对象的各种具体属性系统，结合具体管理的要求来划分。

（3）要有一定的柔性，要能适应变更或增加处理对象时，结构不被破坏。但是，柔性也会带来一些问题，如冗余度大等，这些都是设计分类时必须考虑的问题。

（4）要注意本分类系统与外系统、已有系统的协调。便于新系统从老系统平稳过渡。

2．分类方法

目前最常用的分类方法概括起来有两种，一种是线分类法，另一种是面分类法，在实际工作中根据具体的情况各有不同的用途。

（1）线分类法

线分类法是目前用得最多的一种方法，该方法主要是：首先给定母项，下分若干子项，由对象的母项分大集合，由大集合确定小集合……，最后落实到具体对象。分类结果造成了一层套一层的线性关系。线分类划分时要掌握两个原则：唯一性和不交叉性。否则分类后如果出现有二义性，将会给后继工作带来诸多不便。线分类法结构清晰，容易识别和记忆，对手工系统有良好的适应性，但是分类柔性较差，结构不灵活。

（2）面分类法

与线分类法不同，主要从面角度来考虑问题。面分类法使得代码的增加、删除和修改都很容易，可实现按任意组配面的信息检索，对机器处理有良好的适应性，但是分类不易识别，难于记忆。

3．代码的种类

代码的种类是指分类问题的一种形式化描述。目前常用的代码归结起来有以下几种形式：

（1）按文字种类分：有数字代码、字母代码、数字字母混合码。

（2）按功能划分：有顺序码、区间码、分组码、助记码、十进制码等。

1）顺序码。用连续数字表示编码对象。例如：企业职工代码可以编为0001，0002，0003等。顺序码简单明了，易扩充，但不便于分类汇总，删除数据易造成空码。

2）区间码。对代码对象分区间进行编码。例如：用区间码表示会计科目性质，101—109表示资产类科目，201—209表示负债类科目等。区间码可用较少位数表示较多信息，易插入和追加信息。

3）分组码（层次码）。在代码结构中，分段表示一组代码。代码的每一段（一位或几位）都有一定的含义，各段代码的组合表示完整的代码。会计科目编码的一、二、三级科目通常采用分组码表示。例如代码4010101中的401表示一级科目生产成本，后面的01表示二级科目分公司，再后面的01表示三级科目原材料。分组码分类基准明确，易识别、校验、分类、扩充，但编码位数多。

4）助记码。以代码对象名或缩写符号表示的代码。例如：CLF表示材料费，ZCL表示总产量等。助记码直观、明了，易于理解和记忆，但不利于计算机分类、汇总处理，有时也容易引起联想错误。

5）十进制码。先把整体分成10份，进而把每一份再分成10份，这样继续不断。例如图书馆的图书分类系统：

500自然科学　　　　510数学　　　　520天文学　　　　　530物理学

531机构　　　　　5311机械　　　　　53111杠杆与平衡

这种编码方法对于那些事先不清楚会产生什么结果的情况十分有效。

6.4.4 代码结构中的校验位

代码是标识一个事物的重要数据，所以其正确性会影响到数据处理工作的质量。为了保证正确的书写或输入代码，在原始代码的基础上加上校验位，是该校验位成为代码的一个组成部分。校验位是用原始代码的码值代入某种数学公式计算出来的，也就是说校验位是原始代码码值的函数。当输入代码时，计算机依据计算校验位的数学公式和从输入代码中析取出来的原始代码的码值，计算出校验位码值，并与从输入代码中析取出来的校验位相比较，以证实代码输入正确与否。

校验位可以发现以下几种错误：抄写错误、易位错误、双易位错误、随机错误、以上两种或三种综合错误、其他错误。

有许多代码校验位的计算方法，例如：

（1）算术级数法

原代码　　　　　1　2　3　4　5

各乘以权数　6　5　4　3　2

乘积之和　　6+10+12+12+10=50

以11为模去除乘积之和，把余数作为校验位：50%11=6

因此加上校验位的代码就为：123456

（2）几何级数法

原代码　　　　　1　2　3　4　5

各乘以权数　32　16　8　4　2

乘积之和　　32+32+24+16+10=114

以11为模去除乘积之和，把余数作为校验位：114%11=4

因此加上校验位的代码就为：123454

（3）质数法

原代码　　　　　1　2　3　4　5

各乘以权数　17　13　7　5　3

乘积之和　　17+26+21+20+15=99

以11为模去除乘积之和，把余数作为校验位：99%11=0

因此加上校验位的代码就为：123450

6.4.5 物业管理信息系统中的代码

物业管理信息系统中常用的有：

（1）部门代码：一般采用区间码或分组码。

（2）人员代码：一般采用部门代码加顺序码。部门代码共4位，前2位为部门码，后2位为分组码。2位部门码又可以用来表示区间码，例如：00—49表示基本公司企业部门，50—99表示管理科室。

（3）物资代码：一般采用分组码或区间码，并辅以助记码。

（4）设备代码：一般按类别设置代码。

（5）产品代码：一般采用分组码或助记码设计。

（6）工程代码：一般采用分组码。

（7）会计科目代码：一般采用3—2—2—2代码结构。

（8）业务往来单位代码：一般采用邮政编码加序号。

6.5 数据结构和数据库设计

数据是物业管理信息系统管理的对象，数据管理的好坏，将会影响物业管理信息系统响应的质量和效率。物业管理信息系统主要任务就是从大量的数据中获得所需的信息，因此建立一个良好的数据组织结构和数据库，有利于系统准确、快速地调用所需要的信息。系统数据库是该系统建设的基础，数据库系统设计是该系统设计的核心。

6.5.1 数据库设计概述

数据库设计就是指对于一个给定的物业管理应用环境，构造最优的数据库模式，建立数据库及其应用系统，使之能够有效地存储数据，满足各种用户的应用需求。在系统分析阶段，我们已经得到了系统的信息模型，因此数据库设计的主要内容是将信息模型转化为关系表的集合，并按照系统的体系结构对关系表进行合理地分布。在系统分析的基础上，数据库设计可以分为4个阶段：

（1）建立数据库概念模型

建立数据库概念模型是指通过系统分析阶段用户的需求以及数据流的分析、综合、归纳和抽象，形成一个独立于具体DBMS的概念模型。概念模型是从用户角度看到的反映现实的数据库，与具体的物理实现无关。建立数据库概念模型常使用的工具是E-R图。

（2）数据库逻辑设计

数据库逻辑设计就是将前一阶段设计得到的概念模型转换为某个DBMS所支持的数据模型，并对该数据模型进行优化。优化依据的理论是规范化技术。

（3）数据库物理设计

数据库物理设计就是根据前一阶段设计得到的逻辑设计结果（关系），确定数据库在物理设备上的存储结构、存取路径、存取位置以及建立索引。

（4）数据库实施

数据库实施是指设计人员利用DBMS提供的数据语言及其宿主语言，根据以上阶段的结果建立数据库，编制与调试程序，将数据输入库中，并进行试运行。

6.5.2 数据库概念设计

1. 信息的转换

将反映客观事物状态的数据经过组织转化为计算机内的数据，要经历4个不同的状态：即现实世界，信息世界，计算机世界和数据世界，如图6-14所示。

不同世界中使用的概念与术语是不同的，但它们在转换过程中都有一一对应关系，见表6-3。

2. E-R概念模型的设计

E-R方法（Entity-Relationship Diagram）即实体-联系图方法，是通过E-R图表示信息世界的实体、属性和联系的模型。

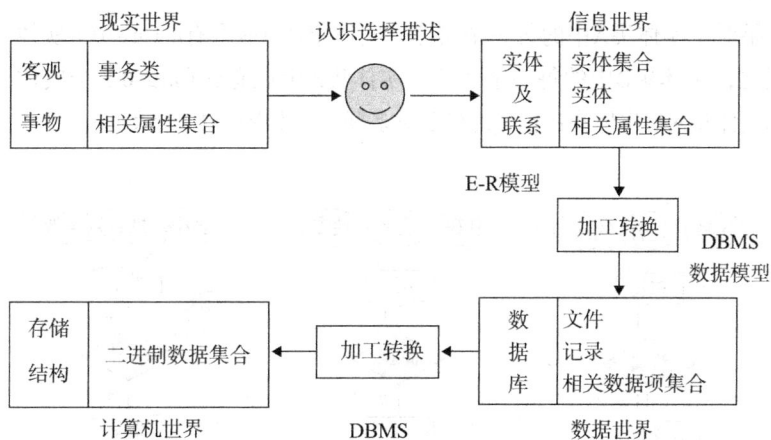

图6-14 不同世界的数据及转换过程

不同世界的术语对照 表6-3

现实世界	信息世界	数据世界
组织（事务及其联系）	实体及其联系	数据库（概念模型）
事务类（总体）	实体集	文件
事务（对象/个体）	实体	记录
特征（性质）	属性	数据项

（1）E-R图约定

E-R图中包括实体、属性和联系三种基本图素：

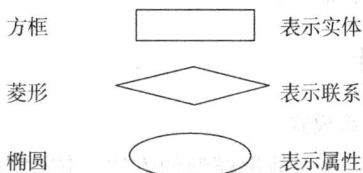

方框   表示实体

菱形   表示联系

椭圆   表示属性

在图像框内填入相应的实体、联系和属性名称作为对现实世界的标示。

实体间的联系有3种，即1:1关系、1:n关系和m:n关系，分别读作一对一、一对多和多对多关系。它们的定义如下：

1）1:1

如果对于实体集A中的每一个实体，实体集B中最多有一个（也可以没有）实体与之联系，反之亦然，称实体集A与实体集B之间具有一对一联系。

2）1:n

如果对于实体集A中的每一个实体，实体集B中最多有n（n≥0）实体与之联系，反之，实体集B中的每一个实体，实体集A中最多只有一个实体与之联系，称实体集A与实体集B之间具有一对多联系。

3）m:n

如果对于实体集A中的每一个实体，实体集B中最多有n（n≥0）实体与之联系，反之，实体集B中的每一个实体，实体集A中也有m（m≥0）个实体与之联系，称实体集A与实体集B之间具有多对多联系，如图6-15所示。

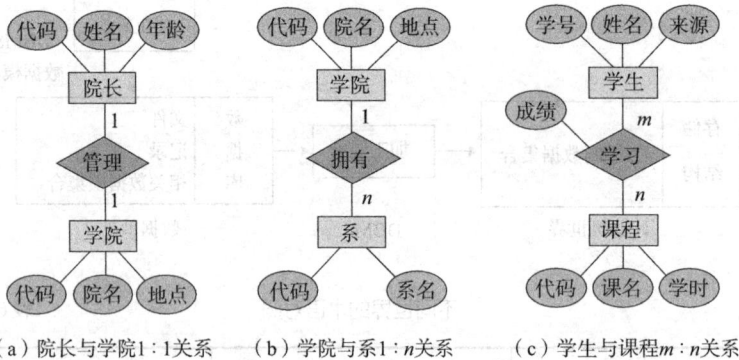

（a）院长与学院1:1关系　　（b）学院与系1:n关系　　（c）学生与课程m:n关系

图6-15 用E-R图表示实体、联系和属性关系

（2）如何设计E-R图

E-R图比较直观和准确地反映现实世界的信息联系，并从概念上表示了一个数据库信息组织的情况。设计人员可以依据E-R图，结合正在使用的DBMS类型，将E-R图转换为数据模型。

例：我们要设计一个学生成绩管理系统，学生通过该系统可以查询本人成绩和班级的平均成绩。我们分析并绘出有关的E-R图，如图6-16所示。

每个局部的E-R图绘制出后，可以将它们综合起来形成一个完整的E-R图。在综合时，同一实体只出现一次。

6.5.3 数据库逻辑设计

1. E-R图转换为关系模式

E-R图是一个重要的建立数据模型的方法。依据用户正在使用的DBMS模

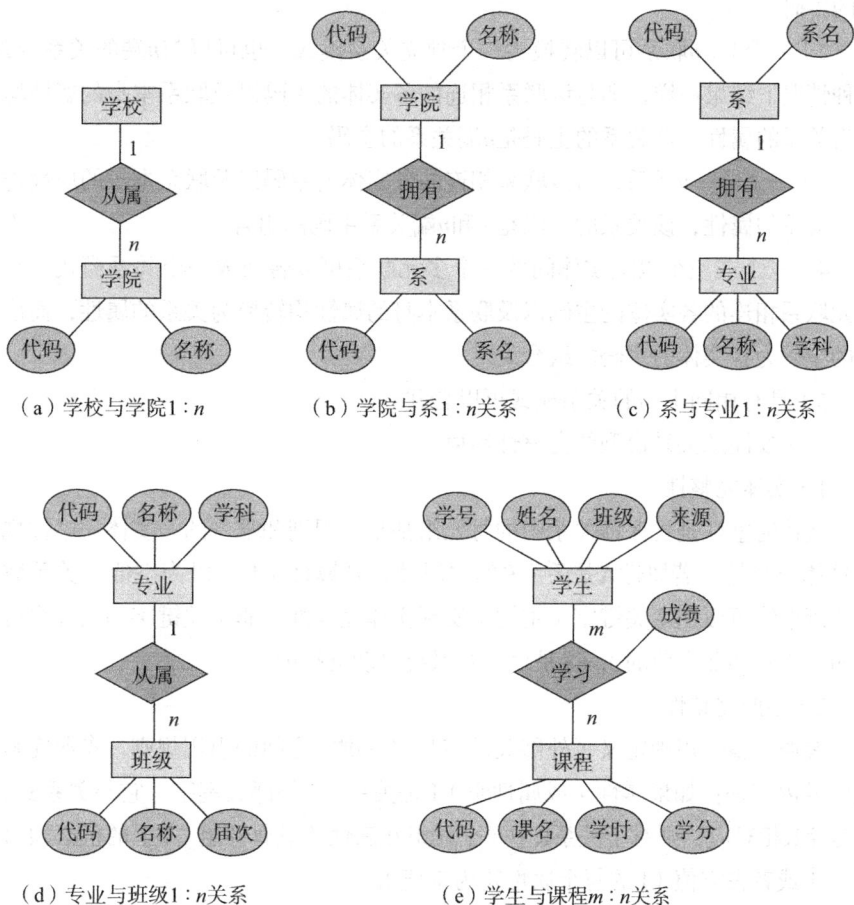

图6-16 用E-R图表示实体、联系和属性关系

（a）学校与学院1:n

（b）学院与系1:n关系

（c）系与专业1:n关系

（d）专业与班级1:n关系

（e）学生与课程m:n关系

型，从E-R图导出适应该DBMS模型的数据模型，这个工作工程称为数据库的逻辑设计。由于关系数据库管理系统的普遍使用，我们将从E-R图导出适应关系DBMS的关系数据模型。桌面关系数据库Visual FoxPro，MS Access，以及大型关系数据库系统Oracle，Sybase等，是企业经常使用的关系DBMS。

在从E-R图导出关系数据模型时，有三个重要的方面要注意：

（1）E-R图中每个实体要被转换成一个关系，且同一实体只转换成一个关系。在该关系中应包括相关的属性，并依据关系表达的语义确定出主码。该主码属性是该关系与其他关系联系的纽带或桥梁。

（2）E-R图中每个联系要依据联系方式不同，按以下情况分别处理：

1）如果E-R图中两个实体是1:1联系，可以转换为一个独立关系模式，也可以与任何一端对应的关系合并。

①转换为一个独立关系模式时，与该联系相连的各实体的主码以及联系本身的属性均转换为关系的属性，每个实体的主码均是该关系的主码。

②与任何一端对应的关系模式合并时，则需要在该关系模式中加入另一个关

系的主码。

2）一个1：n联系可以转换为一个独立关系模式，也可以与n端的关系合并，两种情况下结果一样，即与该联系相连的各实体的主码以及联系本身的属性均转换为关系的属性，该关系的主码是n端关系的主码。

3）一个m：n联系，与该联系相连的各实体的主码以及联系本身的属性均转换为关系的属性，该关系的主码是m和n端关系主码的组合。

4）三个或三个以上实体间的一个多元联系可以转换成一个关系模式，与该多元联系相连的各实体的主码以及联系本身的属性均转换为关系的属性，而该关系的主码为各实体的主码的组合。

5）具有相同主码的关系模式可以合并。

（3）要注意关系模型的完整性约束

1）实体完整性

实体完整性是要保证关系中的每元组都是可识别和唯一的。实体完整性规则的具体内容是：若属性A是关系R的主属性，则属性A不可以为空值。关系数据库管理系统可以用主关键字（主键）实现实体完整性（非主关键字的属性也可以说明为唯一和非空值的），这是由关系系统自动支持的。

2）参照完整性

参照完整性规则定义了外部关键字与主关键字之间的引用规则。参照完整性规则的内容是：如果属性（或属性组）F是关系R的外部关键字，它与关系S的主关键字K相对应，则对于关系R中每个元组在属性（或属性组）F上的值必须为：

①或者去空值（F的每个属性均为空值）；

②或者等于S中某个元组的主关键字的值。

在关系系统中通过说明外部关键字（外键）来实现参照完整性，而说明外部关键字是通过说明引用的主关键字来实现的，也即通过说明外部关键字，关系系统则可以自动支持关系的参照完整性。

3）用户定义完整性

某些方面的约束不是关系数据库模型本身所要求的，而是为了满足应用方面的语义要求而提出的，这些完整性需求需要用户来定义，所以又称为用户定义完整性。在用户定义完整性中最常见的是限定属性的取值范围，即对值域的约束。

依据上面方法，我们将图6-16中的E-R图转换为多个关系：

学校关系（<u>学校代码</u>，学校名称）

学院关系（<u>学校代码</u>，<u>学院代码</u>，学院名称）

院系关系（<u>学校代码</u>，<u>系代码</u>，系名称）

专业关系（<u>学院代码</u>，<u>系代码</u>，<u>专业代码</u>，专业名称，学科）

班级关系（<u>学院代码</u>，<u>系代码</u>，<u>专业代码</u>，<u>班级代码</u>，班级名称，届次）

学生关系（<u>学院代码</u>，<u>系代码</u>，<u>专业代码</u>，<u>班级代码</u>，学号，姓名，来源）

课程关系（<u>课程代码</u>，课程名称，学时，学分）

学习关系（学院代码，系代码，专业代码，班级代码，学号，课程代码，成绩）

其中带有下划线的属性为关键字。在具体的代码设计时，可以依据具体情况将一些关系的关键字简化。例如，可以在班级关系中班级代码属性的设计上同时反映出学院代码、系代码和专业代码，这样班级关系简化为（班级代码，班级名称，届次）。所以代码设计也是数据库设计要学习的内容。

2. 关系模式的优化

关系模式的优化要依据的理论是规范化技术。所谓规范化就是关系模式要满足一定的要求，满足不同的要求为不同的范式。关系规范化主要是依据属性的语义来规范关系。

（1）第1范式

若关系R的每一个属性都是单一的域，及所有的属性都是不可分割的数据项，则R∈1NF。例如关系（no，name，gender，age，birthday）

（2）第2范式

若关系R∈1NF，且R的每一个非主属性完全函数依赖于主码，则R∈2NF。例如关系M，见表6-4。M中s和p是主码，非主属性qty完全函数依赖于主码，而postcode及city不完全依赖于主码，并且postcode与city不完全独立，postcode传递依赖于city，如图6-17所示。

关系 M：供应商所在城市及供应的零件数量　　　　　　　　　　表6-4

供应商（s）	所在城市（city）	邮编（postcode）	零件名称（p）	数量（qty）
S1	Beijing	100000	P1	120
S1	Beijing	100083	P2	215
S1	Beijing	100083	P3	800
S1	Beijing	100083	P4	210
S5	Tianjin	110000	P5	300
S2	Haerbin	150000	P6	450
S3	Shenyang	210000	P1	222
S3	Shenyang	210000	P2	300
S3	Shenyang	210000	P4	750
S4	Beijing	100000	P8	100

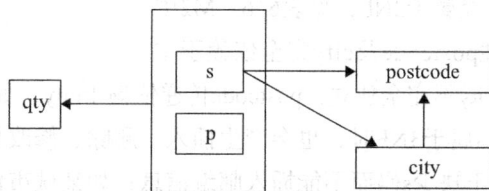

图6-17 关系M的函数依赖

当一个关系R不属于2NF时，就会产生插入、删除、修改异常。位于某城市的供应商在没有供应零件时，城市与供应商关系的信息不能插入；如果某供应商不再供应零件而删除该元组时，该城市的邮编信息也被删除了；某城市的邮编信息多次出现，修改时要修改多个值，可能会造成错误。为了解决这个问题，可以将关系M投影为两个关系：M1和M2，见表6-5和表6-6。

关系 M1　　　　　　　　　　　　　　　　表6-5

供应商（s）	零件名称（p）	数量（qty）
S1	P1	120
S1	P2	215
S1	P3	800
S1	P4	210
S5	P5	300
S2	P6	450
S3	P1	222
S3	P2	300
S3	P4	750
S4	P8	100

关系 M2　　　　　　　　　　　　　　　　表6-6

供应商（s）	所在城市（city）	邮编（postcode）
S1	Beijing	100083
S5	Tianjin	110000
S2	Haerbin	150000
S3	Shenyang	210000
S4	Beijing	100000

（3）第3范式

若关系R∈2NF，且R的每一个非主属性不传递依赖于主码，则R∈3NF。

例如关系M2已经属于2NF，见表6-6。M2中s是主码，非主属性postcode及city完全依赖于主码s，但postcode与city不完全独立，postcode传递依赖于city，如图6-18所示。

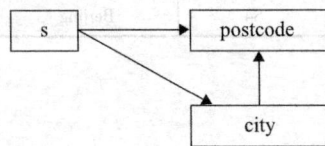

图6-18　关系M2的函数依赖

当一个关系R不属于3NF时，也会产生插入、删除、修改异常。当某城市没有供方居住时，由于缺少s码而不能插入邮编信息；如某城市供方被删除，该城市邮编信息也同时被删除；某城市的邮编信息多次出现，修改时要修改多个值。为了解决这个问题，将关系M2投影为两个关系，M21和M22，见表6-7和表6-8。关系M21和M22已经属于3 NF，如图6-19所示。

关系 M21   表6-7

供应商（s）	所在城市（city）
S1	Beijing
S5	Tianjin
S2	Haerbin
S3	Shenyang
S4	Beijing

关系 M22   表6-8

所在城市（city）	邮编（postcode）
Beijing	100083
Tianjin	110000
Haerbin	150000
Shenyang	210000

图6-19 关系
M21和M22的函
数依赖

6.5.4 数据库物理设计

数据库物理设计的主要内容如下：

（1）数据库文件设计

数据库文件设计就是将数据库的逻辑模型转换为相应的数据库文件，形成数据库中的表、视图，这时要参考具体的DBMS软件产品和系统分析阶段的数据字典来确定字段的类型、长度、小数位数、完整性约束和用户约束。

（2）合理地组织数据库文件

合理地组织数据库文件，提高使用数据库的处理效率。具体地，要确定数据库的各种索引、临时文件等。

（3）确定数据库文件的存取路径及其他存储参数

确定数据库文件的存取路径、存储空间等参数，以方便管理和提高处理效率。

6.5.5 数据库物理实施

完成数据库的物理设计之后，设计人员就要用RDBMS所提供的数据定义语言和其他适用程序将数据库逻辑设计与物理设计结果描述出来，成为RDBMS可以接受的源代码，再经过调式产生目标模式，然后就可以组织数据入库了，这就是数据库实施阶段的任务。它在系统实施阶段完成。

6.5.6 数据库的选型

基于前面的讨论，物业管理信息系统具有特殊的需求和设计的目标。而数据库管理系统的选型是整个系统的关键所在。数据库系统主要分为两大类：

（1）桌面数据库系统

如Access，FoxPro，Paradox等，它们一般只能满足单一应用、小数据量的系统，如工资管理系统、考勤管理系统等，这些系统的数据量一般也只在几千条、上万条记录。而且这些系统大部分都是单机应用。同时这些数据库管理系统数据管理性能较低，不适合于大数据量、高并发、高安全性的网络应用领域。

（2）大型数据库系统，其中以Oracle，Sybase、DB2，SQL Server等为代表。这些数据库具有很高的数据容量，并且有很好的访问控制功能。这些产品都支持多平台，如Unix，Windows等。SQL Server是微软公司的企业级网络关系型数据库，性能价格比较高。根据物业服务企业的业务的需要可以选用SQL Server数据库。

6.6 输入设计

系统输入设计对于用户和系统使用的方便和安全可靠性来说都是十分重要的。一个好的输入系统设计可以为用户和系统双方带来良好的工作环境。

6.6.1 输入设计概述

输入设计对系统成功和对用户具有决定性作用，这种作用主要表现在交互效率、用户满意度和系统可靠性维护上。输入设计包括输入方式设计，用户界面设计等。在实现系统开发过程中输入设计所占的比重较大。一个好的输入设计能为今后系统运行带来很多方便。输入设计的目的是保证向系统输入正确的数据。在此前提下，应做到输入方法的简单，迅速，经济，方便。为此，输入设计应遵循最小量原则、简单性原则、早检验原则、少转换原则。

6.6.2 输入方式设计

输入方式的设计主要是根据总体设计和数据库设计的要求来确定数据输入的具体形式。常用的输入方式有：键盘输入；模/数输入、数/模输入；网络数据传送；磁/光盘读入等几种形式。通常在设计新系统的输入方式时，应尽量利用已有的设备和资源。避免大批量的数据重复多次地通过键盘输入，因为键盘输入不但工作量大，速度慢，而且出错率高。

1. 键盘输入

键盘输入方式包括联机键盘输入和脱机键盘输入。它们主要适用于常规、少量的数据和控制信息的输入以及原始数据录入。这种方式不大适合大批中间处理性质的数据的输入。

2. 数模/模数转换方式

数模/模数转换方式的输入是通过光电设备对实际数据进行采集并将尺转换成数字信息的方法，是一种既省事，又安全可靠的数据输入方式。这种方法最常见的有如下几种：

（1）条形码输入

即利用标准的商品分类和统一规范化的条码贴于商品的包装上，然后通过光学符号阅读器（扫描仪）来采集和统计商品的流通信息。适用于商业企业、工商、超市和海关等的信息系统。

（2）用扫描仪输入

这种方式实际上与条形码输入是同一类型的。它大量地被使用于图形/图像的输入，文件、报纸的输入，标准考试试卷的自动阅卷，投票和公决的统计等。在物业管理中关于空间信息如建筑物图纸、管线布置图等可以采用这种方式输入。

（3）传感器输入

即利用各类传感器和电子衡器接收和采集物理信息，然后再通过A/D、D/A板将其转换为数字信息。这也是一种用来采集和输入生产过程数据的方法。

3. 网络传送数据

这既是一种输出信息的方式。又是一种输入信息的方式。下级子系统它是输出。对上级主系统它是输入。使用网络传送数据既安全，又可靠，可以快捷地传输数据，又可避免下级忙于设计输入界面，上级忙于设计输入界面的盲目重复开发工作。这种输入方式在物业管理信息系统中应该是用得比较广泛的输入方式，来进行上下级之间方便、快捷信息沟通，避免盲目的重复，提高了工作效率。

4. 磁光盘传送数据

即数据输出和接收双方事先约定好的传送数据文件的标准格式，然后再通过磁盘/光盘传送数据文件。这种方式不需要增加任何设备和投入，是一种非常方便的输入数据方式，用在主、子系统之间的数据连接上。

6.6.3 输入格式

在我们实际设计数据输入时（特别是大批量的数据统计报表输入时），常常遇到统计报表（或文件）结构与数据库文件结构不完全一致的情况。如有可能，应尽量改变统计报表或数据库关系表二者之一的结构，并使其一致，以减少输入格式设计的难度。现在还可在输入时采用智能输入方式，由计算机自动将输入送至不同表格。

6.6.4 校对方式

在输入时校对方式的设计是非常重要的，特别是针对数字、金额数等字段，没有适当的校对措施做保证是很危险的。从理论上来说，操作员输入数据时所发生的随机错误在各个数位上都是等概率的。比如在财务收费的报表中，出现数位错误会给业主带来一些不必要的麻烦，重复多次就可能造成业主对物业服务企业的信任危机，所以输入设计一定要考虑适当的校对措施，以减少出错的可能性。但绝对保证不出错的校对方式是没有的。常用校对方式见表6-9。

输入校验的方法和特点 　　　表6-9

校验名称	方法解释	适用对象		举例
		人工	计算机	
重复校验	同一数据输入两次或多次后再行比较		√	
逻辑校验	据业务数据间的逻辑关系校验数据	√	√	月份不会大于12
平衡校验	据相对项目间数据的平衡关系进行校验	√	√	会计数据的借贷平衡
汇总校验	计算机累计出来的总计与人工计算出来的总计进行比对	√	√	会计数据对账
查表校验	输入数据是一特定数据文件中包含的元素，输入时与该文件数据核对		√	代码输入
格式校验	对数据呈现的方式（例如位数和位置）作出判断，是否符合预定的格式	√		邮编应该是6位
计数校验	记录输入个数累计和总记录数比对，检查是否出现遗漏或重复	√	√	成绩输入
界限校验	检查输入数据是否位于规定的范围内		√	商品的单价
类型校验	通过查看数据类型作出对错的判断	√		
视觉校验	将已输入计算机的数据与原始凭据相核对，检查是否出现错误	√		
顺序校验	对有序数据的输入，可以通过检查数据顺序判断是否出现错误	√		有否缺号或重复
校验位	通过设置校验位，由计算机验证输入数据的正确性		√	代码输入

6.6.5 用户界面设计

用户界面是系统与用户之间的接口，也是控制和选择信息输入输出的主要途径。用户界面设计要坚持友好、简便、实用、易于操作的原则，尽量避免过于繁琐和花哨。例如，在设计菜单时要尽量避免菜单嵌套层次过多和每选择一次还需确认一次的设计方式。菜单最好是二级。又如，在设计大批数据输入屏幕界面时应避免颜色过于丰富多变，因为这样对操作员眼睛压力太大，会降低输入系统的实用性。界面设计包括菜单方式、会话方式、操作提示方式以及操作权限管理方式等。这几种方式在物业管理信息系统开发中会运用到。

1. 菜单方式

菜单（Menu）是信息系统功能选择操作的最常用方式。在系统开发工作中，我们常常用下拉式菜单来描述的上章系统分析中所确定系统或子系统功能。它既是系统分析和系统设计所确定的新系统功能，又是下一阶段系统编程实现时的主控程序菜单屏幕蓝图。

2. 会话管理方式

在所有的用户界面中，几乎毫无例外地会遇到有人机会话问题，最为常见的有：当用户操作错误时，系统向用户发出提示和警告性的消息；当系统执行用户操作指令遇到两种以上的可能时，系统提请用户进一步地说明；系统定量分析的结果通过屏幕向用户发出控制性的信息等。这类会话通常的处理方式是让系统开发人员根据实际系统操作过程将会话语句写在程序中。

3. 操作提示方式与权限管理方式

在系统设计时，常常把操作提示和要点同时显示在屏幕的旁边，以使用户操作方便，这是当前比较流行的用户界面设计方式。另一种操作提示设计方式则是将整个系统操作说明书全送入系统文件之中，并设置系统运行状态指针。

另外与操作方式有关的另一个内容就是对数据操作权限的管理。权限管理一般都是通过入网口令和建网时定义该节点级别相结合来实现的。对于物业管理信息系统的用户来说只简单规定系统的登录口令即可。所以在设计系统对数据操作权限的管理方式时，一定要结合实际情况综合确定。

6.7 输出设计

输出设计的重要性是显而易见的。管理信息系统只有通过输出才能为物业管理提供服务。相对于输入方式来说，输出方式的设计要简单得多，从系统的角度来说输入和输出都是相对的，各级用户系统的输出就是上级主系统输入。从这个意义上来说，前面介绍的几种数据传输方式，如网络传递、软磁盘传递、通过电话线传递等，对于数据传出方来说也就是输出方式设计的内容。

6.7.1 输出设计概述

输出是系统产生的结果或提供的信息。对于大多数用户来说，输出是系统开发的目的和评价系统开发成功与否的标准。尽管有些用户可能直接使用系统或从系统输入数据，但都要应用系统输出的信息，输出设计的目的正是为了正确及时地反映和组成用于生产和服务部门的有用信息，因此，系统设计过程与实施过程相反，不是从输入设计到输出设计，而是从输出设计到输入设计。

　　输出设计最重要的任务就是输出用户所需要的信息，需要回答输出什么？如何输出？完整的输出设计包括建立输出设计标准与规范，定义各部分的输入对象，确定输出设计的内容与结构，建立输出雏形和输出设计规范，也需要选择适合的输出方式与输出设计方法。

　　输出设计应遵循控制输入量；减少输入延迟；减少输入错误；避免额外步骤；输入过程应尽量简化。

6.7.2　输出方式

　　常用输出方式有两种：一种是报表输出，另一种是图形输出。究竟采用哪种输出形式，应根据系统分析和管理业务的要求而定。一般来说对于基层或具体事物的管理者，应用报表方式给出详细的记录数据为宜，而用于高层领导或宏观/综合管理部门，则应该使用图形方式给出比例或综合发展趋势的信息。

　　报表是一般系统中用得最多的信息输出工具，通常一个覆盖整体组织的信息系统。输出报表的种类都在百种。这样庞大的工作量对系统开发工作的压力是很大的，所以我们在实际工作时常常是在确定了报表的种类和格式之后，开发出一个报表模块，并由它来产生和打印所有的报表。这个报表模块的原理如图6-20所示，图分两部分，左边是定义一个报表格式的部分，定义后将其格式以一个记录的方式存于报表格式文件中；右边是打印报表部分，它首先读出已定义的报表并各列于菜单中，供用户选择，当用户选下某个报表后，系统读出该报表的格式和数据打印之。

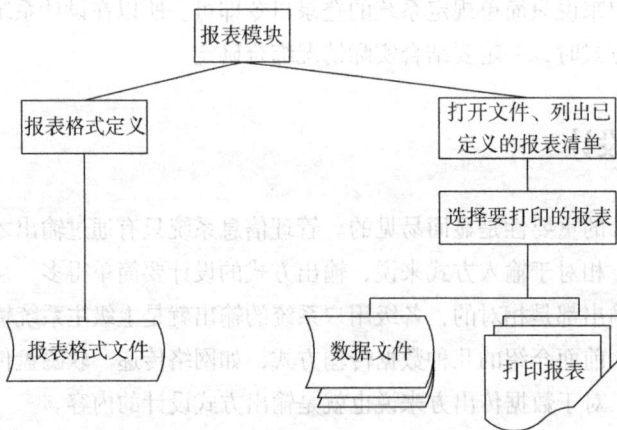

图6-20　报表设计

6.7.3　输出设计的内容

　　进行输出内容的设计，首先要确定科研管理在使用信息方面的要求，包括使用目的、输出速度、频率、数量、安全性要求等。主要就是根据信息系统提供的信息对业务进行管理，根据这些要求，设计输出的信息内容主要是业主信息、收费信息、维修管理信息、经费、合同管理信息等内容。

输出设备与介质选择，常用的输出设备有显示终端、打印机、磁带机、磁盘机、绘图仪、多媒体设备等。输出介质有纸张、磁带、磁盘、光盘、多媒体介质等。这些设备和介质各有特点，物业管理信息系统使用的是显示终端和打印机输出。

输出格式的确定，所有信息都要进行输出格式设计。输出设计要满足使用者的要求和习惯，达到格式清晰，美观，易于阅读和理解的要求。最终输出方式常用的只有两种：一种是报表输出，另一种是图形输出。究竟采用那种输出形式为宜，应根据物业管理业务的要求，一般来说对于基层或具体事物的管理者，采用报表方式给出详细的记录数据，而对于高层领导或宏观、综合管理部门，则使用图形方式给出比例或综合发展趋势的信息。

6.8 处理流程设计

模块结构图是对管理信息系统总体结构的描述，它表达了信息系统的功能模块构成、模块之间的关系，但没有表述模块结构图中每个模块的具体功能和精细的处理过程。所以程序设计人员无法根据模块结构图来编制程序。系统分析的处理过程设计就是要对模块的具体功能和精细的处理过程作出具体的设计和说明。

6.8.1 处理流程设计的内容

处理流程设计包括系统、子系统处理流程图和程序流程图设计。前者主要用处理流程图表示处理过程，后者主要用流程图表示程序模块的处理过程。两者都是表示处理流程，但后者更细化，可以直接指导程序代码的编写。处理流程图和程序流程图常用各种不同的符号，表示计算机处理过程的逻辑关系和内容，如图6-21所示。

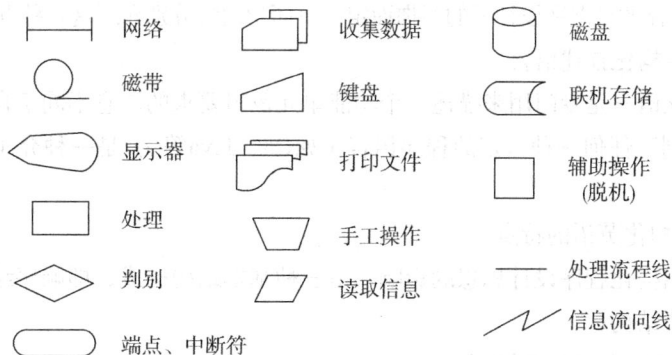

图6-21 处理流程图图例

6.8.2 处理流程设计工具

模块功能与处理过程设计是系统设计的最后一步，也是最详细地涉及具体业务处理过程的一步，它是下一步编程实现系统的基础。

前面我们已经对系统的总体结构、编码方式、数据库结构以及输入/输出形式进行了设计。一旦这些确定了之后，就可以具体地考虑与程序编制有关的问题了，这就是详细设计，即不但要设计出一个个模块和它们之间的联接方式，而且还要具体地设计出每个模块内部的功能和处理过程。这一步工作通常是借助于HIPO图来实现的。有了上述各步的设计结果再加上HIPO图，任何一个程序员即使没有参加过本系统的分析与设计工作，也能够自如地编制出系统所需的程序模块。

1. 模块结构图

在总体结构设计中，系统地介绍了模块结构图。它是将系统划分为若干子系统、子系统下再划分为若干模块，大模块内再分小模块，而模块是指具有输入输出、逻辑功能、运行程序和内部数据4种属性的一组程序。

模块结构图主要关心的是模块的外部属性，即上下级模块、同级模块之间的数据传递和调用关系，而并不关心模块的内部。换句话说也就是只关心它是什么，它能够做什么的问题，而不关心它是如何去做的（这一部分内容由下面的IPO图解决）。

2. IPO图

IPO图主要是配合模块结构图详细说明每个模块内部功能的一种工具。IPO图的设计可因人因具体情况而异。但无论你怎样设计它都必须包括输入（I）、处理（P）、输出（O），以及与之相应的数据库/文件、在总体结构中的位置等信息。

IPO图其他部分的设计和处理都是很容易的，唯独其中的处理过程（P）描述部分较为困难。因为对于一些处理过程较为复杂的模块，用自然语言描述其功能十分困难，并且对同一段文字描述，不同的人还可能产生不同的理解（即所谓的二义性问题）。故如果这个环节处理不好，将会给后继编程工作造成混乱。目前用于描述模块内部处理过程主要有如下几种方法：结构化描述语言、决策树、判定表和算法描述语言。几种方法各有其长处和不同的适用范围，在实际工作中究竟用哪一种方法，需视具体的情况和设计者的习惯而定。下面我们将分别介绍这几种方法。

（1）结构化描述语言

结构化语言是专门用来描述一个功能单元逻辑要求的。它不同于自然英语语言，也区别于任何一种特定的程序语言（如C#、Java等），是一种介于两者之间的语言。

1）结构化英语的特点

它受结构化程序设计思想的影响，由三种基本结构构成，即顺序结构、判断结构和循环结构。

2）结构化英语的关键词

结构化英语借助于程序设计的基本思想，并利用其中少数几个关键词来完成对模块处理过程的描述。这几个关键词是：if, then, else, so, and, or, not。

（2）决策树

用决策树来描述一个功能模块逻辑处理过程，其基本思路与结构化描述语言一脉相承，是结构化英语的另一种表现形式，而且是更为直观、方便的表现形式。

（3）判断表

判断表是另外一种表达逻辑判断的工具。与结构化描述语言和决策树方法相比，判断表的优点是能够把所有的条件组合充分地表达出来。但其缺点是判断表的建立过程较为繁杂，且表达方式不如前面两者简便。

（4）算法描述语言

算法描述语言是一种具体描述算法细节的工具，它只面向读者，不能直接用于计算机。算法描述语言在形式上非常简单，它类似程序语言，因此非常适合那些以算法或逻辑处理为主的模块功能描述。

3．HIPO图

HIPO图由模块结构图和IPO图两部分构成，前者描述了整个系统的设计结构以及各类模块之间的关系，后者描述了某个特定模块内部的处理过程和输入/输出关系。

4．模块说明书

模块说明书即模块设计说明书，是用于说明模块的基本情况、接口和处理逻辑的设计文档。模块说明书是程序员编写程序的主要依据，它包括3部分内容，见表6-10。

模块说明书　　　　　　　　　　　　　表6-10

1．模块说明			
系统/子系统名称：		模块名称/标识：	
模块功能描述：			
编程语言：			
2．模块接口			
模块调用关系	调用模块名称	被调用模块名称	
输入输出数据	输入数据文件描述	输出数据文件描述	使用的文件或数据库
内存变量	变量名称	变量类型	变量说明
3．模块处理逻辑说明			

（1）模块说明，就是对模块名称、模块标识符、模块功能和编程语言等的具体说明。

（2）模块接口，就是说明模块的接口关系，包括调用模块名、被调用模块名、输入输出文件或数据库文件名和标识符以及内存变量的名称、类型和说明。

（3）处理概要，就是对模块处理逻辑的精确描述。

在处理过程设计中要详细说明模块的处理细节，用语言说明有时会产生歧义，所以在设计中经常使用判断树、判断表、流程图、IPO图等工具说明模块处理的详细内容。

5．程序流程图

程序流程图所用符号同处理流程图，但对象和范围不同。用程序流程图可以表示程序处理的三种基本结构，任何复杂的处理逻辑都可以由其组成。程序流程图易于阅读和理解，便于程序编制人员编制程序。要使一个没有参加过系统分析和设计的程序员顺利进行程序设计，有部分东西是必须提供的，即模块说明书、程序流程图和编码规范。在这三部分中，程序流程图是最重要、最核心的部分。

程序流程图一个强大的制作工具是微软的Microsoft Visio 2007。Microsoft Visio 2007提供各种制作流程图的符号，用来制作系统设计中的各种流程图，既可以提高效率，也可以使设计文档数字化，对系统和设计很有帮助。

6.8.3　处理流程设计步骤

（1）定义处理设计规则和标准，即各种流程图符号要标准化、统一化，遵循国家有关标准，制定模块标识方法和命名规则，制定编码规范；

（2）建立和规范模块结构图；

（3）建立各层次的IPO图；

（4）编制模块说明书；

（5）编制各模块的程序流程图；

（6）编制各模块的程序设计说明书。

6.9　系统设计报告

系统设计阶段的最终结果是系统设计报告。系统设计报告是下一步系统实施的基础。它包括本章各节的主要内容：

（1）系统总体结构设计图（包括总体结构图、子系统结构图、流程图等）；

（2）系统网络结构设计图（设备选型，主机、网络和终端的连接图等）；

（3）系统代码设计标准，编码方案（分类方案，编码和校对方式）；

（4）数据库结构图包括DB的结构（主要指表与表之间的结构）、表内部结构图、数据字典等；

（5）系统的输入输出格式和详细设计方案；

（6）HIPO图、IPO图；

（7）系统详细设计方案说明书。

从系统调查、系统分析到系统设计是整个物业管理信息系统开发的主要工作。这三个阶段的工作几乎占总开发工作员的70％。而且这三个阶段所用的工作图表较多、涉及面广；较为繁杂。各开发环节之间的关系如图6-22所示。

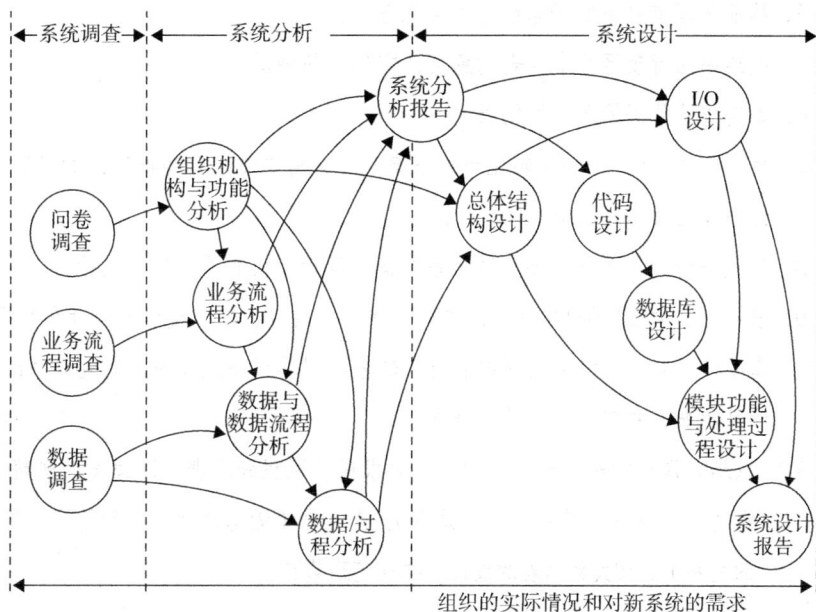

图6-22　各开发环节之间的关系

本章小结

系统设计是在系统分析的基础上，进一步明确"怎样做"的问题。

具体地说：

总体设计根据结构化设计原理和模块化设计思想，对系统功能进行规划，给出系统的逻辑结构，形成系统的功能模块图和系统的物理配置方案。

代码设计是为了实现全局数据库的统一，合理的代码结构是信息系统具有生命力的一个重要特征。数据库设计是根据所选择的数据库系统和E-R实体图设计数据库的逻辑结构、物理结构以及进行数据库的物理实施。输入输出设计为用提供友好的人机交互手段，为管理员提供了实用的信息。程序流程的设计、程序流程图的绘制和程序设计说明书确定了信息处理的具体步骤，限定了严格的设计规范。

系统设计阶段的主要成果是系统设计报告和程序设计说明书，为系统实施阶段的顺利进行提供了解决方案。

思考题

1. 试阐述模块化设计过程中要注意哪些问题？绘制模块结构图要考虑哪些因素？

2. 如何根据系统分析报告，画出系统的总体结构图？

3. 变换分析设计与事务分析设计有何区别？

4. 物业管理信息系统子系统是如何划分的？

5. 试述中国行政区号中代表的意义，它属于何种码？

6. 如何校验数据输入中的错误？

7. 数据库的E-R图是如何转化为关系模式的，需要注意哪些事项，如何设计合理的数据库系统？

8. 系统设计中，为什么要先进行系统输入设计，而非系统输出设计？

9. 根据上一章习题9的结果，试进行总体结构设计、功能模块图设计和数据库设计。并从功能模块图中取出一部分绘制其程序流程图，完成程序设计说明书；并完成系统设计报告。

10. 以培训课程在线视频系统为例，要求进行课程分类表、课程表、视频表（课程与视频是一对多的关系）、教师表（教师与课程之间是多对多的关系）等相关数据表的设计，并规范到第3范式。

7

物业管理信息系统的实施与评价

学习目的

掌握计算机系统、网络系统的部署和软件选择；了解程序设计的原则，掌握结构化程序设计的方法；了解程序测试、子系统测试和系统测试方式，掌握白箱法与黑箱法测试方法；掌握系统转换方法；掌握物业管理基础数据准备要求；了解物业服务企业信息系统管理的框架、组织结构，熟悉物业管理信息系统日常运行管理、维护管理要求；了解系统评价的各种指标和系统验收方法。

本章要点

计算机系统、网络系统的部署和软件选择；程序设计的原则、结构化程序设计方法；白箱法与黑箱法；系统转换方式；物业管理基础数据准备要求；管理人员培训；文档管理；日常运行管理与维护；物业管理信息系统评价指标；系统验收。

从物业管理信息系统的生命周期来看，系统实施与评价阶段已经到了系统研发的后期，它是前面各阶段工作的延伸和目的。

7.1 物业管理信息系统的物理实施

7.1.1 购买和部署计算机系统

随着电子信息产业的发展，计算机技术的发展可谓日新月异，不同厂家、型号的计算机产品目不暇接，给系统的实施带来了更宽广的选择余地。可以直接买品牌机，也可以考虑性价比更高的方案，即DIY（Do It Yourself，自己动手）。系统购置的基本原则是满足需求和系统设计要求。

计算机作为精密电子设备，它对周围环境相当敏感，尤其在中央计算机房，服务器对机房的温度、湿度、通风等都有特殊的要求。

在中央机房，为了保证业务不受损害，安全性要求高。不许任何人随便进出，一般只是管理员负责对机房设备和软件的排错和调试。其次，业务不能中断，常用UPS（不间断电源）以防止意外停电造成系统无法使用的事故。

7.1.2 购买和部署网络系统

要构建管理信息系统存在的网络，就要有路由器、交换机，如果考虑安全，还要加上防火墙。如果是Frame Relay（帧中继），PSTN（公共交换电话网络）等其他方式与外网互联，或者公司各地区子公司之间通信方式不同，所要采用的设备又不一样。

公司规模不大，属于小企业，数据量不大，可以选择非企业级的路由器交换机。中大型企业数据流量大，要保证数据快速、安全、可靠传输，一般选择企业级别的交换路由设备。

7.1.3 计算机上的软件选择

个人客户端，由于大多数人习惯使用微软的Windows系列，所以一般安装Windows。但在服务器端，则有Unix、Linux、Windows Server等的选择考虑。Windows Server只是微软一家开发，但Unix和Linux则是很多厂商都有自己的产品。软件选择时，应注意以下几点：

（1）各系统兼容性问题，包括网络互通的兼容；

（2）运行在系统上的应用软件和数据文件的兼容性；

（3）各系统性能与公司业务要求；

（4）系统维护及其成本。

7.2 物业管理信息系统的程序设计

计算机的处理是依赖于程序设计的。而程序是用计算机语言编写的能解决某类问题的一系列语句或指令。程序设计是程序设计人员依据系统设计中对各个功能模块的功能描述，如输入输出格式、数据库格式及模块的处理功能等。程序编制的依据是结构图、判断树、模块说明书、程序设计说明书以及系统流程图等。

7.2.1 程序设计原则

由于系统运行后其维护和管理成本很高，现在的程序已经从偏重于强调程序的正确和效率向偏重于程序的可维护性、可靠性、兼容性和可理解性转变。

设计优良的程序应遵守以下原则：

（1）可靠性。对于物业管理信息系统的应用而言，可靠性是非常重要的，包括程序运行的安全可靠性、数据存取的正确性、操作权限的控制等。对于这些问题，在系统的分析与设计阶段就应该有充分的考虑。

（2）实用性。它是从物业服务企业的角度来看系统界面是否友好，操作使用是否方便，响应速度是否可以接受。程序设计的实用性是系统顺利交付使用的重要条件。

（3）规范性。程序的规范性指的是程序的命名、书写的格式、变量的定义和解释语句的使用等应参照统一的标准，具有统一的规范。

（4）可读性。程序的可读性是要求程序设计结构清晰、可理解性好，程序中要避免复杂的个人程序设计技巧，使他人也能够很容易地读懂，以利于对程序的修改和维护。

（5）效率。程序的效率是指计算机资源能否有效地使用，即系统运行时尽量占用较少空间，却能用较快速度完成规定功能。程序设计者的工作效率比程序效率更重要。工作效率的提高，不仅减少了经费开支，而且降低了程序的出错率，进而减轻了程序的运行和维护成本。

（6）移植性。移植性是评价软件是否能够方便地部署到不同的运行环境中的一种度量，即是对软件重用程度的一种度量。可移植性好的程序，可以在不同的操作系统中或不同的硬件架构上运行，"一次编写，多处运行"是可移植性好的一种理想状态。

7.2.2 程序设计方法

目前程序设计的方法大多是按照结构化方法和面向对象的方法进行。另外，利用软件开发平台和工具，来帮助完成编程工作，可以大大提高编程的效率和质量。下面简单介绍结构化程序设计的方法，结构化程序设计方法主要强调以下观点：

（1）模块内部程序的各部分要自顶向下地结构化划分；

（2）各程序部分应按功能组合；

（3）程序之间的联系以调用子程序的方式进行。

程序的规范性和可读性对于以后程序的维护和修改是非常重要的。如果程序的规范性和可读性不强，除了具体的程序设计人员，别人很难读懂程序，也就很难进行程序的维护和修改，进而影响未来的系统使用。结构化程序设计的方法包括以下几个方面。

（1）采用4种基本的控制结构。程序设计尽量只采用顺序结构、多重分支结构、循环结构和简单分支结构4种基本控制结构，如图7-1所示。而不用或少用强制转向语句。这几种程序控制结构只有单入口和单出口，结构简单，程序易理解，不容易出错。

（2）自顶向下的设计原则。在进行程序设计时，成千上万的程序模块不可能完全同时进行，各任务之间必须有先后顺序之分，最终实现系统设计的整个方案。自顶向下的设计原则是首先设计上层模块，逐步向下，最后设计最下层的具体功能。而实现时，要首先实现下层模块，逐步向上，最后实现上层模块；结构化的程序设计采用的是自顶向下的设计原则。结构化程序设计的基本控制结构如图7-1所示。

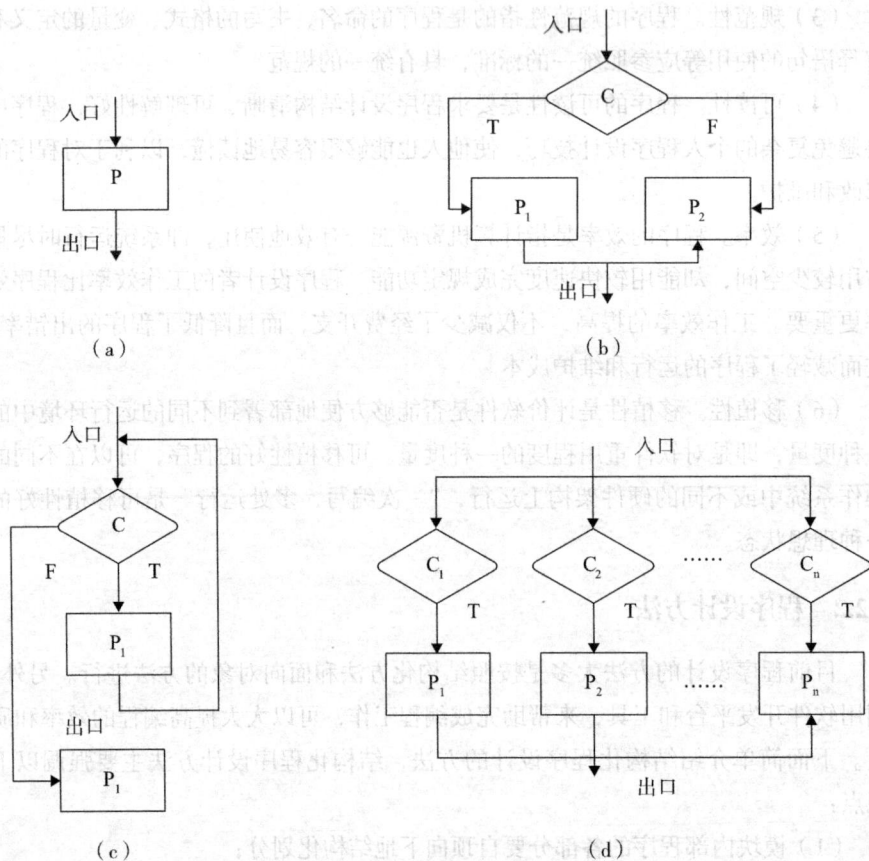

图7-1 结构化程序设计的基本控制结构
（a）循序结构；
（b）简单分支结构；
（c）循环结构；
（d）多重分支结构
注：C代表条件，P代表程序段，T代表条件为真，F代表条件为假

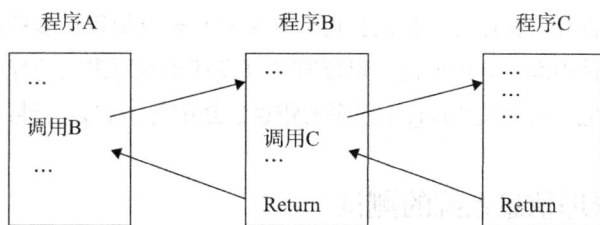

图7-2　程序调用关系

图7-3　锯齿型风格的程序书写方式

```
DO WHILE.T.
    <程序段1>
    DO CASE
        CASE <条件1>
            <程序段2>
        CASE <条件2>
            <程序段3>
        CASE <条件3>
            <程序段4>
    ENDCASE
    IF <条件4>
        <程序段5>
    ELSE
        IF <条件5>
            <程序段6>
        ELSE
            <程序段7>
        ENDIF
            <程序段8>
    ENDIF
        <程序段9>
ENDDO
<程序段10>
```

（3）功能调用层次分明。各部分程序之间的联系采用程序调用的形式。

在实现上层程序时，注明被调用的下层程序的名称，有时还要注明参数传递关系。下层程序独立于上层程序而存在，程序调用关系如图7-2所示。这样设计出的程序结构清晰，易于程序的编写和调试。

（4）程序书写采用锯齿形风格。一段程序一般都很长，如果在书写时不分层次，就很难阅读。在结构化的程序设计中一般采用锯齿形风格，提高程序的可读性。图7-3为锯齿形风格结构的例子。

结构化程序设计的上述原则，提高了程序设计的规范性、可靠性、可读性，易于程序的调试与维护。

7.2.3　编程语言的选择

编程语言的选择要根据物业管理信息系统所在的平台（Unix，Linux or Windows等）和信息系统开发的总体软件架构以及所要达到的性能要求来决定。同时，选用开发语言所在的开发平台也必须考虑。

Linux的内核和Unix的内核，两者有很大的相似性。只不过一个开源一个非开源。在这两系统平台上，你可以选择标准跨平台语言，如C、C++、Java等，这类语言开发出来的程序可以在上述不同平台上运行。而如果你使用VB.NET、C#、J#.NET等微软平台上的语言，则只能在Windows上运行，无法在Unix，Linux上运行。标准的东西往往在多平台上是兼容的，无论在软件系统中，还是在网络通信中。

此外，开发物业管理信息系统所采用的软件架构也需要考虑。像采用J2EE架构就没人会采用C#这种语言，尽管C#和Java都从C++演化而来。不同的软件架构一般都有最佳选择语言，而其他有些语言是不能在这个架构上使用的。

至于开发语言目前基本都有开发环境。像C++，程序员可以选择Microsoft Visual Studio、Borland Delphi Studio或者其他。在集成的开发环境，程序员还可以选择多种语言开发程序。一种语言可以在多种平台上编程，多种语言可以在同一开发集成套件中编程。但要注意可能有些开发环境编写出来的程序会在最终部署的系统平台上出现一些小Bug（程序的错误、缺陷等）和兼容性问题。

7.3 物业管理信息系统的测试

规范化的测试能帮助人们发现软件编程中的错误并加以纠正。统计资料表明，对于一些较大规模的系统来说，系统测试的工作量往往占程序开发工作量的40%以上。

7.3.1 系统测试的内容

系统测试是利用测试数据及测试问题对已开发完成的系统进行检验。系统测试的内容包括数据处理正确性测试、功能完整性测试和系统性能测试。

（1）数据处理正确性测试。检查输入和输出数据的正确性，包括明确输入的数据是否正确地存入数据库系统；数据库系统中的数据能够正确地输出；数据间的计算关系正确；数据统计的方法和口径与需求一致；不出现任何汉字字符或其他字符乱码等。

（2）功能完整性测试。检查开发完成的系统是否具备系统设计中所提出的全部功能，不仅要检测主要的业务功能，而且要检查所有的辅助功能和所有的细节性功能。

（3）系统性能测试。性能测试是比较容易被忽略的一项测试内容，包括系统运行的速度、操作的灵活性和用户界面的友好性、对错误的检测能力等方面的测试。对于业务操作型管理信息系统而言，要求速度快、操作灵活，尽可能减少汉字的直接输入，不允许有错误数据的提交。

信息系统测试分为程序测试、子系统测试和系统测试三个阶段，又分别称作单调、分调和联调，如图7-4所示。

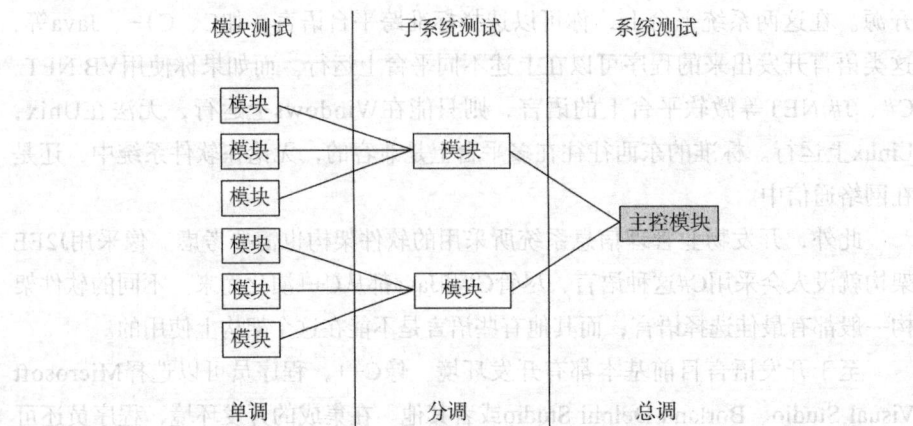

图7-4 系统测试过程

7.3.2　系统测试的方法

1. 程序测试

（1）程序测试方法。程序测试方法有静态测试和动态测试两种方法。静态测试是指用人工评审程序文档，从而努力发现程序中的错误。这种方法可以由编程者自行评审排错，也可以由其他成员评审排错。据统计30% ~ 70%的错误是通过静态测试发现的，而且这种方法发现的错误往往是比较严重的错误。所谓动态测试就是上机测试，也就是未发现错误而执行程序。动态测试的关键在于设计程序测试数据。

（2）程序测试数据设计。程序测试数据由输入数据和相应的预期输出数据两部分构成。输入数据一般由正常数据和异常数据组成，当然，正常的数据应该得到预期的结果，异常数据可能产生多种预期的异常结果。程序测试数据的设计应该是高效的，即一组程序测试数据应该能发现尽可能多的错误。较为流行的设计方法有白箱法和黑箱法。

1）白箱法

① 语句覆盖。即希望程序测试数据能使程序种的每一条语句至少能被执行一次如图7-5的C语言程序所示。

```
if(m>1 && n==0)   p=p/m;
if(m==2 || p>0)   p++;
```

图7-5　语句覆盖

为了覆盖该程序，程序测试数据可以设计为：m=2，n=0，p=4，也就是沿着ace路径执行。当将程序中‖写成&&，或者相反，这时语句覆盖就无法发现这个错误。

②判断覆盖。设计足够多的程序测试数据，使程序中每一个分支至少执行一次。对图7-6的C语言程序，为了通过执行路径ace和abd，或者acd和abe，我们可以设计两种测试数据：m=3，n=0，p=1执行acd路径；m=2，n=1，p=3执行abe路径。

这两种程序测试数据使程序中每一个分支至少执行了一次。

③条件覆盖。设计足够多的程序测试数据，使程序中每一个判断条件表达式均能获得各种可能的结果。为了实现各种可能的结果，可以延路径ace和abd执行，为此我们可以设计两种测试数据：

m=2，n=0，p=4执行ace路径；m=1，n=1，p=1执行abd路径。

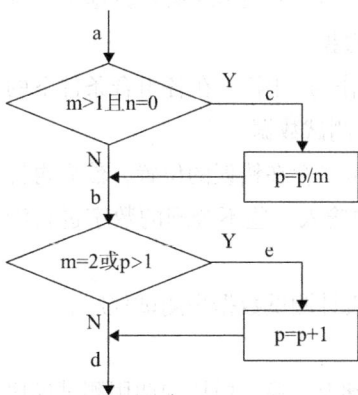

图7-6　程序流程图

④判断条件覆盖。设计足够多的程序测试数据，使程序判断中每个条件（一个判断由多个条件组合）取得各种可能的值，并且使程序中每个判断也取得各种

可能的值。为此我们可以设计两种测试数据：

m=2，n=0，p=4执行ace路径；m=1，n=1，p=1执行abd路径。

⑤条件组合覆盖。设计足够多的程序测试数据，使程序判断中条件可能组合都至少出现一次。满足该种覆盖就一定满足判断、条件和判断条件覆盖。对图7-6的C语言程序，共8种组合：

$$\begin{cases} m>1 \\ n=1 \end{cases} \begin{cases} m>1 \\ n\neq0 \end{cases} \begin{cases} m<1 \\ n=0 \end{cases} \begin{cases} m<1 \\ n\neq0 \end{cases} \begin{cases} m=2 \\ x>1 \end{cases} \begin{cases} m=2 \\ x<1 \end{cases} \begin{cases} m\neq2 \\ x>1 \end{cases} \begin{cases} m\neq2 \\ x<1 \end{cases}$$
$$\quad(a)\qquad(b)\qquad(c)\qquad(d)\qquad(e)\qquad(f)\qquad(g)\qquad(h)$$

为使上面的组合至少出现一次，我们可以设计4种测试数据：

m=2，n=0，p=4 取（a）（e）；

m=2，n=1，p=1 取（b）（f）；

m=1，n=0，p=1 取（c）（g）；

m=1，n=1，p=1 取（d）（h）。

2）黑箱法

黑箱法是指调试人员将模块当作"黑箱"，不考虑内部实现，只是用测试数据来验证程序是否符合它的功能要求，是否会发生异常的一种调试方法。任何一种白箱法很难彻底测试程序代码，黑箱法可以作为白箱法的补充。

①等价分类法。等价分类法就是将输入数据的划分为若干类，每一类以一个代表性的测试数据为代表进行测试。例如1～36的输入数据可以被划分为3个类：大于等于1小于等于36的类，以23为代表；小于1的类，以0.9为代表；大于36的类，以56为代表。

②边缘分析法。程序发生错误概率较高的情况是处理边缘情况，检查边缘测试数据带来的结果往往是有效的测试办法。例如-1.0～1.0的输入数据可以选择-1.0、1.0、-1.001和1.001等边缘数据作为测试数据。

③因果法。因果法就是对数据条件进行组合作为"因"，在各组合条件下的输出作为"果"。因果关系可以使用判断表来设计测试数据。

④错误推断法。通过经验和直觉推测程序中可能存在错误的位置，然后再针对性地设计测试数据进行测试。例如在文本框中输入一些不合理的数字进行测试，如'123""（A ab#）。

实际使用中，可以将白箱和黑箱法结合起来设计测试数据来测试程序。

2. 子系统测试方法

子系统测试又称分调，它是在程序测试的基础上，通过模块的调用测试模块之间调用问题的过程。调试的目的不是验证处理功能的正确性，而是验证控制接口和参数传递的正确性。子系统调试通常采用自顶向下测试和自底向上测试两种方法。

（1）自顶向下测试

自顶向下测试的步骤如下所示：

1）先将主控模块驱动的下属模块用桩模块（Stub Module，又称存根模块）代替。桩模块是一个替身模块，该模块中只是具有原模块的名称和输入输出参数以及简单的调用成功消息显示功能，没有具体的处理功能。

2）用真实模块置换桩模块。置换时，应按数据流动方向，即输入、处理和输出的顺序逐步置换。

3）置换后再进行回归测试，即重复以前的部分或全部测试，如果发现错误，要改正错误直到测试成功。

回到第2步继续测试。

（2）自底向上测试

自底向上测试是从系统最底层模块开始组装测试，测试的步骤如下所示：

1）按具体实现的功能来识别模块组合，即完成某一特定功能的模块组合在一起。

2）为组合在一起的模块设计一个主控模块，主控模块直接接受各种测试数据并把它们传递给下属被测试模块。

3）然后再获取下属被测试模块的输出数据。

在完成某一特定组合模块测试之后，在系统的同一层次继续执行第1~3步，直到该层次测试完毕。

4）用实际模块替换主控模块，再组合成一个更高层次、更大规模的模块组合，继续第1~4步，直到该系统测试完毕。

自顶向下测试方法的优点是模块接口问题早期得到解决，但缺点是较难设计测试数据；自底向上调试方法的优点比较容易设计测试数据，但缺点是只有到最后才能使模块组合作为完整的系统来测试。两种方法可以综合起来使用。

3．系统测试

系统测试又称联调或总调，它是在完成所有子系统测试的基础上，主要解决各子系统之间数据通信、数据共享和满足用户要求的测试。

在系统测试完成后，要进行用户验收测试。它是使用用户的真实数据进行的测试，这些真实数据主要是用户的历史数据，例如测试计算机账务处理系统时，过去的记账凭证和账簿就可以作为真实数据来验证系统的正确性。并且真实数据应该具有边界效应，如跨月份和年份的记账凭证和账簿数据。

一般程序测试发现的错误是系统实施阶段程序设计的错误，子系统测试发现的是系统设计中的错误，系统测试发现的是系统分析中错误。也就是越早的错误越晚发现。所以结构化系统分析方法非常注重系统分析和设计工作。

4．特殊测试

上述测试属于常规测试，除常规测试外，还有一些必要的性能测试，这些性能测试包括峰值测试、容量测试、响应时间测试和恢复能力测试。

7.3.3 系统测试应注意的问题

在进行系统测试时，要注意下列问题：

（1）系统测试环境应同未来系统实际运行环境一致。

（2）系统测试前应做好测试数据的准备工作，以便检查系统是否达到了正确性、完整性和性能上的要求。

（3）进行系统测试时，应有用户参加。

（4）测试完成后，要书写测试报告。

7.4 物业管理信息系统的数据准备

7.4.1 物业管理基础数据的定义

物业管理基础数据是信息系统运行的支撑和前提，是系统信息的根源。根据行业的划分方法，一般将基础数据分为静态数据和动态数据。

1. 静态数据

在信息系统中，静态数据是指那些不随时间改变，对整个系统运行起支撑作用的数据，这些数据可能是基本的初始设置、基本档案，在系统运行中要反复引用的数据。物业管理信息系统的基础数据主要包括：物业信息（如项目数量、建筑面积、房产信息、车位信息）、业主信息（如家庭成员信息、物业产权信息、车位信息）、业委会信息、合作方信息等。

2. 动态数据

动态数据时随企业业务操作变化而不断变化的信息。物业管理信息系统动态数据有：业主服务信息（业主入住、特约服务、客户报修、客户投诉、客户问询、客户出入管理、客户搬家管理、客户停车业务管理）、物业维修养护信息（物业维保、装修管理、空置房管理等）及客户关系维护信息等。

7.4.2 物业管理基础数据管理存在的问题

虽然基础数据是信息系统运行的支撑和前提，但是目前在信息系统实施和应用中，对信息系统的管理现状却不容乐观，由于基础数据管理的薄弱，造成很多系统不能很好地发挥其应有的作用，甚至还没有上线就被迫下马。

1. 对基础数据重要性认识不足

在信息系统运行与维护的过程中，造成基础数据管理不准确的原因是多方面的，如没有健全的数据管理制度、历史数据不完整等，但最根本的原因是在思想中没有把基础数据的管理真正重视起来，因为不重视带来了管理的混乱，因为数据的混乱影响了系统的运行。每当信息系统实施的时候，杂乱无章的数据就成了摆在实施顾问面前的一块硬骨头，解决基础数据，系统就成功了一半。

但是数据可以通过工具整理，但是长期以来的传统却不是靠技术手段可以改变的。

2．注重结果忽视过程

在信息系统的实施应用，特别是实施中，经常会出现注重结果，即系统上线，而轻视过程，即项目过程管理，特别是基础数据管理的现象。往往是系统终于按照预定的时间上线了并交付使用了，但是实施团队却比以前更忙了，用户的电话一个接一个，除了正常的因操作不熟练而产生的问题，剩下的绝大多数都是基础数据不准确，如缺少相应的资料，数据权限分配错误等。当实施团队希望能找到这些数据录入的原始资料时，他们会发现，这些资料不知道被放到哪里了，甚至被删除了。

3．系统管理人员主体意识缺乏

信息系统的最终使用者是谁？不是系统供应商、不是咨询公司，而是最终用户，是每一个使用它的基层人员。信息系统的最终受益者是谁？不是系统供应商、不是咨询公司，是最终用户的决策者。

但是在信息系统实施和应用中，信息系统的最终使用者往往抱着系统的开发管理及应用效果，是企业领导决策层的事，基层操作人员只管执行就是了。使用者这种应付的心态，很难保证提供和整理的基础数据的准确性。

4．数据拒绝共享

项目管理专家田俊国在他的《ERP项目实施全攻略》一书中总结ERP实施中的15条规律，其中一条就是："ERP是横跨在企业财务、生产、供应、经营之上的综合管理系统，是现代企业的办公方式，不是某一个人或某一个部门的事情，而是需要全员参与的一项工程。"

但是实际的情况经常是，企业各部门汇总到信息中心的数据，提供数据的人并不关心数据的准确性，或者基于部门间的利益壁垒，不愿意主动提供数据。在传统的手工管理的情况下，企业各部门各自为政，部门间的数据是不公开的，但是信息系统应用以后，要想让系统正常运行，数据共享是第一前提。随着信息技术和管理理念的不断发展，不但要求企业各部门之间，分公司与母公司之间，信息系统和信息系统之间数据共享，甚至要求与合作伙伴的信息共享。

7.4.3　物业管理基础数据准备工作的内容

数据整理和录入是关系到新系统成功与否的重要工作，数据管理是一个组织管理工作的基础，旧系统转换为新系统开始之前，组织必须按照新系统对数据的要求，收集、编码和整理数据，然后录入计算机中。在管理信息系统项目管理中，应对数据整理工作做出计划，其提前期应参照新旧系统转换时间的安排，与系统设计并行进行。

基础数据准备包括以下几个方面的内容：

（1）基础数据准备要科学、严格、规范化；

（2）固定计量工具、计量方法、数据采集渠道，保证目标系统有稳定的数据来源；

（3）各类统计和数据采集报表规范化、标准化；

（4）按照数据库结构要求对现存数据进行转换。

7.5 物业管理信息系统人员培训

企业信息系统的成功开发与应用，不仅仅依赖于优良的计算机硬件环境、先进的开发技术与平台、良好的项目实施计划，还有很重要的一点是依赖于项目开发与应用过程的人员培训。

企业的主体是人，操作信息系统的主体也是人，因此，能否培养一批具有较高信息系统使用、管理和维护水平的人员，是决定物业服务企业信息化水平和信息系统效率发挥程度的重要因素。

7.5.1 信息主管

信息主管，又称首席信息官（CIO），最早是政府机构为强化信息资源管理工作而设立的一个职位，全面负责政府部门信息资源的开发、管理和利用。该成功做法很快引入企业界。

物业管理信息主管作为信息管理部门的总负责人，承担有关信息技术应用、信息资源的开发和利用的领导工作，其主要任务是通过信息技术和信息资源为组织增添新的竞争力，为组织在信息社会环境中的生存和发展开阔新的空间。主要负责关于信息化建设的战略性的和方向性的工作，如信息化规划、信息资源配置、信息人才队伍的建设，以及参与组织高层的决策，尤其是组织变革方面的重大决策。

7.5.2 人员培训

1. 人员培训层次

（1）培训专业技术人才。如果物业服务企业要自主进行信息系统的建设，或者采用委托开发的方式，但是有企业内部专门的信息技术人才参与到系统开发中去的话，首先要对这些人员进行培训，使他们不但要熟练掌握计算机技术，更要熟练先进的企业管理理论，了解企业的管理经验，并熟悉企业的业务流程。这些培训工作在物业信息系统开发前必须完成。

物业服务企业信息系统得专业培训可以通过多种方式，如聘请专家做报告、现场实习参观、物业岗位的上岗培训等。在进行这些培训的过程中，为了使信息人才能跟上信息技术的不断发展，还需要让他们不断参加有关的信息技术讲座。

（2）培训企业中高级管理人员。物业服务企业的中高层管理人员不但要关心、支持并参与物业信息化建设，而且要担负起决策与协调的职能，因此，必须对企业的中高级管理人员进行培训，使其在掌握现代管理理论的基础上，再学习一定的计算机知识。对物业中高级管理人员的培训可以采取企业实地考察、听专题报告或讲座以及参加学校培训等形式。

（3）对业务人员的培训。物业服务企业业务人员是物业管理信息系统最主要的使用者，对业务人员的培训是信息系统实施能否成功的关键。首先可以通过学校或社会性质的计算机培训，使业务人员掌握基本的计算机知识、文字输入方法等，然后由信息系统开发方负责培训系统操作方法等。在培训时，可以采用帮带的方式，即先培训一批业务骨干，然后再由点到面，全面展开。为了激励员工的学习积极性，可以将培训内容与员工绩效考核联系起来。

2．人员培训内容

对系统使用人员和系统维护人员的培训是系统投入应用的重要前提。需要进行培训的系统使用人员包括：系统操作员、硬件及软件系统维护人员、管理决策人员、档案管理员等。对于尚未掌握计算机基本知识的人员，还要进行计算机基本知识方面的培训。根据工作岗位的不同选择不同的内容进行培训，既可以节省宝贵的时间，也便于系统的安全与管理，可以参考表7-1中的建议进行培训内容的选择。

人员培训内容　　　　　　　　　　　　　　　　表7-1

培训内容	操作人员	维护人员	管理决策人员	归档人员
系统的总体方案	√	√	√	√
系统网络的操作与使用		√		
系统的功能结构		√		
计算机的操作与使用	√		√	
数据库、开发工具等系统软件		√		
系统事务型业务功能的操作和使用	√		√	
系统维护等功能的操作和使用		√		
系统统计分析等功能的操作和使用			√	
系统的参数设置		√		
系统初始数据输入功能的操作和使用	√		√	
可能出现的问题及解决方法		√		
系统的使用权限与责任	√	√	√	
系统的文档管理规范		√		√

维护人员应该具有丰富的计算机知识，否则他们将不能胜任系统维护的工作。管理决策人员的主要工作是分析决策，制定未来的发展战略，他们一般不需要进行具体业务的操作，关心的是综合性的统计信息。因此，管理决策人员除了要了解系统的业务功能结构，更要重点掌握统计分析功能的操作和使用方法。

7.5.3 信息人员的职业道德

信息人员的工作具有较大的不确定性和自主寻求解决方案的特点，还涉及较多的商业机密。因为职业因素，信息人员受利益等因素驱动时，可能会作品出损害企业的行为。例如：选择计算机系统时不将性能价格比放在首位，将商业秘密出卖给其他竞争性企业，信息系统建设时不考虑系统的长远可维护性和可扩展性等。在信息系统开发中缺乏职业道德会给企业造成损失，严重时将是使企业蒙受的损失难以估量。由于信息系统具有很强的技术性，目前对职业道德引起的问题还没有行之有效的防范机制，但我们仍然可以对信息系统开发、管理人员加强职业道德教育，多方面听取专家意见，增加信息化工作的透明度等间接措施来加以防范。物业管理行业正处于信息化建设的发展期，信息管理人员的职业道德教育期待进一步加强，物业高层管理者可以参考其他行业的信息化建设和职业道德教育来规范信息管理人员的行为。

7.6 物业管理信息系统的转换

当计算机和网络系统安装调试、应用程序编写和测试、员工培训结束以及开发领导小组批准新系统可以交付使用后，新系统就要代替原系统投入使用了。新系统投入使用的基础工作是整理并录入基础数据，然后完成系统转换任务。

7.6.1 系统转换的基本条件

系统转换是由现行系统的工作方式向所开发的物业管理信息系统工作方式的转换过程，也是系统的设备、数据、人员等组成部分的转换过程。

系统转换要具有如下基本条件：

（1）系统设备：系统实施前购置、安装、测试完毕；

（2）系统人员：系统转换前配齐并参与各挂历岗位工作，并进行相关培训；

（3）系统数据：系统转换所需要的各种数据按照要求格式输入系统之中；

（4）系统文件资料：用户手册、系统操作规程、系统结构与性能手册介绍。

7.6.2 系统转换方式

新系统代替原系统的转换可以采用以下4种方法完成：

（1）并行转换法。使用该转换方法时，新旧系统同时运行，直到新系统能够正常运行才停止旧系统运行。最终用户和系统分析员已经达成一个新系统成功与否的衡量标准的协议，新系统的运行与旧系统一样好时，新系统的转换工作就完成了。如果新系统不能正常工作，并行转换方法保证组织正常运行不被中断，如图7-7（a）所示。

（2）直接转换法。直接转换法是将新系统在某一时刻完全置换旧系统。该方法可以迅速实现系统转换，但存在一定的风险。非常简单的系统通常可以采用这种方法，如图7-7（b）所示。

（3）阶段转换法。阶段转换法是将新系统分阶段逐渐代替旧系统的转换方法。该方法避免了直接转换的高风险和并行转换的高费用，但主要问题是新旧系统的接口比较复杂，转换时可能需要在新模块和旧模块之间使用临时转换文件模块。阶段转换法可能会使组织的用户和组织的客户不知所措，其成本也高于并行系统方法。当一个系统包含多个模块时，例如库存管理、应收款和应付款模块，隔一段时间转换一个模块。这种方法可以避免整个系统一起被转换带来的巨大震荡，如图7-7（c）所示。

（4）试点转换法。试点转换法是先针对组织的小部分用户或一个部门实施新系统的转换，然后经过评价、修改或获得经验后再转换其他的用户。这种方法在很多情况下是一种有效的方法，转换时间短且费用低，并且可以增强管理者和用户的信心。例如，组织引入电子邮件系统时可以使用这种方法转换，因为组织并不了解一种新技术所产生的冲击和带来的好处。在引导项目转换过程中获得的经验能够帮助管理者预料新技术对工作方法和过程产生的冲击。

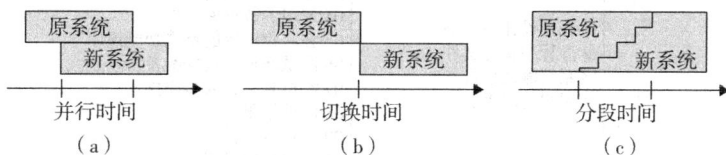

图7-7　系统转换

7.7　文档资料的整理与存档

在物业管理信息系统总体规划、系统分析、系统设计到实施应用的整个过程中会形成很多的文档资料，例如各种图表、文字说明材料、数据文件、报告等。这些都是未来进行系统维护、升级或扩展的重要参考。

7.7.1　文档的内容与分类

在信息系统建设过程中涉及的文档类资料多而且杂，资料的格式、内容、载体等都有着很大的区别。为了做好系统的文档管理工作，方便归档和将来使用时的检索，必须对他们进行适当的归类。下面我们针对技术类文档给出几种文档的分类方法。按照生命周期法的5个阶段来进行划分，各阶段包含的主要文档见表7-2。

管理信息系统开发各阶段的文档   表7-2

阶段	文档	相关内容
1. 系统规划	①可行性研究报告 ②系统开发计划	01.项目背景 02.系统目标及总体功能需求和关键信息需求 03.系统可行性分析 04.开发进度
2. 系统分析	①系统分析报告	01.组织结构及人员配备 02.组织职能划分及同其他部门关系 03.业务及相关数据调查表 04.业务及相关数据原始单据和报表 05.调查记录和整理结果 06.业务流程图 07.数据流程图 08.数据字典 09.U/C矩阵图 10.管理模型及相应的计算关系公式 11.各种图表的辅助文字说明 12.目标系统的逻辑功能结构
3. 系统设计	①总体设计报告 ②详细设计报告	01.目标系统的硬件配置方案 02.目标系统的系统软件配置方案 03.目标系统的业务流程描述 04.目标系统的数据类描述 05.目标系统的功能结构 06.数据库文件的设计 07.安全保密机制 08.编码方案 09.功能模块的输入/输出设计 10.功能模块的处理流程
4. 系统实施	①程序设计说明书 ②源程序备份文件 ③系统测试报告 ④用户使用手册	01.变量说明 02.程序处理流程 03.程序间的调用关系 04.使用的数据库文件 05.公共程序等的特殊功能说明 06.测试环境、数据准备 07.测试时间、人员安排 08.测试结果 09.用户培训计划 10.系统使用说明 11.系统试运行阶段的试运行和修改记录
5. 系统运行管理与评价	①系统运行日志 ②系统修改与维护报告	01.系统运行阶段的运行记录 02.系统运行阶段的维护和修改记录 03.系统的评价或鉴定结果

在表7-2中，根据生命周期法的5个步骤，我们给出了管理信息系统文档的主要内容及分类。这是普遍采用的一种管理信息系统文档归类方法，实际应用也比较广泛。由于信息系统文档多而杂，除了上述归类方法，我们还可以根据格式或载体对系统文档进行划分。按照这种划分方法分为：原始单据或报表、磁盘文件、磁盘文件打印件、大型图表、重要文件原件、光盘（移动硬盘、U盘）存档等几大类。

（1）原始单据或报表

在管理信息系统的调查分析阶段会获取大量的原始单据和原始报表。这类资料一般都是以纸张为存储介质，大小、格式一般都没有统一的标准，容易散落、破损及丢失，例如入库单、领料单、过秤单、材料台账、生产日报等。对这类文档资料应编好目录，装订成册。如果需要，可以同时复印并装订一个副本。

（2）磁盘文件

磁盘文件是目前管理信息系统文档最主要的存储方式。由于计算机办公软件的普遍使用，各类报告或说明书一般都是通过使用文字处理、幻灯片制作等软件工具生成的，例如采用软件工具WPS、Ms Office等。可行性研究报告、系统分析说明书、系统设计说明书、程序设计说明书等一般都采用这种方式编写和保存。磁介质的文档资料占用空间小、信息量大、易于保管。但是，如果磁盘发生损坏，会引起数据的彻底丢失。因此，需要做好备份工作。

（3）磁盘文件打印件

磁盘文件打印件同磁盘文件是同时存在的，这主要是出于交流和使用上的方便。对于这些打印出的文档，应该装订成册，切忌散页存放，以免部分丢失。另外，各种报告和说明书都有一个反复修改的过程，要注意区分修改前的版本和修改后的版本，避免混淆带来使用上的不便，甚至出现错误。

（4）大型图表

在管理信息系统文档中，还可能出现一些大型图表。例如，在大型企业管理信息系统建设过程中用到的U/C矩阵图、E-R图等。由于这些图表需要折叠存放，因此在绘制时，一定要选择不易被折断的纸张。在保存时，需要放在档案袋或档案盒里，以免磨损。

（5）重要文件原件

管理信息系统的文档主要是技术文档，但也有一些涉及权利义务关系的重要文件，例如：项目合同或协议书，系统验收或评审报告等。

（6）光盘（移动硬盘、U盘）存档

光盘（移动硬盘、U盘）存档是近些年发展起来的文档保存方式。由于光盘（移动硬盘、U盘）存档的存储量大，体积小，方式灵活，所以得到了普遍的欢迎。

7.7.2 文档的规范化管理

在一个物业管理信息系统项目的由始至终，必须有一个统一的内部标准，并应该严格执行。物业管理信息系统文档的规范化管理主要体现在文档书写规范、图表编号规则、文档目录编写标准、文档管理制度等几个方面。

（1）文档书写规范。物业管理信息系统的文档资料涉及文本、图形、表格等多种类型，无论是哪种类型的文档都应该遵循统一的书写规范，包括：符号的使用、图标的含义、程序中注释行的使用、注明文档书写人及书写日期等。例如，在程序的开始要用统一的格式包含程序名称、程序功能、调用和被调用的程序、程序设计人等。

（2）图表编号规则。在物业管理信息系统的开发过程中用到很多的图表。对这些图表进行有规则的编号，可以方便图表的查找。图表的编号一般采用分类结构。根据生命周期法的5个阶段，可以给出图7-8的分类编号规则。根据该规则，我们就可以通过图表编号判断：该图表出于系统开发周期的哪一个阶段，属于哪一个文档、文档中的哪一部分内容及第几张图表。对照上一节中对系统文档的分类，我们可以知道图表编号2-①-08-02对应的是系统分析阶段系统分析报告中数据字典第二张表。

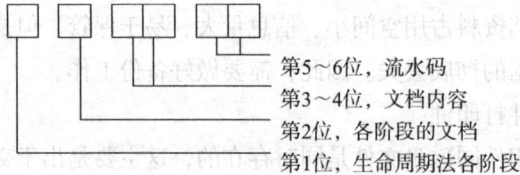

第5~6位，流水码
第3~4位，文档内容
第2位，各阶段的文档
第1位，生命周期法各阶段

图7-8 图表编号规则

（3）文档目录编写标准。为了存档及未来使用的方便，应该编写文档目录。物业管理信息系统的文档目录中应包含文档编号、文档名称、格式或载体、份数、每份页数或件数、存储地点、存档日期、保管人等。文档编号一般为分类结构、可以采用同图表编号类似的编号规则。文档名称要书写完整规范。格式或载体指的是原始单据或报表、磁盘文件、磁盘文件打印件、大型图表、重要文件原件、光盘存档等。物业管理信息系统文档目录的编写可以采用表7-3的形式。

×××管理信息系统文档目录　　表7-3

文档编号	文档名称	格式或载体	份数	页数或件数	存储地点	存档日期	保管人
1-1	可行性研究报告	U盘	2	20	507 档案柜	2017/1/9	
1-2	系统开发进度	U盘	2	2	507 档案柜	2017/2/9	
2-1	系统分析说明书	U盘	2	10	507 档案柜	2017/4/9	
2-1-04	业务原始单据和报表	原始单据或报表	1	56	507 档案柜	2017/4/9	
2-1-09	U/C矩阵图	大型图表	1	1	507 档案柜	2017/4/9	
……	……	……	……	……	……	……	
5-2-03	系统鉴定报告	重要文件原件	1	3	507 档案柜	2017/5/20	

（4）文档管理制度。为了更好地进行物业管理信息系统文档的管理，应该建立相应的文档管理制度。文档的管理制度需根据组织实体的具体情况而定，主要包括建立文档的相关规范、文档借阅记录的登记制度、文档使用权限控制规则等。建立文档的相关规范是指文档书写规范、图表编号规则和文档目录编写标准等。文档的借阅应该进行详细的记录，并且需要考虑借阅人是否有使用权限。在文档中存在商业秘密或技术秘密的情况下，还应注意保密。

7.8　物业管理信息系统的运行与维护

信息在企业运行与维护过程中非常重要，因此，我们应当在企业信息资源管理方面狠下功夫。信息系统在建立起来之后，能否很好的管理和维护，就要看系统的设计开发水平的好坏、系统维护人员素质的高低、系统管理人员的水平。

7.8.1　运行维护管理的框架（图7-9）

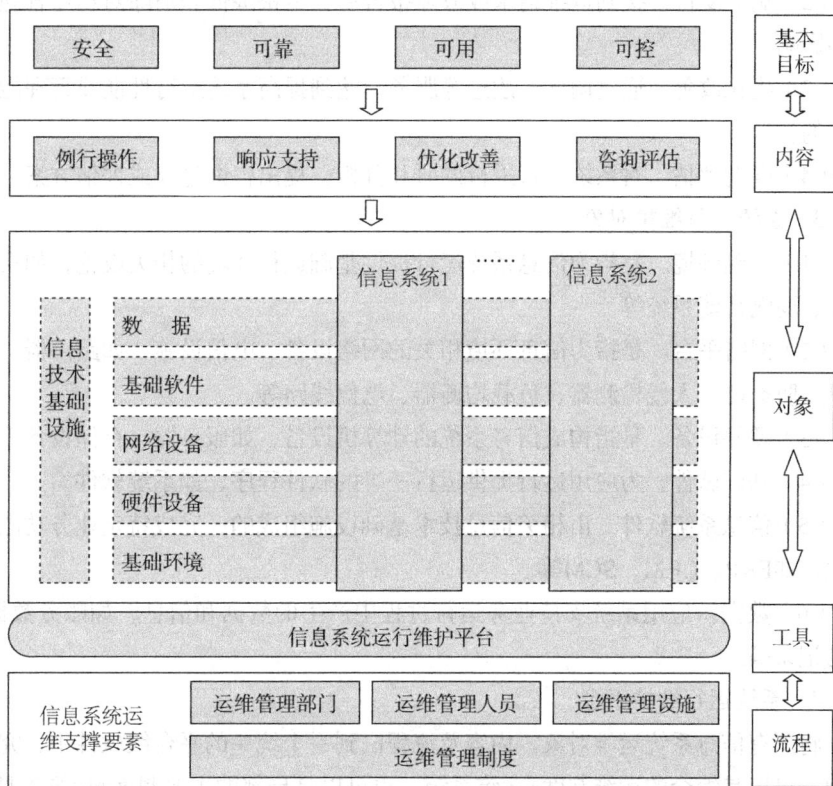

图7-9　信息系统运行维护框架

通过框架图我们可以清楚地看到，一个物业管理信息系统的正常运行与维护的框架体系包括以下因素：

1. 系统运行维护的目标

物业管理信息系统运维的目标是建立一个高效、灵活的信息系统运维体系，确保信息系统安全、可靠、可用和可控，进而达到IT的充分利用。

（1）安全。安全是指信息系统使用人员在使用过程中，有一整套安全防范机制和安全保障机制，使他们不需要担心信息系统的实体安全、软件与信息内容的安全等。

（2）可靠。信息系统有足够的可靠性不会发生宕机、系统崩溃、运行处理错误等。

（3）可用。是指一个系统处在可工作状态的时间的比例。

（4）可控。是指信息系统IT资源的可管理、可优化，并应实现这些IT资产的价值提升。

2．系统运行维护的内容

根据信息系统运维目标，运维工作内容可分为例行操作、响应支持、优化改善和咨询评估4个方面，具体如下：

（1）例行操作。预定的例行操作，及时获得运维对象的状态，发现并处理潜在的故障隐患。

（2）响应支持。接到运维请求或故障报告后，尽快降低和消除对物业管理业务的影响。

（3）优化改善。通过调优、改进等服务，达到提高系统运行性能或管理能力的目的。

（4）咨询评估。对系统运行进行调研和分析，提出咨询建议或评估方案。

3．系统运行维护对象

（1）基础环境。是指为信息系统运行提供基础运行环境的相关设施，如安防系统、弱电智能系统等。

（2）网络平台。是指为信息环境相关的网络设备、电信设施，如路由器、交换机、防炎墙、入侵检测器、负载均衡器、电信线路等。

（3）硬件设备。是指构成信息系统的计算机设备，如服务器、存储设备等。

（4）基础软件。为应用运行提供运行一半的软件程序，如系统软件。

（5）信息系统软件。由相关信息技术基础设施组成的，完成特定业务功能的系统，如ERP、CRM、SCM等。

（6）数据。应用系统支持业务运行过程中产生的数据和信息，如账务数据、交易记录等。

4．系统运行维护平台

将所有信息系统运维对象、内容及流程嵌到一个统一的平台级软件中，究其规模，可以是综合的运维制度+运维系统，也可以是局部的主要制度+运维工具。

5．系统运行维护支撑系统

信息系统运维支撑要素有运维管理部门、运维管理人员、运维管理设施和运维管理制度4个方面，是支撑信息系统运维工作的软环境。

7.8.2 运行维护的组织

1．组织结构

信息系统的运行效率与信息系统运行的组织结构密切相关，也就是信息系统运行的组织结构越好，信息系统的运行效率越高。图7-10为一个典型的信息系统运行管理组织结构图。

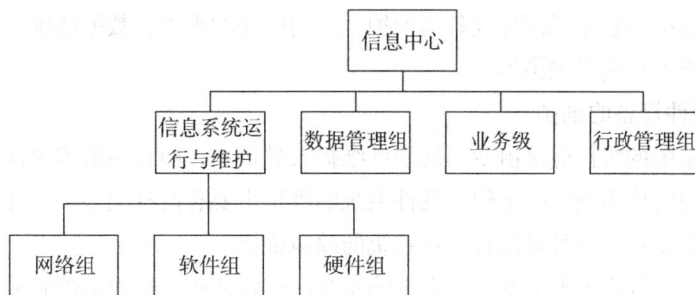

图7-10 信息系统运行管理组织结构图

信息中心是组织信息系统管理的最高权威部门，在企业信息系统的应用与管理方面能代表组织行使职权。它负责信息系统的修改、维护，为信息系统的正常运行保驾护航，并对信息系统的运行结果进行评价、分析，以确认信息系统是否需要重新开发。由信息中心的使命可见该机构不仅具有相应的行政级别，同时必须由各类专业技术人员组成。

2．管理职责

按照运行与维护的对象，可以从系统管理、数据、软硬件等方面，归纳信息系统运行与维护人员的职责，见表7-4。

信息系统运行维护管理的职责　　　　　　　　　　表 7-4

对象	人员	职责
系统管理	系统主管人员	组织各方面人员协调一致地完成系统所担负的信息处理任务，把握系统的全局，保证系统结构的完整，确定系统发送或扩充的方向，并按此方向对信息系统进行修改及扩充
数据	数据收集人员	及时、准确、完整地收集各类数据并按照要求把它们送到专职工作人员手中
	数据校验人员	保证送到录入人员手中的数据从逻辑上讲是正确的，即保证进入信息系统数据能够正确地反映客观事实
	数据录入人员	把数据准确地送入系统
软硬件	硬件和软件操作人员	按照系统规定的工作规程进行日常的运行管理
	程序员	在系统主管人员的组织之下，完成软件的修改和扩充，为满足使用者临时要求编写所需要的程序

7.8.3　运行与维护的实施

物业管理信息系统的维护是为了应付系统环境和其他因素的各种变法，保证系统正常工作而采取的一切活动，它是物业管理信息系统运行管理的一项重要内容。有许多原因导致必须修改信息系统的程序和数据，所以系统维护工作是不可避免的。根据统计数字，系统维护费用占信息系统费用的80%，而研发费用只占20%，这说明系统维护的工作量巨大。

系统维护一般包括硬件设备的维护、应用软件的维护、数据的维护、系统的日常使用维护和代码维护等。

1. 硬件设备的维护

硬件系统的维护应该由专门的硬件维护人员负责，而且一般需要同硬件厂商合作来共同完成系统维护工作。硬件系统的维护主要有两种类型：一种是进行硬件系统的更新；另一种是进行硬件系统的故障维修。

在进行硬件系统的更新时，会影响系统的正常使用，进而影响企业内部使用该系统的各业务部门的工作。因此，在更新前需要制定更新计划，并与硬件供应商、企业内部有关业务部门及其他相关机构进行协调，做好充分的准备工作。另外，硬件系统更新的时间不能过长，否则会耽误系统的正常运行。

对于硬件系统的故障维修，同样也不应该拖延过长的时间。系统硬件故障往往是突发性的，不可预见，为了防止由于硬件系统故障引起的系统应用中断，应该配有足够的备用设备，在系统出现故障时使用。对于非常重要的应用系统，一般都采用并行服务器结构，避免在系统故障时出现应用中断或数据损失。

2. 软件的维护

软件的维护工作是系统维护的主要任务，占有维护工作量的较大份额。软件的维护包含正确性维护、适应性维护和完善性维护三部分内容。

通过系统测试，应用软件的错误应该已经基本排除，但是并不能保证排除了全部的错误，也不能保证不出现新的错误。因此，在系统运行之后，仍然需要进行系统的正确性维护。该阶段可能出现的错误主要有：系统测试阶段尚未发现的错误；输入检测不完善或键盘屏蔽不全面引起的输入错误；以前未遇到过的数据输入组合或数据量增大引起的错误。对于影响系统运行的严重错误，必须及时进行修改，而且要进行复查。

随着系统的运行，一般需要进行网络系统、计算机硬件或操作系统的更新。为了适应这些变化或其他环境变化，应用软件也需要进行适应性维护。在适应性维护工作量很大的情况下，需要制定维护工作计划，并对维护后的软件进行测试，确保适应性维护后软件系统的正常应用。

完善性维护指的是为了改善系统的性能或者扩充应用系统的功能而进行的维护，这些系统的性能或功能要求一般是在先前的功能需求中没有提出的。

3. 日常使用维护

除了系统的硬件维护和软件维护，系统的日常使用中也有很多维护性的工作，如定期的预防性的硬件维护、软件系统的日常维护。对于系统的硬件系统，不仅需要进行适时的更新和突发性故障的维修，而且需要进行定期的预防性维护，例如在每周或每月固定的时间对系统硬件进行常规性检查和保养。定期地进行硬件系统的维护可以减少以后的系统维护工作量，降低维护的费用。系统维护工作不应该随意进行，一般应遵循下列步骤：

（1）提出维护修改要求。修改意见应该以书面形式提出，明确需要修改的内容和需要修改的原因。维护修改要求一般不能随时满足，要在汇集分析后有计划地进行。

（2）制定系统维护计划。包括系统维护的内容和任务、软硬件环境要求、维护费用预算、系统维护人员的安排、系统维护的进度安排等。

（3）系统维护工作的实施。软件系统的维护方法同新软件的开发方法是相似的。在维护工作实施时，一定要注意做好准备工作，不能影响系统的正常使用。

（4）整理系统维护工作的文档。在实施系统维护工作时，对系统中存在的问题、系统维护修改的内容、修改后系统的测试、修改后系统的切换及使用情况等均需要有完整、系统的记录。

4．数据库和数据仓库的维护

数据维护工作一般由数据库管理员负责，主要负责数据库的安全性、完整性、一致性和并发性控制。所以数据库的维护工作十分重要。数据库的维护工作包括：

（1）数据库数据的备份和遭遇故障后的恢复；

（2）数据库表的重新组织和优化，以提高查询速度和数据处理效率；

（3）DBMS的物理优化，如索引建立、存取路径变更、各种可变参数的调整；

（4）数据库以及各种数据源到数据仓库的转储。

5．代码维护

随着业务处理需求的变化，代码体系块可能要随之变化。这些变化可能是追加代码、删除代码、校正代码、修改代码或者重新设计代码。

7.9　物业管理信息系统的评价

物业管理信息系统包含了信息资源、技术、设备、人和环境等诸多因素，系统的效能是通过信息的作用和方式表现出来的，而信息的作用又要通过人在一定的环境中，借助以计算机技术为主体的工具进行决策和行动中表现出来。因此，物业管理信息系统的效能既是有形的，也是无形的；既是直接的，又是间接的；既是固定的，也是变动的。因而物业管理信息系统的评价具有复杂性和特殊性，需要从功能性评价、经济效益评价和社会效益评价等方面入手。

1．物业管理信息系统的质量特征

质量评价的关键是要定出评定质量的指标以及评定优劣的标准。物业管理信息系统的质量具有以下特征：

（1）系统对用户和业务需求的相对满意度。包括：系统是否满足了用户和管理业务对信息系统的需求，物业服务企业的使用者是否对系统的操作过程和运行结果满意。

（2）系统的开发过程是否规范。它包括系统开发各阶段的工作过程以及文档资料是否规范等。

（3）系统功能的先进性、有效性和完备性。这是衡量信息系统质量的关键问题之一。

（4）系统的性能、成本和效益综合比值。这是综合衡量物业管理信息系统质量的首选指标，它集中地反映了物业管理信息系统的好坏。

（5）系统运行结果的有效性或可行性。这是考查系统运行结果对于解决预定的物业管理问题是否有效或是否可行的特征值。

（6）各项信息处理结果是否完整。需要考察信息系统针对各项信息处理结果的特征值，主要考查其是否全面满足了物业服务企业各级管理者的要求。

（7）信息资源的利用率。考查系统是否最大限度地利用了现有的信息资源并充分发挥了它们在物业高层管理决策中的作用。

（8）系统对于处理信息、提供信息的效率。需要考查系统所提供信息的准确程度、精确程度、响应速度以及其推理、分析、结论的有效性、实用性和准确性。

2．评价体系指标

对于一个管理信息系统来说，大致可以从系统目标的完成情况、系统运行的性能和实用性评价、系统的直接和间接经济效益、综合性等方面对系统进行评价，这几个方面的具体评价指标以及考虑因素如下所示：

（1）系统目标的完成情况评价。针对系统所设定的目标，检查已在运行中的系统的实际完成情况。例如：系统的硬件和软件环境是否能够满足系统功能上的和性能上的要求；系统是否实现了系统设计提出的所有功能；系统内部各种资源的实际应用情况如何；为了达到系统目标，支出的经费、配备的人员是否超出了计划安排等。实际上，随着系统开发的不断进行，一些具体目标会因为具体的时间和环境而发生变化。因此，在进行系统目标的完成情况评价时，也要对所设定目标的合理性进行评价，以便为系统的修改与完善提供依据。

（2）系统运行的性能和实用性评价。管理信息系统是一种面向应用的系统，评价系统的性能和实用性是管理信息系统评价非常重要的一个方面。系统性能和实用性评价的内容包括：系统的应用是否使采购、销售、生产、管理等的工作效率有所提高；系统的使用人员对系统的满意程度如何；系统的运行是否稳定；系统的使用是否安全保密；系统运行的速度如何；系统的操作是否灵活、用户界面是否友好；系统对误操作的检测和屏蔽能力如何等。

（3）系统的直接经济效益评价。管理信息系统的经济效益包括直接经济效益和间接经济效益。直接经济效益是应用管理信息系统而直接产生的成本的降低和收入的提高。系统的直接经济效益体现在：由于信息的准确性和及时性，销售收入增加；更合理地利用现有的生产能力和原材料，提高了产品的产量；更有效地进行调度，组织生产，减少了停工产生的损失，提高了生产的效率；改善了企业的供应链，减少物资储备，缩短了生产循环周期；掌握客户信息，及时收回应收账款，降低费用性支出等。对于直接经济效益可以采用一般的经济效益评价方法进行评价，例如：计算由于系统应用带来的利润增长、计算投资回收期、投资效果系数法、德尔菲专家评审法等。

（4）系统的间接效益评价。间接经济效益是指应用管理信息系统带来了企业管理的一系列变革，促进了企业管理决策水平的提高，从而为企业带来的经济效益。管理信息系统的直接经济效益一般都比间接经济效益小。管理信息系统的经济效益通常主要体现在其运行过程中所产生的间接经济效益。对管理信息系统间接经济效益的评价虽然也有一些估算模型，但是应用信息系统所带来的企业管理水平的提高，以及所带来的综合性的经济效益，是很难准确计算的。这种综合性的经济效益往往要经过一段时间之后才会反映出来，而且会随着应用向高级阶段的发展而越来越显著。

系统的间接经济效益主要表现在以下几个方面：

1）系统的应用对企业基础数据管理的科学化和规范化起到推动的作用，信息的数量和质量得到提高。

2）管理信息系统的应用往往意味着先进管理思想和管理方法的规范化应用，为企业的发展带来了一系列变革，为企业带来不可预计的经济效益。

3）系统的应用使工作人员从繁重的重复性工作中解脱出来，投身到更有意义的工作中，这不仅提高了劳动的效率，更改变了工作的性质。

4）系统的应用会提高企业对供应、生产、销售、经营和管理数据的分析能力，并结合市场分析、竞争对手分析、行业分析等为企业制定经营战略、进行经营决策提供更强有力的支持。

由于管理信息系统的应用，数据质量的提高、数据库系统的完善、工作效率的提高和经营战略的正确制定等为企业所带来的经济效益都是不易计算的，这种潜在的经济效益更体现了管理信息系统应用的重要意义。

（5）综合性评价。综合性评价是对系统总体性能的评价，它包括：

1）功能的完整性。功能是否齐全，是指能否覆盖主要的业务管理范围、各部分接口尽可能完备、数据采集和存储格式统一。

2）商品化程度。首先要考虑性能价格比，其次是文档资料的完整性，是否有成套的用户手册、系统管理员手册及维护手册等，是否有后援，能不能为用户培训人才。

3）程序规模。总语句行数，占用存储空间大小。

4）开发周期。从系统总体规划到新系统转换所花费的时间。

5）存在的问题。系统还存在哪些问题以及改进的建议。

3．系统验收

管理信息系统运行一段时间后，组织将聘请专家协同组织各部门的主管人员，按照系统总体规划和合同书、计划任务书进行全面检查和综合评定。评定的内容包括上述评价系统的各项指标，还包括组织的管理措施和应用水平，是否达到了建立信息系统的目标。下面的各项要求可供系统验收时参考：

（1）管理机构。组织具有负责信息系统工作的主管；组织具有信息管理机构负责信息系统规划、开发、运行维护和数据管理工作；组织具有信息系统专业团队。

（2）建立信息编码体系。组织建立信息分类编码体系；组织各部门使用标准化编码；组织建立了编码审批规范。

（3）信息管理工作的规范和制度。组织建立了信息、软件和文档管理的制度以及岗位规范；各部门建立了基层数据采集规范；信息部门建立了协调其他各部门数据更新、维护的制度和规范；对规范、制度定期评价。

（4）总体规划和系统分析报告。经过评审的总体规划报告，包括新要求调查分析、目标系统规划、开发策略和规划、可行性分析和效益分析；经过评审的系统分析报告，包括现行系统分析、系统目标及总体结构、逻辑模型、子系统划分、数据库模式、基本处理功能、数据字典；物理配置和网络规划，包括规模、配置、选型、通信条件和拓扑结构；信息分类编码表。

（5）系统功能。建成以组织关键指标体系为对象的共享数据库和部门专用数据库；按规划建成能覆盖组织主要管理职能和生产过程的子系统；建成数据传输网络，可以覆盖组织主要部门；随时查阅订单执行情况和生产进度，编制生产计划，根据市场和合同订单的变化调整生产计划；具有为组织高层主管决策服务的动态信息查询、综合分析及预测功能；具有与组织其他系统资源共享功能，以及与组织外部信息进行交换的能力。

（6）技术指标。系统的平均无故障时间；联机作业响应时间、作业处理速度；网络带宽利用率。

本章小结

系统实施与评价是系统开发的最后阶段，也是将前一阶段的设计结果最终在计算机上实现的阶段。这一阶段的主要任务包括：物理实施、程序设计、系统测试、系统转换、运行管理、系统的评价与验收等。

物理实施主要包括部署计算机系统、网络系统以及进行计算机软件等的选型。程序设计主要是采用结构化设计和模块化设计方法，提高程序的可靠性、可理解性、可维护性和开发效率。系统测试是利用测试数据及测试问题对已开发完成的系统进行检验，包括数据处理正确性测试、功能完整性测试和系统性能测试。系统转换有并行转换、直接转换、阶段转换与试点转换等，在系统的应用过程中要根据具体情况进行选择。在系统转换过程中要做好日常的管理维护工作、进行信息人员的培训，加强职业道德教育和安全意识教育，并整理和归档好文档资料。

系统投入使用后，要定期对系统的功能、软硬件性能、应用状况、系统的经济效益等指标进行评价，并组织人员进行验收，以检查系统是否达到了预期目标，为今后的发展指明方向。

思考题

1. 物业管理基础数据准备要求有哪些?

2. 结构化设计有何优点?

3. 结构化程序设计方法有哪几种最基本的逻辑结构?

4. 白箱法与黑箱法有何区别,如何利用它们进行程序调试?

5. 系统转换有哪几种方式?

6. 物业管理信息系统的日常运行管理要注意哪些事项?

7. 如何进行文档资料的整理与存档?

8. 物业服务企业信息系统管理框架的要素?

9. 物业管理信息系统管理人员的培训的主要内容?

10. 物业管理信息系统维护的主要内容?

11. 如何对系统进行评价,有哪些指标,有何作用?

8

物业管理
信息系统的应用

学习目的

　　在掌握物业ERP系统、物业服务供应链管理系统、客户关系管理系统、知识管理系统、业务流程管理系统、电子商务与社区O2O系统等企业应用系统的基本思想、定义与主要功能的基础上，深刻认识这些企业应用系统是如何在物业服务企业各业务领域、各管理层级及企业内部、供应商、客户和合作伙伴之间，实现信息共享，合作与协调完成工作任务的。

本章要点

　　企业应用系统的定义与构成；物业ERP系统、物业服务供应链管理系统、客户关系管理系统、知识管理系统、业务流程管理系统、电子商务与社区O2O系统的基本思想、定义与主要功能。

在企业信息系统应用实践中，特别是有较长信息系统应用历史的企业，许多信息系统是独立建立的，且每个信息系统拥有自己的数据库，不同信息系统的数据或信息共享会面临挑战。当然，应对这种挑战有多种成熟的信息技术方案，其中可以通过企业应用系统解决方案实现共享。另一方面，可以将各企业应用系统类别理解为从软件供应商视角对信息系统的分类。

Landon认为企业应用系统（Enterprise Applications）是横贯企业各种业务领域的系统，专注于执行跨多部门的业务流程，且包括所有管理的层级。Gartner认为企业应用系统是一组软件产品，该产品整合了一个企业的各种计算机系统，用于支持各阶段的企业运营，帮助企业多个部门通过合作和协调共同完成工作任务，其目的是整合核心业务流程（例如销售、会计、财务、人力资源、库存和生产管理）。

在企业的系统应用中，一般有ERP系统、CRM系统、SCM系统、KMS系统、电子商务系统和BPMS系统等，这些系统的集成能够整合物业服务企业跨多个职能领域或多个业务领域的应用、能够跨物业服务企业执行业务流程、可以与上下游企业共享信息，为各层级管理者提供决策信息。企业应用系统正在扩展它的范围，将物业服务企业与供应商、业务合作伙伴和客户（业主）联系起来。而电子商务系统则融于物业服务企业系统应用中，使物业服务企业内部、供应商、客户（业主）和合作伙伴之间，利用电子业务共享信息，实现企业间业务流程的电子化，提高物业服务企业的服务、库存、流通和资金等各个环节的效率。企业应用系统架构如图8-1所示。

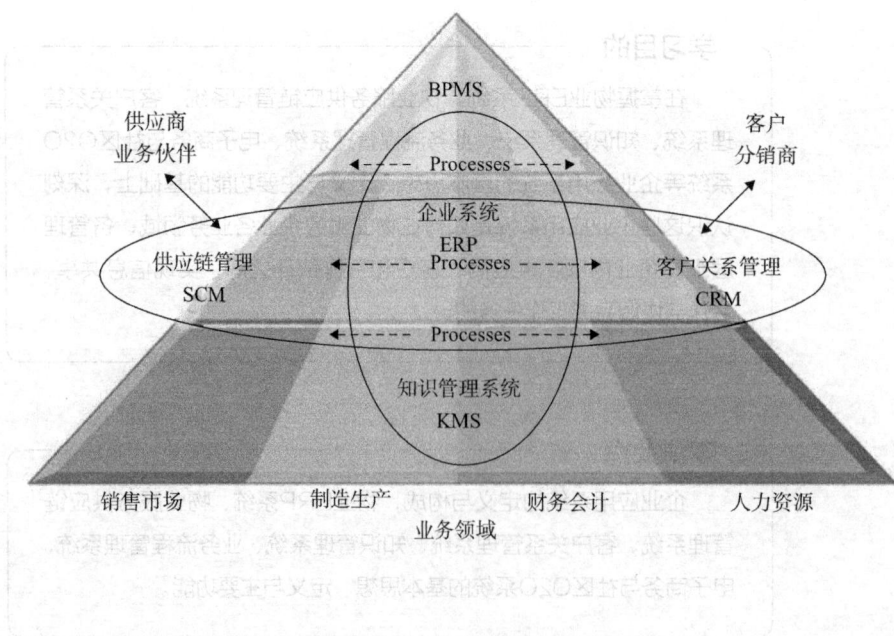

图8-1 企业应用系统架构
（资料来源：王武魁，管理信息系统讲义）

8.1 物业 ERP 系统

【案例8-1】雀巢的ERP风险之旅————————————————————

1991年之前，雀巢只是一些独立运营公司的混合体，产品品牌归瑞士母公司所有。1991 年，雀巢美国分公司成立，品牌管理被统一重组到这家新公司，尽管如此，它仍然只相当于一家控股公司，而不是一个完整的统一体。虽然各个分支机构都需要向雀巢美国分公司报告工作，但它们各自的地理位置很分散，商业决策也有相当大的自主权，完全是"诸侯割据，各霸一方"的局面。

1997年，雀巢美国分公司主席兼CEO乔·韦勒提出了"统一雀巢"的口号，实施ERP项目，代号取为BEST（Business Excellence through Systems Technology），预计需要6年时间。

1997年10月，雀巢美国分公司召开ERP项目誓师大会，由50名高层业务经理和10名高级IT专家组成实施小组，目标是制定一套对公司各个分支机构都适用的通用工作程序，所有部门的功能——制造、采购、会计、销售等，都必须抛弃过去的旧方式，接受新的"泛雀巢"思维。还有一个技术小组用了18个月的时间，检查各个部门的所有条目数据，考虑如何实现一个全公司通用的结构。

1998年3月，ERP项目已经有了眉目，首先实施SAP的5个模块——采购、财务、销售与配送、应收账款与接收账款以及Manugistics的供应链模块，每个分支机构都将采用这五大模块。开发工作始于1998年7月，其中四个模块（三个SAP模块和Manugistics模块）要求在2000年之前完成。虽然事先制定了进度表，但由于一些代码修改及千年虫问题，在匆忙完成既定任务的同时，又出现了大量的新问题。最大的问题是，抵触心理在不同阶层中开始滋生。员工的抵制情绪源于项目启动时犯下的一个重要错误：主要利益相关者小组中没有来自那些受到新系统和业务流程直接影响的团体的代表。所以，结果就如同雀巢美国分公司CIO杜恩所描述的那样，"我们总是令销售部和其他部门的领导大吃一惊，因为我们带给他们的东西与他们并没有实质性的利害关系。"杜恩称之为她犯下的近乎致命的错误。

2000年初，项目实施陷入混乱，工人不知道如何使用新系统，甚至连新的工作流程都不明白，没有人想学习业务运作的新方式，公司士气低落，预测产品需求的员工流动率高达77%，计划制定者不情愿、也无法抛弃熟悉的电子表格，而转向复杂的Manugistcis模块，部门主管和他们手下人一样迷茫。抱怨增多的时候，ERP实施出现停滞甚至撤退。杜恩承认，"我们当时真是幼稚，居然认为这些变革是可管理的"。很快又出现了一个技术问题。由于解决千年虫问题的时间非常紧迫，那些负责推进改革的人面临很大的压力，项目小组在匆忙之中忽略了模块之间的集成点，一时陷入迷茫，不知道如何将各个部分实现协同工作。虽然所有采购部门都使用通用的代码和系统，遵循通用的过程，但它们的系统并没有跟财务部、计划部和销售部集成在一起。原来的品牌管理过于散乱，而过程整合又很匆忙，项目组在推进过程做法的时候，忽略了部门之间的整合工作。

2000年6月，项目搁浅。2000年10月，杜恩召集雀巢美国分公司的19名主要利益相关者和业务主管开会，经过几天激烈的讨论，小组成员最后决定，从需要重新开始的地方重新再来，先分析业务需求，再制定结束日期，而不是像以前那样将项目套进一个预先设定结束日期的模子。他们还得出两点结论，首先必须确保得到主要部门领导的支持，其次要确保所有的员工都确切知道正在发生什么变化，何时、为什么及如何发生的。

2001年4月，规划设计结束，项目小组有了一套可遵循的详细说明方案，一个月之后，公司任命了一名流程改革主管，专门负责各个分支机构和项目小组之间的联络沟通，协同杜恩会见更多的部门领导，并定期调查员工受新系统的影响程度，以配合项目的实施。

众所周知，实施ERP要花费大量的资金和漫长的时间。杜恩认为，搞ERP不宜采用工程性做法，慢慢来、稳扎稳打才能成功。她说，当ERP就绪之后，通用的数据库和业务流程就可以对各种产品进行高可信度的需求预测，并且，由于整个雀巢美国分公司使用的都是相同的数据，预测的准确度就可以达到配送中心一级，这样，当一个地方积压了太多的某类产品而另一个地方却不足的情况发生时，公司就可以减少库存和再配送的开支。杜恩说公司因ERP系统而节省了3.25亿美元的开支，供应链改善的贡献率相当高。

雀巢ERP的实施可以说是"一路坎坷"：在第一阶段，公司匆忙设定2000年期限，而忽略了重要的整合过程；实施小组由50名高层业务主管和10名高级IT专家组成，但忽略了那些直接受到新业务流程影响的团体利益，结果用户抵制，公司士气低落，人员流动率上升。2000年6月，雀巢暂停了项目的实施，从头做起，抛弃了预先设定结束日期的做法，定期调查用户对变革的反应，当有反馈信息表明需要进一步的培训适应时，推迟实施。CIO杜恩说从中得到了很多惨痛的教训，首当其冲的就是"重大软件项目实施其实并不是软件的事"。

【启示】

（1）不要采用工程化的做法为项目实施过程预先设定期限。应该先分析项目需求，然后确定需要多长时间实现这些需求，定期调查用户的反应情况，如有异常，暂停实施，学习适应，再继续推进。

（2）定期更新预算估计。在项目实施的漫长过程中，往往会发生很多意想不到的事情，不要说在整个实施过程中，能在某一时间段基本达到预期目标就不错了。经常检查预算可以将棘手的问题降至最少。

（3）ERP不是软件的事。将一个新系统安装就绪是很容易的，真正难的是改变那些将要使用该系统的人们，使他们能适应新的业务流程。

（4）没有人喜欢流程变革，尤其当他们没有思想准备的时候。那些因流程变革而受影响的人需特别关注，项目实施过程中应多进行交流沟通，在实施前、中、后衡量人们的接受认可度。

（5）不要忘记整合。单单安装新系统是不够的，要确保各个部分能相互协同工作。

8.1.1　ERP系统定义

ERP（Enterprise Resources Planning，企业资源计划）是对企业所有资源包括物资资源管理（物流）、人力资源管理（人流）、财务资源管理（资金流）、信息资源管理（信息流）进行全面集成管理的一体化平台。概括地说，ERP是建立在信息技术基础上利用现代企业的先进管理思想，全面地集成企业的所有资源，并为企业提供决策、计划、控制和经营业绩评估的全方位和系统化的管理平台。ERP系统不仅是一种信息系统产品，同时也集成现代企业的管理理论和管理思想。理解ERP系统的定义可以从管理思想、软件产品、管理系统三个层次进行。

1. 管理思想

ERP系统是由美国著名的计算机技术咨询和评估集团加特纳公司（Garter Group Inc）提出了一整套企业管理系统体系标准，其实质是在MRP II（Manufacturing Resources Planning，制造资源计划）基础上进一步发展而成的面向供应链的管理思想。详细内容如下，包括三个方面：

（1）体现对整个供应链资源进行管理的思想

在知识经济时代仅靠自己企业的资源不可能有效地参与市场竞争，还必须把经营过程中的有关各方如供应商、制造工厂、分销网络、客户等纳入一个紧密的供应链中，才能有效地安排企业的产、供、销活动，满足企业利用全社会一切市场资源快速高效地进行生产经营的需求，以期进一步提高效率和在市场上获得竞争优势。换句话说，现代企业竞争不是单一企业与单一企业间的竞争，而是一个企业供应链与另一个企业供应链之间的竞争。ERP系统实现了对整个企业供应链的管理，适应了企业在知识经济时代市场竞争的需要。

（2）体现精益生产、同步工程和敏捷制造的思想

ERP系统支持对混合型生产方式的管理，其管理思想表现在两个方面：其一是"精益生产LP（Lean Production）"的思想，它是由美国麻省理工学院（MIT）提出的一种企业经营战略体系。即企业按大批量生产方式组织生产时，把客户、销售代理商、供应商、协作单位纳入生产体系，企业同其销售代理、客户和供应商的关系，已不再简单地是业务往来关系，而是利益共享的合作伙伴关系，这种合作伙伴关系组成了一个企业的供应链，这即是精益生产的核心思想。其二是"敏捷制造（Agile Manufacturing）"的思想。当市场发生变化，企业遇到特定的市场和产品需求时，企业的基本合作伙伴不一定能满足新产品开发生产的要求，这时，企业会组织一个由特定的供应商和销售渠道组成的短期或一次性供应链，形成"虚拟工厂"，把供应和协作单位看成是企业的一个组成部分，运用"同步

工程（SE）"，组织生产，用最短的时间将新产品打入市场，时刻保持产品的高质量、多样化和灵活性，这即是"敏捷制造"的核心思想。

（3）体现事先计划与事中控制的思想

ERP系统中的计划体系主要包括：主生产计划、物料需求计划、能力计划、采购计划、销售执行计划、利润计划、财务预算和人力资源计划等，而且这些计划功能与价值控制功能已完全集成到整个供应链系统中。另一方面，ERP系统通过定义事务处理（Transaction）相关的会计核算科目与核算方式，以便在事务处理发生的同时自动生成会计核算分录，保证了资金流与物流的同步记录和数据的一致性。从而实现了根据财务资金现状，可以追溯资金的来龙去脉，并进一步追溯所发生的相关业务活动，改变了资金信息滞后于物料信息的状况，便于实现事中控制和实时作出决策。

此外，计划、事务处理、控制与决策功能都在整个供应链的业务处理流程中实现，要求在每个流程业务处理过程中最大限度地发挥每个人的工作潜能与责任心，流程与流程之间则强调人与人之间的合作精神，以便在有机组织中充分发挥每个人的主观能动性与潜能。实现企业管理从"高耸式"组织结构向"扁平式"组织机构的转变，提高企业对市场动态变化的响应速度。总之，借助IT技术的飞速发展与应用，ERP系统得以将很多先进的管理思想变成现实中可实施应用的计算机软件系统。

2．软件产品

ERP系统是综合应用了客户机/服务器体系、关系数据库结构、面向对象技术、图形用户界面、第四代语言（4GL）、网络通信等信息产业成果，以ERP管理思想为灵魂的软件产品。美国加特纳公司（GartnerGroup Inc）提出ERP是一套集成的商务应用软件系统，这些软件共享一套通用业务流程和数据模型，广泛和深入地覆盖全程业务流程，例如财务、人力资源、分销、制造、服务和供应链等。从应用软件的视角来看，ERP是基于计算机的用于管理包括有形资产、财务、物料和人力资源等在内的内部和外部资源的综合信息系统。从信息技术视角来看，ERP系统是一个软件架构，目的是帮助企业内部所有业务职能之间的信息流动，并且管理与外部利益相关者的联系，该架构基于中心数据库和通用的计算平台，将所有商务运营整合成为一个统一的企业层面的软件系统环境。

3．管理系统

ERP系统是整合了企业管理理念、业务流程、基础数据、人力物力、计算机硬件和软件于一体的企业资源管理系统。这种管理系统具有自动化、理性化、精细化、规范化、标准化、知识化和集成化等特征。

所以，对应于管理界、信息界、企业界不同的表述要求，"ERP"分别有着它特定的内涵和外延，相应采用"ERP 管理思想"、"ERP 软件"、"ERP 系统"的表述方式。ERP系统的概念层次如图8-2所示。

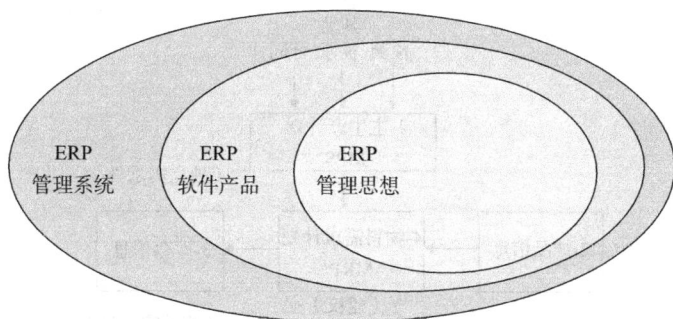

图8-2 ERP的
概念层次

8.1.2 ERP系统演变过程

ERP 的发展大体上经历了5个阶段，见表8-1。

MRP/MPR Ⅱ/ERP/ERP Ⅱ特点汇总　　　　表 8-1

发展阶段	MRP		MPR Ⅱ	ERP	ERP Ⅱ
	时段式	闭环式			
起源年代	1965	1970	1980	1990	2000
环境	市场竞争加剧/计算机技术发展			经济全球化/互联网	
信息集成	物料信息集成		物流/资金流集成	供需链合作伙伴集成	
解决问题	产供销协同运作		财务/业务信息同步	合作竞争	协同商务
核心思想	独立/相关需求 优先级计划 供需平衡原则		管理会计 模拟决策	供需链管理/敏捷制造 精益生产/约束理论 价值链/业务流程重组	

1．20世纪60年代的时段式MRP系统

MRP（Material Requirements Planning）意为物料需求计划，是根据主生产计划（Master Production Schedule，MPS）、物料清单（Bill Of Material，BOM）、存货单（库存信息）等资料，经过计算而制定的物料生产与采购计划，同时提出各种订单补充的建议，并对已开工订单进行修正的一种技术。

在工业企业中，产品大多结构复杂，品种繁多，编制它们的物料需求计划是十分复杂、繁重、困难的工作。IBM的Joseph A. Irlicky于1965年提出了"独立需求"、"非独立需求"概念，并且随着计算机技术的发展以及在企业管理中的广泛推广与应用，在计算机上实现了用于装配型产品生产与控制的MRP系统。时段式MRP逻辑流程如图8-3所示。

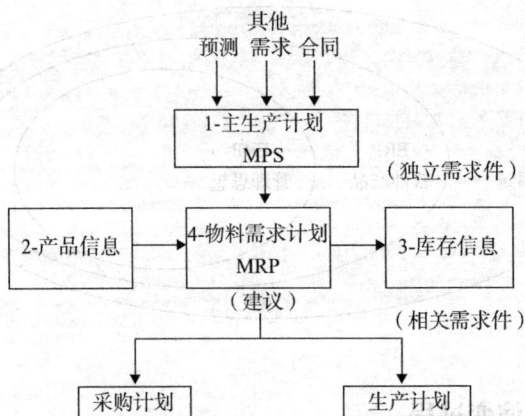

图8-3 时段式
MRP逻辑流程图

2. 20世纪70年代的闭环式MRP系统

闭环式MRP系统是在时段式MRP系统的基础上，一方面把生产能力作业计划、车间作业计划和采购作业计划纳入MRP中，同时在计划执行过程中，加入来自车间、供应商和计划人员的反馈信息，并利用这些信息进行计划的平衡调整，从而围绕着物料需求计划，使生产的全过程形成一个统一的闭环系统，即物料需求计划（MRP）与能力需求计划（Capacity Requirement Planning，CRP）一起形成计划管理的闭环系统。闭环式MRP将物料需求按周甚至按天进行分解，使得MRP成为一个实际的计划系统和工具，而不仅仅是一个订货系统，这是企业物流管理的重大发展。

闭环式MRP系统与时段式MRP系统的主要区别在于，时段式MRP系统是为产品零部件配套服务的库存控制系统，主要功能是解决产品订货所需要的物料项目、物料数量和物料供货时间等问题；而闭环式MRP系统则扩展了能力需求计划子系统和车间作业控制子系统，在生成物料需求计划（MRP）后，依据生产工艺，推算出生产这些物料所需的生产能力。然后与现有的生产能力进行对比，检查该计划的可行性。若不可行，则返回修改物料需求计划或主生产计划，直至达到满意平衡。随后进入车间作业控制子系统，监控计划的实施情况。闭环式MRP逻辑流程如图8-4所示。

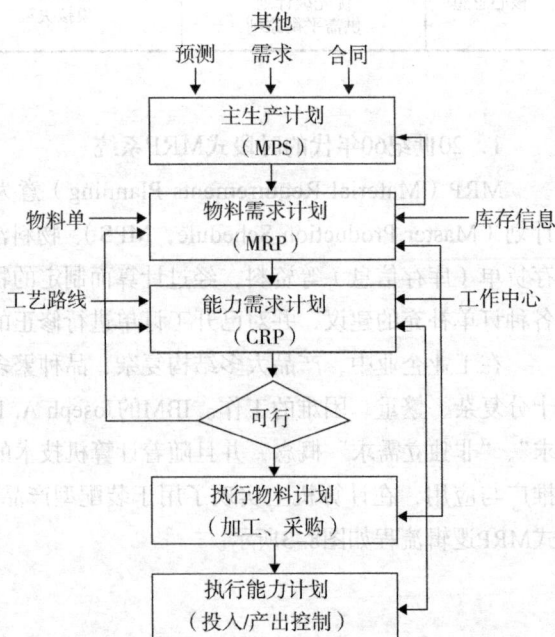

图8-4 闭环式
MRP逻辑流程图

3．20世纪80年代的MRP Ⅱ系统

闭环式MRP系统统一了企业的生产计划，只要主生产计划真正制订好，那么闭环MRP系统就能够很好运行。但是在企业的经营管理中，生产管理只是一个方面，它还涉及物流和资金流。资金流则由财务和会计人员另行管理，从而造成数据的重复录入与存储，甚至导致数据的不一致性，降低了效率，浪费了资源。因此，建立一个整合财务子系统与生产子系统的MRP系统，去掉不必要的重复性工作，减少数据的不一致性，实现资金流与物流的统一管理，成为迫切需求。

在20世纪80年代初，人们把制造、财务、销售、采购、工程技术等各个子系统集成为一个一体化的系统，并称为制造资源计划（Manufacturing Resource Planning）系统，英文缩写为MRP，为了区别物料需求计划系统而记为MRP Ⅱ。MRP Ⅱ可在周密的计划下有效地利用各种制造资源、控制资金占用、缩短生产周期、降低成本，但它仅仅局限于企业内部物流、资金流和信息流的管理。它最显著的效果是减少库存量和减少物料短缺现象。MRP Ⅱ的逻辑流程如图8-5所示。

其中，MRP Ⅱ中的制造资源分为如下四类：

（1）生产资源，包括物料、人、设备等；

（2）市场资源，包括销售资源、供应资源等；

（3）财务资源，包括资金来源和支出等；

（4）工程制造资源，如工艺路线和产品结构等。

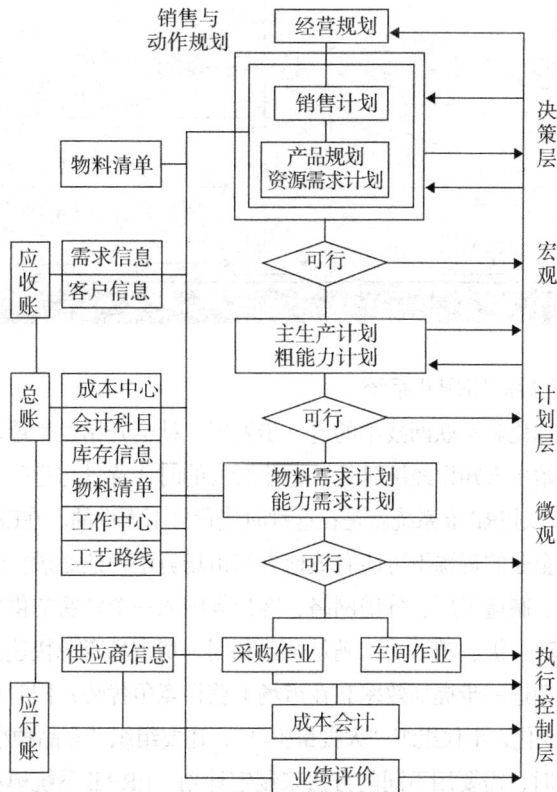

图8-5 MRP Ⅱ逻辑流程图

4. 20世纪90年代的ERP系统

进入20世纪90年代，随着市场竞争的进一步加剧，企业竞争空间与范围的进一步扩大，20世纪80年代MRPⅡ主要面向企业内部制造资源全面计划管理的思想逐步发展为20世纪90年代怎样有效利用和管理企业整体资源的管理思想，ERP也就随之产生。

ERP是在MRPⅡ的基础上扩展了管理范围，给出了新的结构。

ERP是将企业所有资源进行整合集成管理，简单地说是将企业的四大流：物流、人流、资金流、信息流进行全面一体化管理的管理信息系统。

ERP对于MRPⅡ在生产管理方式上、管理功能方面、财务系统功能、事务处理控制方面、计算机信息处理方面等进行了改进。

ERPⅡ系统模型如图8-6所示。

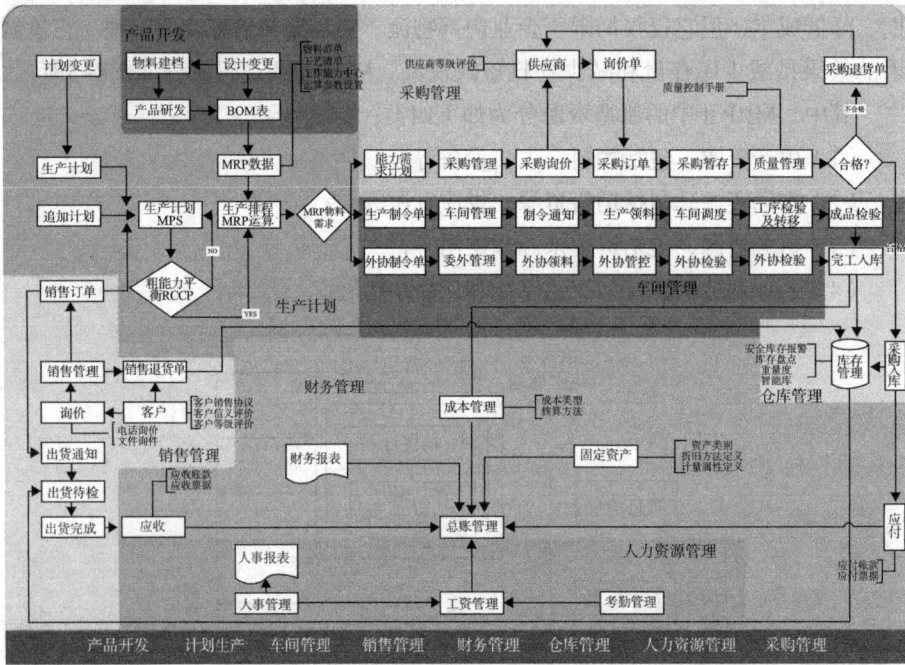

图8-6 ERP系统模型

5. 2000年之后的ERPⅡ系统

随着经济全球化和互联网技术的进一步发展，社会开始发生革命性变化，即从工业经济时代开始步入知识经济时代，企业所处的时代背景与竞争环境发生了很大变化，企业资源计划ERPⅡ系统就是在这种时代背景下面世的。在ERPⅡ系统设计中考虑到仅靠自己企业的资源不可能有效地参与市场竞争，还必须把经营过程中的有关各方如供应商、制造工厂、分销网络、客户等纳入一个紧密的供应链中，才能有效地安排企业的产、供、销活动，满足企业利用一切市场资源快速高效地进行生产经营的需求，以期进一步提高效率和在市场上获得竞争优势；同时也考虑了企业为了适应市场需求变化，不仅组织"大批量生产"，还要组织"多品种小批量生产"。在这两种情况并存时，需要用不同的方法来制定计划。ERPⅡ系统模型如图8-7所示。

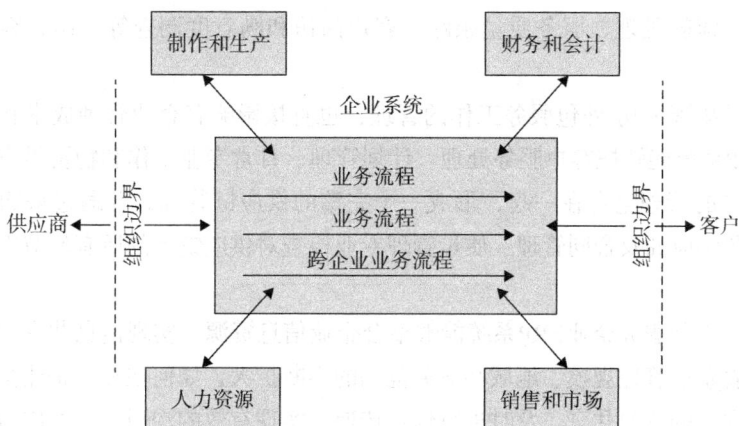

8.1.3 物业服务企业ERP系统

根据2015年10月中国物业管理协会公布的《2015物业服务企业发展报告》中国物业管理综合实力TOP 100企业相关数据显示，TOP 100的物业服务企业承担了全国19.5%的管理面积，与2013年TOP 100的数据相比，管理集中度增加了5.9%，企业在管项目增加了51.8%，从业人员增长21.25%。数据表明，受到政策环境、市场竞争和技术水平等因素的影响，物业管理行业集中度稳步提升，物业服务企业正在向规模化、集约化、品牌化方向发展，处于企业整合、品牌塑造、业务创新、发展方式转型的关键时期。在物业管理行业转型的关键时期，信息技术无疑是整合物业服务企业内外部资源，提升管理效率的最有效的手段之一。

而物业服务企业ERP系统是先进的信息技术和企业自身独特的管理理念相结合的管理平台，以提高企业资源效能为目的，以市场和客户需求为导向，可以实现企业人、财、物、供、销的全面结合，将分散在企业内部各部门的专业管理内容和工作流程与企业外部的供应商和客户完整地集成到一起，为企业提供业务集成运行的操作、决策、管理手段，适应物业服务企业规模不断增长，业务不断发展的需要。

1. 物业服务企业ERP系统概述

物业服务企业ERP系统是在ERP思想的指导下，结合物业服务企业自身特征，以物业管理业务集成为基础，以客户服务为核心，实现对物业服务企业的人流、物流、资金流、信息流、服务流、知识流的整合，为物业服务企业运营、管理和决策提供全方位和系统化的管理平台。

（1）物业服务企业ERP系统体现了先进的客户关系管理与供应链管理的思想。根据企业所处行业的特点，ERP系统建设首先要实现客户关系管理，通过客户档案的建立和完善，对客户需求的掌握和及时处理，为企业提供了对客户需求登记、流转处理、服务质量跟踪、客户回访和满意度调查等一站式客户服务平台。

各类物资采购/外包服务工作的管理，也直接影响着企业管理成本和服务质量，ERP系统能够把客户服务处理、计划管理、日常专业工作和物资供应商、外包分供方的管理整合在一起，形成一个完整的供应链管理，并通过采购供应管理、外包供应商及合同管理、质量管理专业检查对供应链上的所有环节进行有效的管理。

（2）物业服务企业ERP系统能够整合企业信息资源，实现信息共享与集中管理。随着企业管理规模、地域和业务范围的不断扩大，如何在整个企业实现跨地区、跨项目的资源共享，及时进行信息传递，实现有效的沟通，已经成为企业发展壮大过程中不断增长的要求。借助大型数据库技术及互联网技术，ERP系统能够帮助物业服务企业实现企业内外信息、资源的共享，实现总部职能部门各专业对多个（异地）分公司的集中管理。

（3）物业服务企业ERP系统突出了企业的事前计划与事中控制。计划管理是企业管理的首要职能，计划管理的好坏决定着企业管理效率的高低。ERP系统中的计划管理体系包含：财务预算与执行计划、重点工作计划、集中采购计划、设备保养计划、外委工作执行计划、专业检查计划、应收款管理计划、人力资源计划等，借助数据库的信息集成技术，企业的计划体系可以实现逐级制定、汇总与下发、执行和验证功能，保障了计划制订过程的科学性、正确性，以及对各专业计划执行情况的及时掌握和考核。

2. 物业服务企业ERP系统主要功能

根据物业服务企业管理层次结构，物业服务企业ERP系统的功能主要分为决策支持功能、管理控制功能、业务运营功能和基础操作功能。

（1）决策支持功能

企业决策是在一定约束条件下，为实现企业目标而按照一定程序和方法，从备选方案中择优选择一个最适方案的过程。物业服务企业ERP系统的决策支持功能主要是帮助企业各决策层级确定组织或部门的目标、纲领和实施方案，企业薪酬计划、人事政策、财务运营策略、预算分析、绩效薪酬管理、设备及能耗管理、项目招标投标，物业费用定价等，对企业进行宏观控制。当前物业服务企业ERP系统中，辅助决策功能主要体现在领导查询功能，经过授权，企业各级部门领导通过ERP系统能查询总公司、区域公司、项目管理处、各项业务的处理状况，企业运营过程中的统计报表数据，设备维修和能源消耗情况，财务运营状况，人力资源结构等，从而为企业或部门负责人决策提供数据依据。与决策支持系统、高管支持系统、商务智能系统等决策系统相比，决策支持能力比较薄弱，需要进一步完善和提升。

（2）管理控制功能

管理控制是指管理者影响组织中其他成员以实现组织战略的过程。管理控制涉及一系列活动，包括：计划组织的行动；协调组织中各部分的活动；交流信息；评价信息；决定采取的行动；影响人们去改变其行为。管理控制的目的是使战略被执行，从而使组织的目标得以实现。物业服务企业ERP系统的管理控制功能，涉及采购供应管理、人力资源管理、财务管理、行政管理、质量管理等部门或功能。其主要作用是通过ERP系统将决策层制定的方针、政策贯彻到各个职能部门的工作中去，对日常工作进行组织、管理和协调，监控物业服务企业各方面的活动，使组织实际运行情况与企业计划要求保持动态适应。

1）采购供应管理

采购供应管理主要包括物资信息管理、采购供应商管理、物资申领管理、采购工作管理、采购计划管理、库房物资管理、库房核算管理等。

2）财务管理

财务管理主要包括物业收费管理、预算编制管理、预算执行管理、固定资产管理、成本收益管理等。

3）人力资源管理

人力资源管理主要包括对人事档案、员工考勤、人事变动、员工薪资、员工奖惩、员工培训等的管理。

4）协同办公

协同办公是利用网络、计算机和移动计算技术，为企业办公人员提供多人沟通、共享、协同一起办公的综合性管理平台。功能包括个人事务、协同办公、信息中心、流程审批、知识管理、行政管理、个性设置等，可实现任务布置、任务催办、手机短信提醒、邮件收发、公告通知、考勤管理、工作日志、工作计划、绩效考核、会议管理、网络硬盘等。随着移动计算技术的推广和应用，物业服务企业在即时沟通、数据共享、移动办公等方面提出了更进一步的需求，形成了物业APP终端、PDA终端、微信平台等移动应用手段，解决物业服务企业的客户服务、设备报修维修、协同办公、流程审批、管理监控等。

5）质量管理

质量管理主要包括外委供应商管理、外委合同管理、质量文档管理、专业检查管理、物业服务质量管理等。

（3）业务运营功能

业务运营功能就是物业服务企业对业务运作过程的计划、组织、实施和控制，是与物业服务创造和商务活动密切相关的各项管理工作的总称。物业服务企业以业主为中心，面向社区业主及潜在客户，整合企业内部及外部供应商资源开展商务服务、客户服务、维修服务、产品服务、电话语音服务等相关业务运营活动，常见的有UGC社区、社区O2O网站、数字化社区门户网站、商务集成平台、物业APP软件等。物业服务企业的ERP系统可以开发或整合集成这样一些平台为企业服务。

如微蜗居社区O2O平台是集物业、业主和商户整合的社区生活便民服务移动平台，业务覆盖小区周边超市、外卖、洗衣、生鲜、上门维修、保洁等服务。

如思源数字化社区门户网站与ERP系统无缝连接，及时面向社区居民提供基于数字化社区支撑的网上物业服务，实现物业管理与社区服务零距离。主要提供社区物业管理服务、社区电子商务、网上生活资讯等功能。

（4）基础操作功能

基础操作功能是指通过ERP管理和技术手段，将物业服务企业的企业目标转化为具体执行行动。要求员工按照ERP系统的功能模块实现物业服务企业的日程业务流程处理。

物业服务企业ERP系统的基础操作功能主要有保洁绿化管理、房产管理、客户服务管理、物业收费管理、安保管理、设备管理、基础数据管理等。

1）保洁绿化管理

保洁绿化管理主要包括对外委/自管的保洁、绿化区域和工作计划进行管理；对日常的保洁检查工作及其发现的问题进行管理；对入室的有偿保洁进行保洁和服务记录，计算收费等。

2）房产管理

房产管理主要包括空间组成分类、物业户型管理、空间分类组成、房产空间建立、空间组成管理、房产空间管理等。

3）客户服务管理

客户服务管理主要包括客户报修管理、客户投诉管理、有偿服务管理、特约服务管理、二次装修管理等。

4）物业收费管理

物业收费管理主要包括应收款管理、费用设定与调整、实收款管理、欠费管理、收费情况统计查询等。

5）安保管理

安保管理主要包括保安人员档案管理、保安人员定岗、轮班或换班管理、安防巡逻检查记录、治安情况记录、来人来访管理、物品出入管理、停车场管理等功能。

6）设备管理

设备管理主要包括设备管理标准化、设备档案管理、计划保养管理、调度工作管理、维修工作管理、能源工作管理、维修统计分析等。另外，对于物业服务企业来说，应该有兼容对物业智能化设备进行管理的集成接口，如门禁系统、空调系统、消防管理系统、安防报警系统、给水排水系统、电梯系统、通信管理系统等设备的管理。

7）基础数据管理

基础数据管理主要包括客户档案管理、文档管理、供应商管理、合同管理、员工基础信息管理、企业组织结构管理等基础性资料的管理。

8.2 物业服务 SCM 系统

【案例8-2】戴尔高效的供应链系统 ————————————————

戴尔公司以"直接经营"模式著称，其高效运作的供应链和物流体系使它在全球IT行业不景气的情况下逆市而上。根据权威的国际数据公司（IDC）的最新统计资料，在2002年第三季度，戴尔重新回到了全球PC第一的位置，中国市场上戴尔的业绩更加令人欣喜。戴尔公司在全球的业务增长在很大程度上要归功于戴尔独特的直接经营模式和高效供应链，直接经营模式使戴尔与供应商、客户之间构筑了一个称之为"虚拟整合"的平台，保证了供应链的无缝集成。事实上，戴尔的供应链系统早已打破了传统意义上"厂家"与"供应商"之间的供需配给。在戴尔的业务平台中，客户变成了供应链的核心。直接经营模式可以让戴尔从市场得到第一手的客户反馈和需求，生产等其他业务部门便可以及时将这些客户信息传达到戴尔原材料供应商和合作伙伴那里。这种在供应链系统中将客户视为核心的"超常规"运作，使得戴尔能做到4天的库存周期，而竞争对手大都还徘徊在30～40天。这样，以IT行业零部件产品每周平均贬值1%计算，戴尔产品的竞争力显而易见。

在不断完善供应链系统的过程中，戴尔公司还敏锐捕捉到互联网对供应链和物流带来的巨大变革，不失时机地建立了包括信息搜集、原材料采购、生产、客户支持及客户关系管理以及市场营销等环节在内的网上电子商务平台。在valuechain.dell.com网站上，戴尔公司和供应商共享包括产品质量和库存清单在内的一整套信息。与此同时，戴尔公司还利用互联网与全球超过113000个商业和机构客户直接开展业务，通过戴尔公司先进的网站，用户可以随时对戴尔公司的全系列产品进行评比、配置、并获知相应的报价。用户也可以在线订购，并且随时监测产品制造及送货过程。

戴尔公司在电子商务领域的成功实践使"直接经营"插上了腾飞的翅膀，极大增强了产品和服务的竞争优势。今天，基于微软视窗操作系统，戴尔公司经营着全球规模最大的互联网商务网站，覆盖80个国家，提供27种语言或方言、40种不同的货币报价，每季度有超过9.2亿人次浏览。

【启示】

随着中国全面融入全球贸易体系进程的加快，激烈的国际竞争对中国企业提出了前所未有的挑战。在信息化为显著标志的后工业化时代，供应链在生产、物流等众多领域的作用日趋显著。戴尔模式无疑对中国企业实施供应链管理有着重要的参考价值，我们在取其精华的同时，还应根据自身特点，寻找提升竞争力的有效途径。

进入21世纪以来，ERP已逐渐走向成熟，不但进一步完善了ERP的系统结构，还随着Internet的发展而作出了有益的外延性探索。如CRM（客户关系管理）和SCM（供应链管理）等，它们和ERP是互补关系，实质上也是它的外延，这也是ERP的一种发展趋势。但是SCM与ERP系统仍然有所区别，体现在：有效的供应链管理可以使管理者充分了解到整条供应链的信息，这条链从原材料的获得开始，到产品的生产，并一直延伸到把产成品送到客户手中，管理者有了这些信息，则可以进行更加科学、全面的决策。供应链规划把整条供应链作为一个连续的、无缝进行的活动来加以规划和优化，把整条链中各环节的规划工作集成在一起，而不是各行其是。它能够同步地考虑需求、能力、物料等约束环节，在这一点上，它是区别于ERP的，如图8-8所示。

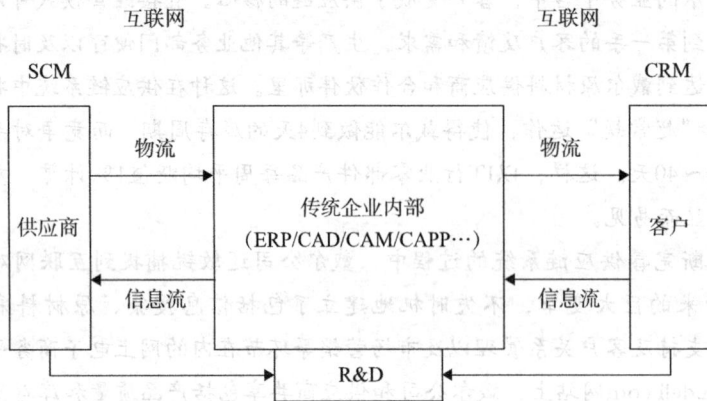

图8-8 ERP与SCM、CRM

8.2.1 供应链与物业服务供应链

1. 供应链与服务供应链

（1）供应链的定义

供应链（Supply Chain，SC）最早来源于彼得·德鲁克提出的"经济链"，后经由迈克尔·波特发展成为"价值链"，最终演变为"供应链"。供应链是围绕核心企业，通过对商流、信息流、物流、资金流的控制，从采购原材料开始，制成中间产品以及最终产品，最后由销售网络把产品送到消费者手中的将供应商，制造商，分销商，零售商，直到最终用户连成一个整体的"功能网链结构"。它是一个范围更广的企业结构模式，包含所有加盟的节点企业，从原材料的供应开始，经过链中不同企业的制造加工、组装、分销等过程到最终用户。它不仅是一条连接供应商到用户的物料链、信息链、资金链，而且是一条增值链，物料在供应链上因加工、包装、运输等过程而增加价值，从而给相关企业带来收益。其网链结构如图8-9所示。

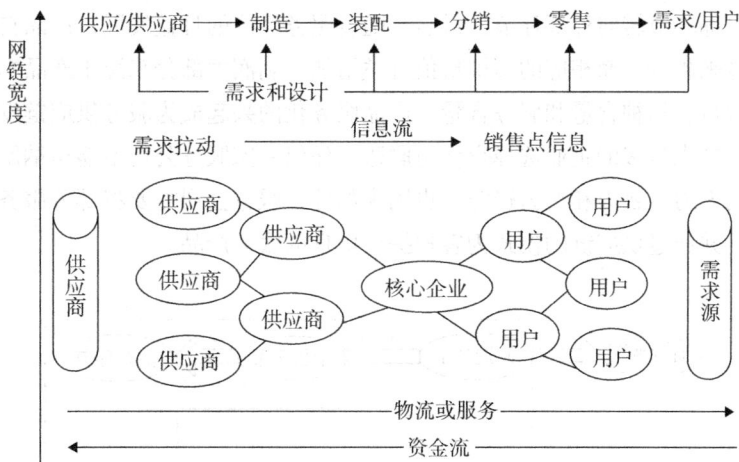

图8-9 供应链的
网链结构

从图中可以看出，供应链由所有加盟的节点企业组成，其中一般有一个核心企业（可以是产品制造企业，也可以是大型零售企业），节点企业在需求信息的驱动下，通过供应链的分工与合作（生产、分销、零售等），以资金流、物流、服务流为媒介实现整个供应链的不断增值。

（2）服务供应链的定义

1）供应链从产品供应链转向服务供应链

在制造经济时代，供应链主要集中在产品供应链上，从学术与实践的观点来看，采购、供应、供应链和运作管理的方法仍然主要面对制造业部门。产品供应链是指从初级生产直到消费的各环节和操作的顺序，涉及产品及其辅料的生产、加工、分销、贮存和处理，其范围从原材料生产者、产品生产制造商、运输和仓储者、转包商到零售商和产品服务环节以及相关的组织，如设备、包装材料生产者、清洗行业、添加剂和配料生产者。

自20世纪90年代以来，在经济全球化和信息化浪潮的推动下，全球产业结构开始从"工业型经济"向"服务型经济"转型，服务业的迅猛发展以及当代经济的"服务化"已经成为不可阻挡的潮流。

近年来，随着消费者日趋成熟，人们不再满足于全民一致的消费观，变得越来越追求个性化、时尚化和便捷化，人们在使用产品的同时追求的更多的是伴随产品的一系列服务。许多制造企业逐步将产品的含义从单纯的有形产品扩展到基于产品的增值服务，这种趋势称为产品服务化。许多公司都在积极实施产品服务化，如通用电气的能源管理服务，壳牌石油的化学品管理服务，施乐公司的文件处理服务等。

产品服务化形成的主要机理如图8-10所示。首先，随着需求开始变成一种稀缺资源，制造企业的利润从制造环节转向销售环节，进而转向消费环节。其次，随着人们需求层次的提高，从单纯追求产品本身转向追求产品的整体环境价值，从内部环节转向外部环节。最后，随着服务经济的日益发展，产品自身的价值占比越来越少，而相应的虚拟价值日益增加，利润大部分来源于产品本身以外的文化含量、精神含量和服务含量。产品服务化的兴起成为服务供应链发展的重要源泉，越来越多的企业选择合作与联盟，任何一家服务公司不能包纳服务所需要的一切人力、物力和财力资源，也因为如此，服务公司需要将部分服务产品进行外包，并通过供应链的模式为客户提供优良的服务产品。

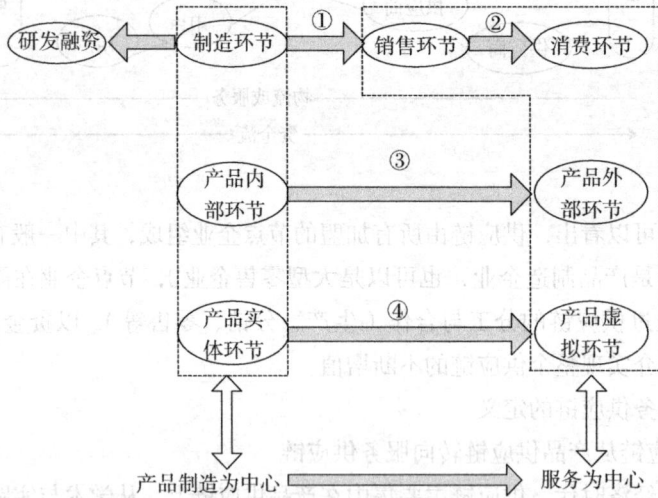

图8-10 基于价值链转移的产品服务化形成机理

2）服务供应链的定义

服务供应链的研究在国外最近几年才开始兴起，其定义仍然处在争论阶段，尚未有一个统一的定义。对服务供应链定义的研究主要集中在以下几个方面。

一是基于产品服务化角度来定义服务供应链。这种观点认为，服务供应链是产品服务化过程中发生的一系列先后服务活动。如Dirk和Steve Kremper（2004）认为，服务供应链是在产品服务化过程中所涉及的服务计划、分配资源、配送和回收、分解、修理恢复等管理活动。胡正华等（2003）认为服务供应链是是以信息技术、物流技术、系统工程等现代科学技术为基础，以满足顾客需求最大化为目标，把服务有关的各个方面，如银行、保险、政府等，按照一定的方式有机组织起来，形成完整的消费服务网络。从生产企业角度，他们还给出了基于产品生命周期的供应链、客户链、需求链、服务链关系模型。

二是围绕服务生产过程来定义服务供应链。这种观点认为，服务供应链是指服务行业中的不同服务生产主体之间的连接关系。Edward G等（2000）认为，服务供应链的行为不同于产品供应链，它没有库存堆积以补充订单，而是间接通过服务能力来解决订单堆积，研究了在服务行业中发生的供应链的牛鞭效应。

三是基于服务企业采购服务产品的角度，具有类似产品供应链的特征，其本质的思想就是采购专业服务。如Ellran（2004）提出服务供应链是指在专业服务中从最早的供应商到最后的客户中发生的信息管理、流程管理、能力管理、服务绩效和资金管理。韩国金立印（2006）认为，航空公司、酒店及旅行社之间通过整合资源形成服务供应链来提高效率，降低成本，形成了服务供应链，认为服务供应链的本质是整合所有服务资源来共同创造顾客价值。陈小峰（2004）认为，可以在物业服务中运用供应链的思想采购专业的服务；张英姿（2005）认为，可以在旅游服务中采用供应链的思想采购其他服务商的服务产品，圆满完成旅游服务要求。

四是在服务行业中应用产品供应链的理论。其认为服务供应链是指服务行业中应用产品供应链的思想来管理与服务有关的实体产品。如Jack S.Cook（2001）、Richard Metters（2004）等在医院健康护理方面通过采用供应链管理中的药品库存管理和信息集成的思想，提高服务的综合绩效。

五是围绕服务生产过程来定义服务供应链。该种观点认为服务供应链是接受顾客需求，进行生产转化并输出到顾客的一种供应链，本质是顾客既是需求者也是供应者。如Scott（2000）认为，供应链上的每一个参与者从一组供应商中获得输入，然后进行内部转化后送给明显的客户。在服务企业中，流程输入的主要供应商是客户自身，他们提供他们的思想、需求和信息等，然后输入到服务流程中。服务中的顾客具有"两元性"，本身既是顾客又是供应商，同时暗示了，服务供应链是双向的，生产流也是双向的。刘少和（2003）指出，制造企业主要生产有形的"物质产品"，服务企业主要生产无形的"服务产品"，同制造企业的"生产流水线"一样，服务企业"服务产品"的生产与消费也存在一条"流水线"，谓之"服务链"，其本质侧重于在服务企业内部生产运作的模式。

结合以上关于服务供应链的定义的研究，我们采用刘伟华等（2009）在《服务供应链管理》一书中的定义，服务供应链是指围绕服务核心企业，利用现代信息技术，通过对链上的能力流、信息流、资金流、物流等进行控制来实现用户价值与服务增值的过程。其基本结构是功能型服务提供商到服务集成商到客户（制造、零售企业）的一个完整过程，其中，功能型服务提供商是指传统的功能型服务企业，它们因为其提供的服务功能单一、标准和业务开展往往局限于某一地域，而被服务集成商在构建全国甚至全球服务网络时吸纳为供应商。

3）服务供应链与产品供应链的异同

服务供应链与产品供应链都属于供应链管理的大范畴，服务供应链与产品供应链具有相似的特征，如产生背景都是由于专业化趋势和核心竞争力的发展，使得业务外包成为必然；主要管理内容都是围绕供应、计划、物流、需求等开展；管理目标都是满足既定的服务水平，系统总成本最小；集成内容等都包括业务集成、关系集成、信息集成和激励机制集成。

但是服务供应链也有与产品供应链本质的区别的特征。两者的区别主要来源于服务产品与制造产品的本质区别，服务产品具有不同于制造产品的6个特征，即顾客影响、不可触摸、不可分割性、异质性、易逝性、劳动密集性等。这些特征的存在使得服务供应链在结构上需要更多采取较短的供应链渠道，典型的结构为功能型服务提供商—服务集成商—客户；在运营模式上更多采用市场拉动型，具有完全反应型供应链特征；在供应链协调的主要内容上更多是服务能力协调、服务计划协调等；在稳定性方面服务供应链的稳定度较低，首先是由于最终客户的不稳定性，其次，异质化的客户服务需求使服务企业所选择的服务供应商会随需求的变化而及时调整。

（3）服务供应链的结构模型

根据供应链的定义，服务供应链的结构可以归纳为如图8-11所示的模型。

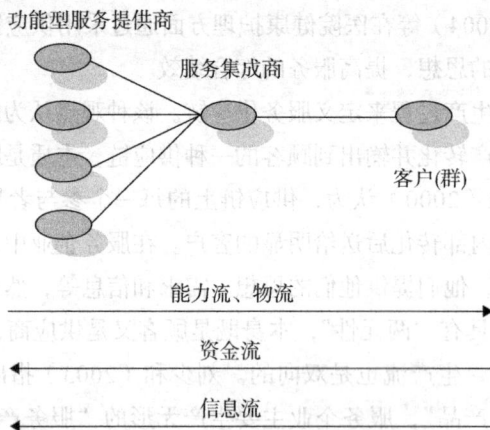

图8-11 服务供应链的结构模型

在服务供应链中，主要有两类企业主体，分别是服务集成商和功能型服务提供商。功能型服务提供商由于功能单一或者由于地域局限，而被服务集成商在构成服务网络时进行集成，成为服务集成商的提供商，利用自身的能力为其提供专业服务。服务集成商和服务提供商各自具有优势，双方优势互补，形成稳定的服务供应链两级结构。

2. 物业服务供应链

（1）物业服务供应链的定义

国内外关于服务供应链的行业应用研究已经开始起步，其研究视角因行业特性的不同和对服务供应链定义的不同而不同。目前，研究行业比较广泛，主要有金融业、健康护理业、汽车业、民航业、保险服务业、物业服务业、旅游服务业、物流服务业、港口服务业、酒店业等。

在物业服务供应链研究方面，王刚（2003）在其博士论文中指出，物业服务供应链是从顾客需求出发，围绕物业管理核心企业，通过对服务流、信息流、物流、资金流实行有效控制，将顾客价值管理、服务流程管理、服务能力管理进行紧密集成，实现为顾客定制的物业管理服务产品达到"经济效益、社会效益、环境效益、顾客心理效益"的价值最大化，并将其送到顾客手中的一个完整的功能网链结构模式，并构建了基于供应链管理思想的物业管理服务链的管理系统和管理模型。

陈小峰（2004）认为，供应链管理主要应用于制造业和零售业，几乎不涉及物业服务。在分析物业服务的特点基础上，提出了物业服务供应链的特点，认为物业服务供应链是以物业服务供应商、物业服务商和业主为主体的链式结构。他还提出了物业服务供应链的目标以及物业集成商的业务运营策略。他的研究视角实际上已经比较侧重在物业服务供应链的各个成员之间的关系，但是他的研究尚且处在概念的层面上，未开展深入探讨。

王元明等（2011）提出的基于服务供应链的居住物业管理模式，界定了居住物业服务供应链的成员，构建了居住物业服务供应链的模型，并讨论了居住物业服务供应链的流程管理。通过对服务流、信息流和资金流的有效控制，将服务能力管理、需求管理、客户关系管理、供应商关系管理、服务传递管理和现金流管理进行有效集成，实现物业服务产品的经济效益和社会效益。

许丽君（2012）以物业服务集成商为研究对象，研究了物业服务供应链问题。她认为物业服务供应链是物业服务集成商在获得业主委托代理权的基础上，通过合同契约等形式，与专业服务供应商建立稳定的交易关系而构建的相对稳定的链条框架，旨在通过发挥资源的整合效应及各企业间的沟通和密切配合，向业主传递所需的高满意度的服务，依托规模效应和专业分工的优势提高物业服务竞争力，从而实现核心竞争力的稳固和培育，经济效益的稳步提升以及良好的发展前景。同时，她将物业服务供应链的主体分为链内主体和链外主体。链内主体指在向客户提供服务的过程中与物业服务集成商发生资金结算关系的利益主体，包括专业服务供应商群（公共服务供应商群、经营性服务供应商群）、物业服务集成商和服务需求方（业主或非业主使用人）。链外主体指与物业服务集成商利益相关但不属于物业服务供应链成员的利益主体。根据各主体性质的不同，可以将其分为两类：公共部门和关联企业。

芮筱明（2012）针对物业服务供应链管理的特点，总结了上海世博会的实际物业管理经验，提出了物业服务企业进行物业服务供应链管理的想法和参考。

结合服务供应链的研究，综合上述学者的分析，我们给出一个物业服务供应链的定义：物业服务供应链是指物业服务集成商（物业服务核心企业），利用现代信息技术，在获得业主委托代理权的基础上，通过合同契约等形式，与专业服务提供商和业主建立稳定的交易关系，形成以物业服务集成商、专业服务提供商和业主为主体的完整的链式结构，通过对服务链上的服务流、信息流、物流、资金流等实行有效控制来实现业主价值的最大化和物业服务增值的过程。

物业服务集成商是物业服务资源的搜集者、统筹者和组织者，是整个物业服务供应链的主导企业，是供应链的调控中心和供应链信息集合与分散的枢纽，在供应链的构建、运行和管理、维护方面处于核心位置。劳务外包是集成商模式的初级阶段，随着企业的发展，高端物业服务集成商将成为给专业服务提供商提供服务平台的管理者、协调者和组织者。物业服务集成商与业主之间是委托代理关系，与专业服务提供商之间是交易关系。

（2）物业服务供应链的特征

1）信息性

在物业服务供应链中，业主与物业服务集成商之间、物业服务集成商与专业服务提供商之间的交叉作用都是通过信息沟通来完成的，如果没有信息这种"粘合剂"的"无缝对接"，物业服务供应链模式的每一个组成部分都会成为彼此孤立、残缺不全的片段。比如，在物业服务供应链中，通过设置业主需求信息管理系统和服务能力信息管理系统，既可以知道业主当前和今后某一时段内的需求，又可以知道所需材料、器具设备、人力资源以及品种和位置等，使物业服务集成商能够及时调整和组织服务能力，以最快捷的速度满足顾客的需求。另外，由于物业服务供应链要求普遍采用数据交换系统，信息数据是双向的，交换系统也是相互兼容的。物业服务供应链模式的这一特征，要求物业服务集成商树立互信观念和共享意识，通过各方面的信息互动及时了解物业服务的最新进展和在服务过程中出现的最新问题，这样就可以使物业服务集成商在第一时间内作出第一反应，从而获得完全的竞争优势。

2）过程性

物业服务供应链从本质上来讲是物业服务发展的过程性、规律性的具体表现，其突出特点是物业服务供应链具有很强的时序性、目的性、高度重复性和不可逆转性。比如，在物业服务供应链中，信息流都是从业主需求开始，通过物业服务集成商传到专业服务提供商那里，从而全面掌握业主的需求；物业服务集成商在对服务能力进行必要的组合后，服务产品又通过服务流送达业主手中，从而满足业主需求。如此循环反复，并形成过程与过程的连接与循环。这一过程必须遵循一定的时序，虽然其中某些环节可以简化或省略，但是总的顺序却不可颠倒，否则便极易出现混乱。由此可以看出，这一过程不仅是满足业主需求的过程，而且也是实现各部分、各环节衔接最佳化的过程，从而达到6R（Right）的目的，即"将正确的产品，在正确的时间，按正确的数量、正确的质量、正确的状态，送到正确的地点，并使总成本最小"。物业服务供应链的这一特征，要求物业服务集成商树立时效观念和贯通意识，以保证物业服务过程的顺畅和时速，从而快速实现费用的循环与增值。

3）系统性

物业服务供应链所生产的物业服务对象是一个包含着经济、社会、环境、业主心理等多种要素，而且相互关联的有机体系，它们具有整体性、综合性、层次性、相关性、社会性的特点，这些要素之间相互依存、环环相扣，构成了一个不可分割的有机系统。物业服务供应链的构成则是非线性的，它有着潜在的输入点和输出点，并且在任一阶段都包含着五项以信息为主要内容的创造价值的活动：收集、组织、选择、合成和分配。这些活动紧密相连，不可分割，并在可视化管理、反应能力和利用信息技术建立新型业主关系上共同增加或创造着价值。物业服务供应链的这一特征，要求物业服务集成商树立全局观念和优化意识，以追求系统的整体优化，而不能为获取局部利益或关注个别环节而损害整体。

4）动态性

物业服务供应链是基于提高物业服务集成商的市场应变能力、及时满足顾客对物业服务产品的需求而形成的一种管理方式。在物业服务供应链中，无论是物业服务集成商，还是业主，甚至是专业服务提供和组成服务能力的相关组织，都要随着物业管理市场条件、竞争环境、参与对象等的变化而不断进行调适和变换，而衡量调适和变换的成效如何，则要看以上所有参与者之间能否形成积极互动和良性循环。比如，物业服务集成商的生产经营活动是由一系列企业价值增值活动组成的系统，包括采购、技术开发、生产、人力资源管理、营销等。这些活动既相对独立，又存在内在联系，一线服务离不开后台经营活动的支持，因此有效的物业服务，就是整个企业的增值过程。从价值分析的角度来看，良好的服务必须贯穿整个物业服务集成商经营活动的全过程，以实现整体价值的最大化。物业服务供应链的这一特征，要求物业服务集成商树立权变观念和联动意识，捕捉市场机遇，保持竞争主动权和不断更新竞争优势。

5）立体性

物业服务供应链是物业服务集成商为提高市场竞争力，通过横向联合，实现优势互补、利益共享的一种管理模式。它所涉及的专业服务提供商、房地产企业、其他物业服务企业、组成服务能力的组织往往分别处在不同的行业、区域或阶段，且每一个组成者又自成体系，从而构成了多层面、多维度的立体网络。这种网络的优点是能够较好地运用和发挥各自的优势，实现资源的整体优化配置。比如，一个物业服务集成商可能成为另外一条物业服务供应链上的重要一环，而在其本身的物业服务供应链内，则又由物业管理市场预测、业主价值管理、服务能力管理、生产计划、质量控制以及相应的财务管理等共同组成"内部物业服务供应链"。物业服务供应链的这一特征，要求物业服务集成商树立协作观念和团队意识，使各个层次、各个组成部分、各个环节之间既分工又合作、既独立又融合，保证物业服务供应链整个"链条"的运作达到最佳状态。

（3）物业服务供应链的主体关系

与物业服务集成商利益相关的主体较多，根据是否属于供应链成员可以将其简单分为两类：链内主体和链外主体。其主体关系如图8-12所示。

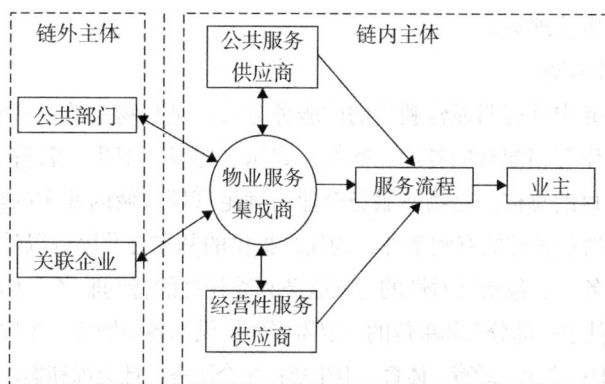

图8-12 物业服务供应链主体分析

1）链内主体

链内主体指在向业主提供服务的过程中与物业服务集成商发生资金结算关系的利益主体，包括专业服务供应商群（公共服务供应商群、经营性服务供应商群）、物业服务集成商和服务需求方（业主或非业主使用人）。物业集成商的全部工作可以简化为两个方面：一方面，要处理好与业主的关系，有效促成公共选择的理智形成，并使之成为全体业主的行为守则；另一方面，组织和协调专业服务供应商，使之更有效率地为业主提供服务。做好这两方面是提高企业竞争力、构建企业发展框架和独特的服务体系的关键。

2）链外主体

链外主体指与物业服务集成商利益相关但不属于物业服务供应链成员的利益主体。根据各主体性质的不同，可以将其分为两类：公共部门，指具有行政管理和社会管理性质的机构，如工商、税务、消防、环卫绿化、公安派出所、街道、城管、物价、质监、居委会等公共服务部门和单位；关联企业，指与物业服务企业存在利益关系的经济主体，如房地产开发商、建筑商、房地产中介、金融机构等。物业服务集成商应提高公共关系管理能力：一方面，支持、协助公共部门的工作，如配合消防部门组织安全演习，加强自律，方便业主；另一方面，理清与关联企业的关系，明确双方的权利、义务、职责等内容，完善制度建设以避免经营风险，如制定严格的制度严把房屋交接。

（4）物业服务供应链的服务产品

物业服务供应链提供的服务产品，依照业务的性质分为公共服务、经营性服务。这些服务产品由专业物业服务供应商进行提供。

1）公共服务

又称为常规性服务，是物业管理中的基本工作，是向所有业主和非业主使用人提供的最基本的管理服务，目的是为了确保物业的完好和正常使用，保证正常合理的工作生活秩序和舒适、清洁的工作生活环境。

公共服务又可以具体细化为基本业务和专项业务。基本业务包括房屋及附属物和设备的维护、养护、管理，档案资料的管理、房屋入住等；专项服务是指物业区域场地的环境维护与管理，包括治安消防管理、车辆道路管理、绿化与环境管理、保洁卫生管理等。

2）经营性服务

是物业服务中具有明显营利目的的服务方式，是与物业的正常使用和业主使用人生活、工作等相配套的餐饮、购物、娱乐、健身、卫生、教育、通信、金融等经营服务项目的总称，是物业服务企业为满足管理区域内业主的需求，利用物业辅助设施或物业管理的有利条件，为住户提供的基本公共服务以外的延伸服务。

经营性服务一般包括针对性的专项服务和委托性的特约服务。专项服务指物业服务企业满足其中一部分人和单位的一定需要而提供的各项服务。主要涵盖日常生活类；商业服务类；文化、教育、体育、卫生类；中介服务；社会福利类。特约服务是为满足业主及使用人的个别需要而提供的服务，通常该类服务既不是委托合同的规定服务，也未在专项服务中设立，而业主和非业主使用人又需要的服务，因此可以将委托服务看作为专项服务的补充和完善，当委托服务的需求达到最低市场规模时，可将其纳入专项服务。目前设置的特约服务主要有：委托家政服务类；护理服务；代办服务等。

（5）物业服务供应链的结构模型

1）两级物业服务供应链结构模型

在物业服务供应链中，主要有两类企业主体，分别是物业服务集成商和专业物业服务提供商。专业物业服务提供商可能是保洁、绿化、保安、设备维修、客户服务、家政、便利店等专业性服务企业，也可能是市政、卫生、教育、居委会等外部相关部门，其由于功能单一或者由于地域局限，而被服务集成商在构建服务网络时集成，成为物业服务集成商的提供商，利用自身的能力为其提供专业的服务。物业服务集成商和专业物业服务提供商各自具有优势，双方优势互补，形成稳定的物业服务供应链两级结构，如图8-13所示。

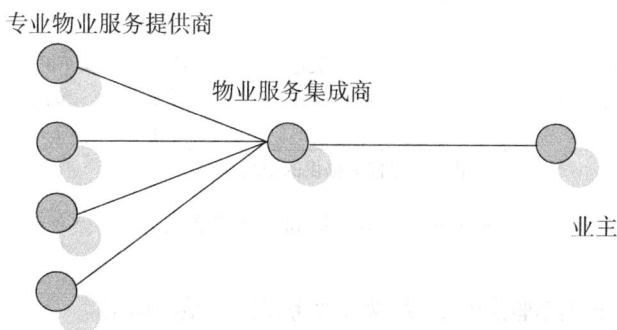

图8-13 物业服务供应链的两级结构

花样年华基于互联网和移动互联网资源推出的"彩生活"，它改变了传统商业模式的供应链模式，利用信息技术将实体社区、业主融合于一个互联网平台之上，通过彩付宝、业主APP、物管APP、商务APP、彩之云网站以及彩之云APP几大电子商务模块，使供应商和业主之间直接互联，不仅节省了产品从生产到销售之间的物流成本，还解决了供应商与业主交易过程中的信息不对称、支付不便利等难题，真正意义上实现了为业主提供低廉、便利和高效的服务。同时物业服务企业也可以通过向供应商收取提成或信息整合费用获得持久性利润，达到三家共赢的效果，如图8-14所示。

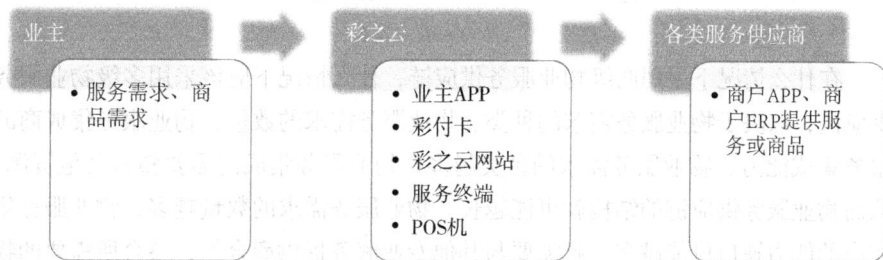

图8-14 彩生活的彩之云服务供应链

2）直接面向业主的物业服务供应链多级结构模型

在直接面向业主的物业服务链多级结构中，与下游客户最接近的物业服务集成商是整个物业服务链的核心，它通过与各级服务能力提供的中间商以及上游最终的专业物业服务提供商的合作，完成为业主提供服务的任务，如图8-15所示。

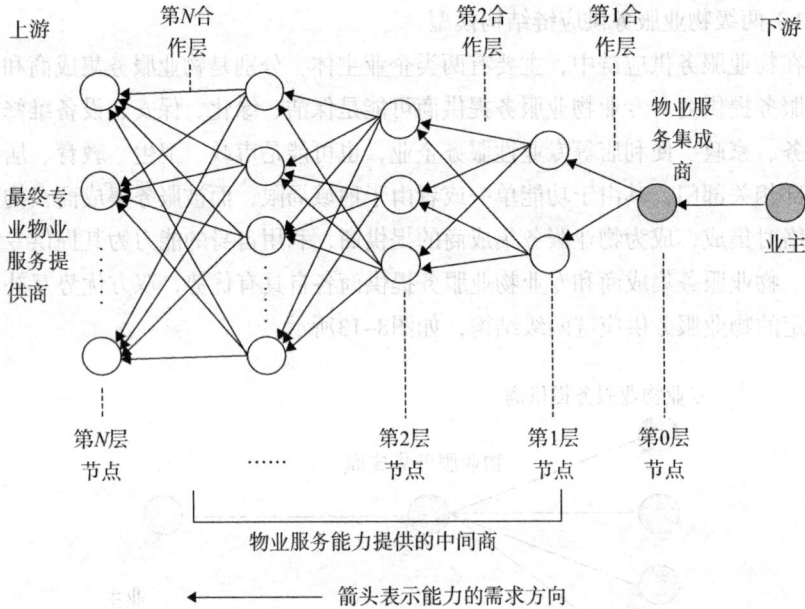

图8-15 直接面向业主的物业服务供应链多级结构

3）具有分销代理渠道的多级物业服务供应链结构模型

具有分销代理渠道的多级供应链结构模型通常具有分销的特征，物业服务集成商不仅具有直销的服务能力，同时也与很多的分销商进行合作，分销商帮助物业服务集成商推销服务产品，如图8-16所示。

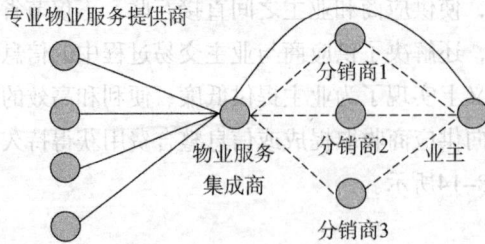

图8-16 具有分销代理渠道的物业服务供应链多级结构模型

在什么情况下采用两级物业服务供应链，什么情况下应该采用多级物业服务供应链，取决于物业服务需求的种类、物业服务需求的数量、物业服务集成商的服务集成能力。物业服务需求的种类越多，物业服务集成商需要整合其他资源，从而物业服务供应链的结构就可能越长。物业服务需求的数量越多，物业服务集成商的能力缺口可能越多，越需要与其他专业服务提供商合作，整合所需要的物业服务资源，从而物业服务供应链的结构就可能越长。物业服务集成商的物业服务集成能力越大，越可能进行大型物业服务供应链，集成能力越小，则越需要独立完成物业服务。

8.2.2 物业服务供应链管理

1. 服务供应链管理的定义

供应链管理（Supply Chain Management，SCM）在1985年由Michael E.Porter提出。供应链管理，是使供应链运作达到最优化，以最少的成本，令供应链从采购开始，到满足最终客户的所有过程，包括工作流、物流、资金流和信息流等均能高效率地操作，把合适的产品，以合理的价格，及时准确地送达消费者手上。它是一种集成的管理思想和方法，它执行供应链中从供应商到最终用户的物流的计划和控制等职能。从单一的企业角度来看，是指企业通过改善上、下游供应链关系，整合和优化供应链中的信息流、物流、资金流，以获得企业的竞争优势。

传统的服务管理强调的只是单个服务企业内部的服务生产设计与运营，强调如何通过最佳的服务运作满足客户的需求，并不强调与其他服务企业之间的相互协作。与供应链管理的核心思想一样，服务供应链的管理同样是一种集成的思想和方法，它强调服务集成商通过对功能型服务提供商进行计划和控制实现能力、业务集成、关系集成和激励机制集成。正如Ellram（2004）、金立印（2006）、Tuncdan Baltaciogu（2007）等人指出，服务供应链是在专业服务中从最早的供应商到最后的客户中发生的信息管理、流程管理、能力管理、服务绩效和资金管理。因此，现行的服务供应链则把服务供应链上的各个企业作为一个不可分割的整体，服务供应链上的各个成员在服务集成商的合理安排下，各个企业分担服务供应链的需求管理、服务设计、服务运作、服务绩效的测评与改进，从而使得服务供应链成为一个协调发展的整体。

由此，可以认为，服务供应链管理是以满足客户的需求为宗旨，以提高服务供应链上的整体成员的绩效为目的，以供应链集成为基本手段，对供应链的成员进行计划、组织、协调和控制，实现服务信息管理、服务流程管理、服务能力管理、服务绩效管理和资金管理5大内容。

2. 物业服务供应链管理

（1）物业服务供应链管理的定义

物业服务供应链管理是服务供应链管理在物业管理行业中的应用，是将服务供应链管理思想、模型和结构应用到物业管理行业中，是对物业传统管理方式的革新。

传统的物业服务企业经营意识淡薄，缺乏新的企业经营理念，缺乏社会化的组织分工和协调运作，缺乏企业的经营定位，物业服务企业仍然沿袭其他行业发展的模式，期望通过"纵向一体化"、"横向一体化"扩大企业经营的范围和产业链，提高企业经营的规模。但是，物业服务企业忽略自身的优势盲目地求大求全，极易造成什么都想做却什么也做不好的严重后果。

服务供应链管理的合作竞争理念，改变了传统物业服务企业的竞争经营思想。在物业管理中，同样存在一个物业服务供应链，它与其他供应链管理模式既有相同之处，同时又具有其独特之处。

物业管理行业是由物业服务企业、提供专业化服务的专业公司及给予支持保障的其他公司和中介服务公司组成的一个完整的物业服务供应链体系，物业管理行业指向的是物业这个物，物业服务企业指向的是行业内外的各类专业服务公司，各专业服务公司指向的是业主的各项专业服务。物业服务企业的优势就在于其专业管理，物业服务企业应该从涵盖所有服务内容的服务者和管理者的角色向物业服务集成商这一专业管理者角色转换，成为物业业主服务需求和服务企业获得提供服务机会的交换平台，成为物业服务供应链的核心企业。物业服务企业扮演物业服务集成商的角色后，将从基础性事务中解脱出来，不再直接向业主提供有形服务，而是通过组织和落实社会专业服务资源，将传统物业管理所经营的有形服务交给专业的保洁公司、保安公司、家政服务公司、绿化公司等，自己成为专业的管理者，真正代表业主按照专业化要求通过招标等方式选择专业服务企业，并实施专业管理和质量监控，为业主提供更加优良的服务。

但是，物业服务企业作为物业服务供应链上的核心企业，其工作难点在于如何整合上游各类服务供应企业，为业主提供完善优质的服务。而物业服务供应链管理的核心内容在于链中各子系统价值的整合协调，保证围绕物业的各方利益的分享及各方价值的协调，保持物业服务供应链的畅通和链上企业系统的平衡。

因此，物业服务供应链管理是以满足业主的需求为宗旨，以提高物业服务供应链体系整体成员的绩效为目的，以供应链集成为基本手段，保证物业服务各方利益的分享和价值的协调，保持物业服务供应链的畅通和链上企业系统的平衡而进行的计划、组织、协调和控制任务。

（2）物业服务供应链管理的目标

服务供应链管理具有高度的交互性和复杂性，并需要同时考虑多种平衡关系。将服务供应链管理思想应用于物业管理是对传统管理方式的革新，随之而来的必然是管理目标的变化物业服务供应链管理目标可以表述为：整合物业服务供应链的内外部资源，快速响应业主的物业服务需求，降低物业服务的运营成本，提高服务质量，为业主提供质优价的服务，同时最大限度地提升物业服务企业及整个物业服务供应链网络的竞争力和利润，实现双向最优化。

（3）物业服务供应链管理的内容

1）物业服务供应链的设计

物业服务供应链的设计应根据不同业主群体的需求划分业主，以使供应链适应市场需求的变化；根据市场动态协调配置整个供应链的需求；产品差异化尽量靠近业主并通过供应链实现快速响应；对供应资源实施战略管理，减少物流与服务成本；实施整个供应链系统的技术开发战略清楚掌握供应链的服务流、服务流和信息流；采用供应链绩效测量方法，度量满足业主需求的效率和效益等思想，采用自上而下的设计和自下而上的设计相结合的原则进行设计，在设计过程中，应分析业主的需求、物业服务产品的运营特性、确定物业服务产品的类型、确定物业服务供应链的结构模型、合理选择和确定物业服务供应链的成员。

2）物业服务供应链合作伙伴的选择

物业服务集成商如何选择合作伙伴，并维持合作伙伴关系是服务供应链管理的重要内容。例如设备维修供应商、秩序维护服务供应商、保洁服务供应商等，根据企业的服务金额和每年《供应商的评价表》结果选择优质的供应商，使他们成为物业服务企业的核心竞争力之一。

3）物业服务供应链的信息技术支撑体系

运用计算机和网络技术搭建物业服务供应链管理系统平台来对物业服务供应商进行管理，设置不同级别人员的不同使用权限，并结合管理程序把各服务供应商和企业的管理项目、人事管理、成本控制、服务记录、呼叫管理中心等相关职能模块纳入物业服务供应链管理系统内，通过该系统，进行全方位、全时段的监控和即时管理，实现链内成员之间的信息共享，效率提升和成本降低。

4）物业服务供应链流程管理

物业服务供应链的流程管理主要包括需求管理、服务能力管理、供应商关系管理、服务传递管理和客户关系管理5个方面。

①需求管理

公共服务项目是业主最基本的需求，也是需求的焦点，相对稳定，物业服务集成商应该结合自己的实力，考虑是自营还是外包。业务开展以一些投资小、消费周期短、与居民日常生活相关的服务项目为宜。对于一些项目的开展，物业服务集成商不但要考虑项目的经济效益，更要考虑社会效益，真正体现以客户为中心的管理理念。

②服务能力管理

客户感受的服务价值不仅取决于物业服务集成商的服务能力，同时取决于服务供应商的服务能力。也就是说，物业服务集成商不仅要提高自身服务能力，还要通过一定的手段影响专业服务供应商的服务能力。公共服务需求具有相对稳定性，物业服务集成商在选择服务供应商后，对其控制手段主要是日常检查。而经营性服务随机性强，对经营者专业素质要求较高。服务集成商在选择服务供应商时，应做好供应商的资质认定。针对专业服务市场发展规模小、发展层次低、实力弱小、服务能力不足的现实情况，服务集成商应利用自身的专业技能、管理经验和人才优势，通过投资、参股等多种形式与之建立有效的合作机制，提高专业服务供应商的服务能力。此外，从业人员的素质对服务能力有直接影响，服务商应注重员工素质的提高，联合供应商对员工进行定期培训。

③物业服务供应商关系管理

供应商关系管理专注如何保持和发展与专业服务供应商的关系。供应商是服务的提供者，与客户直接联系，对服务传递效果影响重大。物业服务集成商应开展全面的供应商管理，制定科学的评价制度、方案和指标体系，选择、跟踪、监控、评价供应商的行为。同时建立优胜劣汰的竞争机制，实施有效的激励措施，约束和调控供应商的行为。

在对物业服务供应商的管理上，最主要的是建立物业服务集成商和物业服务供应商之间信任机制和战略性合作伙伴关系。让物业服务供应商明确物业服务集成商的经营计划、经营策略及相应的措施；同时物业服务集成商和供应商要明确双方的责任，并各自向对方负责，使双方明确共同的利益所在，并为此团结一致，以达到双赢的目的。

④物业服务传递管理

服务传递管理是对物业服务集成商和服务供应商根据合同拟定的服务标准，向客户传递服务的过程进行管理。服务传递管理涉及的内容包括：服务项目的设计、服务人员工作内容、服务时间、设备选择、服务质量保证方案、客户参与程度等。

⑤客户关系管理

客户关系管理关注如何保持和发展客户关系。客户资源是物业服务集成商的核心资源。整个服务过程，从服务项目的选择、方案的设计、服务过程到服务的监督反馈都要以客户为中心。当前，有很多的物业服务集成商采取信息技术手段开发社区APP软件为社区活动、社区交流、社区消费、社区物业管理等搭建了一个移动平台，为保持良好的客户关系，提供了便捷的工具。

5）物业服务供应链质量控制

物业服务集成商应设定服务质量标准和考量标准。服务质量标准要依据ISO 9000、ISO 14000、OHSAS 18000等标准要求，再结合物业服务集成商自身特点设定质量标准，如《秩序维护作业指导书》、《客户服务作业指导书》、《服务供应商入链手册》等标准，有了质量标准，不管是外包还是自制，都可以按照标准对员工和服务供应商进行培训、上岗，同时对员工和服务供应商的考核也有了量化考核指标依据。另外，在选择服务供应商时，也应考虑流程控制能力，如服务质量的定期检查、投诉反馈程序、质量改进措施等；以及沟通协调能力，如沟通机制、沟通渠道、冲突能否快速协商解决等。

6）物业服务供应链的评价

影响物业服务供应链绩效的因素有供应链外部因素和供应链内部因素，主要受物业管理制度、房地产市场调控与发展、物业服务竞争程度、专业化分工程度、业主需求与爱好、专业服务供应商的管理方式与服务能力、物业服务集成商的经营模式与资源整合能力、物业服务供应链成员之间的协同关系等影响。因此，物业服务供应链的评价可以从业主价值、物业服务供应链服务运行绩效、物业服务供应链成员协同发展绩效，物业服务集成商的资源整合能力等角度构建物业服务供应链绩效评价体系和模型，采用平衡计分卡等方法进行物业服务供应链管理评价。

7）物业服务供应链能力协调

服务能力的协调需要考虑物业服务供应商的服务功能力大小，考虑业主服务需求的变动性，考虑不同服务功能之间的匹配等。物业服务集成商和服务供应商根据合同拟定的服务标准，向客户传递服务的过程进行管理和控制，加强对合同执行过程的监管。

8.2.3　物业服务供应链管理系统

1．供应链管理系统

（1）供应链管理系统的产品逻辑

SCM通常被区分为两大类：一类是供应链规划（Supply Chain Planning，SCP）系统，一类是供应链执行（Supply Chain Execution，SCE）系统。用于公司内和公司间计划的系统被认为是前者，而用于数据管理和交流的被认为是后者。SCP包括决策流程和分析工具、预测算法、数据过滤工具和其他决策支持技术，主要着眼于供应链的优化和分析，为具体操作提供需求预测、制定库存补给计划及生产调度规划等。SCE包括用来沟通并实行由SCP得出的决策流程和技术，主要以实现供应链内各个环节的具体事务性操作为主，如完成订单处理、货运安排、仓储装运管理等。

（2）供应链管理系统的内涵

供应链管理系统（Supply Chain Management System）是高效率地管理企业的信息，帮助企业创建一条畅通于客户、企业内部和供应商之间的信息流，能够使真实、有价值的信息通过正确渠道、恰当的传递方式实时地为供应链上各方所用，信息能够在供应链上透明、实时、高效率的传递、交互的管理系统。供应链管理系统能够降低企业的采购成本和物流成本，准确了解、正确分析企业客户的需求，提高企业对市场和最终顾客需求的响应速度，为企业客户及时提供个性化服务，从而在最大范围内抓住客户，提高企业产品的市场竞争力。供应链管理系统的应用促进了供应链的发展，也弥补了传统供应链的不足。它将供应链上企业各个业务环节孤岛联接在一起，使业务和信息实现集成和共享，使一些先进的供应链管理方法变得切实可行。

在市场经济条件下，现代企业不再是一个封闭的企业，而是一个与供应商、销售商、代理商、零售连锁商、运输公司、合作企业、劳动力市场、银行等外部经济体系有着广泛联系的开放性系统。由于市场竞争激烈，市场需求变化加快，产品市场寿命周期缩短，企业生产正向多品种、小批量方向发展，经营管理过程日趋复杂。企业在错综复杂的现代生产经营活动过程中，必须面向市场、突出重点、抓住主线，以获取最大经济效益、社会效益为主要目标，紧紧围绕市场需求变化就企业一系列生产经营活动内容作出决策。

企业管理思想正发生深刻变化，制造资源计划、准时化生产、产品数据管理、精益生产、敏捷制造、计算机集成制造系统、企业资源计划、企业过程重组、第三方物流、企业物流迭代等先进的管理思想、管理理念层出不穷，可进一步实现资源的优化。近年来，各种技术发展日新月异，尤其是互联网技术使信息准确、及时地交换成为可能，而且将不再受地域限制，功能日趋强大、完善的计算机系统使企业能实时跟踪供应商到顾客的整个物流过程。

供应链管理信息系统的出现就是解决传统供应链管理的缺点，它的特点就是将整个供应关系视为一个集成化的供应链。一般来说，供应链是宏观物流管理，是社会化的物流形式。这种形式包含了整个社会的各种产业供应链。供应链可以理解为在整个产业中，由原材料供应商、产品生产商、产品销售商、物流配送服务商和售后服务中心组成的协作关系总和。这种总和并不是各个企业简单加总在一起，而是链上的各企业有机结合，互补长短，形成一种新型的联盟或合作型的物流新体系。通过这种新型的物流合作体系提高整体物流的效率。供应链的核心思想就是在适当的供应链位置寻找最优的成员作为战略伙伴，从而满足市场需求。

2. 物业服务供应链管理系统

（1）信息技术与物业服务供应链管理系统

信息技术是一个比较广泛的概念，有关信息的收集、识别、提取、交换、存储、传递、处理、检索、检测、分析和利用等的技术都可称为信息技术。物业服务供应链是由多个节点企业共同组织起来完成服务的链状（网状）供应链组织，它的正常运营离不开高效的信息技术支撑体系。信息技术对物业供应链管理的影响主要体现在：信息技术可以加强物业服务供应链中的信息共享、物业服务供应链内部的协作、帮助物业服务企业建立更为完善的业主需求模型、有效加强物业服务供应链的集成化控制。越来越多的物业服务企业开始认识到，面对以业主、竞争和变化为特征的市场需求，信息技术能够提高物业服务供应链各企业的业务水平和工作效率，降低物业服务产品成本；使信息资源共享，提高决策能力和绩效；同时信息技术降低物业服务供应链运作风险，保持市场份额，建立基于物业服务供应链管理的战略伙伴关系，形成稳定的服务功能供应渠道和稳定的物业服务产品销售市场。因此，信息技术是提升物业服务供应链整体竞争力能力的必要载体和主要技术手段。

物业服务供应链管理系统中，主要有以下几种核心的信息技术：

1）电子数据交换（EDI）技术

电子数据交换技术（Electronic Data Interchange）是信息技术向流通领域渗透的产物，是企业内部应用系统之间，通过计算机和公共信息网络，以电子化的方式传递商业文件的过程。如POS销售信息传送业务、库存管理业务、发货送货信息和支付信息的传送业务等。使用EDI能够提高企业内部的生产效率、降低运作成本、改善渠道关系，提高对业主的响应，缩短事务处理周期，减少订单周期及不确定。借助ERP软件，利用EDI相关数据，还能够预测未来的销售情况，更好地满足业主需求和提升业主满意度。

2）Internet/Intranet/Extranet技术

Internet（因特网）可以将世界各地的计算机网、数据通信网以及公用电话网，通过路由器和各种通信线路在物理上连接起来，再利用TCP/IP协议实现不同类型的网络之间相互通信。利用因特网络可使全世界的人通过计算机进行信息交换，包括文本、文字处理、图片、视频、音频和计算机程序等的交换。Intranet称为企业内部网，建立在一个企业或组织的内部并为其成员提供信息的共享和交流等服务，是Internet技术在企业内部的应用。Extranet是一个使用Internet/Intranet技术使企业与其客户和其他企业相连来完成其共同目标的合作网络。互联网技术的发展带来了企业信息化新的发展契机。它革命性地解决了传统企业信息网络开发中所不可避免的缺陷，打破了信息共享的障碍，实现了物业服务供应链链条上物业服务集成商、专业服务提供商、业主之间的大范围协作和集成。

3）数据库/大数据技术

数据库技术是企业信息化的技术基础。在物业服务供应链管理系统中，数据库技术能更好地管理库存信息、业主资料，能支持企业有效地进行经营规划、成本分析和决策。大数据指无法在可承受的时间范围内用常规软件工具进行捕捉、管理和处理的数据集合，是需要新处理模式才能具有更强的决策力、洞察发现力和流程优化能力的海量、高增长率和多样化的信息资产。物业服务供应链管理系统将积累大量的关于业主需求、物业服务供应商供应能力、物业服务集成商的集成能力等海量数据，这些数据对于物业服务集成商来说，是宝贵的信息资产，运用云计算、分布式数据平台、数据挖掘等技术手段，可以对海量数据进行分析和利用，从而为物业服务集成商带来竞争差异、优化业主关系，提升业主忠诚度和黏度、将潜在业主转化为客户、开拓用户群并创造市场等。

4）电子商务技术

电子商务的出现彻底改变了供应链的结构与商业运作方式，传统供应链将转为基于互联网的开放式的全球网络供应链。企业一般具有双重身份，既是客户又是供应商。电子商务的发展促进了供应链管理的发展，改善商务伙伴之间的通信方式，使业务和信息实现共享和集成，将供应链上企业各业务环节连接在一起，加深了供应商之间联系。

5）移动计算技术

移动计算是随着移动通信、互联网、数据库、分布式计算等技术的发展而兴起的新技术。移动计算技术将使计算机或其他信息智能终端设备在无线环境下实现数据传输及资源共享。它的作用是将有用、准确、及时的信息提供给任何时间、任何地点的任何客户。基于移动计算技术开发物业服务供应链管理系统，将极大地改变物业服务供应链管理系统的模式，提升物业服务集成商的集成能力，降低物业服务供应链的信息传递和获取成本及时效性，提升对业主服务的响应速度。

（2）物业服务供应链管理系统技术架构

物业服务供应链是由物业服务提供商、物业服务集成商和业主（群）等多个实体组成的网络，以提升供应链竞争力为目标的物业服务供应链管理必须在其多个独立实体之间进行业务处理集成。Web技术的发展，使基于Internet范围的广泛的供应链的集成成为可能。在新形势下供应链的动态本质，使得业务过程必须不断调整，利用工作流技术将供应链的过程处理模型与组织模型分离，通过将工作流模型封装在Web服务中，自动调整以适应变化了的业务流程。图8-17给出了物业服务供应链管理系统的技术结构。

该体系是基于XML文件格式，利用HTTP协议和Web服务器，通过工作流驱动Web服务，发现和查找服务代理UDDI，在服务供应链的各个实体之间实现广泛而普遍的连接及业务处理Web服务的自动发现与调用。在图中，有多个物业服务供应商、物业服务集成商及多个业主，可组成若干条供应链。各条服务供应链可通过公用或私有UDDI，查抄并发现新的供应源与业主源，并通过工作流驱动的Web服务自动集成到供应链中去，实现供应链的动态性要求。

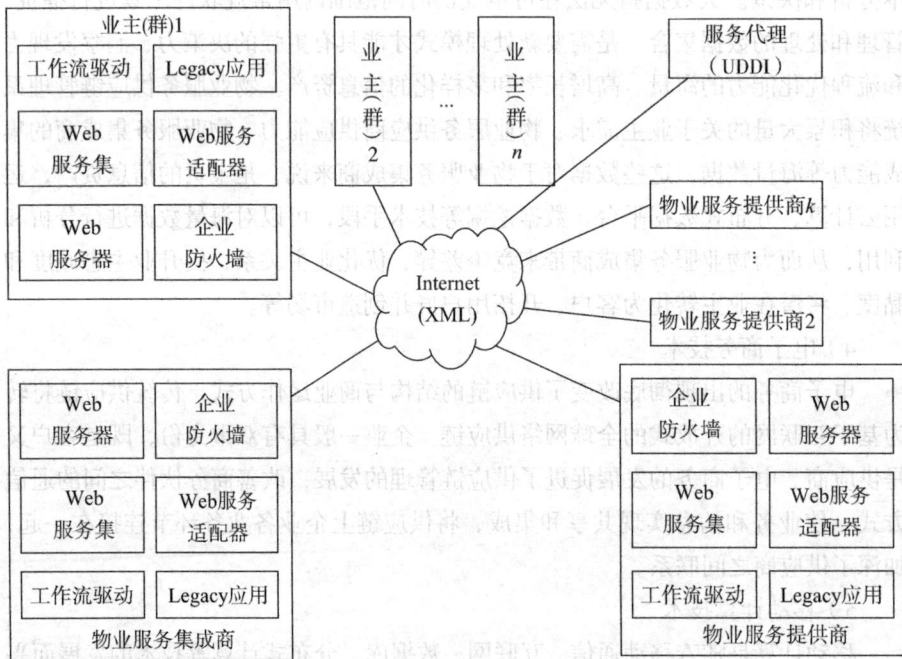

图8-17 物业服务供应链信息系统的技术结构

（3）物业服务供应链管理系统的主要功能

物业服务供应链管理是信息化时代的产物，通过信息网络进行信息沟通是物业服务供应链运作的基础。但物业服务供应链的信息集成并不是一件简单的事情，它要求物业服务供应链具有性能优良的信息系统。而物业服务供应链的特征使其信息系统必须是易于重构、易于扩充的，具有信息集成和分流功能，能解决各个系统的异构性问题，能面向企业资源共享与优化合作，可实现信息的无缝传送等，但物业服务供应链中的各个成员企业是互相独立的企业实体，在加入物业服务供应链之前都有一套行之有效的信息管理系统，而各成员企业大多来自全国各地，这种地域上的分散性和文化上的差异性可能会带来成员企业间信息系统的相互不兼容，使得信息集成难度加大，因此，物业服务供应链管理系统的构建是一项复杂的系统工程。

根据物业服务供应链组织结构特点及对信息资源的规划，物业服务供应链管理系统主要包括客户关系管理、能力资源管理、运营管理、物业服务产品管理、物业服务供应商管理和财务管理等主要功能模块。这6个功能模块分别接收来自物业服务集成商、物业服务供应商、连锁加盟商及其他方面的资源信息，经加工后形成相应的数据存储，并最终向物业服务集成商输出各个处理后的资源信息，为物业服务供应链的构建和运作提供辅助支持。物业服务供应链管理系统中的客户关系管理可以借助于专业的客户关系管理系统（CRM）来进行集成，为业主提供专业化的客户服务；财务、人力资源、产供销、物业服务供应商等的管理可以与ERP系统进行集成管理，为物业服务集成商提供强大的内部管理系统。系统功能模块如图8-18所示。

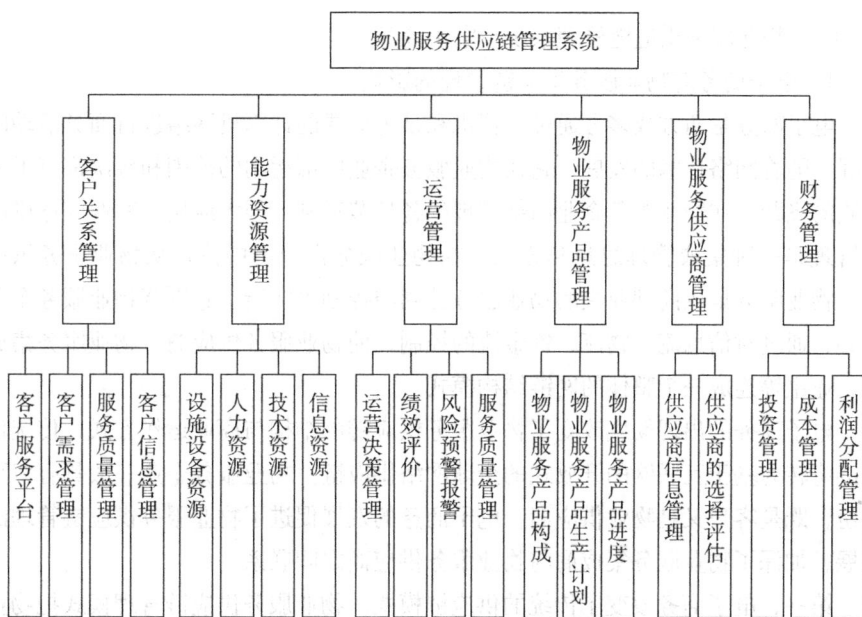

图8-18 物业服务供应链管理系统功能模块

在物业服务供应链管理系统中，需要建立较为完善的数据库管理模型库，这些模型库用于支持物业服务集成商对物业服务提供商的选择、评估，对物业服务供应链运营的决策，对物业服务供应链链条成员的绩效评价和风险预警，对物业服务供应链的业主关系进行管理。物业服务供应的模型库由模型字典库和模型文件库组成，主要实现模型的构建、模型的存储、模型的运行等功能。模型库管理系统主要实现对模型的修改、查询、调用、重组和运行管理等功能。

物业服务供应链决策模型如图8-19所示。

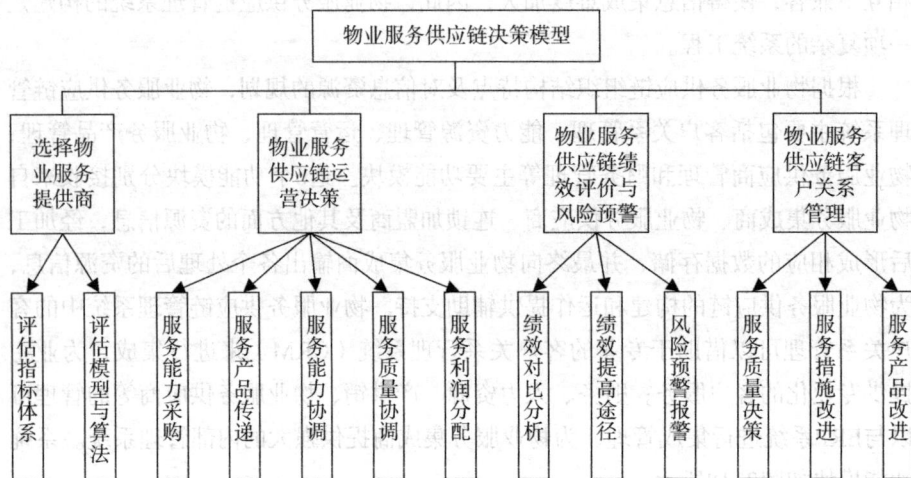

图8-19 物业服务供应链决策模型

（4）物业服务供应链管理系统与电子商务

1）电子商务对物业服务供应链管理的影响

电子商务是两方或多方通过计算机和某种形式的计算机网络进行商务活动的过程。随着网络技术的发展，它在物业服务企业内部运用的范围和层次都有了一个质的飞跃，在物业服务企业内部管理的各环节得到了很大应用。物业服务供应链管理是一种集成管理思想和方法，在物业服务供应链中执行从物业服务供应商、物业服务集成商到业主的物业服务计划与控制等职能。它围绕物业服务企业核心，通过对信息流、物流、资金流的控制，使物业服务供应商、物业服务集成商、业主等连成一个整体的网链结构模式。

电子商务的出现彻底改变了物业服务供应链的结构与商业运作方式，传统供应链将转为基于互联网的开放式的全球网络供应链。物业服务企业一般具有双重身份，既是客户又是物业供应商。电子商务的发展促进了物业服务供应链管理的发展，加深了物业服务集成商与物业服务供应商之间联系。

第一，电子商务改变了传统的供应链模式。物业服务供应链管理模式把物业服务集成商内部与物业服务供应链节点企业之间的业务看作一个整体功能过程，通过有效的协调信息流、物流、资金流，将物业服务集成商内部的供应链与物业服务提供商的供应链有机地集成起来进行管理，形成集成化供应链管理体系，来适应新竞争环境市场对企业服务产品和管理应用提出的高质量、高柔性和低成本的要求。电子商务的运用促进了物业服务供应链的发展，也弥补了传统供应链中的不足。电子商务促进了新的供应链模式的出现，一是"推式"物业服务供应链管理，二是"拉式"物业服务供应链管理。"推式"供应链管理是物业服务集成商根据对业主需求的预测进行物业服务产品生产，然后将物业服务产品通过分销商逐级推向市场。"拉式"物业服务供应链管理，它通常是按订单提供服务，由业主需求来刺激最终物业服务产品的供给，物业服务集成商可以根据业主需求来生产定制化服务。

第二，电子商务改变了供应链的结构。电子商务的应用，可以帮助物业服务集成商突破与物业服务提供商和业主之间的交易距离与界限，加强了供应链上各企业的一体化倾向。通过网络，物业服务集成商可以不经过分销商和零售商直接将物业服务卖给业主，实现物业服务集成商的零库存，节省了销售费用等。

第三，电子商务改变了业主、物业服务集成商和物业服务提供商之间的信息流。电子商务帮助物业服务集成商创建了一条统一的信息流，为物业服务供应链上合伙企业间的协调一致、同步运作提供了技术平台，为物业服务供应链高效运作创造了条件，使物业服务供应链企业内部决策过程更加透明、富有参与性，也使得物业服务供应链的信息结构更加完善，提高企业管理信息的效率。

第四，电子商务增加了物业服务供应链的柔性。由于在传统供应企业与需求企业之间没有有效的沟通手段，一旦市场发生变化很容易造成行动滞后于市场变化的速度，从而丧失了市场机会。然而在电子商务环境下，物业服务集成商可以通过互联网迅速了解变化情况并与它的物业服务提供商进行联系，更改采购计划，调整物业服务产品结构，使得整个物业服务供应链的柔性增强。

第五，电子商务提高了供应链上业主服务水平。在现代社会里，物业服务集成商要在竞争激烈的市场中具有强大的竞争力，光靠高质量低成本的服务是不够的，在电子商务环境下，业主反应能力变得越来越重要。业主需求的变化已经成为左右市场方向的指南针。电子商务的运用，使得物业服务供应链在获得可观经济效益的同时提高了业主服务水平。

2）基于电子商务的物业服务供应链管理系统

基于电子商务的物业服务供应链管理系统就是物业服务集成商在坚持供应链管理思想、实施供应链管理主要原则的基础上实现电子商务的总体目标，是一种网络化的供应链管理系统。可以采用Web技术和COM/DCOM标准实现跨平台异构系统之间的信息共享。系统结构如图8-20所示。

系统主要包括问题分析与处理模块、电子通信模块、电子会议模块、信息管理模块和人机交互等模块，其中问题分析与处理模块是系统的核心部分，它首先形成一个电子商务中的决策问题，并对该问题进行分解，然后得到由原问题分解产生的一系列具体任务，最后通过完成各个任务来解决这个决策问题。系统中采用组建对象模型（COM）使组建间可通过一致的程序界面进行沟通，不限制采

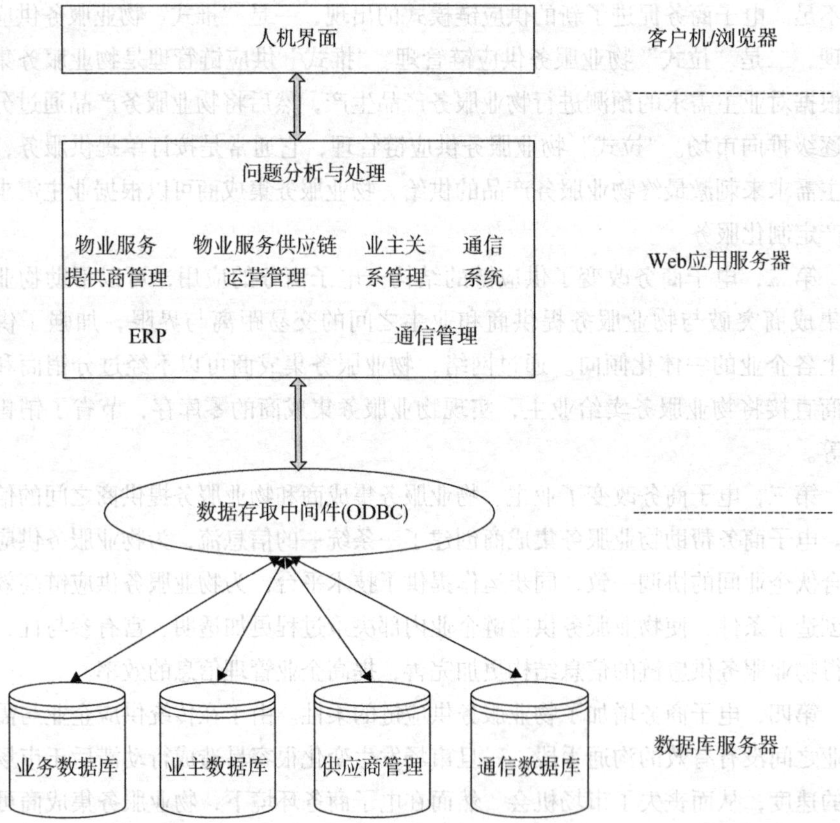

图8-20 基于电子商务的物业服务供应链管理系统结构

用何种程序语言开发组建；DCOM为分布在网络不同节点的COM构建提供了互操作的基础结构，进一步使COM具有分布式、跨平台的能力。DCOM和Web技术的结合解决了异构平台之间的互操作性问题。供应链上的用户可使用客户机上的浏览器，通过互联网/内部网访问Web应用服务器，物业服务供应链管理系统的核心应用主要在Web应用服务器上，对数据库服务器的互操作是通过数据存取中间件（ODBC）来实现的。

8.3 客户关系管理系统 CRM

企业经营管理中常常会听到这样的话"客户永远是正确的"、"客户即上帝"等说法，这些话在今天可能比以往任何时候都要真实。企业开发的具有竞争优势的创新产品或服务，其寿命通常会很短，而企业与客户间稳固的协作关系则是其长久优势。有种说法认为，竞争的基础已经由谁销售最多产品和服务转向谁"拥有"最多客户了，与客户保持良好关系才是公司最有价值的财产。

物业服务企业的基本工作内容就是为业主及非业主使用人提供物业管理服务。因此，在物业管理活动中，客户关系的处理显得更为重要。

【案例8-3】长城物业3G物业客户服务系统

早上9点，深圳某花园社区，物业公司维修技工准时按响了业主张阿姨家的门铃。维修服务是张阿姨昨天晚上预约的，昨天晚饭后，张阿姨和老伴纳凉时聊到家里的空调需要清洗了，通过"4007-818-818"电话查询了价格，觉得挺合适，于是约到今天早上晨练后进行维修，这样正好不耽误早上的锻炼，还可以边吃早餐边"监工"。

最近张阿姨还一直在合计去北京探望孙子的计划，想到要准备礼物、买机票，实在是没有头绪。于是张阿姨拨打长城物业的"4007-818-818"服务电话，通过专业客服的比较和建议，最终确定了行程，而且还采纳了客服给孙子准备礼品的建议。所有东西确定了之后，张阿姨很快就收到了长城物业送来的往返程机票和买给孙子的礼品。与此同时，"4007-818-818"还将出行当天的行程和天气预报，发送到了张阿姨的手机上，并提醒张阿姨，已经为家里的大黄（宠物狗）预约了宠物房间。这样，张阿姨终于可以轻松出行了。

该花园社区是长城物业在深圳地区全面进行物业服务3G化（PMS/CRM/EAS）的项目。长城物业3G物业服务系统将物业服务进行了全程网络化和数字化，采用先进的智能中继技术和智能订单处理技术，大大减轻了物业服务中心的工作量。手工输入、纸质工单被网络技术（"4007-818-818"的语音信息也是转化为网络信息进行处理）和PDA终端所代替，工作准确度大幅提升，工作效率更是呈现几何级的增长。以往电话铃此起彼伏的客户服务中心变得安静了，只有键盘轻微的敲击声，没有以往人来人往的嘈杂声，宽大的电脑屏幕上，服务人员把呼叫中心传送来的电子工单进行接收和再分配，点击确定，工单通过PDA空闲排队的技术，传送到了社区技工的PDA中，技工点击接受后，就可以立刻开始准备上门维修了。

8.3.1　CRM的起源与发展

客户关系管理（Customer Relationship Management，CRM）理论起源于美国。1980年初便有所谓的"接触管理"，即专门收集客户与公司联系的所有信息；1985年，巴巴拉·本德·杰克逊提出了关系营销的概念；1990年则演变成包括电话服务中心支持资料分析的顾客关怀；后来随着电子商务的盛行而被企业广泛重视。

1. 接触管理

接触管理又称接触点管理，是指企业决定在什么时间（When）、什么地点（Where）、如何接触（How，包括采取什么接触点、何种方式）与客户或潜在客户进行接触，并达成预期沟通目标，以及围绕客户接触过程与接触结果处理所展开的管理工作。

接触点，也被称为联络点，是指企业与顾客进行互动的方式，如电话、电子邮件、客户服务台、信件、网站、无线设备、零售店等。企业需要的是，无论客户使用何种接触点，均可以从组织内部获取完整客户数据，合并分析数据，然后将分析结果传送到企业内各个系统和客户接触点。同时，无论客户使用何种接触点，也可以为客户提供完整的公司信息。

这是20世纪90年代市场营销中一个非常重要的课题，在以往消费者自己会主动找寻产品信息的年代里，决定"说什么"要比"什么时候与消费者接触"重要。然而，现在的市场由于资讯超载、媒体繁多，干扰的"噪声"大为增大。目前最重要的是决定"如何、何时与消费者接触"，以及采用什么样的方式与消费者接触。优秀的企业总是努力地、最大程度地接近顾客，不同发展阶段、不同时期、不同工作领域都有着不同的沟通目标。诸如获取市场需求信息，新产品测试，促进交易达成，获取产品试用信息反馈等。

2．关系营销

企业与客户有效接触的核心目的是获得客户最大化满意，最终实现最大化营销，并获得品牌忠诚。但是，接触过程必须在科学、系统的管理之下才会有好的效果。1985年，美国著名营销学专家巴巴拉·本德·杰克逊提出了关系营销的概念。杰克逊认为，关系营销就是指获得、建立和维持与产业用户紧密的长期关系。拓展开来，关系营销就是把营销活动看成一个企业与消费者、供应商、分销商、竞争者、政府机构以及其他公众发生互动的过程，其核心是建立、发展、巩固企业与这些组织和个人的关系。

3．客户关怀

1990年，关系营销理论进一步演变成包括电话服务中心支持资料分析的客户关怀。克拉特巴克指出，客户关怀是服务质量标准化的一种基本方式，它涵盖了公司经营的各个方面，从产品或服务设计到它如何包装、交付和服务。它强调对于从设计和生产一直到交付和服务支持的交换过程每一元素关注的重要性。客户关怀本质即是能为客户所感知到、体会到和以一致方式交付的服务和质量。

4．客户关系管理

1999年，Gartner Group Inc公司在早些提出的ERP概念中，强调对供应链进行整体管理，针对供应链中的客户一环，提出了CRM的概念。其动因，一方面是在ERP的实际应用中人们发现，由于ERP系统本身功能方面的局限性，也由于IT技术发展阶段的局限性，ERP系统并没有很好地实现对供应链下游（客户端）的管理，针对3C因素中的客户多样性，ERP并没有给出良好的解决办法；另一方面，到20世纪90年代末期，互联网的应用越来越普及，CTI、客户信息处理技术（如数据仓库、商业智能、知识发现等技术）得到了长足的发展。

8.3.2　CRM系统的定义

关于CRM的定义，不同的研究机构有着不同的表述。

最早提出该概念的Gartner Group认为，CRM就是为企业提供全方位的管理视角，赋予企业更完善的客户交流能力，最大化客户的收益率。

Hurwitz Group 认为，CRM的焦点是自动化并改善与销售、市场营销、客户服务和支持等领域的客户关系有关的商业流程。CRM既是一套原则制度，也是一套软件和技术。它的目标是缩减销售周期和销售成本、增加收入、寻找扩展业务所需的新的市场和渠道以及提高客户的价值、满意度、赢利性和忠实度。CRM应用软件将最佳的实践具体化并使用了先进的技术来协助各企业实现这些目标。CRM在整个客户生命期中都以客户为中心，这意味着CRM应用软件将客户当作企业运作的核心。CRM应用软件简化协调了各类业务功能（如销售、市场营销、服务和支持）的过程并将其注意力集中于满足客户的需要上。CRM应用还将多种与客户交流的渠道，如面对面、电话接洽以及Web访问协调为一体，这样，企业就可以按客户的喜好使用适当的渠道与之进行交流。

而IBM则认为：客户关系管理包括企业识别、挑选、获取、发展和保持客户的整个商业过程。IBM把客户关系管理分为三类：关系管理、流程管理和接入管理。

从管理科学的角度来考察，CRM源于市场营销理论；从解决方案的角度考察，CRM是将市场营销的科学管理理念通过信息技术的手段集成在软件上面，得以在全球大规模的普及和应用。

作为解决方案的CRM，它集合了当今最新的信息技术，它们包括Internet和电子商务、多媒体技术、数据仓库和数据挖掘、专家系统和人工智能、呼叫中心等。作为一个应用软件的CRM，凝聚了市场营销的管理理念。市场营销、销售管理、客户关怀、服务和支持构成了CRM软件的基石。

综上，CRM有三层含义：

（1）体现为新态企业管理的指导思想和理念；

（2）是创新的企业管理模式和运营机制；

（3）是企业管理中信息技术、软硬件系统集成的管理方法和应用解决方案的总和。

其核心思想就是：客户是企业的一项重要资产，客户关怀是CRM的中心，客户关怀的目的是与所选客户建立长期和有效的业务关系，在与客户的每一个"接触点"上都更加接近客户、了解客户，最大限度地增加利润和利润占有率。

总的来说，CRM是一种以客户为中心的企业发展战略，它以信息技术为手段，通过为中心的业务流程再造，提升客户的满意程度，并最终实现企业经营利润的增长。

8.3.3 CRM的功能

作为企业的经营者，要培养与客户稳固而长久的关系，就需要准确而及时地了解客户多方面的信息。比如，客户属于哪类消费群体，与客户取得联系的方式，为客户提供商品和服务的成本是否高昂，客户对什么样的产品和服务感兴趣，客户在企业产品上的消费额为多少等。

了解客户最直接的方式是面对面交流。但对于大型企业，客户数量会比较大，地域上可能跨都市、跨区域甚至跨国家，企业与客户取得联系的方式也是五花八门，如网络、电话、传真、信函等。那么，为了满足大量客户的服务需求，整合来自这些渠道的信息变得异常困难。

而在企业内部，销售、服务与营销等环节被严格地区分开来，处在不同的部门，这些部门彼此间并不分享重要的客户信息。某位客户的部分信息可能根据其账户被存储在公司中，其他信息可能根据他所购买的产品进行组织管理。因为不可能整合所有的信息，所以也就无法为公司提供完整的客户信息。

优秀的CRM系统在回答以下问题时可以提供数据支持与分析工具：特定的客户对企业来说具有什么价值？谁才是企业最忠实的客户？哪些客户属于最高利润客户？高利润客户想要购买何种产品？通过这些问题的答案，企业可以采取相关销售方案吸引新客户群体，为老客户群众提供更加优质的服务。同时，为了留住高利润客户，公司会根据他们的喜好提供定制产品和持续价值。

CRM可以从多个层面入手分析客户，可以解决客户关系中的多方面问题，其中包括客户服务、销售和营销，如图8-21所示。

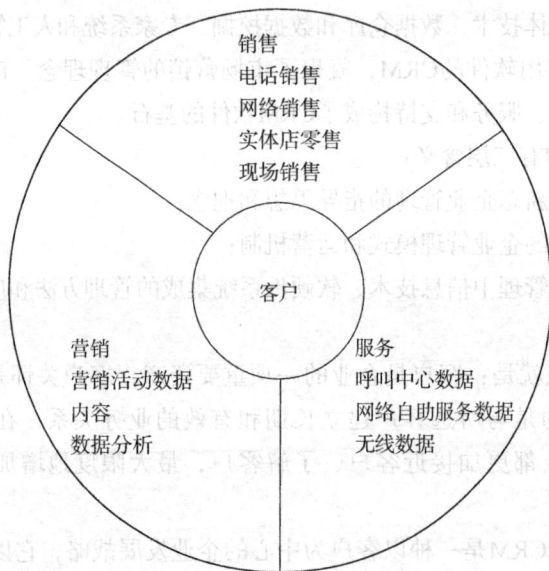

图8-21 客户关系管理CRM

CRM商业软件包从小型工具到大型企业应用软件应有尽有。小型工具只有某一部分的功能，如为特定的客户群量身打造的网站。大型企业应用软件可以捕捉与客户的互动，运用复杂的报表工具进行分析，还可以与其他的企业应用软件相链接，如供应链管理系统和企业系统等。更为复杂的CRM软件包还包含伙伴关系管理（PRM）系统和员工关系管理（ERM）系统。

客户关系管理应用软件的主要开发商有甲骨文旗下的Siebel Systems和仁科、SAP、Salesforce.com等公司，微软公司也开发客户关系管理解决方案Dynamics CRM。

1. 销售自动化（SFA）

销售人员可以使用CRM系统中的销售自动化模块提高工作效率。利用CRM系统，将销售目标更多地锁定在高利润顾客上，因为这些客户通常是销售和服务人员的首选对象。CRM系统销售自动化模块包括以下功能：销售预期、联络信息、产品信息、产品配置以及销售报价生成等功能。软件还可以收集特定顾客以往的购买记录，根据购买记录，销售人员可以为他们作出个性化商品推荐。另外，通过CRM软件，客户信息与产品信息能够更简便地在销售、营销和配送部门之间得到共享。如此一来，销售人员的工作效率提升，销售成本降低，获得新客户与挽留老客户的成本也相应降低。另外，CRM软件还有销售预测、区域管理和团队销售等功能。

2. 客户服务

CRM中的客户服务模块为呼叫中心、服务台和客户服务人员提供信息与工具辅助，提升工作效率。客户服务模块还具有分配和管理客户服务需求的功能。

其中一项功能就是管理电话预约或电话咨询热线。当一位客户通过热线打来电话时，系统将电话转接到空闲的服务人员，服务人员将该客户的相关信息录入系统。数据一旦录入系统，任何一位客服代表都能够处理该客户的来电。更加详细的数据录入系统之后，呼叫中心每天可以处理更多的服务电话，并且还能够降低通话时间。所以，呼叫中心和客户服务小组的工作效率得到大大提升，服务时间缩短，优质服务的成本也相应降低。由于客户不需要花太多时间重述所遇到的问题，客户满意度也相应地提升了。

CRM系统也包括基于网络的自动服务功能。企业利用官方网站为客户的问题提供个性化支持，也有通过电话联系客服人员获得额外支持的选项。

3. 营销

CRM系统对于直销活动的支持是通过以下功能实现的：寻找潜在客户与客户数据，提供产品和服务信息，审核目标市场中的销售意向，安排日程及追踪直销信件或电子邮件等。营销模块也包括市场与客户数据分析工具，该工具可以被用来分辨高利润与非高利润客户，为满足特定客户群需求而设计相关产品与服务，并寻找交叉销售的时机。客户关系管理软件为用户提供了单一的点来管理和评价多个渠道的营销活动，其中的渠道包括电子邮件、普通信件、电话、网络和手机短信等。

交通销售是指销售互补型产品给客户。从计划制定到对每次营销活动成功率作出判断，CRM工具支持任何阶段的市场营销管理。

图8-22描述了主要的CRM软件产品中对销售、服务和营销流程来说最重要的功能与企业软件一样，CRM软件也是基于业务流程驱动，其中有几百种业务

流程，每一流程都代表了该领域的最佳实践。为了实现利益最大化，需要修订业务流程并使其成型，以适应CRM软件中的最佳实践流程。

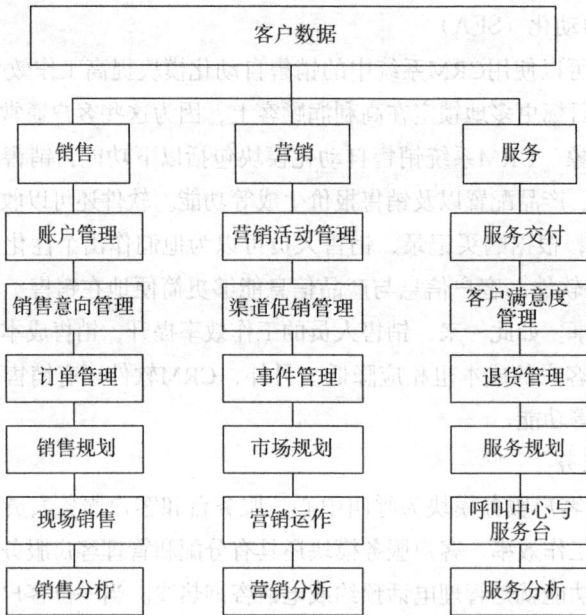

图8-22 CRM软件功能示意图

图8-23说明了通过客户服务提升客户忠诚度的最佳实践，是如何在CRM软件中成型的。直接为客户服务可以使公司挑选出能带来利润的长期客户，这种客户将得到公司的优先，这也是公司提升客户维系度的契机。CRM软件可以根据每一位客户的个人价值和对公司的忠诚度而给予其评分，然后将这些信息提供给呼叫中心，坐席员提供详尽的客户信息，其中包括客户的价值和忠诚度得分。坐席员可以利用这些信息为顾客提供特别优惠的商品或者额外服务，客户继续与公司交易。

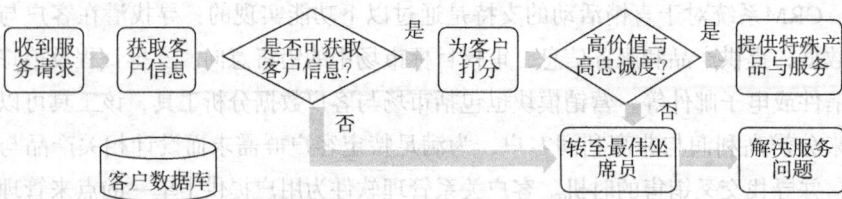

图8-23 客户忠诚度管理流程图

8.3.4 CRM系统在物业管理中的应用

CRM是通过应用现代信息技术，使企业市场营销、销售管理、客户服务和支持等以"以客户为中心"来重新设计业务流程信息化，实现客户资源有效利用的管理软件系统。那么作为物业服务企业，我们应该如何理解CRM思想呢？

首先，CRM是一个平台，它是用来管理物业服务公司与客户沟通过程、管理客户信息（包括客户档案和客户服务需求），实现物业服务公司与客户零距离沟通的平台。

其次，在物业服务企业应用CRM，可以达到两个效果：一是实现客户服务的自动化运营和管理；二是实现与客户的24h零距离接触。

第三，CRM对物业服务企业的发展将起到巨大的推动作用，能帮助企业在维持现有客户的同时，发现潜在的客户，创造新客户；能改变企业的发展战略，促进企业的市场开发和品牌推广；能提高物业服务公司的运营效率，帮助企业找准客户的需求，通过创新服务，来实现新的利润增长点。

客户是企业生存和发展的基础，市场竞争的实质其实就是争夺客户资源。企业的发展应以客户需求为导向，物业服务企业尤其如此。《哈佛商业评论》的一项研究报告指出：再次光临的客户可带来25%～85%的利润，而吸引他们的主要原因是服务质量，其次是产品，最后才是价格。因此CRM策略主要在于对于现有客户进行维系。

一般而言，服务企业的顾客在服务需求方面具有以下特点：

（1）各层次的顾客有可识别的人口统计特点。不同层次的消费者有不同的消费特点及需求，必须确切地识别顾客，从而了解该类顾客的需求特点、行为模式与偏好。

（2）不同层次的顾客需要不同档次的服务，愿意为不同服务水平和质量支付不同价格。

（3）不同层次顾客对开发相同的服务有不同的反应，对企业的利润率有不同影响。较高层次的顾客对新服务的反应更强烈，更有可能增加购买量。

（4）不同驱动因素引起不同层次的顾客的购买行为并影响他们的购买量，对不同层次的顾客提供差异化的服务组合，刺激顾客成为更高层次的顾客。

上述特点中提到了顾客需求，更深层次分析顾客需求存在不同的特性，如消费需求的差异性、消费需求的多样性、消费需求的发展性、消费需求的伸缩性、消费需求的互补和替代性。因此，物业管理的CRM系统应该具有分析顾客消费特点、分析服务过程处理、分析服务产品等方面的能力，从而满足客户的需求。

8.3.5 长城物业CRM系统介绍

1. CRM系统启用背景

长城物业集团股份有限公司（简称"长城物业"）创立于1987年，是国家首批一级资质物业服务企业。

长城物业对于管理软件的使用可以追溯到1995年，当时公司使用收费软件管理（单机版）。2001年，长城物业首次在全公司范围内使用OA系统（办公自动化系统）。2003年，长城物业开始使用系统基于B/S架构（即浏览器和服务器结构）的CRM系统，该套CRM系统中涉及"客户资料""投诉处理""特约服务""客户沟通"四大顾客需求模块,以及"内部呼叫""个人设置""系统维护"三大功能模块。2004年,在全公司范围内使用人力资源管理系统,2007年使用系统基于C/S架构(即客户机和服务器结构)的物业收费系统,2008年陆续使用远程视频会议系统、在线学习系统、知识管理系统。

可以说,长城物业一直致力于打造全信息化的办公环境及物业管理模式。近年来,随着公司集团化组织架构的发展和多种业务实施,使用多年的IT系统不可避免地遇到瓶颈。

过去实施的IT应用系统都是在个别特定需求的基础上应运而生,如物业收费系统与CRM系统之间所管理的对象以物业顾客为主,相互之间的信息并没有传递和共享,当时启用的IT系统并没有对未来公司长远的发展进行更深的考虑。

长城物业面对内部管理环境、外部顾客环境的变化,对CRM系统进行全面规划建设。CRM系统的规划建设有利于积累每一名客户的数据库以及分析,针对个性化需求提供全面服务,这就是客户关系管理。而在客户关系管理范畴中,呼叫中心是最为基本的一部分。因此为了能更加便捷的给予客户提供服务,获取客户的心声,长城物业在构思CRM系统之初,就将呼叫中心列入了IT系统的规划蓝图当中:CRM通过电脑技术管理、维护客户关系,呼叫中心通过计算机和通信技术实现客户的沟通管理,实现零距离服务。

长城物业应用微软系统,将集团公司服务的顾客及物业信息统一在一个数据库中,公司各级管理者能够根据其权限查询到任何一个管理处的客户信息,同时客户也可以通过上网或电话查询进行自助服务。将CRM系统与呼叫中心结合,服务标准化得以进一步固化,将CRM系统与集团公司外部网站、集团公司电子邮箱、员工和顾客收集(短信)连接,信息处理平台更加宽广。

长城物业于2009年初构思呼叫中心的运营模式,同时结合IT系统未来规划的蓝图,于2009年7月正式启动CRM系统的建设。

2. 长城物业CRM系统服务功能

长城物业CRM系统不仅整合所有业主所需的服务流程与标准,实现多项目集中式管理,同时有效实现各项业主服务的规范化、专业化、动态化的信息管理。其将分散的楼盘业主服务信息及流程进行集中式管理,系统集业主入住、维保、装修、搬迁、空置房管理及日常问询、特约服务、报修、投诉处理于一体。

(1)服务

1)信息管理:房产信息、业主信息、家庭成员信息、车位信息、宠物信息、业委会信息、合作方信息;

2)顾客服务:特约服务、共有物业报修、专有物业报修、顾客投诉、顾客问询;

3)社区业务:业主入住管理、专有物业维保、装修管理(装修登记、装修巡查、动火作业、装修验收)、顾客物品放行管理、顾客搬家管理、顾客停车业务管理、空置房管理；

4）顾客关系：社区互动管理、顾客关系维护管理、社区沟通管理。

（2）统计

1）项目信息：项目数量、建筑面积、房产信息、车位信息；

2）特约服务信息：受理数量、服务来源、收费情况、回访评价；

3）顾客服务信息：项目共用物业报修、专有物业报修、顾客投诉、顾客问询、顾客车位、业主入住管理、空置房管理。

（3）分析

1）专有物业报修：专有物业报修趋势、专有物业与共用物业报修对比、专有物业与共用物业报修回访评价对比；

2）专有物业维保：专有物业维保趋势、专有物业维保回访评价；

3）顾客投诉：顾客投诉趋势、顾客投诉回访评价对比、顾客投诉类别及回访评价对比呼叫中心话务量：呼叫来源、呼叫类型、服务回访、服务评价。

3．长城物业CRM系统应用价值

长城物业CRM系统实施包括4个重要的关键应用点。

（1）整合IT资源，提升客户体验

在客户关系管理上的考虑，将呼叫中心与微软CRM系统进行整合，通过呼叫中心获取客户资料、信息、需求，在CRM系统平台中直接与客户交互，为集团客户管理提供了更强大的优势。具体体现在：

1）通过CRM数据库，接入或受理客户的资料，顾客服务需求直接从呼叫中心及物业服务中心弹屏提示。

2）在线记录客户问题，并适时分配到顾客所在的物业服务中心受理。

3）在CRM系统坐席端管理坐席人员迁入、迁出、示闲、示忙、休息、应答等工作状态。

4）通过CRM系统查询业务流程的进展或结果，直接反馈至提出需求的客户，同时客户的问题可以得到更及时、准确的处理和回复等。

5）呼叫中心建立了统一的业务受理途径，微软CRM系统搭建了统一的业务处理平台。

同时，长城物业将微软CRM系统与公司收费系统集成，随时调出不同时期客户信息、费用数据，实现客户电话机网络在线的费用查询、缴费等需求。

（2）流程的优化和固化

CRM软件的实施是利用其蕴含的管理思想、流程和方法来为企业进行管理规划，将通用的CRM管理软件按照企业特点进行个性化业务流程的规划和设计，以从现有管理模式逐步接近，最后达到目标模式的关键过程。

长城物业深入地理解CRM软件中包含的管理思想、流程和规范，在此基础上共同确认及建立适应公司本身特点的CRM应用模式，并将之固化于CRM系统之中。

首先，组建团队、贯彻规划理念。理念导入主要包括组建实施小组、确定人员和工作计划、项目启动会和CRM理念培训。其中CRM的规划理念的确立是实施过程中重要的价值点。将客户放在企业核心竞争力的位置上，贯彻长城物业价值所在——源于顾客满意经营。

其次，调研分析、梳理业务流程。业务梳理是系统实施的重要步骤和控制实施周期的关键点。通过流程分析了解企业现有的业务模块状况及工作方式，提炼出客户群体、服务方式（内外部）过程处理中各环节的关键点、控制点以及暴露出隐藏的问题。在业务流程梳理工作上采取"业务流程描述"→"业务流程优化"→"未来业务流程描述"→"系统工作流实现"→"代替原流程"5个步骤开展。

在业务流程描述以及未来业务流程描述上，在不同的区域公司选取不同职位的员工进行业务需求调研。通过不同职位不同层级的职员对岗位业务的需求、工作经验、流程问题进行梳理和总结，以及咨询顾问充分发挥"第三方"经验方面的优势，提出个性化、符合长城物业业务现今及未来设想的实施建议，进而对实施中可能出现的阻力做充分准备，为CRM系统业务蓝图描述中的"业务蓝图设计"步骤奠定基础。

然后，流程固化、确定业务需求。结合长城物业C版体系文件（服务规范、管理要求）、旧CRM系统部分流程原理，在调整和优化原有工作流程的基础上进行流程固化，同时结合长城物业未来业务发展需求，融入三大运营中心中与客户关系管理有关的内容，如房屋租赁模块、房产销售模块、社区商务模块等，包括与三大IT系统对接的模块如业主费用查询及缴费、网站自助服务等。而在方案设计过程中亦运用相关行业的成功实施经验，根据业务梳理过程中总结有关信息，协助CRM项目组对流程的规划重新调整。可以说，确定业务流程是"业务蓝图设计"步骤制定指导说明书。

最后，蓝图设计、CRM系统部署。系统部署主要完成正式启用系统的数据准备工作。在系统部署过程中根据方案设计中规定的企业运营流程、工作传递关系、公司组织结构以及企业经营产品的特点等将基础数据录入或导入到系统，指导公司建立协调统一的信息标准。

（3）增值服务与自助服务

现今市场经济主导下，各行各业均推出许多增值服务以及自助服务，以提升客户的服务体验和企业的竞争力，提高客户的满意度。在长城物业CRM系统业务蓝图设计初期，基于原有的CRM系统业务模块，将呼叫中心与CRM系统紧密结合，在业务蓝图描述上设计超出常规的、便捷的、个性化的增值服务和自助服务。增值服务主要体现于两个方面：信息咨询和附加服务，其中附加服务涵盖自助服务，构思多个途径如官方网站、呼叫中心、电子邮件、手机短信、客户服务中心提供客户选择需求受理的方式，扩展物业服务中心在信息咨询方面受理的能力和范围。

通过上述途径，客户可以查询社区范围内的通用信息，如社区居委会、街道办业务办理及社区常用联系号码查询等；租户可获取物业项目基础的信息，如占地面积、绿化率、入住时间、户型等；房屋使用人可享受附加服务如家政、中介、订票、电子商务等方面带来的便捷。而所有的这一切增值服务和附加服务的每一环节，均有专人给予跟进处理。

（4）服务分析报表

客户提出需求过程的每一个环节都是我们提升客户体验，提高顾客满意的机会。把握客户的需求和动态变化，可以为我们提供准确的方向。数据统计和挖掘对于固有客户的关系维护、新客户开发、客户动态预测、客户细分等，CRM功能都能提供良好的技术支撑。在CRM系统中一个重要的环节设计就是客户信息获取和数据建立。

CRM系统的应用亦可在报表中体现，将报表、服务规范和管理要求挂钩，与"顾客满意经营"的理念紧密结合。在受理、录入、服务派发、服务跟进、处理等环节设立服务的标准，如呼叫中心派单后，物业服务中心值班人员在限定时间内必须接单，服务任务处理相关人员需在限定时间内上门服务等。CRM系统的使用人可以根据不同时期、不同组织、不同的业务进行数据统计，将标准的执行情况体现于服务统计报表中，运用描述性统计分析方法对各种业务数据进行统计分析，为业务发展和调整提供决策依据，支持各类业务数据的预定制及自定义查询，并有丰富的图形化表现方式。各类数据实时查询、统计分析、打印及导出，并支持打印各种日终、月终、年终统计报表。

4. 呼叫中心与CRM系统的整合

呼叫中心作为长城物业面对客户的一个全新的接触平台，不但实现服务流程的标准化，同时也在探索物业管理行业新的发展之路。CRM系统为呼叫中心技术的后援支撑提供保障，一套管理系统，首先体现的是管理理念，然后才是系统使用。

我们以"顾客报修管理流程"为例进行说明。客户通过电话、传真、短信、邮件等方式呼入呼叫中心系统，呼叫中心进行智能任务排队受理后将来电、短信、Email转接到坐席代表接听，系统弹出客户信息后，直接调用CRM客户关系管理系统受理用户的投诉、咨询和建议，并通过CRM系统实现投诉、咨询等业务的审核，分派至所属项目专人进行处理、跟踪、反馈。处理完毕后由呼叫中心坐席代表对客户进行回访，实现业务的闭环控制和处理。如在处理环节及回访当中接单人员处理超时或顾客回访不满意时，系统会自动定义服务流程升级至上级跟进处理，以确保服务过程有效处理。

全新的CRM系统，以及基于呼叫中心的客户互动与客户价值提升作为长城物业未来发展中最为重要的标准化模式，极大程度地改善、提高了整个客户关系生命周期的绩效。CRM系统整合了客户、公司、员工、相关合作方等资源，对资源进行有效地、结构化地分配和重组，便于在整个客户关系生命周期内及时了解、使用有关资源和知识；CRM系统简化、优化了各项业务流程，使得公司和员工在销售、服务、市场营销活动中，将所有的注意力集中到改善客户关系、提升绩效与核心服务业务模块上，提高了员工的快速反应和反馈能力，也为客户带来了便利，客户能够根据需求迅速获得个性化的产品、方案和服务。

企业一切IT技术的应用都是为了战略目标的实现。长城物业CRM系统的应用以及该系统与呼叫中心的结合，带给企业的是服务模式的革新，带给客户的是服务体验的升级。

8.4 知识管理系统 KMS

8.4.1 知识管理的定义与目的

对于知识管理（Knowledge Management）还没有一个被普遍认可的定义，不同的学者从不同的侧面、不同的角度对其有不同的看法。

美国生产力与质量管理中心（APQC）认为知识管理是一种使适当的人在适当的时间，能够获得适当知识的策略，同时能帮助成员分享情报，并进而转化为提升组织效益的行动。借由知识共享，发挥集体智慧，进而提高组织应变与创新的能力。

Lotus Notes公司认为，知识管理是对一个公司集体的知识与技能的捕获——而不论这些知识与技能存在于数据库中、印在纸上还是在人们的脑海里，然后将这些知识与技能传递到能够帮助公司实现最大产出的任何地方的过程。

韦格（K. Wiig）认为，知识管理主要涉及四个方面：自上而下地监测、推动与知识有关的活动；创造和维护知识基础设施；更新组织和转化知识资产；使用知识以提高其价值。

我国学者乌家培教授认为，信息管理是知识管理的基础，知识管理是信息管理的延伸与发展。知识管理是信息管理发展的新阶段，它同信息管理以往各阶段不一样，要求把信息与信息、信息与活动、信息与人连接起来，在人际交流的互动过程中，通过信息与知识（除显性知识外还包括隐性知识）的共享，运用群体的智慧进行创新，以赢得竞争优势。

虽然人们对知识管理的认识还未达成共识，但由上述学者或机构关于知识管理的种种看法，可以得出一个共同点：知识管理的对象是知识、信息以及知识的生产、创新、交流、共享、应用等过程，是运用集体智慧提高应变和创新能力，为企业实现显性知识和隐性知识的分享提供新途径。简而言之，知识管理就是对知识及知识过程的管理。

知识管理的目的就是为了知识创造与应用，使知识产生新的生命与价值，提高机构的智慧或企业智商。在今天动态的市场中，公司要成功就要有高等企业智商。企业智商的高低，取决于公司是否能够广泛分享信息，使员工通过分享彼此的观念而成长。从企业的观点来看知识管理，其目的可以分为以下几点：

（1）制定企业发展策略，运用网络技术以帮助企业发展及传递知识；

（2）依照所制定的知识管理策略，实际建立协助组织与组织间相关运作的合作团体；

（3）透过知识管理机制，协助组织内部知识的使用及发展。

一个企业致力于知识管理时，应该明确知识管理的目的不是知识本身，知识管理是手段而不是目的。知识管理通过管理各种知识的连续过程，来满足企业现在和将来出现的各种需要，增强企业的绩效和创新能力。知识管理有两个重点：第一个是整合组织内部的知识，第二个则是应用在组织内外以创造利润与价值。

8.4.2　知识管理的不同学派

对于知识管理的定义，可谓仁者见仁、智者见智，我们将其归结为如下三个流派：行为学派、技术学派、综合学派，如图8-24所示。

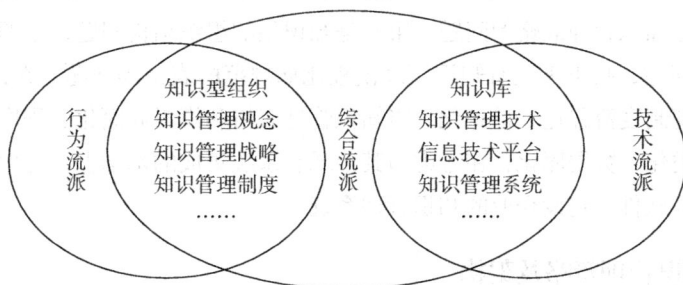

图8-24　知识管理的学派

1. 行为学派

知识管理的行为学派认为，"知识管理就是对人的管理"。这个领域的研究者和专家们一般都有着哲学、心理学、社会学或商业管理的教育背景。他们主要研究人类个体的技能或行为的评估、改变或改进过程。他们认为，知识等于"过程"，是一个对不断改变着的技能等的一系列复杂的、动态的安排。这些学者要么像一个心理学家那样热衷于对个体能力的学习和管理方面进行研究，要么就像一个哲学家、社会学家或组织理论家那样在组织的水平上开展研究。

行为学派研究的角度包括：从组织结构的角度研究知识型组织；从企业文化的角度研究知识管理观念，如学习型组织；从企业战略角度研究企业知识管理战略；从人力资源的绩效考评和激励角度研究知识管理制度；从学习模式的角度研究个人学习、团队学习和组织学习等。

2. 技术学派

知识管理的技术学派认为，"知识管理就是对信息的管理"。这个领域的研究者和专家们一般都有着计算机科学和信息科学的教育背景。他们主要研究信息管理系统、人工智能、重组和群件等的设计、构建过程。他们认为，知识等于"对象"，并可以在信息系统当中被标识和处理。

技术学派研究的角度包括：从知识组织的角度研究知识表示和知识库；从知识共享的角度研究团队通信与协作的技术；从技术实现的角度研究知识地图系统、知识分类系统、经验分享系统、统一知识门户技术等；从系统整合的角度研究知识管理系统与办公自动化（OA）系统、企业资源计划（ERP）等系统的整合等。

3. 综合学派

知识管理的综合学派则认为，"知识管理不但要对信息和人进行管理，还要将信息和人连接起来进行管理；知识管理要将信息处理能力和人的创新能力相互结合，增强组织对环境的适应能力。"组成该学派的专家既对信息技术有很好地理解和把握，又有着丰富的经济学和管理学知识。他们推动着技术学派和行为学派互相交流、互相学习，从而融合为自己所属的综合学派。由于综合学派能用系统、全面的观点实施知识管理，所以能很快被企业界接受。综合学派强调知识管理是企业的一套整体解决方案，在这套解决方案里，第一是知识管理观念的问题，第二是知识管理战略的问题，第三是知识型的组织结构问题，第四是知识管理制度的问题，接下来还有知识管理模板比如规范的表格等问题。在此基础上，将知识管理制度流程化、信息化，将知识管理表格和模板界面化、程序化，将企业知识分类化、数据库化，在考虑与其他现有系统集成的基础上，开发或购买相应知识管理软件，建设企业的知识管理系统。

8.4.3 知识管理策略及架构

1. 知识管理策略

所谓策略是企业资源使用的方向，企业的策略影响着企业的每个环节，尤其是在竞争激烈的全球化趋势中，企业的竞争策略更攸关其生存的角色与企业的运作，它常常导致企业基本结构的变革，它需要想象力、创造的精神与整体性的思考。有人就曾提出呼吁：组织必须建立一个知识管理的整体架构，因为知识虽是潜藏在每个人当中，但其具有非常大的力量。当员工的行为改变又没有一个企业策略可供遵循，以保持与企业策略一致性时，是非常危险的。为了使知识管理有良好的发展必须依赖于企业策略。知识管理策略的目的是支持一个组织成为学习型的组织，或创造、取得、转换知识的技能性组织，并且修正其行为模式，以反映出新的知识及远见。组织必须不断地增进预测、决策的正确性，以改善本身的知识，其目的在确定组织具有正确、适当及适时的知识。以下就企业资源、工作模式与知识的分享等三方面来剖析知识管理策略。

（1）企业资源

资源基础理论认为企业具有不同的有形和无形的资源，这些资源可转变成独特的能力；资源在企业间是不可流动的且难以复制的；这些独特的资源与能力是企业持久竞争优势的源泉。它强调企业应将其策略的位置放在他们最独特的、有价值的资源与能力上，而非传统重视的产品或服务上。此观念提供企业比传统策略更具远见，企业能在未确定及多变竞争的环境下更具有耐久性与坚韧性，而每个策略位置是连接到一个智慧的资源与能力的集合。企业必须清楚并了解如何去做。

（2）工作模式

有效的知识管理在于确保"让对的知识在对的时间传递给对的人"之流程，需结合企业内的科技、人力资源实务、组织结构及文化等要素。知识管理架构强调在运用知识管理工具时，高层管理者一定要把重点放在企业成功的核心流程与活动上。知识只有被特定工作岗位上的人掌握才能发挥相应的作用，企业的知识最终只有通过员工的活动才能体现出来。企业在经营活动中需要不断地从外界吸收知识，需要不断地对员工创造的知识进行加工整理，需要将特定的知识传递给特定工作岗位的人，企业处置知识的效率和速度将影响企业的竞争优势。因此，企业对知识微观活动过程进行管理，有助于企业获取特殊的资源，增强竞争优势。

经理人首先必须针对核心流程的每一个步骤所涉及的工作，进行评估与分类。评估员工从事的工作，可从两个角度进行：第一个是"工作的依赖性"，也就是个人与组织须与他人或其他单位互相合作及互动的程度。第二个角度是"工作的复杂性"，也就是员工需要运用其判断力的程度，及需要对多元化信息做诠释的程度。依据这两个角度来分，将企业的核心流程区分成4个工作模式。

1）交易工作模式：此工作模式的依赖性与复杂性都很低，多属于例行性的工作，工作特色是具有既定的工作规则、步骤与训练。从事此工作形态的人员，大多无需运用到个人的判断能力。

2）整合工作模式：此类工作的依赖性高，是一种有系统的重复性动作，依赖一定的流程、方法与标准，需要各部门功能的紧密整合。

3）专家工作模式：此类型的工作依赖性低，工作性质复杂性高，相当依赖个人经常运用其判断力，需要具有专业判断力的员工，通常多由组织内部明星级员工负责。

4）合作工作模式：此类工作依赖性与复杂性均高，既需要员工边做边学，偶尔也需要来个即兴之作的表现，更需要来自不同功能的专业知识，和大量运用弹性工作团队的模式来运作。

（3）知识的分享

以上分别从企业资源与工作模式的层次上来看，但忽略了一点，即企业是由人所组成的，企业的价值与知识的来源都是人所创造出来的，所以根据人的参与方式不同，将知识管理策略分成两个方向：一是将策略集中在计算机上，所有的知识是被整理及储存在数据库中，组织中有需要的人可以方便地使用，此种策略称为分类编辑策略。另一种策略则是重视人与人之间的接触，拥有知识的人，直接分享给所需的人，而不是透过储存的过程，此种策略称为人性化的策略。人性化的策略是利用计算机科技来协助人际间知识的沟通。分类编辑策略与人性化策略此两种策略并非互斥的，而应是并存互补的，只是在于所适用的情境上之不同而已。分类编辑策略是采用明确的知识，其所拥有的创新程度较低，比较适合开发具有产业标准化及成熟的产品；而人性化策略的主角在于人，计算机科技是用以辅助员工的创作，所以采用较内隐的知识，适合开发顾客导向且创新度高的产品。

2．知识管理的架构

在进行知识管理时，组织扮演一个重要的角色，它必须提供一个有利知识创造、传播与分享的环境，和组织的制度、流程及策略。知识管理系统并非是一般的信息系统，而是一个攸关企业竞争优势、知识创新的整合型系统，它的使用者并无等级之分，并且跨越部门别，均需参与知识管理的每个过程，如此的知识管理架构才是一个整合、有效且永续的知识管理体系。根据对知识管理策略的不同理解，先后出现了如下的知识管理架构。

（1）Knapp的知识管理架构

Coopers & Lybrnd 的副总裁兼知识管理总裁Knapp认为一个知识管理架构应包含的项目有6大要素：内容、学习、文化、评估、科技及个人责任。各要素与知识管理之关系如图8-25所示。

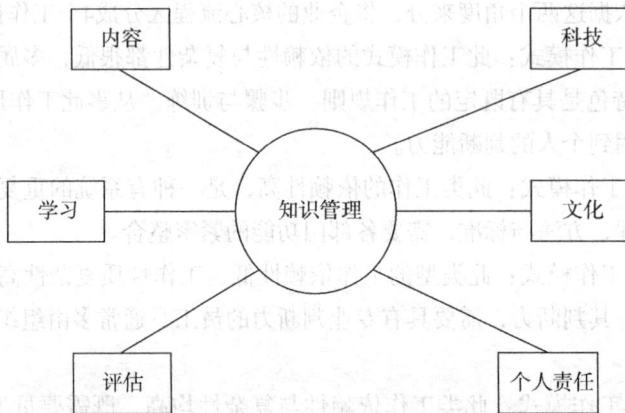

图8-25 Knapp的知识管理架构

1）内容：确保知识内容必须是有价值且易于寻获的。

2）学习：鼓励组织学习，并应用奖励制度，致力于提升技能的成员。

3）评估：经由评估客户满意度、新产品开发时程、知识资本之积累、知识分享的效率等了解组织知识管理的成效。

4）科技：发展联结组织成员与促进团队合作的科技工具，包括网络浏览器、搜寻引擎与储存数据的技术。

5）文化：创造信任与合作的文化。

6）个人责任：每位组织成员都必须为创造知识分享环境负责任。

（2）IBM的知识管理架构

IBM公司的知识管理架构如图8-26所示。

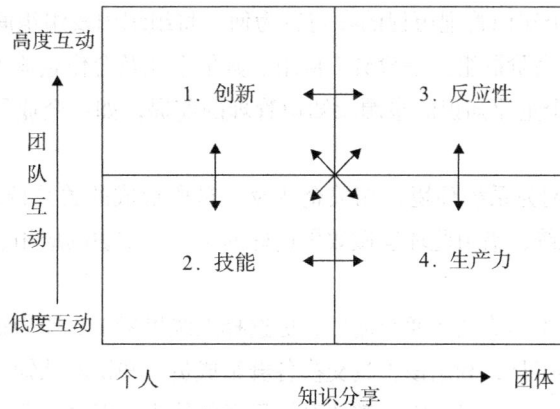

图8-26 IBM公司的知识管理架构

IBM的知识管理架构以知识分享与团队合作分别作为横轴与纵轴,在横轴与纵轴的交叉形成4种模式:

1)创新:属于团队内个人知识之间的高度互动。

2)技能:属于团队内个人知识之间的低度互动。

3)反应性:属于团队内团体知识的高度互动。

4)生产力:属于团队内团体知识的低度互动。

由此4种模式的分类可知,知识分享的程度愈高,团队间合作的程度愈高,则组织快速反应环境的能力也愈强,反之,若仅属于个人知识的增加,对于组织的贡献便相当有限。由此架构可知,一个属于知识密集的组织,应朝高知识分享程度、高团队合作程度发展。

(3)以因特网为基础的知识管理架构

如图8-27所示,企业知识管理的基本运作架构的精神为快速散播、沟通及运用知识,利用因特网为基础的环境,以相关成员的群体学习历程达到知识管理的目标。

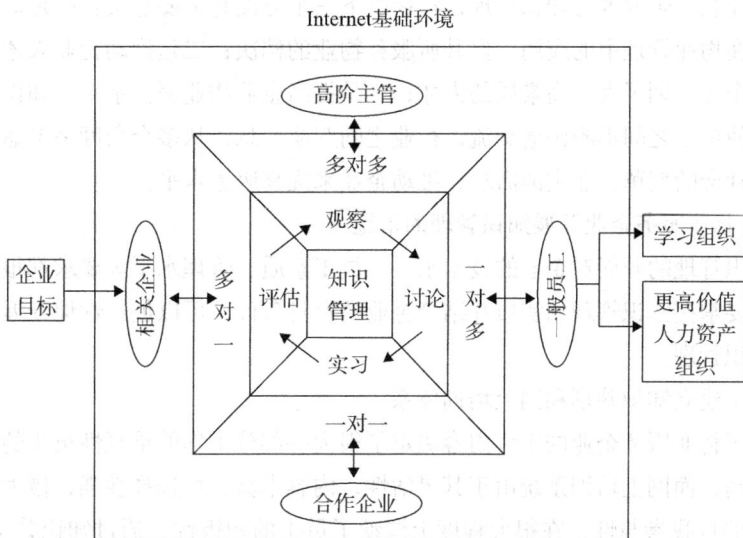

图8-27 以因特网为基础的知识管理架构

1）找出整个知识管理历程的参与者为何？将组织内及组织间关系最关键的成员，分为企业高阶群组、一般员工群组、其他企业及合作企业等四个群组。

2）找出整个企业知识的泉源及知识管理的前提，如：企业目标，以形成绵密的知识管理。

3）以因特网为系统环境，相关企业及人员所形成的关系群组为主要成员，建立一个网络系统，借由此环境做效果良好的学习及知识的应用、散播、交流等工作。

除了建构基本的成员沟通交流外、更选择系统思考工具作为知识交流、成员知识创新的基础工具，利用该工具交换各群组成员对知识的认知、甚而做到心智思考的相互激荡，最后形成组织整体系统思考的能力，引导企业真正走向"学习性组织"，以确保企业的可持续发展。

8.4.4 物业知识管理系统

当一个企业发展到一定的规模，企业长期积累和沉淀下来的知识包括文化如何进行管理十分重要，物业服务企业也不例外。知识管理对于一个现代化的物业服务企业非常重要。

1．知识管理对物业管理的重要性

物业管理行业经过20多年的发展，在制度建设、人才培养、服务规范等方面取得了可喜的进步，但是仍然存在企业管理落后，滞后于市场经济的发展，企业的品牌意识、市场意识、人才激励、风险规避上都比较薄弱，不能从长远角度考虑来发展企业。另外，物业服务企业缺少热衷于知识管理的高层管理人员。由于进行知识管理会涉及现有管理组织结构的变革，一部分管理人员认为会改变在企业中的职位和上下级之间的关系，不能从企业的整体发展来认识知识管理的作用，从而，不热衷知识管理的运行。

物业服务企业推行知识管理，将在以下三个方面有重要意义：一是促进高科技技术在物业管理中的应用，提升所服务物业的档次；二是推动行业人才素质提高，为企业培训了大批高素质的人才；三是提高企业物业服务水平。知识管理的开展促使员工之间不断沟通交流，行业之间互换信息，从多个角度来考虑行业的变化、社会的变革、业主的需求，推动企业来提高服务水平。

2．物业服务企业开展知识管理的措施

知识管理的开展对企业的技术水平、员工素质、管理水平等要求都很高，但我们只要掌握知识管理的实质并结合企业的自身条件，可以创造性地开展灵活多样的知识管理。

（1）建立知识共享和网上培训体系

由于物业服务企业的工作内容决定了很大一部分工作的重复性员工的工作积极性不高，而网上培训系统由于其灵活性、内容丰富、可选择性强，极大地提高了员工的自我参与性、在很大程度上调动了员工的积极性。通过知识共享体系，企业各个层面、各个级别的员工都会受益于知识管理，提高工作效率，建立一个企业内部所有员工进行有效学习、积累知识和信息共享的环境，形成一个学习型物业管理组织；加强信息和知识的集成，使其产生新的知识，如新的市场需求、新的服务项目。

（2）建立扁平化组织结构

知识管理与组织结构密切相关，知识管理的目标之一就是要促进组织内部各项经营要素的协调，加快信息的流动。实行物业服务企业结构的扁平化主要是减少中层管理人员的数量，扩大员工的业务知识范围和业务权限。在企业中，中层管理人员的主要职能是协调员工和部门间的关系，网络和信息技术的应用开始逐渐替代了这项功能；另外，业主或者租户需求的灵活性、综合性，就要求为业主或租户提供一条龙服务，要求物业服务企业信息传递速度快，同时信息传递的环节要尽可能地减少，快速为业主服务。

（3）建立物业服务企业的知识库

物业服务企业的知识库可以包括物业服务企业经营历程中的重大决策；企业经营典型案例；物业服务企业内部调研工作成果；企业设施设备的原始采购资料、维修资料；业主和租户的信息档案；竞争对手和合作伙伴的详细资料等。

常有一些企业的重要关键设备设施、客户资源在员工流动过程中处于瘫痪状态，而建立企业内部的知识库能够获得、保存此类资源，杜绝此类事情的发生。

（4）与其他企业建立广泛的知识联盟

与其他企业结成知识联盟，有利于实现经营互补、产品互补、市场互补，并在知识交流的基础上共同改善服务质量和服务方式，实行协同效应。与同行业的企业结成同盟，可以共享行业知识、市场信息，实现物业管理人才互补、物业资源共享等，减少运营上的成本。由于物业服务企业给业主提供服务的可扩充性，相关行业的知识，如建筑行业、通信业等行业的发展可拓展物业服务企业的服务领域和经营思路。如能与他们结成知识联盟，物业服务企业可以获得业主所需求的各种信息，并通过与这些企业联手扩大物业管理的经营领域，物业服务企业可以获得一定的经济收益。

应该认识到物业服务企业知识管理在实践过程中会遇到很多困难，如组织结构改革、网络安全保障系统的建立、知识联盟巩固、管理绩效的评价等，这些都需要我们做进一步的探讨。

3．物业服务企业知识管理应用现状

当前物业服务企业知识管理主要以管理信息系统一个子功能模块的形式存在，管理内容主要以文档管理为核心，利用先进的计算机软件技术，有效地控制各种文档的产生，管理文档的存取访问，控制文档的分发，监控文档的流转过程。旨在通过计算机技术推动知识管理，建立业主、不动产、公共设备设施等相关档案，让员工快速获取所需的工具及信息，加速协同作业，通过知识管理平台实现实时信息的共享，为企业更有品质的营运决策提供支持。运用高效率的作业流程降低管理成本。可实现集团内各分公司、各部门文件的管理，各单元之间既可共享文档，也可独立管理自己的文档，实现全文检索功能。

如物业服务企业对按照ISO 9000、ISO 14000、ISO 18000的管理标准建立知识管理子模块，有效地帮助物业服务企业将业务运行中形成的标准化的规章制度、操作指导书、成功经验总结建立成为动态更新的业务知识库，通过对知识进行有效的分类、归纳、总结并推广共享，提高整个公司的管理水平和竞争力。

8.4.5 深蓝海域kmpro知识管理体系

1. kmpro知识体系介绍

kmpro知识管理系统是应用最为广泛的知识管理平台之一，基于互联网架构，提升企业核心竞争力的软件平台，是深蓝海域公司历时5年自主研发，基于B/S架构，快速分析企业知识结构、分类存储知识数据、共享知识应用、提升企业管理效率、增值企业知识资产、提升企业核心竞争力的软件系统。

kmpro知识管理系统（3.0）结合国内企业实际需求，构建了知识管理平台，实现对知识的精确存储、版本、权限、共享、培训、重用，延长知识的生命周期，首创性的实现组织结构型、人力结构型知识地图（K-Map），将知识与人、岗位、工作流程的关系明确，提升人对知识应用的目的性和高效性。引入知识管理的自我学习、在线培训、积分激励、专家问答、报表管理、决策支持等辅助技术系统，推动了知识管理深入关键业务领域的应用。

kmpro知识管理平台由深蓝公司独创的5大核心理念作为理论支撑：

（1）认知世界五大模式理念：构建"分类、搜索、人际、推荐、关联"的知识获取模型。

（2）知识管理全生命周期理念：从知识的需求、生产、评审、共享、消化、应用、创新、生命健康等全程13个环节。

（3）多维度知识地图理念：支持多种维度和角度建立企业知识地图。

（4）知识云理念：支持多渠道、多IT系统的知识沉淀和知识反哺。

（5）双轨实施理念：从IT和管理两个角度双线落地实施，相辅相成。kmpro功能覆盖了知识管理全流程，实现了"知识需求（地图）、知识生产、知识评审、知识获取、知识互动、知识激励、知识审计"等11个大模块，150个功能点。可以说kmpro是同类产品中功能最为强大的平台，平台用户需求一次性满足率达到90%以上，一般只需少量定制开发即可上线应用。

2. kmpro知识管理体系的思想

kmpro知识管理平台提出了自己的IT系统世界观，将kmpro知识管理系统的核心点定义为"分类+搜索+人+应用+咨询"，并以此作为看待知识管理系统的IT世界观。

（1）分类，是指对知识进行分门别类，做到快速、准确的定义知识的分类，让用户获取所需。kmpro知识管理平台创新地提出了"多维度知识分类、智能知识分类",并针对分类体系提出了一系列分类模型、分类标准等,将知识的分类体系推向新的高度。

(2)搜索,是指通过搜索引擎,快速、准确地找到用户所需知识。针对知识管理领域,kmpro知识管理平台提出了"知识搜索引擎"的概念,并研发推出了CICADA知识搜索引擎,既保证了系统通过全文搜索获取快速、准确的结果,又通过结合数据库搜索的方式实现时间、来源、好评度等多种数据库字段的查询,这两者的结合使搜索结果更为符合用户的搜索诉求。

(3)人,是参与到知识管理过程中的全部用户的集合,不同的用户拥有不同的角色与权限,面向不同的知识。kmpro知识管理强调组织中的人、岗位,都应该参与到知识的建设和应用过程中来,形成专家地图。知识是围绕人的应用而生产和运营的,强调用户的参与性,强调知识和知识,知识和人,人和人之间的互动是kmpro知识管理系统的重要观点。

(4)应用,是指系统提供出来给用户使用的,有效处理知识的功能。这样的功能越丰富,越贴近用户的工作方法就越高效。kmpro知识管理系统特别注重提炼用户需求,开发出了一系列应用功能如知识问答、培训考试、知识关联地图、人力地图等。

(5)咨询,知识管理的实施过程当然不仅仅是一个IT系统上线这么简单,需要辅助以专业的理论和实践经验指导,才能够少走弯路。

"分类+搜索+人+应用+咨询"是kmpro的核心观点,"分类和搜索"解决了技术上怎么实现的问题,"人和应用"解决了知识管理做什么的问题,而"咨询"则解决了项目的实施经验协助问题。五位一体的组合,让kmpro不仅是一套软件系统,更是一套针对知识管理工作的解决方案。

3. kmpro知识管理系统的功能

(1)强大的非结构化知识处理能力。可将现存的大量的文档和历史知识,部分非结构化的文档,根据需要快速地导入和管理起来,并能够进行全文、附件内容地检索。

(2)结构化知识处理能力。对日常工作运行中产生的结构化数据,能够进行自定义发布为知识,搜索引擎可对结构化知识进行全文检索。

(3)征询管理系统。可实现运营过程中征询业务的全面应用。

(4)便捷的呼引导解答应用。可自定义问题分解步骤,可关联子问题关系,可以预设问题答案,为有效利用知识库内已有知识提供便利工具。

(5)完善的文档及内容管理子模块。支持对知识的管理需要进行数据分析、批量导入、版本管理,建立知识发布、管理、应用及审核处理等流程定义。

(6)权限管理系统。能够定义用户的角色,并对角色进行权限设定,不同用户拥有不同的权限,保证系统的文件安全性。

(7)知识维度的自由设定。支持有权限的应用者自行设定部门或板块的知识结构。

（8）个人知识门户。支持对每个用户建立个人知识结构，知识文集，知识收藏等个人培训计划，便于岗位知识的传承与管理。

（9）知识地图。支持能够全局预览本企业知识架构的知识地图和不同岗位具有不同知识结构的岗位知识地图。

（10）知识培训。支持从知识库中选取知识，对某一类用户进行培训。

（11）知识统计功能。支持对知识库的库存、使用率的统计表现。

（12）版本管理功能。支持知识从发布起便记录其历史版本，能够查询每个修改过的版本情况。

（13）e_learning，基于知识库的培训考试系统。

（14）人才库管理。支持知识管理按照专家进行分类管理，找到专家后，系统定位到专家发布的知识。

4．kmpro推出的知识管理解决方案

kmpro以推动知识管理在中国的落地实践为目标，以知识管理IT技术和基于落地为目的的咨询为服务手段，为推行知识管理战略的组织提供服务和解决方案。面向不同的用户群体，设计了不同的解决方案：

（1）技术应用方案：面向IT需求明确，应用简单的、诉求准确的应用型客户，提供知识管理标准化产品和技术支持服务。

（2）集成应用方案：面向集成和打通IT流程为重点需求的客户，提供以知识输入、输出、用户集成、UI集成等功能应用，实现知识采集与应用的自动化。

（3）行业应用方案：面向结合行业自身特点，提出具有行业特征需求的客户，结合深蓝在各行业的成功经验，提供银行、保险、证券、地产、汽车、媒体等多种行业解决方案。

（4）综合应用方案：面向强调整体落地的客户，kmpro提供IT+咨询的解决方案，在项目实施过程中提供从全系列的项目落地咨询服务，包括"需求分析、战略规划、内容与流程体系、组织架构、管理和激励制度、宣传推广运营体系"等。

8.5　业务流程管理系统 BPMS

业务流程管理（Business Process Management，BPM）是一套达成企业各种业务环节整合的全面管理模式，涵盖了人员、设备、桌面应用系统、企业级后台管理系统应用等内容的优化组合，从而实现跨应用、跨部门、跨合作伙伴与客户的企业运作。通常以Internet方式实现信息传递、数据同步、业务监控和企业业务流程的持续升级优化，不但涵盖了传统"工作流"的流程传递、流程监控的范畴，而且突破了传统"工作流"技术的瓶颈，是工作流技术和企业管理理念的一次划时代飞跃。

业务流程管理系统（Business Process Management System，BPMS）可以帮助用户更科学地管理企业的各个业务环节。通过采用BPMS可以明显让企业在运营效率、透明度与控制力、敏捷性方面受益。

工作流管理（Workflow Management，WFM）是人与电脑共同工作的自动化协调、控制和通信，在电脑化的业务过程上，通过在网络上运行软件，使所有命令的执行都处于受控状态。在工作流管理下，工作量可以被监督，分派工作到不同的用户达成平衡。

面向服务的体系结构（Service Oriented Architecture，SOA）是一种架构，而BPM是一组协调活动。部署BPM，并不一定要基于SOA架构，以此可以快速地实现目标。但由于SOA架构下，具有易于集成、降低管理复杂性、消除信息孤岛、增加重用和降低成本等特点，在此结构下实施BPM可以将其作用发挥得淋漓尽致。

8.5.1 业务流程管理系统的定义

1. 业务流程管理

业务流程管理是从相关的业务流程变革领域，如业务流程改进（BPI）、业务流程重组（BPR）、业务流程革新中发展起来的。流程管理技术也是从早期的工作流管理、企业应用集成、流程自动化、流程集成、流程建模、流程优化等技术中发展起来的。

很多人认为业务流程管理是20世纪90年代工作流管理系统的扩展，因此我们使用工作流的术语来定义业务流程管理。工作流管理联盟（WFMC）定义工作流为："工作流是一类能够完全或者部分自动执行的经营过程，它根据一系列过程规则、文档、信息或任务能够在不同的执行者之间进行传递与执行"。在过去的几十年里，很多研究学者开始意识到仅仅把重点放在工作流执行上过于局限，于是新的术语BPM诞生了。现今存在很多BPM的定义，但是从中我们可以看到大多数定义都包含了工作流管理的内容。

从管理理论或战略的层面看，业务流程管理（BPM）就是在一个存在内部事件和外部事件的环境中，由一组相互依赖的业务流程出发，对业务进行描述、理解、表示、组织和维护。从具体实施的层面看，BPM还可分为流程分析、流程定义与重定义、资源分配、时间安排、流程管理、流程质量与效率测评、流程优化等。

Gartner Inc. 给出的BPM的定义是：BPM是一个描述一组服务和工具的一般名词，这些服务和工具为显式的流程管理（如流程的分析、定义、执行、监视和管理）提供支持。

我国大部分专家学者普遍认同的定义是：BPM是一套达成企业各种业务环节整合的全面管理模式，涵盖了人员、设备、桌面应用系统、企业级后台管理系统应用等内容的优化组合，从而实现跨应用、跨部门、跨合作伙伴与客户的企业运作。通常以Internet方式实现信息传递、数据同步、业务监控和企业业务流程的持续升级优化。显而易见，业务流程管理不但涵盖了传统"工作流"的流程传递、流程监控的范畴，而且突破了传统"工作流"技术的瓶颈，是工作流技术和企业管理理念的一次划时代飞跃。

2. 业务流程管理系统

（1）业务流程管理系统的定义

关系数据库分离了应用程序使用的数据和具体的应用逻辑。数据库作为数据持久的存储集合，使用实体关系模型和诸如两阶段提交这样的协议来保证数据的完整性和正确性。数据库的理论基础和实现机制十分复杂，但是对数据的各种操作却可以通过相对简单的接口——结构化查询语言（SQL）加以实现。

业务流程管理系统的提出也是基于这一思想。BPMS使企业能够对核心流程进行建模、部署和管理。企业信息系统所处理的业务流程越来越复杂，需要不断调整才能适应市场，这对企业信息系统的灵活性提出了更高的要求。工作流系统完成了业务逻辑与应用程序的分离，提高了流程的灵活性，但工作流通常侧重于结构化流程的自动化执行，还不足以支持整个企业的业务运转，在此背景下提出了BPMS的概念。BPMS的思想以一种统一、中性的表示方法描述业务流程模型，使业务流程模型从实现逻辑中抽取出来，被各个企业应用程序所使用，从而灵活地构建基于流程的信息系统。业务流程逻辑、业务流程的完整性和正确性可以由BPMS保证，企业信息系统的开发可以基于BPMS进行。

业务流程管理系统可以帮助用户更科学的管理企业的各个业务环节。通过采用BPMS可以明显让企业在运营效率、透明度与控制力、敏捷性方面受益。

（2）业务流程管理系统的功能

1）流程仓库：为流程以及与流程有关的知识提供集中的存储场所，提供目录服务以便于流程的查询和发布。

2）流程设计：设计流程的模块、逻辑、规则和执行角色，提供流程模板和重用机制。

3）流程配置：为流程实例的运行绑定参与者，分配资源以及设置其他特定的参数。

4）流程引擎：驱动流程的运行并负责流程数据的维护；管理流程的状态，实现流程的事务管理。对于分布式流程，要与其他流程引擎进行交互和协调。

5）流程维护：流程的监控和异常处理。

6）流程入口：为流程的用户提供统一的流程访问机制，包括工作任务列表、报告等；提供企业联盟的流程访问规则。

7）流程优化：对资源利用进行优化，保证流程的一致性，防止死锁。

8）流程分析：对关键性能指标进行分析和流程仿真；对流程的时间和资源性能进行分析。

8.5.2 业务流程管理系统的流开发模式

1．工作流管理的定义

根据WFMC的定义，工作流（Work Flow）为自动运作的业务过程部分或整体，表现为参与者对文件、信息或任务按照规程采取行动，并令其在参与者之间传递。简单地说，工作流就是一系列相互衔接、自动进行的业务活动或任务。

工作流管理（WFM）是人与电脑共同工作的自动化协调、控制和通信，在电脑化的业务过程上，通过在网络上运行软件，使所有命令的执行都处于受控状态。在工作流管理下，工作量可以被监督，分派工作到不同的用户达成平衡。

2．工作流管理组件设计

企业可以看作是企业实体对象，包括组织、人员、产品等在不同环境和条件下的不断运转的过程，实体对象和运转过程映射到信息系统中，分别对应着数据（可以用ER图描述）和业务流程（可以用流程图、业务逻辑和业务规则描述）。数据和业务流程能够全面反映实体对象及其运动的状态。在现实社会中，实体对象的运动体现为一系列活动，在信息系统中，活动表现为一个流程节点，实体对象通过一系列的业务活动直至最终完成任务，在信息系统中体现为数据状态的不断变化，直到数据最终完成。

工作流管理作为其中的一个公共组件的模块，如果是提升到企业级的公共服务平台中，则是独立的工作流管理业务组件，可以实现跨系统的工作流整合。

3．工作流组件的松耦合设计

传统的办公自动化或者协同办公系统，要实现基于工作流的流转，需要有两个基本的功能：工作流引擎和自定义表单，有了这两个基本功能就可以在一个系统中实现流程的流转。但是如果要实现整合企业所有的应用（不管是什么平台、哪个开发商），要将所有的业务全部整合到一个工作流平台中，就需要工作流组件提供一个松耦合的连接方式，将所有的应用整合在一块，保证现有的系统都能整合到统一的一个工作流中，从而实现统一企业的工作流，全面对企业流程进行监控。

将工作流组件作为一个独立的公共组件，为了更好地实现和其他业务组件以及公共组件内部的不同模块之间的松耦合，工作流组件对外以Web服务的方式对外提供接口，通过ESB和业务组件进行调用（注：实现松耦合，其中一个核心的思想就是实现流程和业务的分离）。同时为了保证性能，可以将工作流引擎内嵌到业务组件中，通过类总线（API）进行调用。这样既可以实现和内部业务组件之间的结合，也可以实现和应用外部的系统进行流程整合。从业务组件划分角度来看，工作流模块可以作为独立的业务组件，从方便管理角度来看，将其和其他的功能模块合并在一起，是公共组件的一个部分。公共组件模型如图8-28所示。

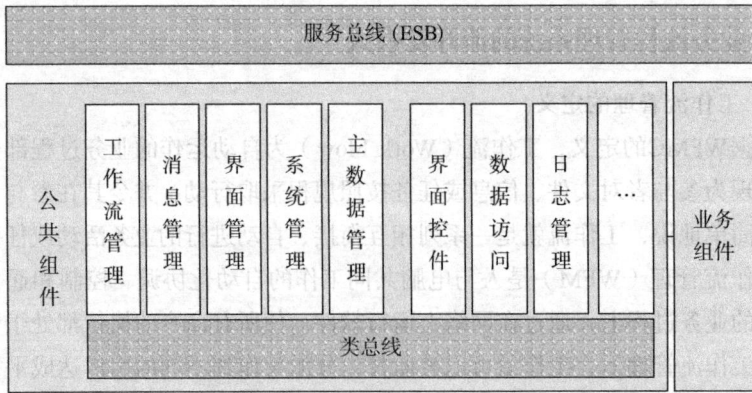

图8-28 公共组件模型——工作流模块

工作流组件和其他业务组件通过Web服务方式调用可以采用异步和同步传输两种模式。同步传输主要适用于两个系统必须同时提交的业务场景，采用同步传输需要等待另外一个系统的反馈信息，对提交Web服务的系统有性能的影响；异步传输的方式主要适用于可以异步提交Web服务的业务场景，保证了提交Web服务系统的性能，异步提交的方式需要考虑接受服务的系统出现宕机或者网络故障的情况下还可以准确无误地将Web服务传递到接收系统。异步传输一般通过消息中间件完成。

关于松耦合的Web服务的调用顺序建议尽量采用触发的方式进行调用，基于这种调用方式，业务组件对外只提供查询或者写入服务，而不会直接通过写代码调用服务，实现业务组件的松耦合，这种调用方式同样适应于工作流组件中。比如客户注册流程，一开始是在CRM系统完成的，但是如果随着业务的发展，客户注册采用网上注册，原来CRM系统客户注册流程的任务启动就会发生变化，如果是采用的触发的方式，仅仅修改流程的编排即可（需要由业务流程管理（BPM）实现），而不需要修改CRM的程序。在工作流组件中，最好的一个实现方式就是由工作流组件进行流程的发起，如图8-29启动流程所示。

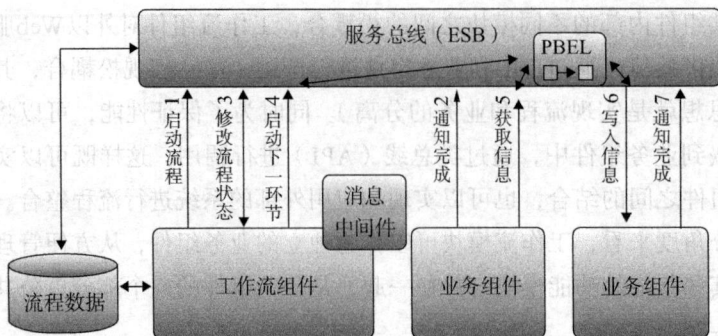

图8-29 工作流组件的松耦合调用

为了实现松耦合，业务组件和工作流组件之间不进行业务数据交互，传递的仅仅是任务信息。业务组件对外提供获取信息或者写入信息的Web服务，和普通的业务组件之间的Web服务没有什么区别，读取信息和写入信息是标准的业务服务，保证了为工作流使用的Web服务具有通用性。如果需要和工作流整合，仅仅提供一个特殊的Web服务"通知完成"将任务的完成状况或者任务的基本信息等传递到工作流组件，任务的基本信息主要是为了痕迹化管理，将修改的信息做一个记录，便于未来的审计。通过这种模式实现业务数据和流程数据分离，工作流组件和业务组件不进行业务数据的交互，简化了工作流整合的难度。工作流组件则提供启动流程、修改流程状态、启动下一环节以及保存任务基本信息等Web服务。

为了使流程平台具有良好的扩展性，如果工作流组件需要业务数据，比如需要根据业务数据判断业务流转，也是以Web服务的方式由业务组件提供一个标准的服务，通过业务流程执行语言（Business Process Execution Language，BPEL）实现，比如为了进行痕迹化，则需要对进行审批的内容进行保存，通过BPEL调用查询服务将数据保存到流程数据库中，其调用跟工作流引擎没有关系。实现跨系统的流程流转，也是通过BPEL的编排，通过调用业务Web服务实现。

4. 工作流组件的组成及和业务组件的关系

作为公共组件的工作流模块主要包含三个主要功能：工作流引擎、待办任务管理、工作流可视化管理。工作流引擎是基础模块，可以为所有的系统提供工作流引擎，实现工作流流转的逻辑控制；待办任务管理主要实现人机交互，提供一个统一管理的待办任务管理，整合公共的工作流引擎以及企业已经存在的工作流引擎（如OA）以及普通业务系统的任务（如没有工作流引擎的ERP），形成一个统一的待办任务管理；工作流可视化管理，主要用于工作流的可视化展示，用于除了用于工作流定义外，可以实现流程监控、业务绩效指标监控、流程导航等功能。

工作流管理组件和业务组件整合根据结合紧密程度可以分成三种：完全独立的公共工作流管理组件，工作流引擎和业务完全隔离开，流程任务通过Web服务方式交互；内嵌的工作流管理模块，业务组件通过API的方式调用内嵌在业务组件中的工作流引擎，工作流引擎和公共的工作流引擎共享数据库；公共工作流管理组件和内嵌工作流模块组合，工作流引擎由自己的流程数据库，包含已有系统的工作流引擎由自己的流程数据库，工作流引擎和业务组件紧密集成，通过ESB以Web服务方式或者通过数据总线和公共工作流引擎进行数据交换，内嵌的工作流引擎负责任务的处理，公共的工作流组件集成待办任务。如图8-30所示，其中，第一种方式是完全松耦合的；第二种方式易于开发，性能更好；第三种方式能够集成已有的各种工作流引擎，适合于集成遗留系统。

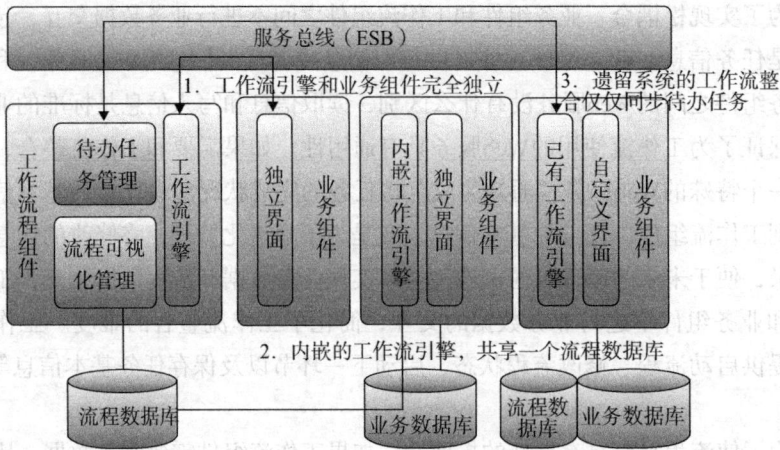

图8-30 工作流模块内容及和业务组件关系

5. 工作流的流程节点类型

根据工作流组件跟业务组件的融合程度，可以将工作流组件和业务组件的关系分成以下几种情况：

审批流程节点：直接和工作流组件集成，工作流组件中可以体现待办任务，并带有可以直接操作的表单（含带有附件的表单），典型的例子是协同办公中的公文流转、单据审批等功能。审批流程节点和工作流组件的耦合性最大，完全依赖于工作流组件工作。审批流程节点可以进行转批、驳回等操作，详细记录流程相关的操作信息。

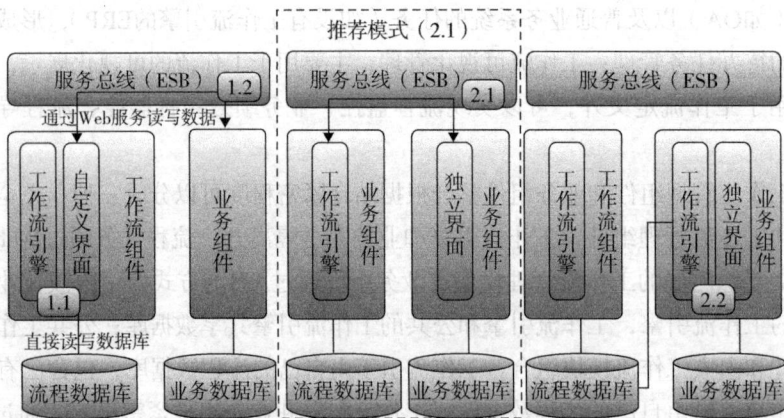

图8-31 审批流程节点带个性化表单的松耦合设计

根据表单是否独立，可以分成两种实现方式，采用自定义表单或独立开发表单。自定义表单中的数据源有两种，一种是由自定义表单直接读写数据库（图8-31的1.1），一种是由自定义表单直接调用Web服务进行读写，业务组件提供Web服务，在自定义表单中进行展示（图8-31的1.2）。采用自定义表单的方式，和工作流组件结合紧密，不便于实现松耦合，为了实现更好的松耦合，可以独立开发表单，然后以Web服务的方式和工作流管理组件交互，使得表单和工作流引擎松耦合（图8-31的2.1），或者将工作流管理作为一个公共模块，内嵌到业务组件中，通过类总线（API）工作流引擎和业务组件集成（图8-31的2.2）。采用2.1方式能更加方便的组件松耦合。

审核流程节点：和工作流组件应用集成，通过Web服务交互，表单显示格式固定，Web服务可以携带审核信息，但是没有个性化的表单操作，仅仅可以完成审核确认功能。审核流程节点可以进行转批、驳回等操作，详细记录流程相关的操作信息。审核流程节点和业务组件之间是通过web服务交互的，因此是松耦合的，但是也限制了其应用，不便于直接操作业务组件的详细内容。由于其模式简单，适合于大规模使用，如订单审批确认、领导审批等功能（图8-32的3.1）。

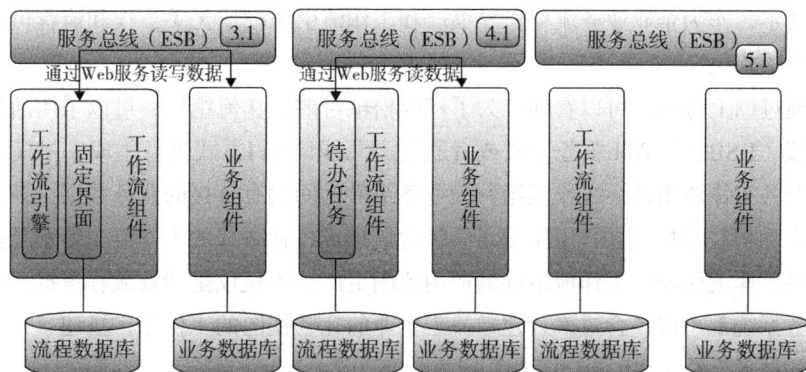

图8-32 不带个性化表单的工作流

消息流程节点：和工作流组件应用集成，仅仅提供待办信息，可以通过Web服务调用，根据查询条件直接查询本节点需要处理的任务，然后进入相应的操作界面进行操作，操作完成之后，任务状态发生变化，待办任务完成。通知流程节点仅仅是一个消息通知，适合于大业务量的操作场景，可以实现简单的业务集成，提高系统易用性，简单记录操作过程（图8-32的4.1）。

审核流程节点和消息流程节点差异主要体现在前者以工作流模块为主，和工作流紧密集成，但是只是简单业务操作，后者则以业务组件为主，工作流简单集成，但是却可以完成复杂的业务操作。和工作流引擎模块无关，仅和待办任务管理、流程可视化管理模块相关（图8-32的5.1）。

消息流程节点可以包含多种实现场景，由于和其他的业务组件是松耦合的，可以对整个系统的所有应用进行整合，主要包括：

通知流程节点：根据数据的状态，由应用自动或者被动生成简单的任务信息，以通知的方式通知到工作流引擎，在待办任务中仅仅提供待办信息数量，具体操作还是在原来的系统完成。自动生成通知信息可以实时通知，但是需要原有的系统进行改造，被动通知则不需要原有的系统变化，仅仅是做一个数据查询的接口即可完成。这一点非常重要，特别是对于性能要求较高的业务系统。

预警流程节点：有预警模块生成预警信息，将预警和流程结合起来，可以看到哪些流程节点出现预警，并根据预警的级别，分成待办任务、确认完成和确认了解三种类型。待办任务需要启动新的流程，对预警信息进行处理（可以采用审批流程节点的处理）；审核完成需要落实预警信息的原因；确认了解则只需要了解即可。消息和预警的差异主要是后者属于异常的信息。

导航流程节点：和工作流简单集成，仅仅提供一个菜单导航的功能，提高系统的易用性，没有待办任务信息，简单记录操作过程，如操作人、时间、操作的功能，但是无法记录具体操作了什么内容。和工作流引擎模块无关，仅和流程可视化管理模块相关。

人工任务流程节点：和工作流无关，仅仅为了完整流程而做的一个描述。为了进一步提升系统的易用性，可以在所有流程节点上（包含人工流程节点）增加说明文字，作为企业业务流程指导书。和工作流引擎模块无关，仅和流程可视化管理模块相关。

通过以上分析，可以看到，为了搭建松耦合的工作流组件，可以采用通过服务总线（ESB）以Web服务方式或者通过类总线以API方式进行集成，搭建企业级的公共工作流组件。工作流组件和业务组件之间没有直接的业务数据交换，工作流组件相对更加独立；工作流组件包含了集成各种方式的工作流，特别是遗留系统的工作流引擎；工作流组件的适用范围更广，不仅仅是涉及流程审批，所有的业务系统都可以整合进来，建立一个企业的完整视图的工作流，搭建了一个企业级的技术架构平台。

6. 工作流的流程节点绩效和审计

工作流和企业绩效紧密相关，每个企业有一个总体的目标，目标的实现由一个个的工作流来支持，也就是说每个业务流程都是在为了实现企业的某个目标，因此工作流以及工作流的环节都可以对应着企业总体目标细化之后的细化目标，因此，可以通过流程节点KPI的监控实现对企业目标实现的监控，实现管理的可视化，从而实现对企业运行的可视化监控，当某个环节出现问题，超出了预警值之后，就可以进行报警。流程节点主要包含的属性有开始时间、结束时间、工作内容、操作内容、业务目标（可选，主要是大的流程和环节）、待办任务、预警信息等。除了流程跟企业绩效关联的关系之外，工作流本身也是企业绩效的一个关键要素。通过工作流平台可以更加清晰地记录每一个流程节点的时间成本，为监控和优化每一个流程节点提供一个重要的参数。比如一个流程分成10个流程节点，通过对每个流程节点操作记录，可以方便地对每一个流程节点进行管理，特别是对于有时间要求的流程节点，可以起到一个很好的监控功能。

工作流管和痕迹化管理紧密相关，工作流的操作信息记录之后可以方便地实现工作的痕迹化管理，可以对操作本身以及操作内容痕迹化，工作流通过ESB可以对每次操作的数据统一保存一份到流程数据库中，这样就可以很方便地实现操作审计，谁在什么时候修改了什么数据等信息，保证系统的安全性。

因此流程的可视化管理可以进行分成两类，监管流程可视化和操作流程可视化，前者主要是监控、管理，后者主要是操作。为了便于理解，除了监控流程和操作流程的级别之外，流程可以进行分层，从宏观的大的流程，到各个级别的子流程，不同类别不同层次的流程节点包含的内容和主要体现的信息是不一样的，即流程环节可以有多个层次的子流程，从而便于流程的查看和管理，如图8-33所示。

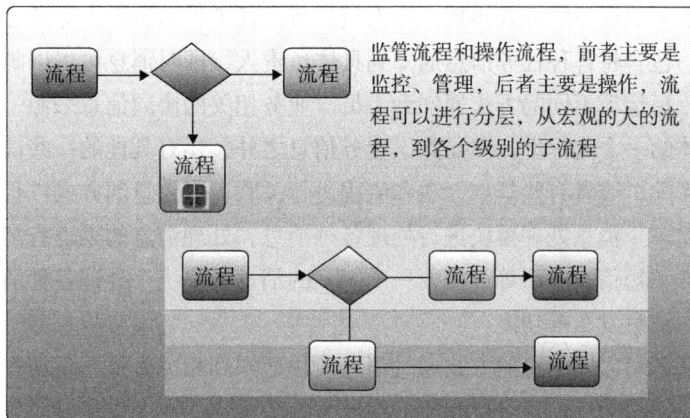

图8-33 监管流程及操作流程

7. 工作流组件和个人门户

企业的业务运转是由若干工作流来完成，每个工作流则是由一个个的流程节点组成，每个流程节点对应着一个岗位，因此如果从具体的一个岗位来看，把这个岗位在所有流程节点需要做的工作汇总在一块，即形成这个岗位的在企业的所有流程的一个切面，从信息门户角度看，即为一个岗位的个人门户。为了使得系统更加易用，需要以门户的方式，把个人所需要做的工作汇集到个人门户中，工作流和个人门户的关系如图8-34所示。

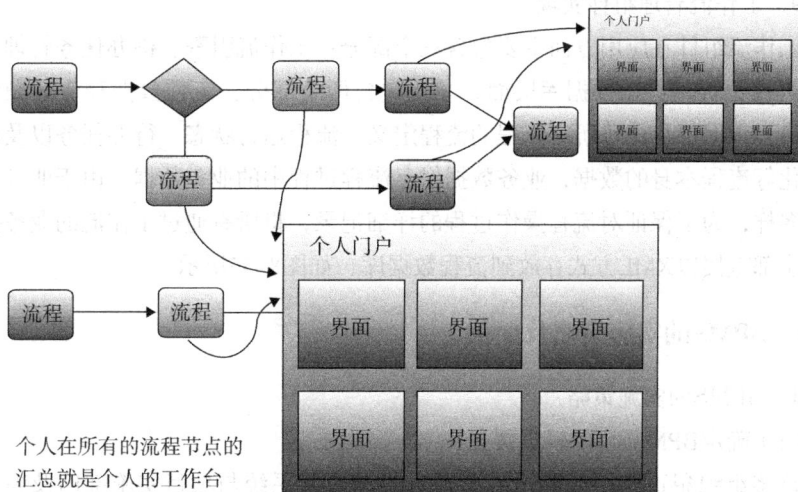

图8-34 工作流和个人门户

个人在所有的流程节点的汇总就是个人的工作台

通过工作流可以让员工从整体上对企业的业务流程有一个整体的认识，使管理者更加清楚地明白业务流程操作细节，使每一个员工对于自己的工作在整个流程节点的位置有一个更加直观地了解，通过个人门户，让每一个员工对于自己需要在整个系统中完成的工作有一个清晰的分类，这样通过工作流和个人门户，便于员工在岗位更换之后更好地适应新的岗位。

8. 工作流组件和消息组件

在企业业务运作过程中，具体的业务流转在对于岗位形成一个流程的切面个人门户，主要以任务的方式体现，有人员到待办任务界面查看，除此之外还有消息的沟通，包含将各种任务信息通知到具体负责人，即时消息可以以邮件、即时消息工具、短信等不同的方式通知到人员。业务相关的协同信息来源一般都可以归结到具体的一个流程上，但是除了业务信息之外，还有其他的一些信息，跟具体的流程无关，或者有些信息无法和流程进行关联，以消息的方式进行传播，因此需要建立一个消息处理模块进行处理各种消息，处理消息的渠道有多种，即时消息、邮件、短信、电话等，需要一个统一的消息模块统一处理各种消息，包括消息订阅、消息发布等功能。

代办任务可以以消息的方式通过消息模块通知到相关人员，跟流程无关的内容可以直接通过消息模块进行相应的沟通。

通过以上分析，可以看到，为了搭建松耦合的工作流组件，可以采用通过服务总线（ESB）以Web服务方式或者通过类总线以API方式进行集成，搭建企业级的公共工作流组件。工作流组件和业务组件之间没有直接的业务数据交换，工作流组件相对更加独立；工作流组件包含了集成各种方式的工作流，特别是遗留系统的工作流引擎；工作流组件的适用范围更广，不仅仅是涉及流程审批，所有的业务系统都可以整合进来，建立一个企业的完整视图的工作流。工作流和企业绩效、审计、个人门户和消息管理有着天然的联系，共同搭建了一个企业级的技术架构平台。

9. 工作流管理组件实现

工作流组件在应用方面主要包含三个部分：工作流引擎、待办任务管理、工作流可视化管理，在数据库层面，主要包含两个部分：流程数据和业务操作记录，流程数据保存企业所有流程的流程定义、流程运行状态、待办任务以及流程可视化等流程本身的数据，业务数据保存流程过程中的业务数据。由于业务数据结构多样，为了保证对流程操作过程的详细记录，将所有通过工作流的业务操作信息全部直接以XML方式存放到流程数据库，如图8-35所示。

8.5.3 BPMS的实施策略及架构

1. BPMS的实施策略

（1）确定BPM项目的轻重缓急

许多组织犯这样一个错误：没有把BPM应用系统与项目实施部门及整个企

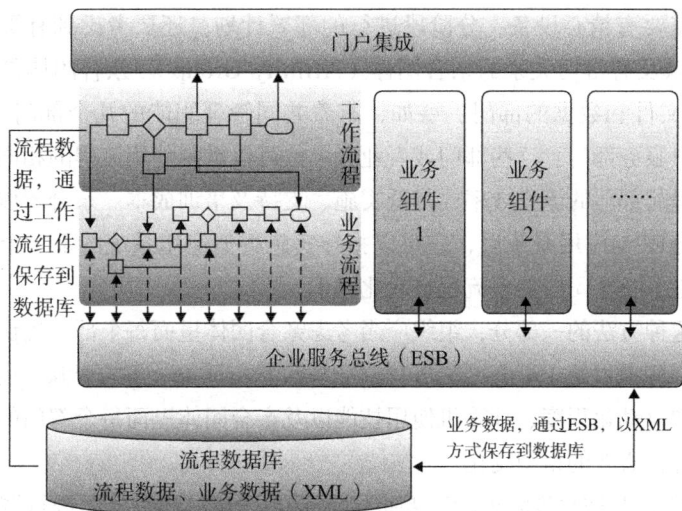

图8-35 流程整合平台

业最重要的战略目标紧密联系起来。BPM所关注的"流程效率"应当与更重要的战略目标结合起来，譬如提供效率更高的客户服务。

IT组织以及来自每个业务部门重要的利益相关者应当就项目的轻重缓急达成一致，所选的项目不仅能给单个部门直接带来好处，还能给多个部门或者整个组织直接带来好处。达成一致意见的最佳办法就是，召开项目优选讨论会，所有利益相关者以及客观的协调者，如执行发起人或者外部顾问都来参加。

（2）确认BPM试点项目

一旦确定了BPM项目的轻重缓急，就应当选择针对某个部门的特定项目作为正式行动前的试点。成功的项目试点不仅会证明BPM的成功，还有助于证明有必要在整个企业扩大部署策略。因此，所选择的试点应当直接支持企业最紧迫的战略目标，无论是提高客户服务、更快地推出新品，还是缩短流程时间以获得竞争优势。

一个例子是，某地方政府选择虐待儿童案上报过程作为试点项目，因为该项目为在重要地区提供公共服务带来的好处最为明显。另一个例子是，以抵押贷款办理员关注的抵押贷款开办作为试点项目，以考察是否能通过缩短贷款开办时间从而获得竞争优势。一家汽车制造商专注于简化分布广泛的应收款项流程，从而支持跨组织提供最佳服务这一业务目标。

这些率先进行的项目被选中，不是因为它们一定就能证明迅速获得投资回报，而是因为它们对整个组织的业务战略来说至关重要。

（3）成立亲合团体

许多组织在选择合适的试点项目及确保成功方面煞费苦心，可是在把项目推广到其他部门和流程方面却没有给予同样的关注和努力。等到试点项目完成后才开始规划下一个部署阶段，这是错误的做法。

组织需要有精心设备、分阶段进行的部署计划，还要考虑到有缓急之分的BPM项目以及有密切关系的亲合团体（Affinity Group）。亲合团体是指共享流程、文档/文件和数据的部门。譬如，有着共同管理职能的几个部门，如财会、营销和客户服务部门。这些部门或者业务单位可以重复使用流程的相同部分，从而能够获得跨部门的流程效率，降低实施、支持及培训成本。亲合团体里面的主要部门实施BPM应用系统后，它可以指导实施类似应用系统的下一个部门。这种方法促进了整个团体共享流程自动化知识。

作为这种方法的一部分，组织应当考虑亲合团体里面每个部门确认在最初实施阶段，哪些项目处于最有可能成功的准备状态和具备所需的资源。还要评估诸多因素，如自动化程度、计算机使用技能以及亲合团体里面每个部门的工作量。

（4）进行必要的组织变化

成功的企业BPM策略可能需要报告职能关系和对职责方面进行调整，事先进行这种改变很重要。譬如说，BPM策略会影响多个系统和应用软件，包括ERP系统、财务应用软件、内容管理系统以及集成服务。BPM策略还需要改变人们的办事方法以及使用系统的方法，即使核心流程根本上没有变动。

在评估组织变化时，把通常分散在组织各个角落以及IT不同部门的BPM知识集中起来也很重要。有些组织会因而建立"BPM卓越中心"（BPM Center of Excellence），充当专家小组，负责评估、研究及实施BPM技术。代表可以包括参与BPM试点项目及后续项目的来自IT部门和系统集成商的人员。如果采用了亲合团体方案，IT支持人员、BPM系统管理员和来自各部门的重要业务用户也可以参与进来，分享经验和最佳策略。

一旦项目得到了执行发起人和几个重要的项目利益相关者的评审和一致同意，就应当把企业BPM策略、策略依赖的分析以及整个部署计划传达给行政管理班子、部门/业务单位的负责人、IT管理人员以及参与"现状"评估的各方。这一步应当通过对每个部门的优先项目和需求进行一系列演示报告来进行。

遗憾的是，许多组织要么忽视了这一步，要么策略的传达对象不够广泛或者内容不够明确。沟通策略是任何技术策略项目的一个重要组成部分，但对BPM来说尤为重要，因为BPM会对系统、流程和多个级别的职员带来重大影响。

BPM卓越中心可以负责沟通，最初的试点项目完成后应当继续沟通。另一个最佳策略就是成立由最初的项目利益相关者组成的BPM策略指导委员会，每月或者每个季度开一次会，评审策略，把最新情况传达给组织其余部门。

（5）赢得企业上下的广泛支持

遵照这些步骤将帮助你避免在整个企业部署BPM时掉入最大的陷阱：把重要的业务部门排除在规划过程外面。部署规划不仅仅是项目经理和当前BPM项目队伍的工作。确认前期项目以及后续推广项目需要诸部门及业务单位提供反馈意见，特别是因为规划有赖于如何选择对贵组织的战略目标产生最大影响的流程自动化应用系统。有些部门要到项目的后期阶段才能看到BPM策略在本部门的实施，在这些部门达成共识和得到他们的支持同样很重要。

2．BPMS的架构

（1）SOA架构概述

1996年，Gartner Group最早提出SOA理念，现在已经成为风靡IT领域的一个重要概念。一般认为SOA（面向服务的体系结构）是一种创新的应用架构，它着眼于日常的业务应用，并将它们划分为单独的业务功能和流程，即所谓的服务。服务间通过网络彼此通信，进行分布式组合、部署。

另一种观点是将SOA看作一个组件模型，它将应用程序的不同功能单元（服务）通过这些服务之间定义良好的接口和契约联系起来。接口是采用中立的方式进行定义的，它独立于现实的硬件平台、操作系统和编程语言。

可以看出，服务在SOA中的地位至关重要。服务是一个提供特定功能的软件应用。描述它的另一种方式是在流程中可重复使用的任务。W3C指出："服务提供者完成一组工作，为服务使用者交付所需的最终结果。最终结果通常会使使用者的状态发生变化，但也可能使提供者的状态发生改变，或者双方都产生变化"。

SOA架构下，服务恰恰为流程的动态化管理提供了条件与可能。

（2）BPM在SOA中的角色

目前，人们对BPM和SOA持有两大截然相反的观点。

一种认为，BPM和SOA是两个相对的东西：一个是管理方法，是业务驱动措施，一个是系统架构，是IT驱动措施，两者不可能相互兼容；另外一种观点却认为SOA赋予BPM新的生命并帮助其实现灵活性。同时，BPM也令SOA旧貌换新颜，将业务层面和IT层面紧密联系在一起。现在，大量的事实倾向第二种观点，越来越多的中间件供应商也将SOA和BPM产品联合起来考虑。

IBM公司WebSphere产品销售部的经理Stephanie Wilkinson认为"BPM是SOA在业务方面的一个切入点"。实现服务的重用是SOA的关键;而BPM则是对业务进行管理，重点是对业务流程实现建模和监控。要完成BPM的一些相关工作，需要基于一个灵活的IT架构，SOA就是一个不错的选择，可以将服务和流程结合在一起。

ZapThink公司的高级分析师Ron Schmelzer说"要想建立松耦合、复合的服务定向应用，所有的供应商都需要一个可靠的SOA解决方案，还要考虑其产品的业务流程方面"。他指出IBM和Oracle and Microsoft公司的产品可以提供SOA架构下的流程管理方案。Sonic Systems，Fiorano和SOA Software这样的供应商也可以胜任。甚至最近出台的复合应用供应商如SEEC Systems，Webify Solutions，Tenfold也在他们的SOA基础设施中增加了BPM功能。

（3）基于SOA架构下的BPM的优势

研究SOA和BPM的关系时，首先我们应该明确一点：SOA是一种架构，而BPM是一组协调活动。部署BPM，并不一定要基于SOA架构，以此可以快速地实现目标。但由于SOA架构下，具有易于集成、降低管理复杂性、消除信息孤岛、增加重用和降低成本等特点，在此结构下实施BPM可以将其作用发挥得淋漓尽致。

总结一下，基于SOA架构下的BPM有如下优势：

1）底层应用程序和数据库的复杂性。当BPM作为SOA的一部分进行部署的时候，流程可以通过企业服务总线提供的代理服务来接入到底层的IT系统。

2）业务流程连接到系统的过程会更简单。IT可以公开更有用的接口，例如使用聚合的数据服务或使用标准协议而不是专有协议的服务。这样减少了实现流程所需的IT任务量，从而使流程人员将注意力更倾向于流程本身，而不是流程接入到底层IT系统所用的技术。

3）BPM的实现更为健壮。因为底层的IT系统的变动与更改都不会影响到流程所用的接口。

4）简化了流程的本身。在SOA架构下，服务被注册在服务注册中心，流程开发人员可以在构建流程时浏览注册中心，确保了与流程相关的服务可以被正确的使用和重用。这样流程本身的复杂度将降至最低。

8.5.4 物业业务流程管理系统

本节主要讨论BPMX业务流程开发平台作为物业业务流程管理系统的案例。

1. BPMX业务流程开发平台

BPMX业务流程开发平台是先进的轻量级、开放式工作流开发平台，拥有个性化流程表单设计，SOA平台架构，可嵌入式或独立式部署。

（1）BPMX简介

BPMX 是基于JEE开源、轻量级的企业流程业务开发平台，基于代码重用、组件重用、业务逻辑重用、组装重用，结合在线流程设计器、在线业务表单设计工具及代码逻辑生成器，将开发人员从传统的流程管理业务开发中解放出来，把更多的精力集中解决客户的业务数据处理。

BPMX 能解决企业的复杂审批业务，有效梳理及简化企业的业务流程，有效提升企业运作效率。它包括流程管理、监控、优化、再造的全套IT管理工具，是集单点登录、企业单位门户、业务流程管理、开发、整合、业务分析及重构等多重职能于一身的软件开发工具和企业IT架构平台。

BPMX 是企业管理业务的创新关键，可以帮助用户更科学、更有效管理企业业务的各个环节，企业通过BPMX可以明显实现业务的高效运营。同时，由于其架构的开放性，采用业界开放性的技术及流程标准，使其能够成为企业SOA架构的流程基础平台及开发平台，越来越多的企业更偏向采用开源的平台来解决其内部的信息化平台的要求，BPMX却允许更多的平台系统接入及自身扩展更多的功能，以满足更多的企业不同的个性化的需求，以达到最大满足最终的客户使用要求。

BPMX工作流引擎中心如图8-36所示。

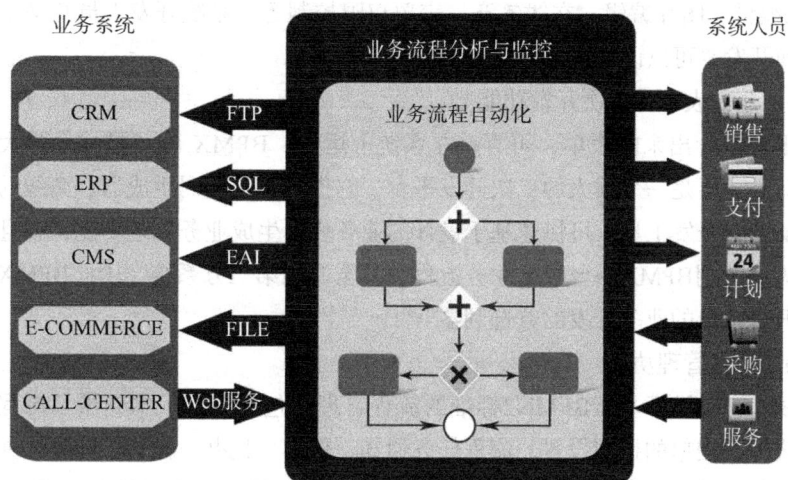

图8-36 工作流
引擎中心

（2）BPMX的总体功能

1）多系统管理

BPMX 支持多个业务系统同时运行及切换处理，根据不同的用户授权允许用户进入不同的系统进行访问，而不同的业务系统的开发可以基于BPMX平台开发，也可以由其他开发框架开发再与BPMX做整合。这种模式非常适合企业把BPMX作为其内部的首选开发平台，以使后续的新应用系统都整合在一起进行管理及使用。

2）用户管理

BPMX 提供多种维度的用户人员管理，以支持各种类型的组织机构及人员的统一管理，目前可以支持内部组织、外部组织、虚拟组织。而且还提供用户的属性自定义，允许对用户进行多种属性的扩展，以支持工作流中的任务节点的人员的复杂查找计算。

3）系统安全

系统的安全管理由Spring Security3提供配置及管理，使得与第三方的系统的用户整合变得容易、简单，如与CAS服务器作统一认证，只需要加上新的配置模块即可实现，不影响系统现有的功能模块。大大满足了各种不同系统的安全管理认证的需要。同时系统可以支持URL访问权限、数据权限、列权限及页面按钮权限的统一配置管理。

4）业务表单管理

BPMX 提供了基于数据库内部表、外部表、视图等来生成在线的流程表单的功能，以方便业务人员设计符合企业、单位使用的表单。表单生成后，开发人员也可根据具体的业务需求，进行更复杂的应用开发，以满足企业更进一步的业务管理需要。表单设计器提供了大量的可视化组件及开发接口，如角色选择、用户选择、部门选择、其他业务数据的选择、级联数据选择、附件上传、在线

Office编辑、图片编辑、在线签章、表单权限控制等。系统开发人员几乎不需要做任何开发，可以设计出任何复杂的表单应用需求。

5）业务表单的二次开发功能

平台设计出来的表单，可直接在系统上运行。BPMX 除了是一个强大的配置平台外，还是一个强大的二次开发平台，它提供在线代码生成器、离线的基于Eclipse上的开发工具，可快速基于设计的业务表单生成业务管理功能，并且允许开发人员调用BPMX平台中的业务流程，甚至调用第三方系统，因此BPMX平台还是开发人员的业务开发的首选利器。

6）流程管理功能

BPMX提供了基于BPMN2标准的流程管理，包括流程版本变量、流程节点表单设置、表单的权限设置、流程任务通知、催办、代办、代理、转办、并行会签、串行会签、补签、子流程、同步任务、多实例任务、人工任务、消息任务、邮件任务等，并提供任务多级分发与汇总、任务追回、任务层层驳回、任务自由跳转、动态增加节点任务等满足我国特色的流程需求。在流程业务上更改可以有效减少系统流程的变更成本，以满足企业不断变化的业务流程需求。

7）流程整合审批功能

BPMX 可作为流程管理中心，以满足企业大量不同的业务系统流程审批的需要，流程审批业务在企业中需要进行统一的入口、统一的管理操作，以减少业务审批的繁琐度及运维成本。而BPMX可以更好承担这个责任，它通过不同的交互协议（如XML/JMS/WebService或基于ESB的交互方式）、组织架构整合，以达到更好与不同的系统的审批事项整合，更好为企业的决策层实时监控，及在第一时间找到影响企业的运作的效率的关键点。

8）快速开发代码智能生成平台

BPMX提供完全可视化、组件化开发环境，可灵活在可视化环境或开发环境下，根据客户需求的内部表或外部表的数据源在指定的表单模板下，快速生成应用的表单、样式文件、MVC的底层代码等。这些已生成的应用模块可以通过BPMX的资源管理快速配置到系统应用级菜单。

9）报表管理

系统的报表管理是基于模板来进行设置管理的，目前支持FineR eport 及JasperReport 两种报表引擎，前者是商业报表，其功能非常强大，可以实现多样式数据呈现方式，支持HTML、PDF、EXCEL、Word、TXT、Flash 样式呈现，无论数据库内原始数据是以何种样式的表结构存储，无论最终用户要求数据以何种表格样式显示，FineReport报表软件独创的多数据源关联查询、公式动态扩展计算等强大的功能，在无需改变表结构和用户要求的基础上，完全按照用户的需求制作出报表模板。

10）系统基础组件

系统的基础组件如用户模块一样，是系统的业务功能的基础，在其他业务模块中被大量使用。包括定时任务管理、系统日志管理、数据源管理、资源管理、流水号管理、数据字典管理、内部短消息收发管理、桌面管理管理、邮件、短信模板管理、工作日历管理、动态脚本管理、短信收发管理、外部邮件管理、附件管理管理、代码生成器等。

（3）BPMX的整体架构

系统采用多层的系统架构进行功能开发，有利于代码功能责任分开，同时有利于不同开发人员的分工及合作，也有利于代码的单元测试。系统总体结构如图8-37所示。

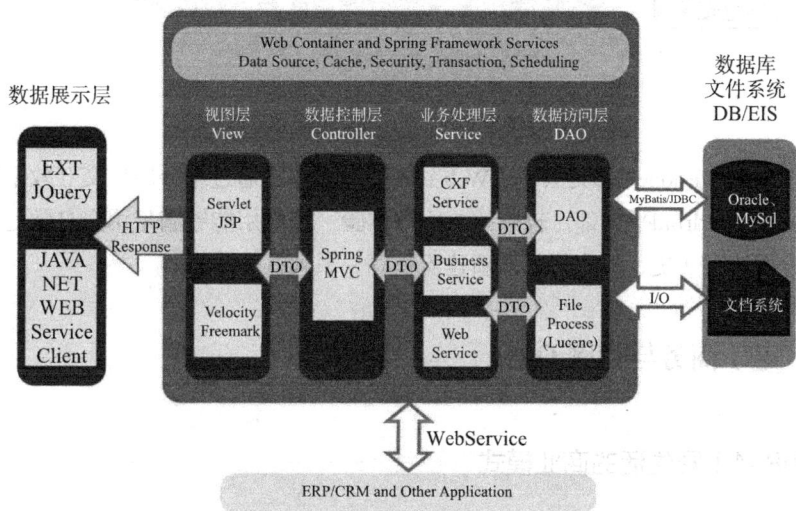

图8-37 BPMX 多层架构

1）数据访问层DAO：负责与数据库交互。

2）业务处理层Service：负责系统的所有业务逻辑处理。

3）数据控制层Controller：负责系统的页面数据准备及跳转处理。

4）视图层View ：负责数据的展示处理。

（4）BPMX的组件构建方式

BPMX 同时也是基于组件构建，整个系统的构建如图8-38所示。

系统提供在线流程设计器、在线表单设计器、代码生成器，结合BPMX的基础组件，以实现复杂的流程业务应用。基础组件包括：Spring基础组件库，报表引擎，数据库访问模块，短信模块，后台定时任务调用组件，短信访问组件，搜索引擎组件，JMS消息组件，Activiti工作流组件，Cas统一用户认证组件，Spring安全认证组件。

（5）BPMX移动端应用

BPMX移动端应用是利用HTML5+CSS3+JS+AppCan框架开发的APP应用，使用目前越来越流行的Hybrid App（混合模式移动应用）开发模式，AppCan在

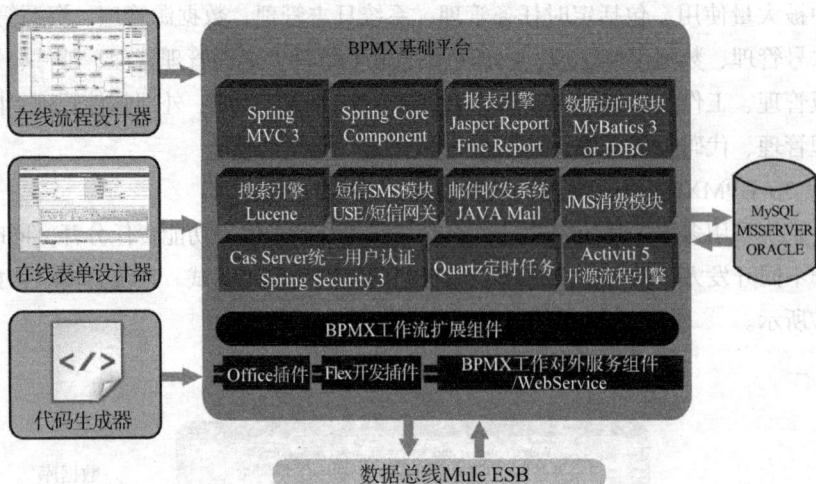

图8-38 BPMX 组件构建

技术架构上和PhoneGap类似，是Web主体型中间件。通过结合原生交互效果能够达到iOS、Android平台都比较一致的用户体验。该应用能够满足用户日常处理流程、查看流程历史、流程代理、新建流程等一系列操作。

8.6 电子商务与社区O2O

【案例8-4】彩生活的商业模式

在传统的物业管理中，一方面物业服务企业在不断攀升的物业管理成本与日渐微弱的盈利中挣扎，另一方面，住户的满意度始终在低水平徘徊，由于物业服务不到位、不及时、沟通存在诸多问题，对住户来说物业费的收缴与享受到的服务始终不成正比，所以往往容易导致物业服务企业与社区居民之间的对抗性关系。

而彩生活的成功上市，则给物业管理插上了腾飞的翅膀，带来无穷的想象空间，将这个"烫手山芋"变成了"香饽饽"，通过对传统物业管理的变革，带入上市的殿堂，从"矮穷挫"摇身一变为"高富帅"。这是怎么发生的呢？这背后的逻辑是什么？

众所周知，传统的物业管理往往仅是对小区内公共场所、公共设备进行管理和服务的一种模式，主要提供保洁、保安、保修等服务，依赖收取管理费而生存。而彩生活服务集团则首创了"彩生活服务体系"，将物业管理升级为物业服务经营，利用最新的移动互联网、物联网、云计算等技术，创新推出了一个为业主和住户提供更加便捷、周到与更多增值服务的彩生活社区服务平台——彩之云。彩生活由原来传统的服务商、物业服务企业，变成了整合社区资源进行服务的服务商，而彩之云就是彩生活的服务具体模式。彩之云平台以物业管理服务为基础，围绕小区基本服务和配套生活服务，以社区为中心辐射1km微商圈，集成包含衣、食、住、行、娱、购、游在内的各领域商户服务资源，为业主和商家提供对称的信息与交易平台，提供全新的客户体验，以网络技术结合本地服务为主，为业主和住户打造一个一站式的本地生活服务平台。彩之云包含缴物业费、缴停车费、投诉报修、有奖问答、幸福中国行、小区通知、周边优惠、天天特价、生活超市、充值中心、机票、旅游酒店、火车票、推荐好友、招商加盟等功能模块。

有了上述社区服务，彩生活就成了海量客户资源及大数据的拥有者，从而就具有了对商家的吸引力，具备了构建商业平台的条件，但是彩生活的聪明之处在于，它找到了目前商业实体店与电商的空白地带，找到了新蓝海——社区电商。

由此，和其他的电商比，不像很多电商，是面向大众、面向全世界的。彩生活提供的服务是面向一个具体的人群，有一个具体的时空的范围。通过与小区周围500m范围内的商家进行合作，彩生活主动将这些商家引到线上，业主经常到彩之云（彩生活社区服务平台）上交管理费，就可以享受邻里服务，建立500m商圈。业主通过彩之云（彩生活社区服务平台）或者拨打"400"电话，就能直接享受到这些方便快捷的服务。与彩生活进行合作的商家已有很多，例如金谷园早餐、小白兔干洗、速递易等。

而与常规实体店相比，彩生活则提供了更广泛的交易内容，更便利的交易条件和基于平台效应的更优惠的价格，解决了住户日常生活消费问题，做的是长尾效应的尾端，但这个被忽视的空间其实是很广阔的。

具体而言，彩生活的盈利模式已经不再是传统的物业收费，传统的物业服务只是一种手段，终极目标是通过这种物业服务获取海量客户，从而为搭建这种商业平台作为流量资源。但有了这种客户流量和客户数据后，就可以吸引周边商家及其他富有广泛想象力的商家，从而通过客户流量来赚商家的钱，从而最终形成一个多方共赢的商业生态系统。

比如针对住户而言，通过彩生活平台消费获得积分，从而减免物业费，也享受到了增值服务；针对商家而言，则扩展了其商业经营的边界，因为传统实体店由于消费内容和距离的原因，没有办法互联化，但是通过社区商业平台，则几乎可以把绝大部分服务线上化消费，商家获得了周边更多的客户群。针对彩生活而言，则把盈利渠道由物业费改为平台收益，这一方面改变了传统物业公司与住户的对抗关系，另外，还给住户提供了增值服务，同时基于这种客户数据的把握，拓展了新的盈利基点。

就这样，通过彩生活这个双边平台，一方面彩生活对服务的每个家庭非常了解，家庭人口数量、缴纳费用情况等，为商业的定点营销提供了条件，另一方面，彩生活对供应商进行严格的控制、管理和识别，使这些进入彩生活服务平台的产品和服务品质优良，能够满足用户的需求。

总而言之，彩生活模式的本质是拓展了彩生活服务的对象，在更多的对象间建立更广泛更具黏性的连接，通过这种连接形成社区服务平台，通过服务平台多方获取了收益，拓展了新的价值创造空间，最终平台通过这种新的价值创造获取自己的分成收益，这是一个整体的新的良性的生态体系。

因此，成立于2011年的彩生活服务集团获得快速地发展，现有资产已逾人民币300亿元，下属员工超过1.2万人。彩生活作为花样年旗下最大的物业管理服务领域——社区服务，在2014年6月份于中国香港交易所拆分上市。另外，彩生活以3.3亿元收购深圳开元国际100%股权，增强彩生活在中高端社区物业管理方面的实力。目前，彩生活社区O2O增加30多万户家庭、100多万用户，涉及超过130个物业管理项目。

【启示】

彩生活在互联网和移动互联网资源的利用上具有先进性，它改变了传统商业模式渠道，利用信息技术将实体社区业主融合于一个互联网平台之上，构建了彩之云智慧社区O2O平台，不仅开展物业管理服务，同时也开展社区电子商务服务。以前供应商到住户这个过程需要层层中间节点，产品要经过厂家、总代理、分销商，昂贵的中间费用大大降低了住户的成本效益，彩之云平台基于互联网和移动互联网，通过彩付宝、业主APP、物管APP、商务APP、彩之云网站以及彩之云APP几大电子商务模块，使供应商和业主之间直接互联，不仅节省了产品从生产到销售之间的物流成本，还解决了供应商与业主交易过程中的信息不对称、支付不便利等难题，真正意义上实现了为业主提供低廉、便利和高效的服务。同时物业服务企业也可以通过向供应商收取提成或信息整合费用获得持久性利润，达到三家共赢的效果。

8.6.1 电子商务概述

物业服务企业为千千万万的家庭和业主提供物业服务和管理，最接近社区、家庭和业主，也了解业主的需求，可以说，物业服务企业掌握了最大量的潜在的消费者和顾客。在电子商务迅猛发展的时代，物业服务企业可以利用电子商务的技术创新优势、资源配置优势、价值链整合优势，开展电子商务服务，扩大营业范围和规模，组织跨社区、跨区域的网上物业服务和商业服务，改变传统的物业管理模式和服务模式，开拓物业服务企业新的盈利模式，从而在蓬勃发展的电子商务市场中占有重要的行业地位。

1. 电子商务的概念与框架

（1）电子商务的概念

电子商务（Electronic Commerce，EC）是以信息网络技术为手段，以商品交换为中心的商务活动；也可理解为在互联网、企业内部网和增值网上以电子交易方式进行交易活动和相关服务的活动，是传统商业活动各环节的电子化、网络化、信息化。

从宏观上讲，电子商务是计算机网络的第二次革命，是通过计算机网络和数字化等电子手段建立一个新的经济秩序，它不仅涉及电子技术和商业交易本身，而且涉及诸如金融、税务、教育等社会其他层面。从微观上讲，电子商务是指各种具有商业活动能力和需求的实体（生成企业、商贸企业、金融机构、政府机构、个人消费者等）采用计算机网络和先进的数字化传媒技术等电子方式实现的各项商品与服务的交易活动。

电子商务不仅包括企业间的商务活动，还包括企业内部的商务活动，如生产、管理、财务等，它不仅是硬件和软件的结合，而且在互联网、内部网和外部网上利用互联网技术将卖家、买家、厂家、合作伙伴与原有的系统结合起来，在网络化的基础上重塑各种业务流程，实现电子化、网络化、移动化的运营模式。从这个意义上讲，电子商务所指的商务不仅包含交易，而且涵盖了贸易、经营、管理、服务、技术和服务等各个业务领域，其主题是多元化的，功能是全方位的，涉及社会经济活动的各个层面。

（2）电子商务的框架

电子商务的基本框架是对现实世界中电子商务结构的一种抽象描述，指电子商务活动环境中所涉及的各个领域以及实现电子商务应具备的技术保证。从总体上来看，电子商务框架由3个层次和2大支柱构成。其中，电子商务框架的3个层次分别是：网络层（基础网络平台）、信息发布与传输层（信息发布和传输的技术手段）、电子商务服务和应用层（电子商务各服务系统），2大支柱是指社会人文性的公共政策和法律规范以及自然科技性的技术标准和网络协议，如图8-39所示。

1）网络层：指网络基础设施，是实现电子商务的最底层的基础设施，它是信息的传输系统，也是实现电子商务的基本保证。它包括远程通信网、有线电视

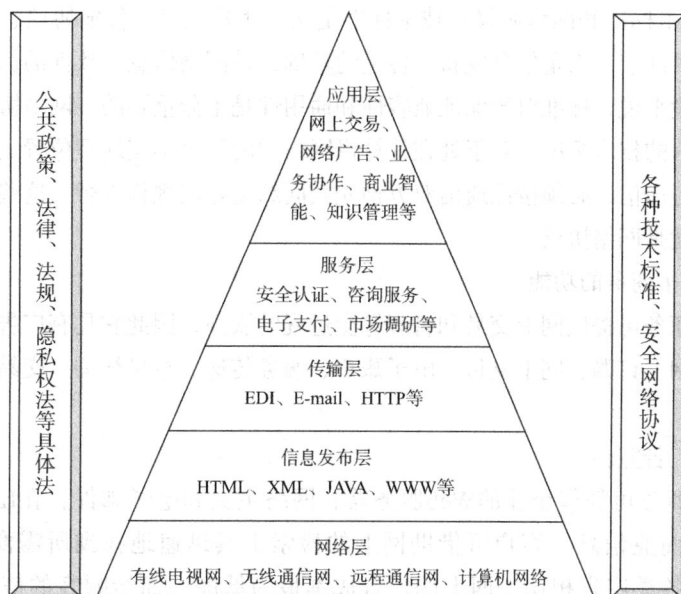

图8-39 电子商务的基本框架

网、无线通信网、互联网和移动互联网络等。

2）信息发布与传输层：解决如何在网络上传输信息和传输何种信息的问题。目前Internet上最常用的信息发布方式是在WWW上用HTML语言的形式发布网页，并将Web服务器中发布文本、数据、声音、图像和视频等的多媒体信息通过EDI、Email、HTTP等方式传输和发送到接收者手中。从技术角度而言，电子商务系统的整个过程就是围绕信息的发布和传输进行的。

3）电子商务服务和应用层：实现标准的网上商务活动服务，如网上广告、网上零售、商品目录服务、电子支付、客户服务、电子认证（CA认证）、商业信息安全传送等。其真正的核心是CA认证。因为电子商务是在网上进行的商务活动，参与交易的商务活动各方互不见面，所以身份的确认与安全通信变得非常重要。CA认证中心，担当着网上"公安局"和"工商局"的角色，而它给参与交易者签发的数字证书，就类似于"网上的身份证"，用来确认电子商务活动中各自的身份，并通过加密和解密的方法实现网上安全的信息交换与安全交易。

在基础通信设施、多媒体信息发布、信息传输以及各种相关服务的基础上，人们就可以进行各种实际应用。比如供应链管理、企业资源计划、客户关系管理等各种实际的信息系统，以及在此基础上开展企业的知识管理、竞争情报活动。而企业的供应商、经销商、合作伙伴以及消费者、政府部门等参与电子互动的主体也是在这个层面上和企业产生各种互动。

4）公共政策和法律规范：法律维系着商务活动的正常运作，对市场的稳定发展起到了很好的制约和规范作用。进行商务活动，必须遵守国家的法律、法规和相应的政策，同时还要有道德和伦理规范的自我约束和管理，二者相互融合，才能使商务活动有序进行。

5）技术标准和网络协议：技术标准定义了用户接口、传输协议、信息发布标准等技术细节。它是信息发布、传递的基础，是网络信息一致性的保证。就整个网络环境来说，标准对于保证兼容性和通用性是十分重要的。网络协议是计算机网络通信的技术标准，对于处在计算机网络中的两个不同地理位置上的企业来说，要进行通信，必须按照通信双方预先共同约定好的规程进行，这些共同的约定和规程就是网络协议。

2．电子商务的功能

电子商务可提供网上交易和管理等全过程的服务，因此它具有广告宣传、咨询洽谈、网上订购、网上支付、电子账户、服务传递、意见征询、交易管理等各项功能。

（1）广告宣传

电子商务可凭借企业的Web服务器、网络主页和电子邮件，在Internet上发布各类商业信息。客户可借助网上的检索工具迅速地找到所需商品信息。与以往的各类广告相比，网上的广告成本最为低廉，而给顾客的信息量却最为丰富。

（2）咨询洽谈

电子商务可借助非实时的电子邮件，新闻组（News Group）和实时的讨论组（Chat）来了解市场和商品信息、洽谈交易事务，如有进一步的需求，还可用网上的白板会议（Whiteboard Conference）来交流即时的图形信息。网上的咨询和洽谈能超越人们面对面洽谈的限制，提供多种方便的异地交谈形式。

（3）网上订购

电子商务可借助Web中的邮件交互传送实现网上的订购。网上的订购通常都是在产品介绍的页面上提供十分友好的订购提示信息和订购交互格式框。当客户填完订购单后，通常系统会回复确认信息单来保证订购信息的收悉。订购信息也可采用加密的方式使客户和商家的商业信息不会泄漏。

（4）网上支付

网上支付是支撑电子商务交易的重要环节。客户和商家之间可采用信用卡、电子钱包、电子支票和电子现金进行各种方式的网上支付，从而节约交易费用与成本。

（5）电子账户

网上的支付必须要有电子金融来支持，即银行或信用卡公司及保险公司等金融单位要为金融服务提供网上操作的服务。而电子账户管理是其基本的组成部分。信用卡号或银行账号都是电子账户的一种标志。而其可信度需配以必要技术措施来保证。如数字证书、数字签名、加密等手段的应用提供了电子账户操作的安全性。

（6）服务传递

对于已付了款的客户应将其订购的货物尽快地传递到他们的手中。而有些货物在本地，有些货物在异地，电子邮件将能在网络中进行物流的调配。而最适合在网上直接传递的货物是信息产品。如软件、电子读物、信息服务等。它能直接从电子仓库中将货物发到用户端。

（7）意见征询

电子商务能十分方便地采用网页上的"选择"、"填空"等格式文件来收集用户对销售服务的反馈意见。这样使企业的市场运营能形成一个封闭的回路。客户的反馈意见不仅能提高售后服务的水平，更使企业获得改进产品、发现市场的商业机会。

（8）交易管理

整个交易的管理将涉及人、财、物多个方面，企业和企业、企业和客户及企业内部等各方面的协调和管理。因此，交易管理是涉及商务活动全过程的管理。电子商务的发展，将会提供一个良好的交易管理的网络环境及多种多样的应用服务系统。这样，能保障电子商务获得更广泛的应用。

3．电子商务的类型

电子商务参与方主要有4部分，即企业、个人消费者、政府和中介方。中介方是为电子商务的实现与开展提供技术、管理与服务支持，如接入服务的提供商（ISP）、在线服务的提供者、配送和支付服务的提供机构等。从系统业务处理过程涉及的范围、参与方角度、网络类型等可以分成多种形式。电子商务的类型如图8-40所示。

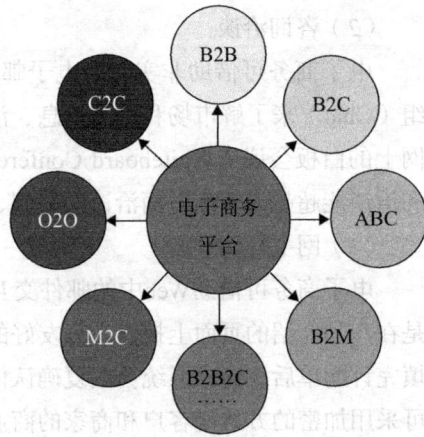

图8-40 电子商务的类型

（1）按企业电子商务系统的业务处理过程涉及的范围分类

从企业电子商务系统的业务处理过程涉及的范围出发，可以分为企业内部、企业间（Business to Business，B2B）、企业与消费者之间（Business to Consumer，B2C）、企业与政府之间（Business to Government，B2G）及企业与经理人之间（Business to Manager，B2M）、线上与线下融合（Online to Offline，O2O）6种类型。

1）企业内部的电子商务

企业通过内部网自动进行商务流程处理，增加对重要系统和关键数据的存取，保持组织间的联系。它的基本原理同企业间的电子商务类似，只是企业内部进行交换时，交换对象是确定的，交换的安全性和可靠性要求较低，主要是实现企业内不同部门之间的交换（或内部交易）。企业内部电子商务的实现主要是在企业内部信息化的基础上，将企业的内部交易网络化，它是企业外部电子商务的基础，而且相比外部电子商务更容易实现。企业内部的电子商务系统可以增加企业处理商务活动的敏捷性，使企业能对市场状况更快地作出反应，更好地为客户提供服务。

2）企业间的电子商务B2B

企业间的电子商务应用是最重要和最受企业重视的形式，企业可以使用Internet或其他网络对每笔交易寻找最佳合作伙伴，完成从定购到结算的全部交易行为，包括向供应商订货、签约、接受发票和使用电子资金转移、信用证、银行托收等方式进行付款，以及在商贸过程中发生的其他问题如索赔、商品发送管理和运输跟踪等。企业对企业的电子商务经营额大，所需的各种硬软件环境较复杂，但在互联网快速发展的基础上得以快速发展。B2B的典型是中国供应商、阿里巴巴、中国制造网、敦煌网、慧聪网、瀛商网、电子商务学吧等。

B2B电子商务模式包括两种基本模式：

第一种是面向制造业或面向商业的垂直B2B。垂直B2B可以分为两个方向，即上游和下游。生产商或商业零售商可以与上游的供应商之间形成供货关系；生产商与下游的经销商可以形成销货关系。

第二种是面向中间交易市场的B2B。这种交易模式是水平B2B，它是将各个行业中相近的交易过程集中到一个场所，为企业的采购方和供应方提供了一个交易的机会。B2B只是企业实现电子商务的一个开始，它的应用将会得到不断发展和完善，并适应所有行业的企业的需要。

3）企业与消费者之间的电子商务B2C

B2C电子商务是指企业与消费者之间以Internet为主要服务提供手段进行的商务活动。它是一种电子化零售模式，采用在线销售，以网络手段实现公众消费和提供服务，并保证与其相关的付款方式电子化。它是随着WWW的出现而迅速发展起来的，目前在Internet上遍布各种类型的网上商店和虚拟商业中心，提供从鲜花、书籍、饮料、食品、玩具到计算机、汽车等各种消费品和服务。如亚马逊、当当网、京东、国美商城、天猫等平台等。参与B2C商务活动的主题，从卖方角度来看，可以是生产企业，也可以是流通企业，生产企业的销售更多地体现为网络直销，流通企业的销售则体现为网络商店形式；从商务运作的角度看，它首先必须有集货，然后才能销售，如果把集货与销售连接起来看，则出现了B2C的衍生类型，即B2B2C。

4）企业与政府之间的电子商务B2G

企业与政府方面的电子商务活动覆盖企业与政府组织间的各项事务。例如企业与政府之间进行的各种手续的报批、政府通过因特网发布采购清单、企业以电子化方式响应、政府在网上以电子交换方式来完成对企业和电子交易的征税等，这成为政府机关政务公开的手段和方法。除此之外，政府还可以通过这类电子商务实施对企业的行政事务管理，如政府用电子商务方式发放进出口许可证、开展统计工作，企业可以通过网上办理交税和退税等。如中国政府启动的"金卡"、"金桥"、"金关"、"金税"、"金审"、"政府上网工程"等重大信息化工程。

5）企业与经理人之间的电子商务B2M

B2M是相对于B2B、B2C、C2C的电子商务模式而言，是一种全新的电子商务模式。而这种电子商务相对于以上三种有着本质的不同，其根本的区别在于目标客户群的性质不同，前三者的目标客户群都是作为一种消费者的身份出现，而B2M所针对的客户群是该企业或者该产品的销售者或者为其工作者，而不是最终消费者。企业通过网络平台发布该企业的产品或者服务，职业经理人通过网络获取该企业的产品或者服务信息，并且为该企业提供产品销售或者提供企业服务，企业通过经理人的服务达到销售产品或者获得服务的目的。职业经理人通过为企业提供服务而获取佣金。

M2C电子商务（Manufacturers to Consumer，生产厂家对消费者）是随着B2M模式而出现的延伸概念，也是B2M这个新型电子商务模式中不可缺少的一个后续发展环节。在M2C环节中，经理人将面对最终消费者，并且还要通过电子商务的形式将产品销售给最终消费者，类似于C2C，但又不完全一样。C2C是传统的盈利模式，赚取的基本上是商品进出价的差价，而M2C的盈利模式则丰富、灵活，即可以是差价，也可以是佣金。而且M2C的物流管理模式也可以比C2C更富多样性，比如零库存；现金流方面也较传统的C2C更有优势。

6）线上与线下融合的电子商务O2O

O2O是将线上电子商务模式与线下实体经济相融合，通过互联网将线上商务模式延伸到线下实体经济，或者将线下资源推送给线上用户，使互联网成为线下交易前台的一种新型的电子商务模式。目前，我国的O2O电子商务模式主要可以分为以下几类：团购网站模式、二维码模式、线上线下同步模式和营销推广模式。如保险直购O2O，苏宁易购O2O，大众点评O2O。

虽然O2O模式与B2C、C2C一样，均是在线支付，但不同的是，通过B2C、C2C购买的商品是被装箱快递至消费者手中，而O2O则是消费者在线上购买商品与服务后，需去线下享受服务。这是支付模式和为店主创造客流量的一种结合，对消费者来说，也是一种新的"发现"机制。

（2）按参与交易的对象分类

由于电子商务的参与者众多，性质各不相同，可以分为B（Business），C（Customer），G（Government）。由此形成了以下电子商务交易模式：B2B、B2C、B2G、C2C、C2G等。

C2C电子商务是消费者对消费者之间的电子商务交易模式，亦是买卖双方依托第三方提供的电子商务平台实现交易的一种方式。第三方电子商务平台是从事电子商务业务的公司利用Internet技术及通信手段，专门打造的供买卖双方从事交易活动的在线交易虚拟空间，如淘宝网、易趣、拍拍等。利用这个平台，卖家可以主动提供商品上网销售，销售方式有定价销售、拍卖销售及折扣销售等。随着Internet的普遍应用和网民数量的剧增，这类电子商务有强劲的发展势头。

C2G电子商务是消费者对行政机构间的电子商务，指的是政府对个人的电子商务活动。这类的电子商务活动目前还没有真正形成。然而，在个别发达国家，如在澳大利亚，政府的税务机构已经通过指定私营税务，或财务会计事务所用电子方式来为个人报税。这类活动虽然还没有达到真正的报税电子化，但是，它已经具备了消费者对行政机构电子商务的雏形。

政府随着商业机构对消费者、商业机构对行政机构的电子商务的发展，将会对社会的个人实施更为全面的电子方式服务。政府各部门向社会纳税人提供的各种服务，例如社会福利金的支付等，将来都会在网上进行。

8.6.2 社区电子商务

1. 社区电子商务概述

（1）社区电子商务的定义

社区电子商务是针对具有社区属性的用户、在社区网站进行的交易行为，对用户而言提供了一种更为便捷的社区在线销售方式，具有快速、高效、低成本等特点。社区电子商务又称数字化社区网络服务，即基于社区单元的电子商务与社区生活网络，通过物业服务企业提供的数字化社区平台，将社区、物业服务企业、社区居民和商家等整合起来，共同开展各类沟通、交流、消费、交易等生活与商务活动，从而打造以社区为原点的100m经济生活圈。社区电子商务的出现，为社区提供了一个让物业服务企业与社区居民、社区居民之间沟通与交流的数字化平台。

社区电子商务可以分三个层次：第一层次是社区居民，第二层次是社区服务中心，第三层次是服务或商品提供商，其中包括商家、物流公司、银行、数字认证中心等。社区服务中心平台是社区居民与服务或商品提供商之间的纽带，它面向社区居民提供商品信息和购物服务，面向提供商提供网上商铺展示商品；小区服务二级平台则是社区服务中心平台的后台服务窗口，负责分析居民需求并选择商家，提供配送、支付、辅助服务及其他增值服务，如汇集订单、统一进行价格谈判等。

（2）社区电子商务的特点

社区电子商务通过将电子商务网站功能与社区物业管理及居民管理的组织形态有机结合，将社区居民管理、物业管理等要素导入电子商务经营模式，使网站经营能够以居民社区为组织形式，对以社区为单位的客户群体提供有针对性、集约化、可实时控制的特色内容服务与商业交易服务，从而得以在一个有效经营组织框架内，在面对分散的、不可控制的消费者条件时以简单的方法解决商业信用、物流配送和支付等问题。社区电子商务具有以下特点：

1）服务对象的固定性

一般的电子商务如淘宝网等是面向普通消费者开放的电子商务平台，只要是注册用户就可以在其上进行交易。而社区电子商务是为社区范围内的人员提供服务，它的服务对象主要社区居民。

2）服务内容的针对性

社区电子商务是以服务为宗旨，为社区居民提供便利。这些决定了其服务内容的针对性。社区电子商务不像一般电子商务平台提供种类繁多的商品。社区电子商务应当是物业管理和生活消费两个方面。物业管理属于公共事业管理，在住宅小区内主要包括各种收费、门禁与停车、便民服务等，生活消费则是居民用于生活和娱乐的开支，包括购物、餐饮、休闲娱乐等。

3）服务范围的区域性

社区居民居住比较集中，相对普通电子商务顾客的分散性而言具有服务区域性的特点。区域服务性使得社区电子商务更易于发展和推广。社区电子商务可以比较好的解决物流配送、售后服务等电子商务中的核心问题。

2. 社区电子商务的功能与架构

（1）社区电子商务的功能

为解决社区居民的100m经济生活圈，社区电子商务一般可以分为5个子功能系统，即：网上物业服务子系统、客户关怀子系统、门户网站子系统、社区交流子系统和电子商务子系统。

1）物业服务子系统（为业主提供在线物业服务）

无纸化账单。提供在线账单查阅的功能，业主通过实名认证的账户密码登录至服务子系统，即可查到相关账单，并可以导出及打印。

在线支付功能。社区居民可以足不出户支付相应费用，让客户免于集中缴费排队之苦，为业主生活提供方便。

常规性公告发布功能。物业服务企业通过小区网站及时发布各类物业管理信息、通知公告信息，同时，将各类物业管理办事指导、流程指引、应急电话及法律法规等定期发布，方便小区居民在家通过网站了解清楚后再前往办理，省时、省力。

在线咨询与建议。通过社区电子商务平台提供的咨询及建议收集系统，及时收集并在线回复居民提出的各类问题。同时，通过在线与小区居民在线即时信息或语音通信，了解居民需求，促进彼此交流与沟通，提高办事效率和客户满意度。

在线投诉及保修。传统的电话报修在操作上虽然比较方便。但在流程上难以形成规范的跟踪记录，容易出现数据丢失的情况，并不易搜索查找。数据也不能进行分析。而在线投诉报修功能，结合物业内部系统的保修及投诉模块关联，提供完整的流程处理过程，从业主在线提交、到系统自动转入后台，再到派工单打印、派工、上门解决处理、完工内容填写、后续回访，而业务的各个环节均可在居民家庭网站及物业软件系统内双向显示。

网上增值服务业务。随着互联网的快速发展和社区居民法制意识的普及与增强，物业增值服务项目的收益分配受到越来越多的挑战，而在如今的大环境下，拓展盈利模式、降低运营成本是物业从业人员不得不思考和解决的问题，在这时，数字化社区应运而生。通过数字化社区为业主提供家政、保洁、保姆等多样化的经济生活服务，不仅为社区居民提供便利性，也极大地扩展了物业服务企业的增值业务，提升了物业服务企业的增值收益。

2）客户关怀子系统

诸如节日问候、生日祝福、周年纪念、服务回访、业务跟踪等，让业主能随时感到物业服务企业的关怀，提高客户满意度。可以采用的手段有：手机短信群发平台、电子邮件服务平台、在线咨询与问答平台、在线调查反馈平台等。

3）门户网站子系统

传统物业系统大都是突出其外观精美，主要是针对企业的形象宣传和品牌展示，往往忽略了与业主的互动功能，这样的网站，很难让人有再度浏览的想法。

而电子商务平台突出与业主的交流互动，并联合多方：物业、业主、商家等进驻平台。

物业服务企业网站：展示物业服务企业的形象和信息的同时，提供新闻发布与展示功能，第一时间传达企业管理资讯。这是物业服务企业对外品牌与形象展示的窗口，社区电子商务平台可采用适当的方式完善、美化。

社区网站：是物业管理与小区居民沟通的平台，也是小区居民自由交流、交往的生活平台，可以全面展示小区信息、物业信息、小区居民沟通与活动等信息。

居民家庭网站：是小区居民的个人隐私门户网站，即能让每个家庭与及时查询物业对账单、查看物业投诉、报修、咨询、建议的发布及处理情况反馈等，同时也能及时接收物业管理处发布的相关紧急通知、管理公告等。

社区网上商城：社区电子商务系统为社区附近的商户提供了一个专业化的完整的商务平台——网上商城，网上商城是在线交易模块的主要模块，也是社区住户经常访问的模块。

商户可以在此申请加盟网上商城，经过审批以后即建立网上商店，进行网上交易。网上商城子模块提供商城管理、加盟商城、网络营销、网上购物、库存管理、物流配送、客户管理、销售统计等功能。

网上商城子系统的主要用户有物业服务企业，商户，购物者即社区居民。物业服务企业主要扮演商城管理者的角色，负责对商户的管理，包括商户的增加和删除，对商店等级进行管理，加盟商户的审批，处理购物者投诉等。社区居民通过在网上商城浏览查看商品信息选择自己所需商品，或通过查询购买所需商品，填写订单，通过网上支付系统进行支付，即完成了整个购物流程。对购买使用的商品可以填写对该商品的评价，对于尚未到货的订单，购物者可以查询此订单的状态，购物者如果对商品不满意或对商家提供的服务不满意可以要求退货，在意见反馈模块里填写相关意见，或到网上商城进行投诉。商户即网上开店的主体，其所有业务都是围绕商店展开，从建立网上商店，到销售产品，物流配送的一系列业务。

4）社区交流子系统——助推和谐社区建设

构建和谐社会从和谐社区开始，在有效的范围内深入沟通与交流，加深、加强彼此之间的熟悉和理解。社区交流子系统的功能包括论坛、博客、圈子等，交流沟通、活动联谊，增进居民之间的了解、交往，共建和谐社区新环境。另外还有社区交易交换等分类信息，如：家政、餐饮、车辆、学习等社区分类信息，及易物交换、跳蚤市场、二手买卖等。社区交易信息基于本小区，参与的人均是社区邻居，无需物流且拥有极强的信任基础。

5）电子商务子系统——开拓物业服务企业盈利渠道

电子商务是社区电子商务平台中极为重要的一个环节，也是让物业服务企业持续投入运营社区网站的源动力。

社区电子商务系统有4个基本服务作为应用基础。

安全与认证提供一个安全可靠的网络商务环境，保障社区居民在网上商务活动的安全性。系统身份认证采用社区统一身份认证系统提供基础的安全认证，网上的所有活动人员都要经过统一身份认证进入系统，取得数字证书后方可进行授权的操作，并且活动受到统一的审计监控，统一身份认证系统保证网上工作环境的安全可靠。网络上不同角色的用户享有不同的级别的授权，他们的网上活动受到其身份的限制，防止一些恶意事情的发生。

电子支付是电子交易的基础，支付服务可以采用网银一卡通作为支付载体，建立一个安全可靠的支付通道，大大方便了社区电子商务应用的推广和扩展。支付服务可以支撑多种支付方式，满足用户的各种支付需求。

目录是存储各种对象的一个物理上的容器，目录服务是使目录中所有信息和资源发挥作用的服务。目录是支持电子商务的关键性安全架构，它不仅能够存储用户访问信息，而且适于表达彼此之间的关系，具有非常好的可扩展性、易于管理和高可用等特点，能够提供更高级的认证和授权。系统应用层主要设计社区内部的一些具体业务，例如在线购物、在线报修、查询车位、社区信息交流、内容管理等，它涵盖社区日常事务的方方面面。

服务引擎层是由社区服务引擎层统一提供支持，是电子商务系统与社区内其他业务系统共享的服务层，包括实体引擎、工作流引擎、规则引擎、数据库服务引擎、Web 服务引擎等。

（2）社区电子商务总体架构

社区电子商务是由社区管理机构为组织者与管理者，为实现电子商务活动提供平台，对电子商务的双方（商家与社区居民）进行管理并提供服务。它实现的总体模式如图8-41所示：以互联网为基础，以社区电子商务网站为中心由提供服务的周边商家加盟，并连接负责结算服务的银行，形成一个与传统电子商务比较相对封闭但更高效的电子商务局域网。

社区电子商务从概念上讲具有二级结构公司，即社区服务中心平台（以下简称"中心平台"）和小区服务二级平台（以下简称"二级平台"）。

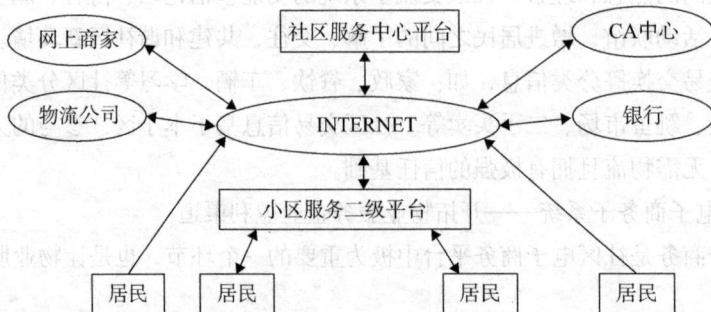

图8-41 社区电子商务的一般总体结构

8.6.3　社区O2O

随着移动计算技术的快速发展，社区电子商务出现了新的应用模式，即社区O2O。传统的电子商务巨头（如淘宝、京东）的商业模式本质是B2C，通过互联网实现对零售商业的改造，和商家（B）和消费者（C）的连接，历经15年的蓬勃发展，已经实现了万亿级的市场规模，在商品层面已经隐约触及成长的天花板，正不约而同地由产品向服务、由线上向线下、由实体向金融转型，希望能在移动互联网时代找到新的业务爆发点，延续快速而持久的成长和扩张。

O2O是新型的网络营销模式，O2O即Online To Offline，线下销售与服务通过线上推广来揽客，消费者可以通过线上来筛选需求，在线预订、结算，甚至可以灵活地进行线上预订、线下交易、消费，O2O模式是随着像美团网、拉手网、街库网这样本地化电子商务的推广以及市场的需要逐步形成的。

1．O2O的概念

O2O是"Online to Offline"和"Offline to Online"的缩写，强调的是线上和线下的融合和联动。2011年8月Alex Rampell提出来O2O的概念，2011年11月引入中国并掀起了一股实践和讨论的热潮。O2O就是在移动互联网时代，生活消费领域通过线上（虚拟世界）和线下（现实世界）互动的一种新型商业模式。简单地说，O2O就是生活消费领域中虚实互动的新商业模式。

Alex Rampel定义的O2O商务的核心是：在网上寻找消费者，然后将他们带到现实的商店中。它是支付模式和线下门店客流量的一种结合，对消费者来说，也是一种"发现"线下营销的机制，实现了线下的购买。O2O商务本质上是可计量的，因为每一笔交易或者是预约都发生在网上。这同目录模式明显不同，因为支付有助于量化业绩和完成交易等。

随着O2O的深入实践和移动互联网技术的发展，O2O的概念已经脱离了Alex RamPell最原始的仅仅是"线上-线下"（Online to Offline）的定义，增加了"线下-线上"（Offline to Online）、"线下-线上-线下"（Offline to Online to Offline）、"线上-线下-线上"（Online to Offline to Online）三个新的方向，形成了O2O的4种商业模式，如图8-42所示。但O2O的本质不变，由于生活消费的移动互联网化，O2O将直接改变我们每个人作为消费者对生活服务类商品的消费行为，从而使作为消费者的每个人的生活理念从"为产品而消费"改变至"为生活而消费"。

4种O2O依存关系离不开"营销、交易、消费体验"这3个基本的商务行为。营销是企划行为，比如促销、买什么送什么、优惠打折等。交易是营运行为，比如信息发布（商品排列）、下订单（购物车）、支付（现金或POS机刷卡）等。消费体验是用户感受行为，比如看电影、坐火车、吃麦当劳、网游等。

"营销、交易、消费体验"这三个基本的商务行为，在互联网没有诞生前，营销在线下完成，交易在线下完成，消费体验在线下完成。随着信息技术和物流

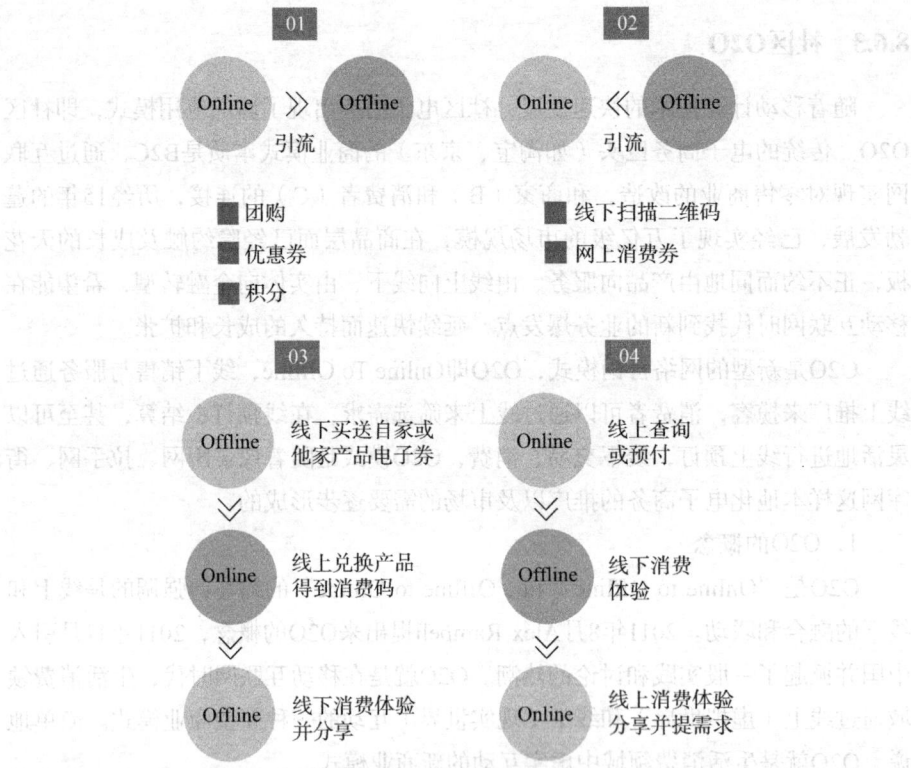

图8-42 O2O的
4种商业模式

技术的大发展，特别是互联网大规模普及，商务行为在互联网的线上虚拟世界也开始实现了。以淘宝、京东为代表的电商企业在中国的强势发展，使商务方式中的营销、交易和消费体验均可以在线上完成。我们来看，这些构成商业模式的3个基本商务行为目前都可以在线上或线下完成：

（1）营销

你可以在线上进行营销企划，开展优惠、打折、促销，甚至团购活动。如每年淘宝的双11节是网民的节日，抓住这个时机在线上促销是很成功的，同时还在线上模拟出线下的一个商圈。至于线下开展营销，那就更多了，每到过节，很多人就会去商场逛街，买平时看上的那些品牌商品。

（2）交易

电子支付的兴起，使得消费者购买商品或服务开始普遍接收网上支付方式，如支付宝、微信支付等。而线下交易就更早了，从物物交易的古代集市，到现代的大规模超市（如沃尔玛、超市发等），在超市中，从商品排列，放入购物车，到在收银台支付，大部分人都有过这样的经历。

（3）消费体验

消费体验是指一个人在使用产品或享受服务时体验到的感觉及认识。

以前我们看电影、坐火车，都在线下的现实世界中体验，自从有了网游，便出现"宅男"，网上也可以体验商品。

线下是什么，现实世界！线上是什么，虚拟世界！商业模式中最活跃的3个基本商务行为（营销、交易、消费体验）在现实世界和虚拟世界泾渭分明地开展着。随着3G移动网络和智能手机的普及，移动互联网时代的到来，现实世界和虚拟世界互动变得异常简单了，于是生活消费移动互联网化开始了。在生活消费领域中，通过虚拟世界和现实世界互动的新的商业模式（以营销、交易、消费体验等商务行为构成）出现了，这种商业模式就可以称为O2O。例如，某个O2O，它的营销行为在现实世界中完成，交易行为的商品排列也在现实世界中完成，然后通过智能手机将交易行为下订单和支付，这些操作在虚拟世界中完成，最后消费体验也在现实世界中完成。传统模式与O2O模式的营销、交易与消费体验模式如图8-43所示。

图8-43 传统模式与O2O模式的营销、交易与消费体验模式

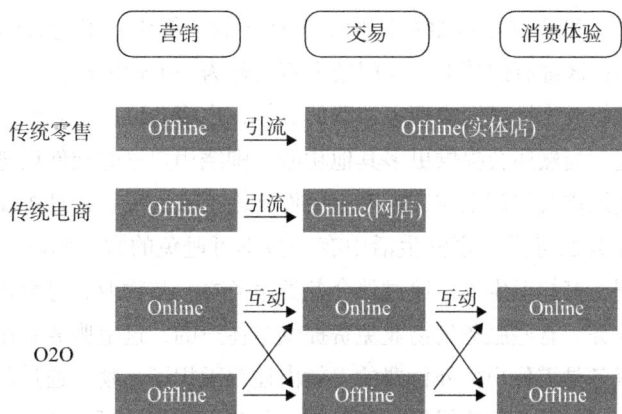

因此，我们认为O2O就是在移动互联网时代，生活消费领域通过线上（虚拟世界）和线下（现实世界）互动的一种新型商业模式。用一句话简单定义O2O就是生活消费领域中虚实互动的新商业模式。

2. 社区O2O的概念

社区O2O不是一个独立而在的垂直市场，涉及居民生活半径的衣食住行吃喝玩乐的所有问题，与各行各业都有密切的相关性，整个行业涉及面十分广泛，涵盖的项目方向非常之多，大致可划分为18个主要方向：信息、电商、物流、支付、金融、广告、科技、上门、软件、门店、上市、社交、家装、房产、汽车、废品、会所、养老等。

理解社区O2O的概念要掌握三个关键点，社区、服务和O2O。"社区"，是具备一定共同属性的社会群体的集合体，在线下的小区人群因为居住在共同的地点也能形成社区；"服务"，是说围绕社区产生的服务市场；"O2O"是指通过网络将居民线上线下的生活无缝结合。居民的社区生活活动本来就处在线上线下不停地相互切换的状态，随着互联网和电商的发展，社区O2O行业得到爆发式的发展。

目前社区O2O的类型，大体可分为电商类、服务类、媒体类、工具类、社交类。

（1）电商类社区O2O是指利用计算机和电子商务技术手段进行居民线上线下的电子商务交易服务平台，一般围绕社区生活提供周边3km内的标准化及准标准化商品配送，如社区网络超市、社区定向团购。社区网络超市是围绕社区建设的、针对社区居民的电商业务。社区定向团购是以团购的形式切入社区电商市场，通常是在特定的时节提供团购产品，如各种当季水果团购，或特定节日的团购，如中秋团购月饼、螃蟹等，还有针对热点事件的团购，比如雾霾天气可以提供相关空气净化设备。

（2）服务类社区O2O是指为居民提供线上线下便捷服务的平台。整合周边商家的一卡通服务平台是服务类社区O2O。一卡通的形式在现在生活中已经很常见，这种模式的特点在于围绕社区生活、社区商业提供一卡通式的便捷消费服务，现在很多社区都有门禁卡，而门禁卡将会作为一卡通的载体，反过来也可以说一卡通不仅将成为社区周边商家消费的载体，也将会取代原来的门禁卡成为居民出行的钥匙，当然还会提供更多其他功能。围绕用户家庭硬件设施及家庭成员展开的专项性维护及护理工作，如家庭硬件维修、家庭成员护理等非标准化上门入户服务，也是服务类。家庭生活中有一些不可避免的常见问题，比如修开换锁、电路检测、打扫卫生等，通过整合各类服务方，与物业签订合作框架，为社区居民提供服务。有些服务是物业免费提供给住户的，这笔服务费用由物业统一支出，有些服务是需住户额外付费的，就由住户承担了。物业通过与第三方整合服务公司合作不仅可为住户提供良好的物业服务而获得认可，还有可能额外节省一笔维修类工种的开支。第三方整合服务公司通过与多个物业合作即可获得长期稳定的营收。

（3）媒体类社区O2O是为社区居民提供媒体类资源的O2O，如社区媒体营销。社区媒体营销就是尽可能地利用社区内的位置资源开发广告位，如大门入口、楼道入口等位置。其实，这种形式存在已久，在O2O大势未到之前就有了，不过随着O2O的崛起，社区内媒体的价值开始水涨船高。

（4）工具类社区O2O是为社区居民提供某种便民信息为主的O2O，如社区周边黄页、社区垃圾回收。工具类社区O2O大部分以手机APP形式出现，也就是整合周边商户，以及一些其他需求的电话信息。

（5）社交类社区O2O是以社区居民的社交互动为核心的O2O。这类形式大概有两种，一是开发独立的社区社交APP，二是通过组织社区微信群进行沟通。第一种多是创业者的积极尝试，而第二种多是原有社区利益者所为。

而社区是与人的衣食住行最接近，也是人停留时间最长的生活单元，更是网络购物环节中的物流配送最小单元。家是人的归宿，成百上千个家聚合成一个社区，以社区为单元已成为国内常用的聚居形式，社区是一个城市的基本组织单位。社区是很多消费的终点站，具有非常大的平台价值。

社区O2O的消费不但具有连续性同时也具备多样性，这是大平台形成的基础。社区消费涉及生活的方方面面，不但有电商消费、店内体验还有上门服务。基于此，社区的生活才能独立成一个体系，最终形成社区O2O闭环。

因此，社区O2O是以社区为单位，以服务社区居民家庭生活为目的，对社区周边3km内资源展开的线上线下整合互动的商业运作模式。具体来说，社区O2O是一种场景经济，通过线上互联网结合线下实体服务，满足社区家庭生活消费需求。

对于物业管理行业来说，已有超过30年的发展历史，至今积累了规模巨大的物业资源、业主和住户资源。物业服务企业所拥有的社区客户资源和规范的运作模式是其他行业所不具备的独特优势，优秀的物业服务企业整合社区各类资源，通过"互联网+"等手段构建社区生态圈具备发展成为现代社区综合服务商的巨大空间和基础。图8-44为物业服务企业构建的"社区生态圈"示意图。

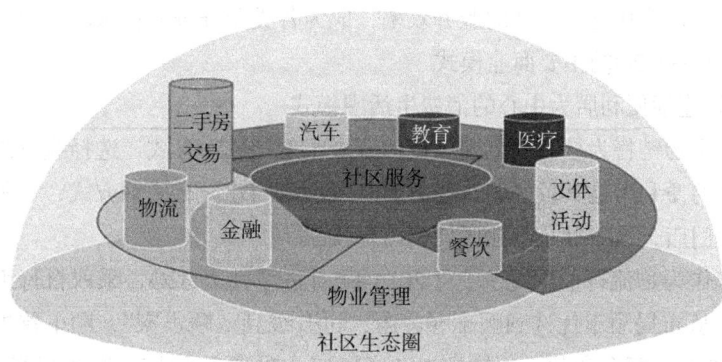

图8-44 物业服务企业构建的"社区生态圈"示意图

物业服务企业将通过与互联网络和高端设备管理技术的融合，探索和创新服务和管理模式，改造和提升企业组织管理架构，积极发现新兴服务领域和业态，通过跨领域资源整合，向智慧型的现代服务业转型升级。

3．社区O2O的商业模式

（1）社区O2O的商业逻辑

社区O2O的基本逻辑是基于本地用户即时需求而聚合本地服务提供商，实现需求和服务的对接。用户和商户是相互制约又相互依存的交易双方，用户需要找到满足自己各种需求且品质可靠的服务聚合平台，商户需要找到高消费、高黏性的海量成熟用户。社区O2O的商业逻辑可以描述为跑腿服务、入户服务和物业社区信息便民服务。

1）跑腿服务。自有配送团队满足用户对标准化及准标准化商品的即时需求，从而建立用户黏性，并进而实现自有仓储到集中采购的京东模式，最终成为本地"快消品零售+配送"的垄断地位。这一模式最大问题在于全国扩张时面临的成本高消耗。一方面要求用户量剧增，实现现金流循环，早期"拉新"的成本支出是巨量的；另一方面是配送队伍的不断扩充，造成人力成本居高不下。营销成本和物流成本严重透支现金流，最终极易出现入不敷出的资金链困局。除上述两个不利因素，还有面临本地竞争对手的打压，即使再庞大的巨龙也会因为面临多面出击而首尾难顾。因此，对于跑腿服务，只适宜本地小区域集中用户群运作，依靠规模的集中需求压低单量成本的上浮，如果规模化扩张，便需要充分挖掘物流服务的附加值，努力增加现金流。

2）入户服务。通过提供非标准化入户服务，依靠服务质量建立品牌信任，并延伸产业链，实现收益最大化。比如维修维护，需要服务技工进入用户家中施工，这当中最大的收入来自标准化的零配件销售收入。比如家政护理中的月嫂服务，通过月嫂专业的服务品质，进而可带动与产妇相关的各类标准化商品销售及生产后续跟随的幼儿护理教辅工作。

3）物业社区信息便民服务。依靠物业服务的刚性需求，嫁接社区周边服务，满足社区居民足不出户的一站式服务需求。这类平台的核心在于对物业管理系统的深度开发，优化物业管理的服务效率，成为各类服务进入社区的必经门槛。

（2）社区O2O的主要商业模式

1）以连锁便利店为中心的消费生活圈模式

对于实物销售为核心的电商来说，开展本地化O2O方式，选择线下落地，最接近社区的便利店是其较好的选择方式。便利店的建设有两种方式，一种是企业自行建设门店，另一种是与社区便利店合作。

顺丰作为物流行业的龙头，于2014年5月进军社区O2O，采取自行组建店面的方式，从布局顺丰优选到顺丰嘿客店，再升级到"顺丰家"，顺丰首先就把握了社区O2O的两个命脉，生鲜配送和实体店。顺丰嘿客店定义为"网购服务社区店"，主要业务是虚拟商品的"柜台"，一方面做实体体验，一方面减少展示成本、预定把握库存、增强购物体验，做电子商务的实物展示入口，二维码和图片成为商品展示的核心平台。顺丰嘿客店成为社区居民聚散的核心点，可以在顺丰嘿店完成购物消费、物流快递、社区服务等。同时，顺丰嘿客店内还有提供ATM机、冷链物流、团购或预售、试衣间、洗衣、家电维修等多项业务，相当于一个社区网购便民生活平台。

经过一年多的发展，顺丰嘿客已在全国设有近3000家门店，虽然在其成长过程中也一直伴随着烧钱扩张、店铺定位不清和商业模式不明等质疑，但嘿客其实是顺丰进行产业延伸的一个重要战略，更是其向产业多元化的一种尝试，是物流行业快递公司对开展社区O2O市场运营模式的一种探索。随着顺丰嘿客店对社区居民核心需求的掌握，近期有选择性地调整优化门店布局，对部分嘿客门店向顺丰家升级优化，使其功能与服务更贴近于社区和居民。

大型综合型电商京东则选择与便利店合作的方式开展社区O2O。京东与陕西唐久、快客、好邻居、良友等数十家便利店在多个城市展开合作。主要合作模式是：相互做广告，便利店为京东做实体广告，品牌的相互影响增值；客户信息的交换和整合，用大数据的思维去做零售；营销活动，便利店接近用户但受场地限制，电商只能活跃于线上，线下推广成本高，两者合作能创新很多O2O的营销模式。

根据目前线下零售业态的特点，京东划分了三种O2O发展模式：针对便利店、药店等采用"小店模式"，主打小店转型线上大卖场，扩展品类；针对超市和大卖场采用"生鲜模式"，主打基于线下冷链的生鲜配送；针对服装、箱包、家居家装连锁等采用"品牌专卖连锁"模式，主打上门试穿等增值服务。

京东与便利店合作的模式可以降低成本，优化服务，但是合作双方在支付、物流整合、信息整合、营销整合、库存整合等方面都需要深度磨合，才能更进一步发展。

2）物业管理平台O2O模式

物业管理平台是以物业服务和周边生活信息业务为核心，在物业服务的基础上聚合周边实体供应商及细分领域垂直供应商，将服务输送给小区用户的O2O模式。其主体是物业服务企业或相关企业整合物业服务资源，利用物业服务企业贴近社区、贴近业主的天然优势，开展O2O服务。

近一两年来，国内房地产商集中掀起了一阵移动互联网热潮，主要通过移动互联网来整合周边业务，而社区APP几乎已成为很多地产商或物业的标准配置。全国房地产商龙头企业之一的万科开发"住这儿"APP软件，面向全体万科业主、住户群体，致力于打造便捷的物业服务、社区交流与商圈服务平台的O2O闭环商业，内容有社区交友、物业信息、相关服务和商家评价的功能。龙湖地产上线"龙湖社区通"APP，具备日常支付功能，业主可实现水电气缴费等。花样年推出"彩生活"，把社区服务做到家作为企业愿景，聚焦社区生活一公里微商圈商机，以"物业管理+工程服务+社区增值服务"作为主要商业模式，以"彩空间"作为客户需求体验与交易的实体终端，不断扩大对社区周边商业资源的开拓与整合能力，引入与扩大社区周边商业机构在"彩生活"线上平台的应用，同时优化"彩之云"、"彩付宝"等线上服务与交易平台，以消费积分方式回馈社区住户，降低传统业务收费，提升用户综合体验。"一应云"智慧平台立足社区服务领域，通过物联网和云计算技术打造集物业服务、社区商务和公共服务于一体的智慧型社区运营平台。长城物业推出"一应云"智慧平台，在物业管理方面，整合了工程、秩序、保洁和园艺4大模块，能对社区所有工作对象设定日常计划、服务流程、执行标准，并实现自动化全生命周期管理；在社区商务方面，"一应云"与"一应便利店"连锁经营体系构成整体社区商务模式。

3）垂直型社区O2O模式

垂直型社区O2O模式是指瞄准一个细分垂直领域，在线下构筑运营体系，在线上运用IT系统形成闭环的O2O模式。例如家政、洗衣、生鲜、外卖等垂直服务平台。因为垂直行业足够聚焦且具备一定的行业特性，因而能吸引具有相同属性的人群，同时行业所需的专业度越深就意味着进入壁垒越高，竞争力相对越强。所以在市场最终的发展中，垂直平台的"重度垂直"会成为一个共同的趋势，垂直型企业必须围绕主营业务建立自己的深度壁垒，在市场中形成自己的价值所在。目前，做得比较好的垂直型社区O2O有饿了么、e洗车、e袋洗、e家洁、一米鲜、口碑外卖、云家政等。如"云家政"通过自主研发的SaaS系统，提供家庭生活服务发包平台，用户可以把生活需求发布，平台直接匹配给能帮忙的人。目前提供保姆、钟点工、月嫂、保洁等各类家政服务资源。通过为家政公司提供免费的自主研发的SaaS系统，实现对家政门店的阿姨、订单、雇主、财务的综合管理。目前，云家政形成了信息云端，累计了近8万名实名制家政人员。

在垂直型O2O模式中，O2O平台把一种服务，同类用户拉到平台上来，如"美甲"你可以找A美甲师，也可以用B美甲师，但是A美甲师和B美甲师的服务是一样的，因为平台的培训标准和服务标准是一样的。

4）平台型社区O2O模式

大多数企业在创业初期会选择垂直细分行业作为切入点。毕竟考虑到投入资金、产品开发周期、运营成本、后期服务，选择处置细分领域会更容易一点。不过大多数初期选择垂直细分市场的企业最后也都会走向综合化，这是企业的发展的必经之路。在如今万人淘金的O2O浪潮中，垂直细分只是市场切入点，最终谁能成为综合O2O平台才是最大赢家。平台型社区O2O模式的特点是，将多种服务、各种用户拉到自己的平台，如搬家你可以用A家公司，也可以用B家公司，重点是搬家公司服务质量、价格和信誉。

平台型社区O2O主要以流量分发形态存在，通过聚合周边实体零售商或服务商，将用户订单导流到周边合作商家的店铺上，以此对接用户与商户的需求供给。一些大型的流量平台，往往嵌入了诸多的垂直服务平台。平台型社区O2O有58同城、携程旅行网、大众点评网、小区无忧、叮咚小区、社区e服务等。

如58同城，它是一家提供分类信息服务的综合性生活服务领域的O2O运营平台，线上信息的服务范围非常广泛，几乎覆盖用户生活的各个领域，为用户提供包括租汽车、二手交易、招聘等多方面的信息。目前58同城拥有400万本地商家，并为其提供全方位的市场营销解决方案，提供网站宣传、杂志框架、社区LED广告屏等多种推广宣传渠道。此外，58同城还为商家定位最准确的目标消费人群，提供最直接的产品与服务展示平台以及客户关系管理等。58同城拥有近亿的注册用户，免费发布信息为用户传递需求提供了宽松的信息渠道入口，信息网络覆盖全国380多个城市及人们生活的各个领域，用户可以在线获取分类信息后到线下实现交易。58同城是成功的O2O发展模式，与赶集网合并后，已经成为社区O2O的龙头企业。

8.6.4 智慧社区

1. 智慧社区的概念

智慧社区是随着城市概念的提出应运而生的，目前对于智慧社区还没有形成统一的定义。

中国城市低碳经济网在智慧社区一文中提出，智慧城区（社区）是指充分借助互联网、物联网，涉及智能楼宇、智能家居、路网监控、智能医院、城市生命线管理、食品药品管理、票证管理、家庭护理、个人健康与数字生活等诸多领域，把握新一轮科技创新革命和信息产业浪潮的重大机遇，充分发挥信息通信（ICT）产业发达、RFID 相关技术领先、电信业务及信息化基础设施优良等优势，通过建设ICT基础设施、认证、安全等平台和示范工程，加快产业关键技术攻关，构建城区（社区）发展的智慧环境，形成基于海量信息和智能过滤处理的新的生活、产业发展、社会管理等模式，面向未来构建全新的城区（社区）形态。

白玉琳认为智慧社区是依托信息化手段和物联网技术，通过网络和以"电视机"为核心的家庭智能终端，在智能家居、视频监控、社区医疗、物业管理、家政护理、老人关爱等诸多领域，为用户提供智能化、信息化、快捷化的生活空间，实现人们从"看电视"到"用电视"的飞跃，构建户户联网的全新社区形态。

张彭等则认为智慧社区是指充分借助互联网、物联网、传感网等网络通信技术对住宅楼宇、家居、医疗、社区服务等进行智能化的构建，从而形成基于大规模信息智能处理的一种新的管理形态社区。

王京春等认为智慧社区是以提高服务水平、增强管理能力为目标，针对居民群众的实际需求及其发展趋势和社区管理的工作内容及其发展方向，充分利用信息技术实现信息获取、传输、处理和应用的智能化，从而建立现代化的社区服务和精细化的社区管理系统，形成资源整合、效益明显、环境适宜的新型社区形态。

颜鹰等认为智慧社区是依据信息时代发展的产物（如互联网、传感器）构建得到的结果。它主要通过充分发挥ICT（信息通信）、RFID（产业发达）等信息化基础设施的优势，构建出具有海量信息和智能过滤处理的新生活、产业发展、社会管理模式等的智慧形态社区。如智能楼宇、路网监控、城市生命线管理以及智能医院等。

王喜福认为智慧社区是指充分借助信息技术，将社区家居、社区物业、社区医疗、社区服务、电子商务、网络通信等整合在一个高效的信息系统之中，为社区居民提供安全、高效、舒适、便利的居住环境，实现生活、服务计算机化、网络化、智能化，是一种基于大规模信息智能处理的新型管理形态社区。

从应用的角度看，智慧社区是指运用新一代信息技术，融合多种网络资源。

覆盖智能建筑、智能家居、视频监控、健康医疗、物业管理、数字生活、能耗管理等诸多领域，融合构建社区的人文、生活、经济环境，形成基于海量信息和智能处理的新型社区管理模式，以及面向未来的全新社区形态。

2. 智慧社区的基本构成与服务功能

（1）智慧社区的基本构成

目前，很多城市都在进行智慧社区建设，如北京市西城区广内街道推出一站式服务系统，十千惠民系统、全品牌数字家园、数字空竹博物馆、智能停车诱导等为代表的智慧社区应用服务项目正式运行。上海市闸北区启动一站式服务、劳动就业推进、社区求助、社区维稳、居家养老、停车引导、社区商圈等智慧社区应用服务；浦东周浦试点低碳生活、智能家居、远程医疗、基于移动物流网的文化购物等项目，打造智能、绿色、安全、宜居的智慧型新社区。宁波海曙综合运用无线网络、物联网、地理信息系统等建立社区公共资源中心，综合开发利用社区各类信息资源。这些城市的智慧社区试点建设侧重点既有不同，又有相似的地方，从智慧社区的内涵来看，智慧社区建设是智慧城市建设的一个有机组成部分，有自己独立的服务、管理模块和结构。智慧社区的基础是现实生活中的各个社区，社区的基本结构决定着智慧社区的基本部分，智慧社区的运行由具有一定智能属性的各类服务、管理系统有机构建，如图8-45所示。

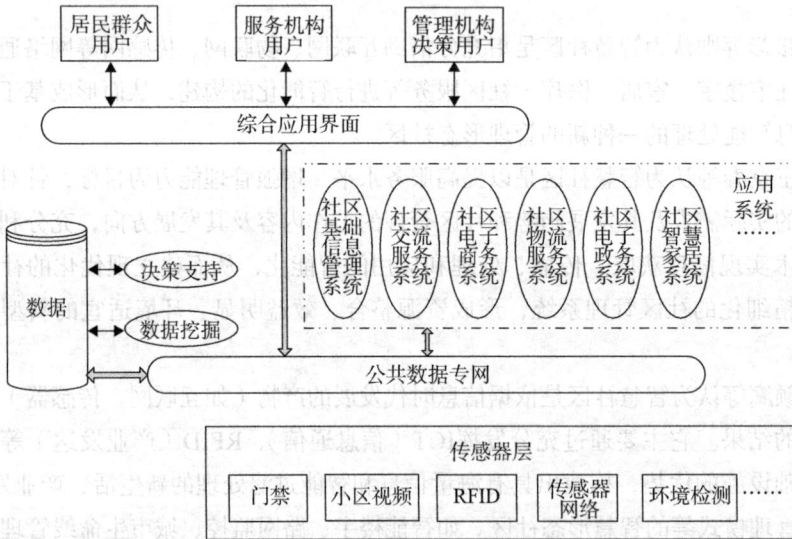

图8-45 智慧社区的基本组成
（图表来源：王喜福. 智慧社区——物联网时代的未来家园［M］，北京：机械工业出版社，2015）

智慧社区包括传感器层、公共数据专网、应用系统、综合应用界面和数据库。其中，传感器层是智慧社区的数据来源，通过对于社区各个系统所产生的各类数据的手机、存储，形成智慧社区的基础数据；公共数据专网是智慧社区数据传递的关键，智慧社区的各个子系统均通过数据专网进行互联，无论是数据的获取、查询、发布，还是应用系统的处理结果均通过专网实现；应用系统是智慧社区的关键，智慧社区的应用价值全部体现在这些应用系统；综合应用界面是智慧社区的门户，智慧社区各个系统均通过统一的应用界面与各类使用者交互；数据库则是智慧社区的数据存储中心和交换中心，与各个应用系统进行数据交换，同时为决策支持和数据挖掘提供数据源。

（2）智慧社区的服务功能

智慧社区以互联网为依托，运用物联网、信息综合集成、智能控制等技术，进行精密设计、优化组合、精心建设，将以往的各类社区服务系统整合在一起，使社区管理者、用户和各种智慧系统形成各种形式的信息交互，以便更加方便、快捷地管理，给居民带来更加舒适的生活体验。通过对社区服务的调研和分析，结合居民的实际需求，总结智慧社区的服务功能，具体如图8-46所示。

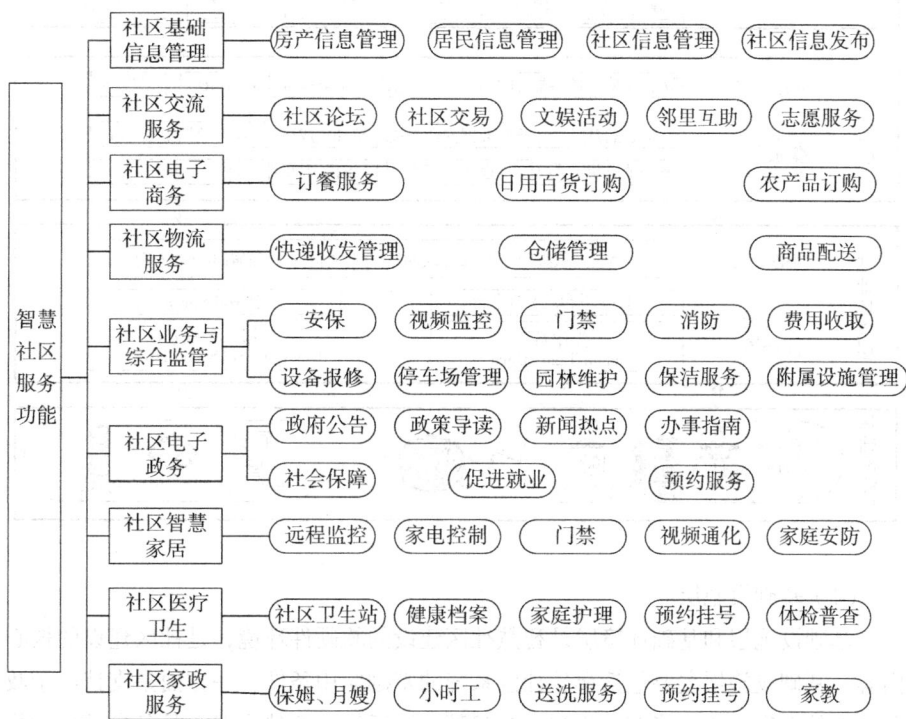

图8-46 智慧社区服务功能
（图表来源：王喜福.智慧社区——物联网时代的未来家园［M］，北京：机械工业出版社，2015）

3. 智慧社区的总体架构

智慧社区服务系统作为智慧社区建设的重要内容，对外承载着社区与城市的信息互联，满足政府、企业和个人对社区内部信息的需求，对内承担着感知层信息的收集、转换、处理，并与互联层完全连接和融合，从而实现社区的智能化管理、社区居民的智慧家居。从智慧社区建设服务系统的总体架构来看，智慧社区的信息系统总体架构应该包括基础设施层、基础环境层、感知层、应用支撑平台、业务应用层和呈现层等层次，如图8-47所示。

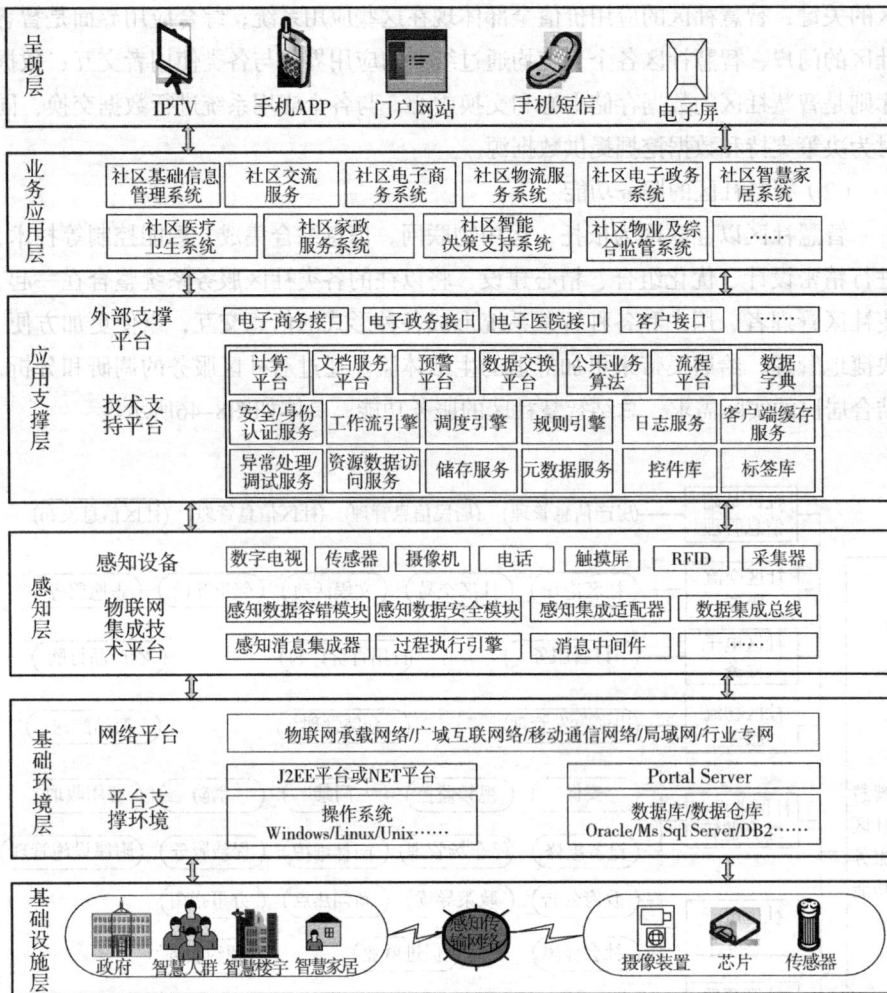

图8-47 智慧社区信息系统总体架构
（图表来源：王喜福.智慧社区——物联网时代的未来家园［M］, 北京：机械工业出版社，2015）

（1）基础设施层

基础设施层和基础环境层是智慧社区建设的软硬件环境，是社区建设的核心内容。基础设施层主要包括智慧社区系统的基础应用条件，一方面是支持电子政务功能的政府机构，能够体验和支持智慧社区运作的智慧人群，具备自动化功能的智慧楼宇和智慧家居等；另一方面，智慧社区服务系统又通过芯片、摄像装置、传感器来接收处理相关信息。

（2）基础环境层

基础环境层是智慧社区的信息采集、处理和交互传输中心，是最核心的组成部分，它包括支撑环境层以及网络层。

1）支撑环境层

基于物联网的技术架构的支撑环境层包括系统的运营环境、操作系统、数据库及数据仓库等。它们为物流系统运行、开发工具的使用、Web Service服务及大规模数据采集与存储等提供环境支撑，保障整个物联网平台的完整性。

2）网络层

网络层主要提供平台运行的网络环境，作为支持社区内外进行相关业务信息的传输通道，包括物联网的承载网络、广域互联网、局域网、移动通信网，网络设备一级接入隔离设备等。

（3）感知层

感知层是实现信息采集功能的核心组件，通过感知工具的相关信息处理模块和数据集成梳理模块，实现消息队列服务、信息管理和对数据管理中心、数据交换和应用集成所需的数据格式定义进行统一管理等。

（4）应用支撑层

应用支撑层主要包括外部支撑平台和技术支持平台，主要为开展各项业务提供所需的外部接口和开发工具平台，并为感知信息的管理、处理、传递、转换等提供功能支持。

（5）业务应用层

功能应用是智慧社区建设最关键的部分，强大的基础信息平台只有通过功能应用层的各个模块才能将信息优势转化为应用优势，最终服务于社区居民。

（6）呈现层

运用感知层中的应用技术将采集到的数据信息通过数据库技术、数据挖掘工具等与物联网技术相结合，通过业务应用系统的处理利用后，根据业主的不同需求，将所需信息呈现在相关设备上。

4．智慧社区与社区O2O

智慧社区与社区O2O都是互联网时代下产生的新概念，其中智慧社区比社区O2O出现的还早。智慧社区是要将社区家居、社区物业、社区医疗、社区服务、电子商务、网络通信等整合在一个高效的信息系统之中，为社区居民提供安全、高效、舒适、便利的居住环境，实现生活、服务计算机化、网络化、智能化。社区O2O是一种商业运营的模式，主要是通过社区线上支付线下体验的服务来获得商业利益和互联网时代用户数据取得的模式和手段。智慧社区是开展社区O2O的基础条件，社区O2O的良性发展需要社区拥有良好的信息化基础环境，当前智慧社区的发展主要是对社区IT软硬件环境升级改造等信息基础化建设工作，在完成这些工作之后，智慧社区将开展的社区交流服务、社区电子商务、社区物流服务、社区物业综合管理、社区医疗、养老、家政等内容正是目前社区O2O开展的主要功能。

社区O2O是智慧社区的一个组成部分，智慧社区除了社区O2O以外还包括社区居民的安全、健康等各方面的物质以及精神生活的需求。智慧社区是一个系统性的项目，也是智慧城市的重要组成部分，智慧城市的系统建设更加复杂化，需要集成更多的软硬件服务，包括交通、咨询、教育、旅游、环保等一切有关于城市运转的各子系统的建设。

相比需要大投入的"智慧社区"是由政策主导推动而来，由互联网市场自发延伸形成的"社区O2O"能最大化地激发行业竞争与创新，对于目前大多数的社区O2O项目，并不需要太大的资金和太强的技术，多数都以服务为切入点。不过，如今的社区O2O与智慧社区越来越靠近，有非常多的社区O2O项目也开始涉足社区内硬件环境建设，也会促进智慧社区的发展。

当前，智慧社区和社区O2O的建设受到了国家、行业和企业的高度重视。2014年初，国家发改委印发《关于加快实施信息惠民工程有关工作的通知》，全面推动智慧社区建设，发展信息惠民应用，智慧城市、智慧社区建设得到国家及有关部委的高度重视。2014年5月，住建部就提出到2020年智慧社区比例超过50%的长期目标，前不久住建部颁布的《智慧社区建设指南》指出，2015年全国要启动50多个试点项目。为了响应政府号召，获取政策扶持，许多IT企业、房产企业、电子商务企业都在积极地推出智慧社区解决方案，如杭州新视窗信息技术有限公司开发的"新视窗智慧社区运营平台"为智慧社区提供了物业数字管家和社区服务平台建设的方案和服务，为业主、周边商家、物业和社区运营商之间架设起商务的桥梁，能够为社区运营商提供可持续经营的平台。在这一平台上，以计算机网络通信、RFID技术、3G/4G技术等为基础设施支撑，利用云计算、GIS、大数据及商业智能等技术为应用支撑，开展智能家居、物业服务管理、楼宇智能化管理、社区服务为一体的智慧社区业务应用，其智慧社区建设架构如图8-48所示。

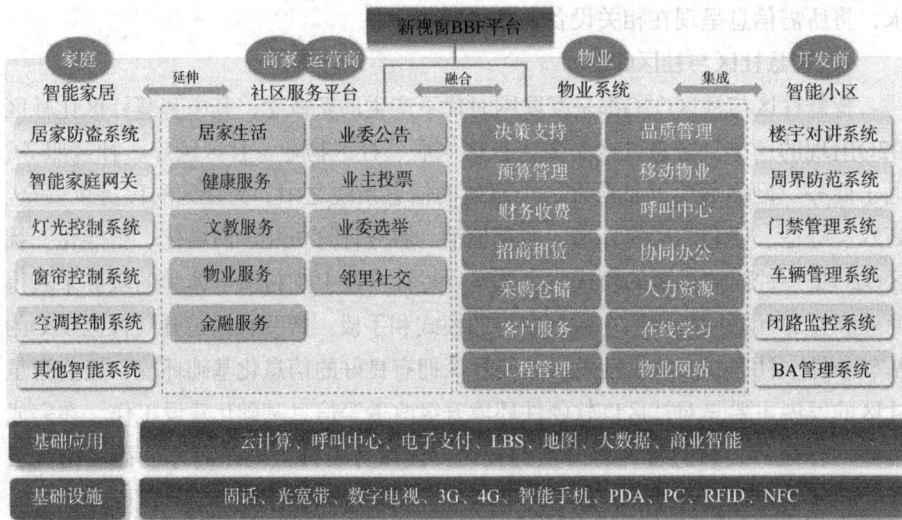

图8-48 新视窗智慧社区建设框架

智慧社区的建设离不开为社区居民提供良好的社区业务服务，而社区O2O的发展为智慧社区的社区服务提供了良好的商业模式。随着智慧社区建设的不断深入，互联网技术的飞速发展，许多企业以社区O2O为切入点开展智慧社区建设，或将社区O2O融入智慧社区平台建设之中。新视窗智慧社区建设框架中，其社区服务平台就采用社区O2O的方式，开展邻里社交、物业服务、居家生活、健康服务、教育服务、金融服务等，如图8-49所示。

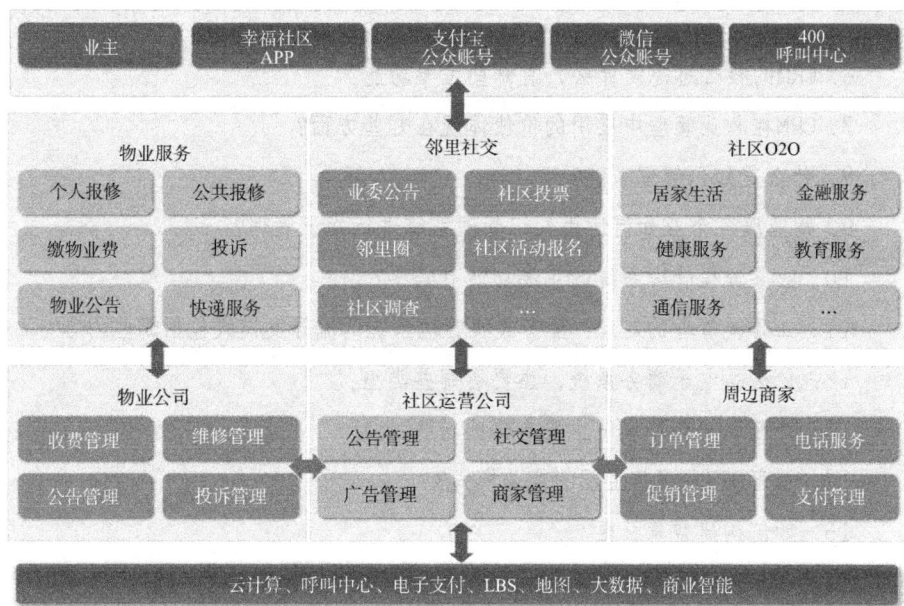

图8-49　新视窗
社区O2O建设模式

本章小结

企业应用系统是横贯企业各种业务领域的系统，专注于执行跨多部门的业务流程，且包括所有管理层级。本章讲述了ERP系统、CRM系统、SCM系统、KMS系统、BPMS系统和EB系统与社区O2O等主要的企业应用系统的基本思想、内涵、主要功能及其在物业管理信息化中的运用。

这些系统的有效集成能够整合物业服务企业跨多个职能领域或多个业务领域的应用，能够跨物业服务企业执行业务流程，在物业服务企业各业务领域、各管理层级及企业内部、供应商、客户和合作伙伴之间，实现信息共享，合作、协调和高效率地完成工作任务，并为上下游供应链及各层级管理者提供经营与决策信息。

思考题

1. ERP系统有何内涵？

2. 物业服务企业ERP系统具有哪些功能？

3. 物业服务供应链管理的内容有哪些？

4. 物业服务供应链信息系统的主要功能有哪些？

5. 基于电子商务如何构建物业服务供应链管理系统？

6. CRM的核心思想是什么，有哪些主要功能?

7. CRM在物业管理中应用的价值体现在哪些方面?

8. 什么是知识管理系统?

9. 物业服务企业如何运用知识管理系统进行知识管理?

10. 业务流程管理系统的主要功能有哪些?

11. 工作流管理的定义? 业务流程管理系统的流开发模式包括哪些内容?

12. 什么是电子商务系统，主要有哪些类型?

13. 社区电子商务系统主要有哪些功能?

14. 社区O2O有哪些主要的商业模式?

15. 如何构建智慧社区?

16. 企业应用系统主要有哪些? 是如何实现各个系统之间的信息共享的?

9

系统案例：万物至上
物业信息化解决方案

学习目的

　　理解物业ERP系统的设计思想、特点、框架、网络拓扑结构；掌握ERP系统的主要功能模块；理解物业管理行业前沿的软件和应用；理解万物至上"互联网+"在物业服务企业信息化中的实际应用价值。

本章要点

　　物业ERP系统的设计思想、系统框架与拓扑结构；物业ERP系统的主要功能模块。

9.1 万物至上科技有限公司简介

万物至上科技（北京）有限公司（以下简称"万物至上科技"）创立于2000年4月，公司自成立以来，长期致力于物业行业的信息化建设，于2001年研发完成了国内第一套物业集团化管理ERP系统，该系统借鉴了服务领域全球第一位的美国ServiceMaster公司集成服务信息系统（ISIS系统）的成功经验、程序和方法，经过17年的实施和完善，已经汇集了国内众多一级物业公司和高档物业项目的管理和服务经验，融合了ERP企业资源计划、CRM客户关系管理、ISO 9000质量管理、电子商务等先进的企业管理思想和移动互联网、大数据技术，实现了集团化、标准化、专业化管理和移动办公、现场管理、远程监控，是国内流程最专业、业务最齐全、功能最强大的物业信息化解决方案。

随着"互联网+"在物业行业的应用，共享经济和社区O2O建设成为物业企业的普遍需求，为了帮助物业公司实现跨企业的联合，扩大客户规模，并实现周边商业资源、优质商品和服务资源的整合，为客户开展个性化、顾问式增值服务，实现传统物业向集成服务提供商的转型升级，万物至上科技历时3年多的时间，面向物业客户的工作和生活需求，完成了至上生活服务平台（www.shequyun.cc）的研发和内容建设，开发了万物至上移动办公和现场管理APP软件、至上生活物业服务APP软件，为物业企业提供了实施互联网+战略的完整解决方案。通过与地方政府、物业协会的合作，万物至上科技正在绵阳、北京等城市试点，面向共享经济，打造城市物业生活服务平台。

物业行业的转型升级和"互联网+"应用，为物业人提供了广阔的舞台。以物业行业信息化建设为己任的万物至上人有着强烈的使命感和责任感，愿意用自

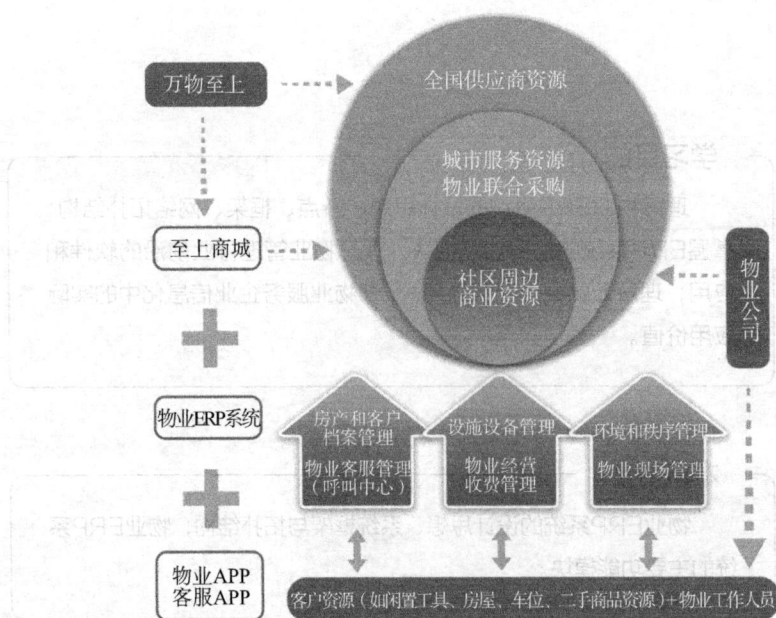

图9-1 公司战略方案

己的智慧和汗水，通过与行业主管部门、各地物业协会，优秀物业企业和供应商的合作，通过与优秀企业家和各类专业人才的共同努力，打造出更加完善、专业、标准、智能的物业信息化解决方案，不断适应物业行业发展、改革、创新的需要，不断为物业企业提高经营管理和服务水平，提高企业经济和社会效益，作出最大贡献。公司战略方案如图9-1所示。

9.2 物业企业信息化建设方案

9.2.1 物业企业信息化建设目标

1. 优化物业项目管理体系，实现客户服务标准升级

通过对现有物业项目的归类分析，结合不同类型物业项目的物业管理、客户服务、作业过程和现场管理中关键点的识别，梳理工作流程及标准，建立不同类型物业项目的管控模型，形成规范的、可复制的物业项目管理和客户服务体系。

物业项目管理和客户服务标准升级从三个方面入手：

一是物的管理升级，即对房产和空间、设施设备、环境和秩序管理标准的升级；

二是客户服务平台的建立，即通过建立物业服务系统、客服APP软件、客服微信公众号、客户呼叫中心等，实现客户与物业公司之间沟通手段升级；

三是服务对象差异化服务升级，即通过与客户的日常互动和交流，了解到服务对象共性和个性需求后，根据客户不同需求制定服务方案，实现由公共物业服务到客户增值服务的升级。

通过建立和优化服务管理体系，提升服务标准，整合社会资源，逐步实现由"基础服务向高端服务转变、环境服务向设备服务拓展、简单服务向深度服务延伸、传统服务向现代服务升级"，最终实现人、环境、楼宇、生态共享。

2. 打造设施设备智能管理系统，实现物业管理技术升级

通过建立完整、专业的设施设备智能管理系统，实现日常设施设备巡检、保养、维修、年检等工作的系统管理，通过设施设备集中管理和支援管理，实现内部工程技术人员共享，最大限度地降低人员成本，提高专业水平；同时通过物联网技术、系统集成的应用，逐步实现重点设备的数据采集、运行管理和远程监控，实现智能门禁、智能道闸、远程抄表和移动缴费，实现设备管理平台与现场管理、客服平台的智能化应用，实现物业管理的技术升级。

3. 创新商业模式，发展共享经济

充分利用物业公司的客户资源优势，通过互联网+的应用，实现商业模式的转变，通过建立物业服务平台，整合社区客户资源、周边商业资源、城市优质商品和服务资源，由物业公司负责最后100m的配送服务，通过O2O线下和线上相结合的方式，为客户提供安全、可靠、优质、高效的商品和服务，建设智慧社区，打造城市共享经济，实现新的利润增长点，不断提高客户的满意度。

9.2.2 万物至上物业企业信息化整体解决方案

为了充分利用企业的内外部资源，大幅提高工作效率、提升客户服务品质、降低运营成本，并通过信息系统实现专业化、标准化、规范化管理，使物业企业实现先进的管理和经营模式，通过互联网+，开展转型升级，实现新的利润增长点，提高企业的经济效益，走在全国物业行业的前列。信息化整体解决方案如图9-2所示。

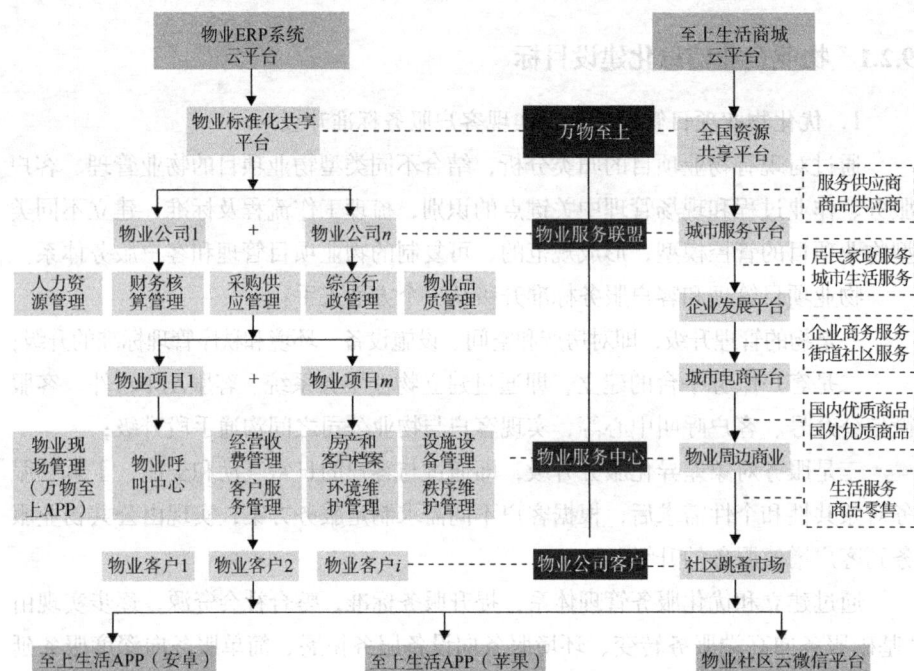

图9-2 信息化整体解决方案

1．物业总部ERP系统建设

在物业公司总部的职能部门开展综合行政、人事劳资、财务核算、采购供应、品质和标准化等专业系统建设，实现各专业集中管理和业务流程优化再造，在全公司范围内取消手工报表，实现无纸化管理和动态反馈，对所管理的物业项目实现标准化管理和远程监控，为公司领导提供各专业数据查询、统计分析和决策支持。

2．物业项目ERP系统建设

在现有物业项目分专业开展房产（空间）、客户服务、经营收费、环境（保洁、绿化）维护、秩序维护、品质和专业检查等专业系统建设，通过打造样板项目，实现物业项目的专业化、标准化、知识化管理，实现不同类型优秀物业项目管理经验和工作流程的复制，不断提高物业品质，提高客户满意度，实现专业、一流的物业管理和服务。

3．移动办公和物业现场管理APP软件

这是面向移动互联网的应用，APP软件通过与物业项目ERP系统的集成，使

得物业公司作业人员都能在安卓和苹果手机、平板电脑上进行物业公区报修、维修工单记录、设备保养记录、专业检查记录、能源抄表记录、保洁和保安值班记录等物业现场管理，提高物业作业人员的专业化、标准化、知识化，在物业现场工作中取消手工表单，降低办公费用，提供物业项目的经济效益。

同时，APP软件通过与物业公司总部ERP系统的集成，使得物业公司的管理人员都能在安卓和苹果手机、平板电脑上进行内部邮件收发、考勤申请、用款申请、用印申请、工作日志记录、工作计划制定和执行、公文呈报申请和审批、工作联系单制定，以及各类工单处理和申请审批，进行各专业数据查询、接收系统的工作提醒，了解企业的最新通知与公告，与ERP系统接口进行员工身份认证，查询企业通信录、规章制度、政策法规、企业动态、行业动态，参与员工互动交流，通过移动互联网的应用，实现移动办公和办公自动化，提高工作效率。

4. 物业O2O平台和物业服务APP软件

这是以物业客户需求为导向，以满足物业客户增值服务需求为目标，通过整合物业项目客户资源和社会供应商资源打造的物业增值服务平台，同时，面向移动互联网的应用，打造了物业服务APP软件，为物业客户提供了周边商业查询、业主跳蚤市场、优质商品和服务社区团购、社区活动、邻里互动、投票表决、房屋租售信息发布、城市新闻等物业O2O平台。同时通过与物业项目ERP系统的集成，实现了在线物业服务，包括物业服务热线、物业资讯、在线报事报修、在线投诉建议、在线缴费、物业公示、物业满意度调查等。通过互联网+实现了商业模式的转变，通过社区O2O线上和线下的应用，极大地挖掘了物业客户资源的价值，通过整合社会资源开展增值服务和社区团购，实现了新的利润增长点，提高了客户满意度，走出了一条物业企业转型升级的成功之路。

ERP和APP数据交换如图9-3所示。

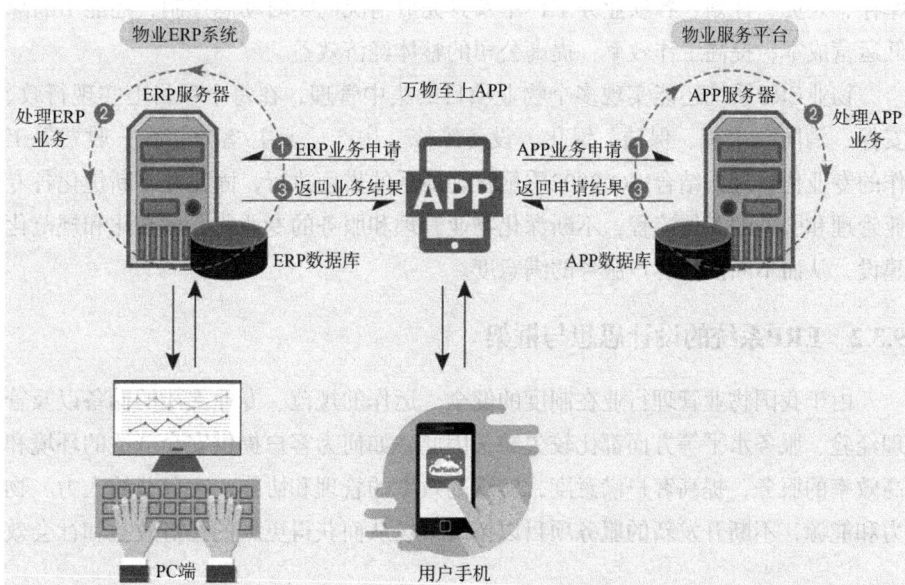

图9-3 ERP和APP数据交换示意图

9.2.3 万物至上物业信息化整体解决方案的优势

（1）实现了物业行业标准化共享；

（2）实现了总部集中管理和分类型的物业项目管理；

（3）实现了移动办公和物业现场管理；

（4）实现了物业公司客户资源共享；

（5）实现了跨区域的供应商资源共享；

（6）实现了互联网+物业，通过共享经济实现了物业企业转型升级；

（7）实现了物业ERP系统、微信客服平台、客服APP软件的高度集成；

（8）实现了企业专业化、标准化、集团化、扁平化、信息化管理。

9.3 物业集团化管理 ERP 系统

9.3.1 物业集团化管理ERP系统简介

现代企业信息化建设已经发展到以"企业资源计划（Enterprise Resource Planning，ERP）"ERP系统为核心和主流的阶段，ERP系统作为先进的企业管理思想和手段，它能将分散在各部门的系统完整地集成到一起，实现完善的项目管理，改善对客户的服务，提供体现知识管理的数据库，并整合社会实现集成服务提供商，为物业管理行业提供全面的解决方案。

万物至上软件公司的物业集团化管理ERP系统，是通过借鉴美国全球第一位的物业服务集团ServiceMaster公司的国际先进的物业管理思想、程序、方法，结合国内多家一级物业公司的实际运作经验开发完成的，不仅能在物业公司内部实现人、财、物、质量、行政的集中管理，实现办公自动化，实现对预算、采购、库存、人员、计划、各项业务工作单及其完成情况的实时动态控制，还能不断降低运营成本，提高工作效率，提高公司的整体经济效益。

物业ERP系统还能实现多个物业项目的集中管理，在每个项目上实现行政、安保、消防、工程、保洁、绿化、设备维修、房产、业主/客户档案、收费等工作的专业化管理，结合ISO 9002质量管理体系的贯彻执行，固化并不断优化各专业管理和服务的工作流程，不断深化物业管理和服务的专业化、标准化和规范化建设，从而不断提高客户服务的满意度。

9.3.2 ERP系统的设计思想与框架

由于我国物业管理行业在制度的健全、运作的规范、专业人才的储备以及管理经验、服务水平等方面都比较欠缺，因此，如何为客户提供安全舒适的环境和高效率的服务，提高客户满意度，实现高效率的管理和协作，充分节约人力、物力和能源，不断开发新的服务项目以拓展市场从而获得更大的经济效益和社会效益，成为了物业管理行业长期面对的课题。

万物至上软件将ERP作为先进的企业管理思想和手段入物业管理和服务领域，它能将分散在各部门的系统完整地集成到一起，实现完善的项目管理，改善对客户的服务，提供体现知识管理的数据库，为物业管理行业提供全面的解决方案。实施ERP系统将对物业管理行业的发展起到如下的作用：

（1）需要组织企业开展标准化工作，从而可以在企业内部建立统一的管理标准，实现人、财、物的集中管理，大幅降低物业服务企业的管理成本；

（2）需要对每个项目的管理进行专业工作内容的建立，这样能够把管理人员、技术人员在每个项目中多年的工作经验总结到系统中，建立起一套专家型的作业指南，从而实现企业的知识管理；

（3）需要在网络化的基础上运行，这使得物业服务企业各个部门、各个专业、各个项目之间的协作得到最大程度的加强，减少中间环节，提高工作效率；

（4）ERP系统能帮助企业实现的过程化管理，真正落实了ISO 9000质量管理体系的要求，极大地减少了手工记录，实现了管理的精细化；

（5）ERP系统能够为企业决策层提供最实时的管理、服务信息，通过统计、查询、比较等综合分析，为企业决策提供科学依据；

（6）ERP系统不仅能缩短客户服务的响应时间，还能帮助物业服务企业整合更多的社会资源，为客户提供更多更好的服务。

电子商务时代的到来，为物业管理行业应用ERP系统提供了技术上的可行性和经营、管理、服务模式的更新，也进一步拓展了ERP应用范围，基于电子商务的应用模式越来越受到重视。随着网络技术、电子商务的发展，企业对ERP系统的应用提出更新的要求，希望借助网络系统，在Web服务器上运行的ERP系统，与企业电子商务的发展相协调，企业的员工可以用浏览器来操作ERP系统，而不用受企业内部网的限制。这种新一代的ERP系统称之为"e-ERP"系统。"e-ERP"系统由客户/服务器（C/S）模式向基于Internet的模式转变，整个ERP系统全部采用HTML标记、Java等高级语言完成，并基于Internet运行。

e-ERP系统是在企业资源计划ERP基础上，充分利用基于互联网的软件开发技术，实现供应链管理、客户关系管理、电子商务、办公业务自动化、业务流程控制、作业指导等管理和技术的全面集成，实现资源共享、数据共享，建立适应网络经济和知识管理时代的企业管理信息系统。如果说ERP系统打破了企业内部管理的壁垒，电子商务则打破了不同企业之间的外部壁垒，21世纪企业管理系统的发展方向将是ERP系统和电子商务的集成，成为面向电子商务的企业资源计划——e-ERP系统。

ERP系统的设计框架如图9-4所示。

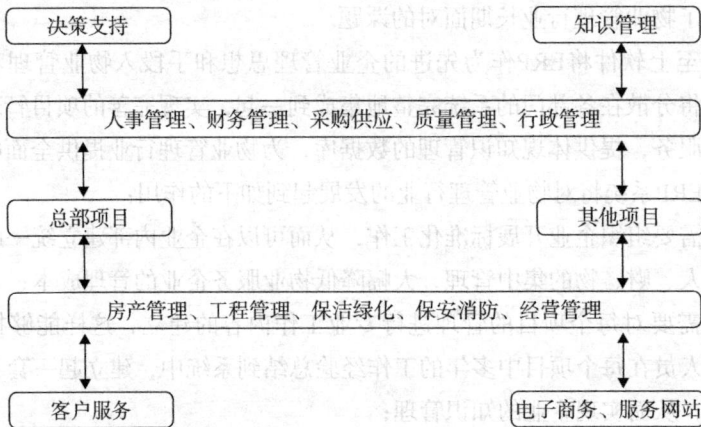

图9-4 物业e-ERP系统的框架

9.3.3 ERP系统的功能模块

1. ERP总部系统（图9-5）

图9-5 ERP总部系统菜单

（1）财务管理模块

财务管理模块由总部财务部门负责牵头使用，各部门和项目在该系统中管理与自己相关的预算和执行情况，各部门和项目可以进行网上报销申请，出纳在系统中进行收入和支出登记，可以通过财务系统统一管理固定资产的购置、转移和维修等工作。

1）预算编制管理

能够对预算的科目进行设置和分配，这些科目包括物业服务企业的各种收入和支出费用，各部门预算编制人员可以通过预算申请，输入全年的预算金额、预算用途、预算来源；对预算按月进行分配，并设置审核人发送审核；同时提供各种物业服务企业总部和分项目、分部门的预算统计报表。

2）预算执行管理

对日常发生的支出费用（预算内，预算外）可以通过系统进行报销申请、审批，审批通过后的支出，财务人员可以进行支出登记；对已经完成的收入通过系统进行收入登记；同时提供各种物业服务企业总部和分项目、分部门的预算执行情况的统计报表，实现预算编制和执行情况的对比分析。

3）实物资产管理

对总部和各项目的实物资产进行分类注册，并可以通过系统进行实物资产的维修申请和记录，转移申请和记录，折旧记录以及报废记录，提供总部和分公司、分项目、分部门的固定资产台账和查询。

（2）采购供应模块

采购供应模块由总部综合管理部门负责牵头使用，各部门和项目在该系统中进行采购申请、审批，综合部采购员通过系统对供应商进行管理、询价，制定采购计划，综合部库管员通过系统进行验货、入库和出库管理；各项目的专业部门可以通过网络了解采购申请的审批情况和库存情况，各项目的二级库也可以实现出入库管理和项目核算管理。

1）采购管理

支持日常的采购管理流程：采购申请—采购计划—采购订单—验货单，能实现总部对各项目的集中采购管理。并可以在采购订单生效之前进行物资采购的变更；对库房里没有的物资，可以通过新品登记和管理的过程完成采购，包括询价和新品归类。在采购申请审批的过程中，可以通过系统上了解各部门的预算和执行情况，了解同类物资的历史采购情况等，对采购计划可以实现各种提醒、查询、统计功能。

2）供应商管理

可以对物资供应商进行分类管理，记录他们的基本信息、销售网点、提供的物资；并可以通过系统进行各种供应商的评审管理，包括由各专业部门自己设置相关供应商的评审项目、进行评审过程的管理以及对已经供货的物资质量的评价。系统还可以实现对采购供应商的相关查询和统计。

3）物资管理

通过专业的物资分类，对总部和分项目的一级、二级库房物资进行记录，包含物资的详细信息，并可以将不同规格型号的物资与它的供应商进行对应、管理物资所在的货架、货位，能通过系统实现物资的初始入库，提供各种物资分类统计表。

4）库房管理

能通过系统对正常的入库与出库进行操作，包括提供直接入库与直接出库的出入库方式。在正常出入库情况下，可以实现物资领用管理的全部流程，如填写领用申请单、通过系统进行审核，审核通过后的物资才能出库；而对于紧急采购的物资，可以通过直接出入库来完成，这样可以减少了采购计划管理及领用申请两个环节。系统还能够通过对各种物资的库存临界点的管理，实现自动的补库申请。还能够通过系统进行物资调位、手工盘点，并通过系统对手工盘点的情况进行核对。系统能够提供针对物资出入库管理的多种查询、统计报表。

5）核算管理

财务人员可以通过系统对库房管理人员的手工盘点结果进行检查和确认；并可以按照供应商的分类、财务管理的分类对物资的出入库情况进行统计，还可按分公司、分部门的情况进行出入库统计。

（3）外委管理模块

外委管理模块由总部质量管理部门负责牵头使用，对各分公司和项目的专业外委工作进行统一管理，可以通过系统进行外委供应商的评定，对外委合同进行统一管理，相关部门和项目可以通过网络进行外委合同的支付申请和支出登记。

1）外委供应商管理

能通过系统对分专业的外委供应商进行分类管理，记录外委供应商的基本信息、提供的服务；并可以通过系统由各部门自己设置对外委公司的评审项目，通过系统对评审过程进行管理，完成合格供方与不合格供方的确定，系统能提供多种查询、统计功能。

2）外委工作管理

能通过对外委项目的分类管理，对相关的合格供应商相应进行管理，包括与合格供方签订的外委合同，各部门可以通过系统填写外委合同付款申请单，通过系统经过审核、流转，在审核过程中审批人可以随时了解外委公司的工作完成情况、各种专业检查记录、以往的合同付款情况，并记录外委合同的付款情况，系统要提供多种查询、统计功能。

（4）人事管理模块

人事管理模块由总部人力资源部门负责使用，负责员工档案和合同的管理、专业培训管理、劳资和福利保险的管理，各部门和项目在该系统中可以进行网上考勤管理，可以查询本部门和项目的员工信息，员工也可以通过网络查询自己的档案，业务管理中心可以通过系统进行员工考勤和日常变动、考核管理，办公室可以通过系统进行工资计算等。

1）员工档案管理

能通过系统管理所有员工的基本信息，包括入职提供、物品领用、个人简历、家庭成员等信息，并可以灵活设置是否需要对试用转正、职级变动、职位变动进行流程化的审批处理，跟踪员工从进入公司到离职全过程的历史记录，包括职称变动、职位变动、奖惩情况、培训情况、劳资情况、绩效考核、合同签订与变更情况等，并可以设置对员工转正等重要事件的提醒。

2）考勤管理

系统能够灵活设置的各种假别类型，支持对各种假别申请过程的流程化审批。系统可以灵活地在薪资计算方法及数据间进行转换，提供各种销假管理，可对加班和缺勤等需要加扣的工资进行冲抵处理。系统提供对员工与考勤相关的年假管理、员工出勤情况的多种查询统计。

3）考核管理

可以通过系统设置考核基数，对各种绩效考核的分数进行管理，包括各级领导的审核以及缺勤扣分，可以通过系统完成考核工资的处理，提供各种查询、统计报表。

4）培训管理

公司总部和各分公司、各部门可以通过系统规划自己的培训体系、调配培训资源，合理安排和管理培训日程、课程、进度和培训结果等信息，进而评估效果、指导、控制培训开发的下一个循环，促进员工个人发展保持，并与公司战略目标相统一。系统提供分部门和员工的流程化培训申请审批管理；可对不同类型的培训（如公开课培训、企业内训、员工自训、出国受训等）进行不同的管理，包括培训计划和参加培训的条件、目标、内容、时间、地点、设备、账单和预算等；可以通过系统对培训结果进行全面考核并汇总；提供将培训与人事档案模块链接，可以查看员工的培训记录，提供针对企业培训工作的各种查询和统计。

5）薪资管理

劳资人员可以通过系统动态维护个人所得税计税表，动态设置引用人事部分信息，如考勤、绩效等。支持任意多级的薪资福利项，提供工资计算结果的银行报盘功能。

6）人力资源分析

系统提供多种针对员工档案、劳资管理的简单查询、通用查询、二次查询、代码查询和任意条件查询，并可以任意制作员工花名册，提供自动排序和手工调整功能。提供简单统计、通用统计、二维统计、单项统计和常用统计等多种统计方法，能够对查询结果进行统计分析，统计结果可以以报表、图表的方式输出。

（5）行政管理模块

行政管理模块由总部综合管理部门负责牵头使用，各部门和各分公司、各项目服务中心在该系统中进行重点工作计划的上报，综合部对计划进行汇总，对下级的计划完成情况进行考核；各分公室和各部门可以通过网络进行公文呈报，公司领导可以随时在网上进行公文审批；各职能管理部门可以通过系统发布各种通知、企业动态、工作参考、政策法规，可以通过网络发布各专业的应急预案、管理规章制度；各部门和项目可以通过系统管理内部档案和对外联络工作；参与系统使用的管理人员都可以通过内部邮件的方式进行文件流转，还可以通过内部工作单的形式对领导交办和部门之间的临时工作进行管理。

1）工作计划管理

系统能够对物业服务企业总部与分公司工作计划的制定、汇总、执行和完成检查进行流程化管理，并具有对与计划相关的各岗位的管理人员与责任人的日常工作实现自动提醒功能。

2）公文呈报管理

能够对公司内部的公文呈报、起草、流程化的审批以及公文处理情况进行管理，对审批过程中的公文具备自动提醒功能，对内部的发文能够自动流转，并对相关工作进行催办。还可以通过系统分部门、分人员的对公文进行权限控制、查询、统计、分析工作。

3）办公用品管理

能够对总部和各分公司的办公用品采购、入库和出库情况进行管理，实现相关查询、统计分析工作。

4）最新通知管理

能够使总部和项目的各部门通过系统发布各种最新的通知，并对通知实现多种分类的管理。

5）规章制度管理

能够通过系统对物业服务企业内部各种管理制度进行管理。

6）内部档案管理

能够通过系统对物业服务企业各部门、专业的归档资料进行统一和分散的建档管理，并对档案的借阅和归还情况进行管理，通过系统对所有的电子文档进行管理。

7）企业动态管理

能够通过系统在总公司和各项目之间对物业服务企业、项目的客户服务、企业管理、员工活动等各种动态信息进行发布，增强内部的信息交流。

8）内部工作单管理

能够通过系统建立各种临时工作单，完成各种领导交办任务，并通过系统对内部工作单进行提醒，对任务的完成情况进行记录、查询、统计分析。

9）内部图书管理

系统统一对企业内部的图书进行专业管理，包括图书分类、图书摘要、借阅、归还和查询、统计等功能。

10）对外联络管理

能够通过系统对各部门与政府机构、业务合作伙伴的档案进行管理，并对各部门的对外联络情况进行记录、查询。

11）工作备忘管理

系统能够对员工的日常工作进行管理，具备系统自动提醒功能，并可以记录工作完成情况，供上级领导进行查询。

12）内部邮件管理

系统对企业内部各岗位管理人员之间的文件传递，采用内部邮件的方式进行，并具有自动提醒、阅读和处理反馈功能。

（6）质量管理模块

质量管理模块主要功能包括由总部质量管理部门负责牵头使用，可以通过系统管理质量管理文件的文档、分发和借阅，可以通过系统定义各专业的质量检查表，相关人员可以通过系统记录质量检查、各专业日常检查情况，对发现问题通过网络流转和处理。

1）质量文档管理

通过系统对质量文档的内容、修订、网上的分发和受控文件的借阅进行管理。

2）专业检查管理

系统可以对日常的质量检查和各项目的专业巡检工作进行管理；可以定义统一的巡检表，确定统一的巡检要求，并对各专业、各个项目巡检过程中发现的问题进行处理、跟进和分析。

2．ERP项目系统（图9-6）

房产客户管理	客户服务管理	物业收费管理	设施设备维护	秩序维护管理	经营开发管理	环境维护管理
房产空间管理 空间组成管理 客户档案管理	客户一站受理 客户报修管理 特约服务管理 客户投诉管理 客户沟通管理 会议服务管理 信息发布管理 二次装修管理	收费项目管理 固定收费管理 应收款管理 收款单管理 实收款管理 收费统计分析	设备集成管理 设备档案管理 维修工作管理 维修统计分析 保养计划管理 保养工单管理 能源消耗管理 日常工作管理 工程项目管理	秩序维护管理 突发事件管理 备用钥匙管理 停车场管理	在管项目管理 租赁合同管理 潜在客户管理 合同评审管理 合同执行管理	保洁工作管理 家政服务管理

图9-6 ERP项目系统菜单

（1）房产和客户档案管理模块

房产和客户档案管理模块是指由各分公司和各项目的客户服务部门负责牵头使用，可以通过系统统一管理各个项目的房产和客户档案，有租赁业务的项目可以通过系统随时掌握该项目的经营状况，其主要功能如下：

1）房产管理

系统能够对各种类型的物业项目进行管理，如写字楼、住宅、公寓、别墅等，建立每个项目的房产信息，包括房间的户型、位置、编号、经营状态、使用性质、每个房间内部的单元设备设施等，并可以实现按照各种条件对房产信息进行查询和统计。

2）客户档案管理

能够对每个房产的客户、住宿的客户档案分别进行管理，包括客户或个人的基本信息、客户的员工信息以及其他特约服务等信息。同时能够实现按照各种查询条件对客户和客户的档案进行查询。

（2）客户服务管理模块

客户服务管理模块是指由各分公司或各项目的客户服务部门负责牵头使用，可以通过系统独立管理各个项目的物业报修、服务预定、来访接待以及其他特约服务，客户和客户员工也可以通过物业的网上服务中心，实现网上服务申请、了解工单处理进程，其主要功能如下：

1）客户报修管理

客户服务部通过系统对客户的报修情况进行记录和流转，并对工程部的派工、维修完成情况进行跟踪，及时掌握维修工单的进度，并进行回访处理，系统提供与客户服务部门有关的维修统计分析、工单状态查询。

2）有偿服务管理

客户服务部通过系统对物业的保洁、绿摆、消杀等所有的有偿服务情况进行记录和流转，并对相关专业部门的派工、工单完成情况进行跟踪，及时掌握工单的进度，并对完成的进行回访处理，系统提供与客户服务部门有关的维修统计分析、工单状态查询。

3）特约（会议）服务管理

能够对特约服务如大型接待活动、餐饮服务、会议室的预定、准备、执行和调整，会议服务涉及的会议设备、茶歇、餐饮以及各专业服务的准备、完成和收费情况进行管理。

（3）经营收费管理模块

经营收费管理模块是指由收费中心和各分公司的客户服务部门负责牵头使用，可以通过系统独立管理各个项目的物业收费情况，自动生成收款通知单、进行日常收费和欠费管理，客户也可以通过物业的网上服务中心，了解缴付相关的房产、合同、交费通知单、能源消耗、有偿服务工单、实缴情况等。

1）固定收费项目管理

实现对客户基于租赁合同或物业公约明确的租金、物业管理费、取暖费等较长时间范围内的固定收费周期和固定收费金额的管理。系统提供各种条件的查询和统计功能。

2）付费客户和客户分费的管理

通过系统能够完成对不同房间、不同收费项目的付费人管理；可以在业主与入住客户之间按照比例、金额进行分费设置。

3）应收款管理

系统按照不同的付费周期，可以对固定应收款的自动生成，对有偿服务、能源费、其他临时应收款的汇总以及对应收款进行审核。系统提供各种条件的查询和统计功能。

4）收款单管理

实现对每个客户一条或多条收费项目和金额的管理，单独或合并生成收款单，对收款单进行打印，同时计算滞纳金、并打印催款通知单。

5）实收款管理

实现多种形式的收费，如已发收款单的收费、各种有偿服务费的无单收费以及各种临时收费，系统还可以根据实际情况对客户的收费进行减免。

6）租赁合同管理

能够对各个物业项目的租赁合同进行管理，并可以针对不同的付费人进行分费处理，可以管理合同的签订、变更、终止，并可以根据合同条款自动生成应收款，可以和物业收费系统进行集成，实现统一发单。

（4）保洁绿化管理模块

保洁绿化管理模块是指由各分公司的环境维护部门负责牵头使用，可以通过系统独立管理各个项目的保洁/绿化工作单及其他特约服务。客户也可以通过物业的网上服务中心，实现网上服务申请、了解工单处理进程。

其主要功能包括：对保洁人员管理、保洁员的培训管理；对外委公司和合同的管理；对保洁外委合同执行的管理；对各种保洁工作的检查、评比；对有偿服务工作单的记录和查询、统计；对保洁、绿摆等有偿服务收费的管理等。

另外，物业管理系统所有管理模块的查询和统计都能提供与Word和Excel的无缝联结。

（5）安保管理模块

安保管理模块是指由各分公司的秩序维护部门负责牵头使用，可以通过系统独立管理各个项目的固定岗位执勤、日常检查、备用钥匙领用、停车场管理以及其他特约服务，客户也可以通过物业的网上服务中心，实现网上服务申请、了解车位信息、服务工单的处理进程。其主要功能如下：

1）停车场管理

系统能够对各物业项目的固定车位信息、租用固定车位的车辆和车主信息进行管理，在相关档案中记录每个车位、车辆、车主的缴费明细，可以通过系统对固定车位的应收款进行自动生成、审核，并计入收费系统中统一发单。

系统还能提供对临时车位的收费管理，包括临时票据的发放、票根的缴纳和核销，临时收费的日报表、月报表等统计功能。

2）安全管理

系统能够对备用钥匙的存放、借用、归还进行管理，对各种门禁卡的发放、丢失、补办进行流程化管理，能够对整个项目的固定岗位分布、排班和班组人员、工作任务进行管理，并对执勤过程中的工作记录进行管理，对出现的问题进行流程化处理。

系统还可以对各种外保、内保、质量检查的记录进行管理，对发现的问题进行流转处理，并对相关工作进行统计分析。系统还能够对各项目的大型活动组织和保卫工作进行管理，对与保卫工作相关的各客户成员、随员以及物业服务企业和外委公司的工作人员进行管理，包括出入证的发放工作等。

3）消防管理

通过系统可以管理各种消防隐患通知书的发放，管理各种消防安全检查工作，并对发现的问题进行流程化处理。系统可以通过与工程管理的衔接，对各种消防设备设施、消防器材的保养、维修情况进行管理。

（6）工程管理模块

工程管理模块是指由各分公司的设施设备维护部门具体使用，通过系统可以统一制定设备的分类和保养计划、专业巡检要求，独立管理各个项目的设备档案、工程报修、能源消耗、日常巡检、工具和耗材的使用。客户也可以通过物业的网上服务中心，实现网上服务申请、了解工单处理进程，了解设备的计划保养和维修情况、了解能源消耗情况。

1）设备档案管理

对设备系统进行分类管理，并对专业的系统设备档案进行管理，包括设备安装位置、服务区域、设备参数、运行情况、图纸资料、计划保养和维修情况等的管理，能够对设备按专业进行统计，并提供各种条件的设备查询，能够自动生成设备的分类台账等。

2）保养工作管理

系统能够针对不同的设备分类制定保养计划，并根据保养计划自动生成保养工作单，主动发送到各专业主管的个人电脑前。通过对保养工作单的记录，实现对员工维护工作量、耗材消耗等的统计分析，所有的保养计划和工作完成情况都可以通过系统进行查询，并自动记录到每个设备的档案中。

3）维修工作管理

系统对客户服务部门登记并流转过来的报修申请，可以进行调度派工，也可以在工程部直接进行内部的报修登记。对生成的工程报修单，可以实现维修记录，记录维修材料的消耗情况、客户满意度和有偿收费金额，并可以自动转到收费系统，进行统一收费。系统提供对维修工单的报废、终止、回访功能，提供各种条件的工程报修单查看、统计功能。

4）维修统计分析

系统能提供对维修工作的各种统计分析，包括各种维修明细、维修费用统计、维修材料统计、按报修部门统计、按工程师统计、按照报修的房屋统计、有偿费用统计、超时工作单统计、各种维修及时率、设备完好率的分析等。

5）能源管理

通过系统能够对各种能源表的位置、能源表的类型和计量、收费标准进行管理、对各区域的总表进行管理，同时通过对查表数据的录入、导入和审核，实现对能源消耗的管理、并自动将需要客户付费的能源表及其收费情况自动传到收费系统中，系统还能提供对各种能源信息的查询、月消耗统计表、年能源消耗对比等统计分析。

6）在建工程管理

通过系统能够对各项目的在建工程、遗留工程进行管理，包括对承包商、施工合同、施工进度和验收等进行管理。

（7）专业检查管理模块

专业检查管理模块是指由总部的质量管理部门负责建立各专业的检查标准和

统一的专业检查表单，各项目的专业部门负责落实，通过系统对工程、环境、安全等各专业、班组的巡检范围、检查项目、检查标准进行管理，并对日常各种巡检中出现的问题进行记录和流程化的处理，同时完成各种巡检工作的统计分析。

9.3.4 ERP系统网络拓扑结构（图9-7）

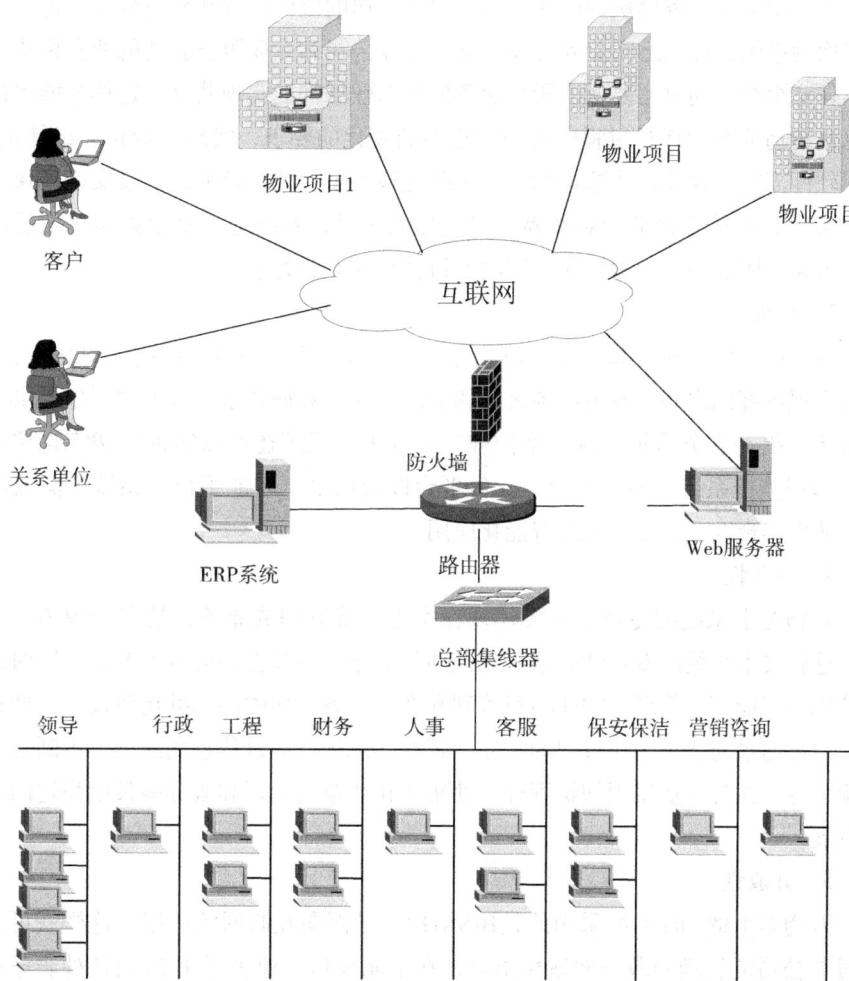

图9-7 ERP系统网络拓扑结构

9.3.5 ERP系统的特点

1. 先进性

万物至上公司自2000年4月创立以来，专注物业行业的信息化建设，先后服务过中化国际、北京金融街、北京国贸、北京鲁能、中国人寿、北京金隅、清华同方、新中物业、大庆高新、成都华昌、四川新华、四川民兴等国内一级物业公司以及第一太平戴维斯、仲量联行、达文等国外的一流物业，吸取多家国内、国外一流物业公司的管理经验，代表目前国内最先进的专业化物业管理思想、程序和方法，更借鉴了美国ServiceMaster公司（服务领域全球第一位的管理公司）的信息化建设成功经验，可以对集团化物业未来的专业化、集团化物业管理建设起到帮助的作用。

2. 成长性

系统采用了集团总部、分公司（专业公司）、项目管理的三级管理架构，在功能上采用了分业务模块的设计，可以根据公司的机构设置和专业分工，进行各种层次的搭配，部门之间业务可以调整，物业公司和专业服务公司的业务模块也可以任意组合，同时还要保证所有业务模块的数据都能实现共享，这样才能保证信息系统适应企业成长过程中管理需求不断变化的要求，实现平台化、组件化，应用软件需富有弹性，伸缩自如，在不改变核心平台的基础上，通过实现模块重构，实现企业信息化平台对外界环境变化的应对；系统适应企业集团化发展需求，覆盖集团、公司、项目部多层次项目管理和业务处理。

3. 集成化

通过ERP系统的总部和分公司（含项目管理）系统各自不同的信息化平台，能够实现各部门之间、各项业务之间的协同工作、数据共享，最大限度地提供工作效率、提高服务质量、减少维护和运行成本。系统还可以实现和楼宇自控系统、远程监控系统、短信平台、支付平台以及PDA、智能手机等系统的集成应用，从而实现物业管理服务的智能化应用。

4. 专业性

万物至上系统的专业化主要体现在实施系统管理的业务，是完全脱离手工的，这就要求系统的专业性必须满足该项目业务的专业管理的各项要求，同时还支持物业职能部门管理、物业项目管理和客户服务工作中的标准化建设，以便在企业内部通过对各项工作过程的建立、跟踪、总结，通过信息化建设，不断总结经验，逐步在各专业实现知识管理，使集团化物业的管理和服务能长期稳定的向前发展。

5. 开放性

万物至上的ERP系统采用的是B/S结构，是面向互联网的应用，这样就可以通过与公司的管理和服务网站相集成，在下属项目、业主/客户以及各种服务提供商之间建立交流、服务平台，在扩大经营范围、增加服务项目，提高客户满意度的同时，实现多种经营和电子商务，增加企业的经济效益。

6. 易用性

万物至上系统采用WEB应用方式，客户端不需要安装业务系统，只要有IE浏览器，会上网输入汉字就可以操作系统，客户页面按照专业工作设计，提醒和提示功能强大，建立符合管理工作实际的人性化管理平台，使得用户的操作和系统的维护都变得十分方便，各部门以及部门内部的人员、岗位、业务都可以随时的变动，同时支持集团化物业的管理和服务向其他区域的项目发展，支持领导的异地办公、远程查询。

9.4 移动办公和现场管理 APP

9.4.1 产品简介

万物至上APP的移动办公模块为物业公司的领导和管理人员提供了最新通知、工单处理、领导审批、计划工作提醒和逾期警告、工作联系单以及内部邮件处理等功能，并与物业总部EPP系统实现了无缝集成。

万物至上APP的现场管理模块为物业公司的作业人员提供了公区报修、报修工单处理、设备保养记录、各专业检查记录、能源抄表，实现了二维码在物业管理的应用，并与物业项目ERP系统实现了无缝集成。APP界面如图9-8所示。

图9-8 APP界面

9.4.2 现场管理和移动办公APP的功能模块

现场管理APP具有以下功能：

（1）公区报修：物业工作人员可以随时通过平板电脑和智能收集进行公区区域的报修登记，也可以由综合维修人员进行公区报修的工单记录。

（2）维修工单记录：由综合维修工程师对客户报修的工单进行现场维修记录，该记录可以由客户在智能手机上进行满意度确认。

（3）设备保养记录：由保养工程师在平板电脑上对项目ERP系统生成的保养工单进行现场保养记录，该保养工单也可以通过APP软件的计划工作提醒区域提醒给相关主管和经理。

（4）专业检查记录：各专业工作人员可以在平板电脑上对ERP系统定义并落实的相关专业检查表单进行现场工作记录。

移动办公APP具有以下功能：

（1）最新通知与公告：将ERP系统的最新通知和公告发布到平板电脑和智能手机上。

（2）工单处理与申请审批：对ERP系统中的各类工作申请进行审批处理。

（3）计划工作提醒：确保工作按时完成。

（4）工作联系单：可以在平板电脑和智能手机上制定和处理工作联系单。

物业移动办公与现场管理APP软件功能如图9-9所示。

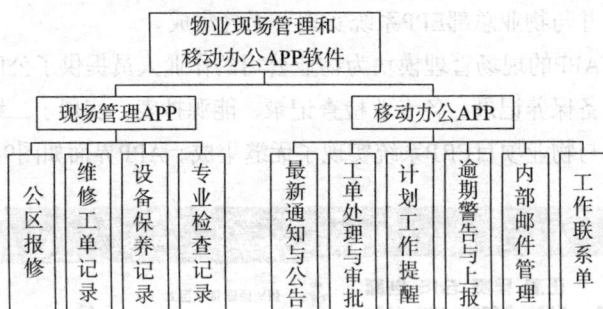

图9-9 物业移动办公与现场管理APP软件功能

9.5 至上物业 APP

9.5.1 产品简介

通过苹果手机的APP STORE 和安卓手机的应用市场进行下载、安装到物业客户、业主的智能手机上运行，客户需要注册并进行业主、客户身份认证，才能使用物业在线服务功能，与物业公司、邻里进行互动。在APP平台上可以进行物业在线服务和缴费、优质商品和服务采购、物业周边商业查询和预定、业主跳蚤市场以及快递服务、金融服务、车辆服务等。APP界面如图9-10所示。

图9-10 APP界面

9.5.2 至上物业APP的功能模块（表9-1）

至上物业 APP 的功能模块　　　　　　　　　　表 9-1

主要模块	专栏名称	用途
物业服务（首页）	图片新闻和商品服务广告	采用五个轮播图的形式进行社区活动、物业服务、社区商城商品和服务的宣传、推广
	社区服务热线	为业主推送社区人工服务热线（400电话）
	APP头条	为业主提供APP社区"头条新闻"
物业服务	物业资讯	来自物业ERP系统，为业主提供小区的物业服务通知、社区公告、日常生活提示等
	在线报修	通过与物业ERP系统集成，为业主提供在线报修服务。业主在手机上填写报修内容、上传图片，报修申请上传到物业ERP系统，由客服人员进行派工，维修工程师到现场维修后，通过物业APP进行现场维修记录，业主在手机上查看整个工单的处理流程并进行满意度评价
	投诉建议	通过与物业ERP系统集成，为业主提供在线投诉和建议服务，业主直接在手机上填写投诉和建议的内容、上传图片，上传到物业ERP系统，由客服或品质部的人员进行处理，并通过物业ERP或物业APP进行记录，业主在手机上查看投诉和建议内容的处理结果
	在线缴费	通过与物业ERP系统集成，为业主提供在线查询物业ERP系统中的物业费账单，并通过支付宝、微信、银联进行移动支付，业主也可以随时对物业ERP中管理的缴费记录进行查询
	业主认证	通过与物业ERP系统集成，为社区的注册会员，提供业主身份认证服务，以便使用社区APP的物业服务功能
生活服务	社区活动	发布社区各类活动预告，业主可以报名参与
	房屋租售	发布业主的二手房销售和房屋租赁信息
邻里互动	邻里互动	通过认证的业主，可以在邻里互动APP，参与物业发起的各类主题论坛和活动，可以参与各类话题的讨论，也可以报名参与由物业、业主发起的各类活动
社区商城	家政服务	发布家政服务类的服务信息，业主可以直接下单和支付
	跳蚤市场	业主可以在物业的客服中心登记二手商品信息，供其他业主进行选购
	周边商业	物业将服务项目的底商和方圆1km的各类门店名称、电话、商品和服务种类等信息建立到社区商城，供业主进行周边商业的查询，也可以直接拨打门店的电话进行预订，部分商家也可以提供送货上门服务
	优质商品和服务	通过与国内外的优质供应商合作，为业主提供丰富的优质商品和服务在线销售，实现城市生活服务、日常生活用品的顾问式、管家式服务，物业将为业主提供社区内最后100m的配送服务，为社区会员和业主带来更多的便利和实惠，同时也为物业创造新的利润增长点，增加物业员工的收入
	社区热销榜	为社区会员和业主提供社区商城热销榜，供大家进行选购

续表

主要模块	专栏名称	用途
会员服务	社区注册	通过苹果App Store和腾讯应用宝、华为应用市场下载APP，使业主和申请加入社区的会员可以通过手机号和验证码进行注册
	用户中心	为注册的用户提供设置和更换头像、修改密码的服务
	购物车	为社区注册会员和认证业主提供购物车查看和结算功能
	订单查询	为社区注册会员和认证业主提供订单查询、收货确认和商品、服务项目的评价功能
	收货地址	为社区注册会员和认证业主提供收货地址的设置和修改功能
	关注商品	为社区注册会员和认证业主提供已经关注的商品和服务项目功能
	浏览记录	为社区注册会员和认证业主提供在商城里面浏览过的商品和服务记录
	帮助中心	提供社区APP的新手操作指南、配送和支付说明、服务保证
	客服中心	为社区注册会员和认证业主提供在线答疑服务

9.5.3 至上物业APP的后台管理系统

至上物业APP的后台管理系统，主要实现商家入驻管理、商品上线和销售管理、销售订单和结算管理等，如图9-11所示。

图9-11 后台管理系统

本章小结

本章详细阐述了万物至上物业信息化的建设方案、ERP系统、移动办公和现场管理APP、至上物业APP，希望读者结合本书阐述的基本原理，充分了解物业行业信息化的实际情况和发展趋势。

思考题

1. 物业企业信息化建设方案是什么？
2. 物业集团化管理ERP系统的设计思想是什么？
3. 物业"互联网+"的发展趋势？

10

系统案例：北京中科华博物业管理服务集成平台

10.1 中科华博产品总体规划

北京中科华博科技有限公司（以下简称"中科华博"）成立于2004年，为国家高新技术、双软认证企业，北京软件行业协会、中国物业管理协会、北京物业管理协会等会员单位。公司成立之初就专注物业管理行业信息化建设，坚定地看好物业行业的发展前景。中科华博认为物业行业是持续性运营行业，所以该公司专注于物业管理信息化软件的研发，从软件开发平台到应用软件完全拥有自己的知识产权，核心研发人员大部分具有物业管理师证书，并与北京林业大学合作编写物业管理专业教材，与北京航空航天大学远程教育学院合作开发物业管理相关课程，与各地物业行业协会合作开展物业行业论坛。

中科华博与中国移动省级公司如甘肃省移动共建云服务平台；与高丽国际、仲量联行等五大联行企业，与中国电子、中建电子、清华同方、国安电气、神州数码、玛斯特等智能建筑集成商建立了良好的合作关系；鲁能集团、华远地产、中国人保集团、中海集团（中海宏洋物业）、房地集团（首华物业、天岳恒）、中交集团、金隅集团（金海燕物业）、中建地产（中建物业）、城建集团、航空工业集团（中航大北物业）、北科建集团、海科建集团（德成永信物业）、雅世集团（雅世酒店物业）、泰达建设、天孚物业、天房集团（天房物业）、天山集团等集团型物业都已成为公司客户。目前，中科华博已经确立了物业行业信息化领航者的地位。

随着中国经济转型发展，房地产行业由增量经济向存量经济转变，物业管理作为房地产业在消费领域的延续，越来越被房地产公司重视，也已经成为社会各界和老百姓关注的焦点，新兴消费观念也促使物业行业转型升级。同时与其他行业相比，物业管理行业政策性强、涉及面广、日常管理工作量大，非常需要利用信息化手段来进行辅助管理，中科华博专注于物业行业整体解决方案，服务对象主要是房地产主管部门、物业公司以及物业公司服务的对象"业主"，通过信息化手段解决政府主管部门、企业、业主之间的信息互动与协调，响应政府供给侧改革号召，使智慧城市、信息惠民工程能够更加贴近社区居民，如图10-1所示。

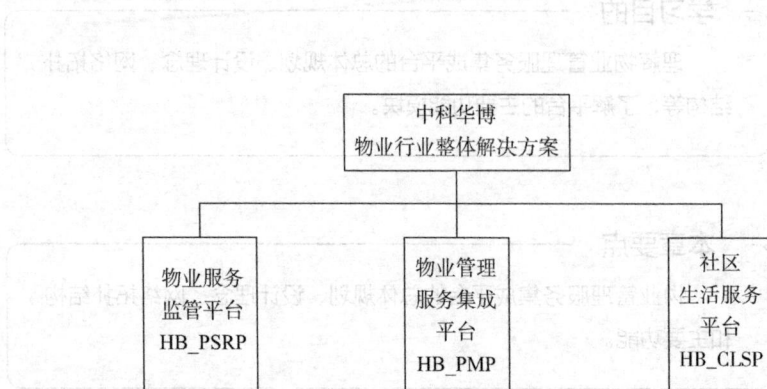

图10-1 中科华博解决方案

10.1.1　物业服务监管平台（HB_PSRP）

辅助各省、市房管局运用互联网技术和大数据完善行政监管和服务手段，推动物业资质审批、信用档案管理、房屋专项维修资金服务事项办理互联网化，为物业提高优质、高效、便捷的政务服务。加快建设维修资金使用决策网络表决平台，解决业主大会议事难、决策难，业主委员会事务公开难、监督难等问题。解决广大业主对物业、对社区问题的投诉难问题，建立问题管理台账，完善物业管理矛盾纠纷和重大问题网络预警、排查、化解机制，利用大数据，为行业决策提供依据。

10.1.2　物业管理服务集成平台（HB_PMP）

物业管理服务集成平台（图10-2）主要为物业公司提供全方位、一体化解决方案，通过优化物业企业管理流程、提升管理水平，从而降低公司运营成本。与用友、金蝶等财务软件，致远、泛微等办公自动化软件打通，将华博智能物业管理平台、财务软件、协同办公软件进行系统化整合，为物业公司提供财务、业务、办公一体化解决方案。同时本系统也可以与巡更系统、门禁系统、IC卡系统等进行集成，使公司领导可以在总公司或者在家就可以管控各个小区的停车、安防、售水售电等情况。中科华博是国内最早基于微软ASP.NET平台开发的纯B/S架构产品，从成立之初开发的方圆物业管理ERP系统，到新一代的基于"云计算"的华博物业管理服务集成平台（HB_PMP），都是基于当前最主流的ASP.NET开发平台。

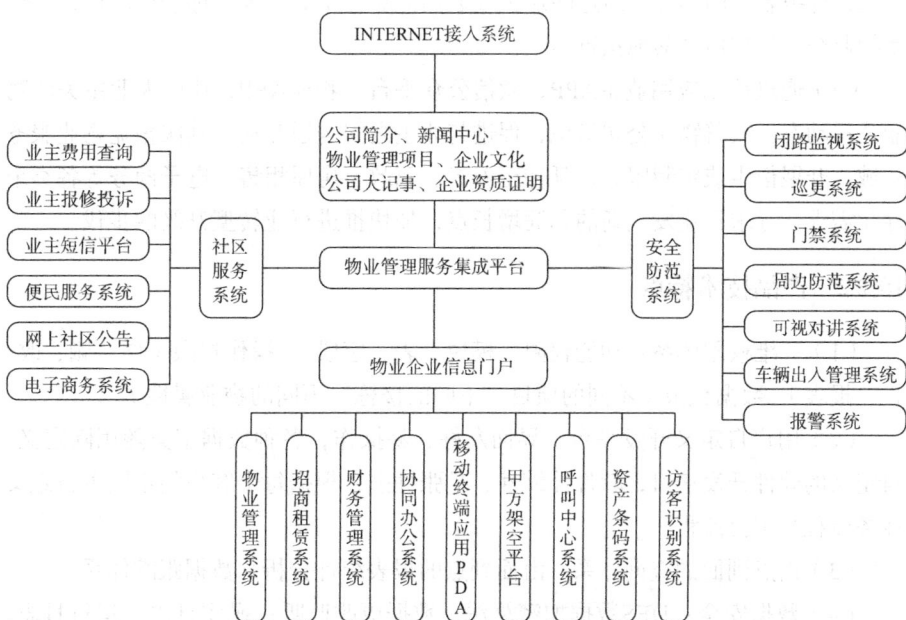

图10-2　物业管理服务集成平台

10.1.3 社区生活服务平台（HB_CLSP）

通过社区生活服务平台（HB_CLSP）整合物业公司上下游资源，打通业主、物业、商户、银行、政府的沟通渠道，通过平台使业主、物业、商户等各方可以足不出户进行沟通、交流、交易等，如业主网上缴费、报修、网上预订家政服务、订水、团购等，积极响应了国家节能减排、建设数字城市、智能社区的号召。本项服务主要为物业公司开拓除了物业服务之外的一条盈利渠道。

10.2 物业管理服务集成平台 HB_PMP 设计理念

10.2.1 产品设计思想

物业企业向集团化、规模化发展，建设物业管理服务平台，应该能支持总公司、区域公司、分公司、管理处多级组织架构，满足不同规模的企业应用：

（1）通过与国内高端物业合作，把物业服务企业优秀管理理念与管理体系融入物业管理系统，比如物业企业的ISO 9000认证体系、KPI绩效考核体系等。

（2）通过物业管理服务平台实现对人、财、物等统一管理，大大降低物业公司运营成本，通过表单填制规范企业各项业务，把管理人员、专业技术人员多年的工作经验总结到系统中，从而实现各个岗位的工作指南以及建立企业的知识库。

（3）以流程驱动固化管理流程，软件可自定义工作流、审批流，通过对流程节点的设置，可以达到对员工工作过程进行管控，从工作任务发起到工作完成实现全程管控，解决集团对项目管控以及项目管理中的跑、冒、滴、漏等问题；

（4）以决策模型指导企业战略发展，物业管理服务平台通过查询、统计可以形成各种报表、图形等，通过图形报表数据能够与企业管理目标进行对比，最终使物业企业管控体系落地执行。

（5）通过移动应用业主APP、微信公众平台、物业APP，让广大业主关注物业公司动态，改善物业公司形象，促进与业主之间沟通互动，其次拓宽物业服务领域，开展衍生或定制服务，延伸至养老、家政、房屋租售、电子商务等各类个性化需求，寻求行业发展新的利润增长点，加快推进行业转型升级的步伐。

10.2.2 产品技术特点

（1）三维权限体系：功能权限（模块、表、字段）、操作权限（增、删、改、查、报表）、数据权限（不同的项目、不同的楼栋、不同的物业属性）。

（2）用户自定义开发平台、界面友好、易操作，各种数据字典随用随定义；自定义的软件开发接口，软件伸缩性、扩张性强；根据每个客户的不同可自定义业务流程、审批流程。

（3）由点到面的查询体系、由面到点的报表统计分析、数据跟踪体系。

（4）数据安全：DES数据加密算法、数据更改监听；操作日志、运行日志、日志回滚、自动备份、移动加密锁应用。

（5）纯B/S软件架构：B/S架构优点只需维护服务器，无需安装客户端，软件维护升级只需要维护服务器，大大降低软件开发、实施、维护成本。

（6）消息订阅、发送功能，对特殊事项可以进行订阅，如报修超时、重要数据更新信息订阅，支持软件消息、手机消息，可以通过软件对业户进行短信群发。

（7）手机（PDA）移动终端应用：支持移动终端的抄表、巡检登记、消息、通知查看，移动审批等功能。

（8）扩展性、可维护性：预留Web Service、API、JSON等接口；集成各种第三方应用，比如呼叫中心、资产条码、售水系统、售电系统、停车场系统等；用户自定义开发平台，各种数据字典、表单、字段随用随定义；自定义的软件开发接口，软件伸缩性、扩张性强；否则受制于软件公司。与用友、金蝶等主流厂家主流产品财务系统无缝对接。

（9）多模式、多手段、智能化收费模式，支持上门收费，微信、支付宝手机扫码缴费，也支持缴费大厅微信、支付宝等的场景支付。

10.2.3　网络拓扑结构

1. 自己搭建网络（图10-3）

（1）总部服务器一台：安装物业管理软件，配置要求CPU 四核以上，内存要8G以上；

（2）总部服务器端需路由一台：广域网（Web）接入；

（3）总部固定IP一个：带宽要求4M以上，广域网（Web）接入。

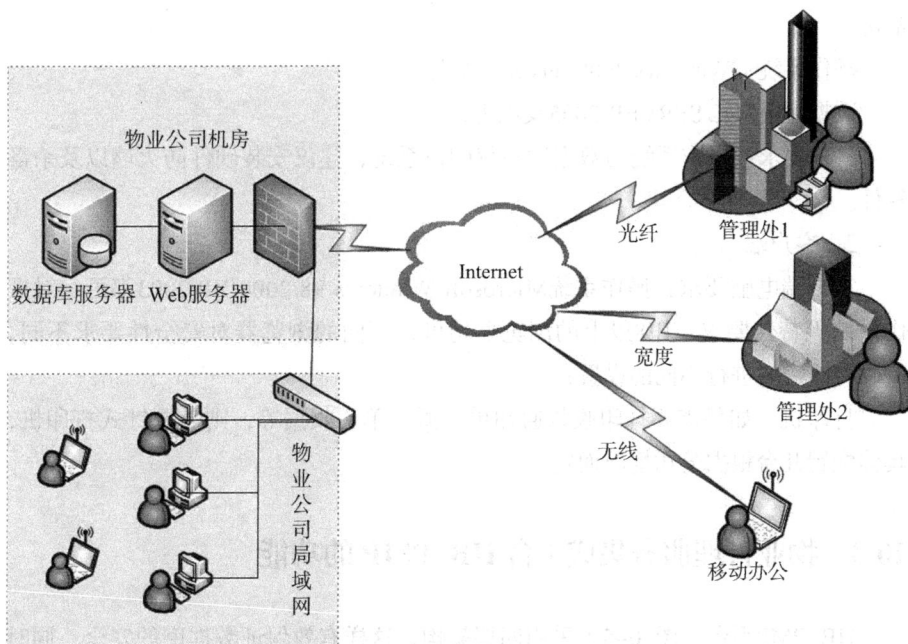

图10-3　网络架构图

2. 租用云服务器（图10-4）

租用我公司专业服务器空间，无需任何硬件采购，无需向宽带运营商申请固定IP。

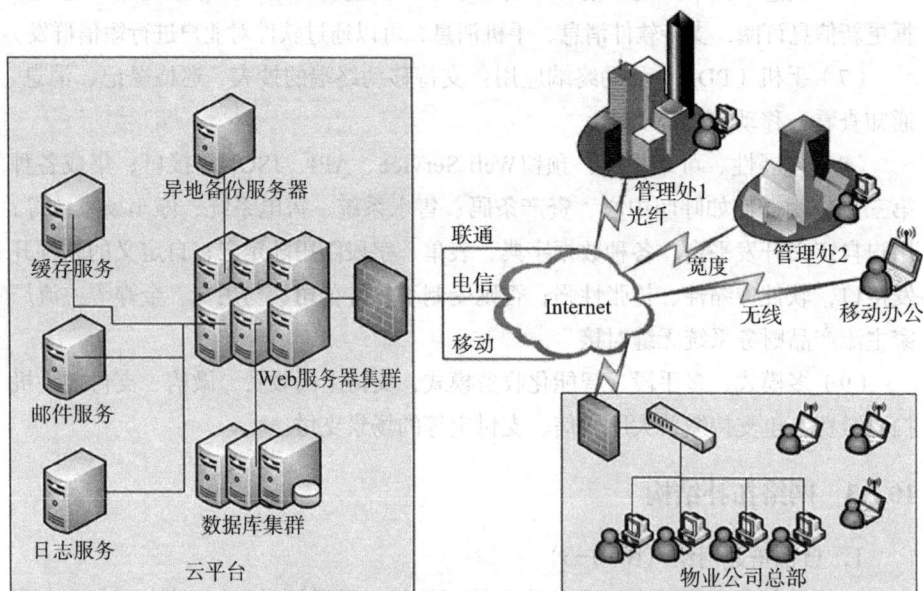

图10-4 云服务器架构图

10.2.4 物业管理服务集成平台HB_PMP的运行环境

1. 总部服务器

配置要求：配置要求CPU四核及以上，内存要8G以上，最少支持硬盘备份；

操作系统：Windows 2008 server及以上；

数据库：SQL SERVER 2005及以上；

其他要求：操作系统与数据库建议64位系统，建议安装硬件防火墙以及杀毒软件。

2. 客户端

客户端电脑要求：操作系统Microsoft Windows 98/2000/XP/2003都可，对操作系统无特殊要求，IE8以上的浏览器均可，不同的浏览器对安全性要求不同，所以可能需要进行不同的设置；

打印机：如果需要打印收款通知单、派工单、收据等，则需要针式打印机，具体配置几台根据公司情况而定。

10.3 物业管理服务集成平台 HB_PMP 的功能

HB_PMP平台（图10-5）采用四层架构，这样有效保证数据库的安全，同时又支持快速客户化定制开发，也能支持与第三方系统比如售水售电系统、财务系统、第三方或各大银行手机APP的对接等。

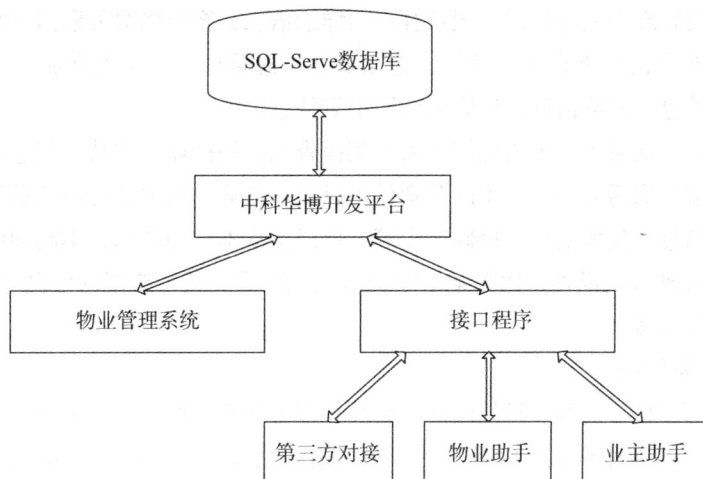

图10-5 HB_
PMP平台架构图

10.3.1 物业管理系统

1. 系统管理

对功能菜单定义，表单格式，桌面提醒数据备份等进行管理；对不同的岗位人员进行权限分配，密码设定；可对各种审批、申请进行流程自定义，主要模块：系统初始化设置、系统编码管理、系统权限管理、操作日志、数据备份、数据恢复、清空数据。

2. 人事管理子系统

用于设置和登记企业的组织架构和员工档案，包括组织机构和岗位设置及岗位职责、员工档案、员工工作简历、员工培训记录、员工奖惩记录、员工岗位变动等基础信息，为其他各模块提供基础数据。人事关系调整（转正、升职、调动、解除关系、处罚、奖励）人员情况；培训计划、培训实施记录、培训评估等，对员工培训进行记录，查询和统计；班次定义，岗位排班安排，调班，值班记录等，并可进行排班统计；可与考勤机系统进行接口，自动生成应出勤天数、实际出勤天数，可进行查询统计操作，可对考勤数据进行汇总，生成考勤日报、月报等；可以自定义考核项目以及分值，每月各部门通过员工自评、打分、上报部门领导、打分、评价后确认签字，部门存档，年终可生成汇总考核表；设定各类保险基数，计算单位及个人缴纳比例和金额；根据社会福利，考勤等情况生成每月工资，统计查询。

3. 房产信息管理

对物业公司管理的所有房产资源进行集中管理。可详细描述记录项目、楼盘、住户单元的位置、物业类型、项目设施分布、房屋结构、房号、户型等信息、照片，可对空置房管理；主要模块：项目（小区、写字楼、别墅等）基本信息管理、楼宇基本信息管理、房间管理信息模块。

4．客户信息管理

可同时管理个人与公司，记录客户的详细信息，客户档案可根据对客户服务过程中的业务信息进行动态归集，包括业主信息管理、业主家庭成员、车辆信息、电话信息、宠物信息、报修欠费历史等信息。

特点：一次录入、永久应用、由点到面查询，根据业主的某个信息如业主姓名、业主家的保姆名称、业主的车牌号可以查询与业主相关的各种信息如家庭成员、车辆信息、欠费信息、报修历史等；可以实现不同的楼栋、不同的楼层单元的业户的管理权限设置，比如某个收费员只允许看到某几栋楼的信息等，小区、写字楼图形链接。

5．租赁管理

支持写字楼、商场、科技园区、商铺等多种业态应用；可对房源、车位、广告位等资产进行租赁运营管理；可查看所有的房间、广告位等出租状态，租控表，支持房间拆分、合并，可以设定各种租赁合同模板，并可在线生成电子版合同，支持合同在线生成、审批、打印；支持免租期设定、费用科目设定、租金递增等。针对新租、续租、扩租、退租、合同变更，各种协议可按照相关条件进行查询。根据不同部门的权限设置，查看相关的合同信息。可进行到期提醒的设置，增加信息提示的功能，如图10-6所示。

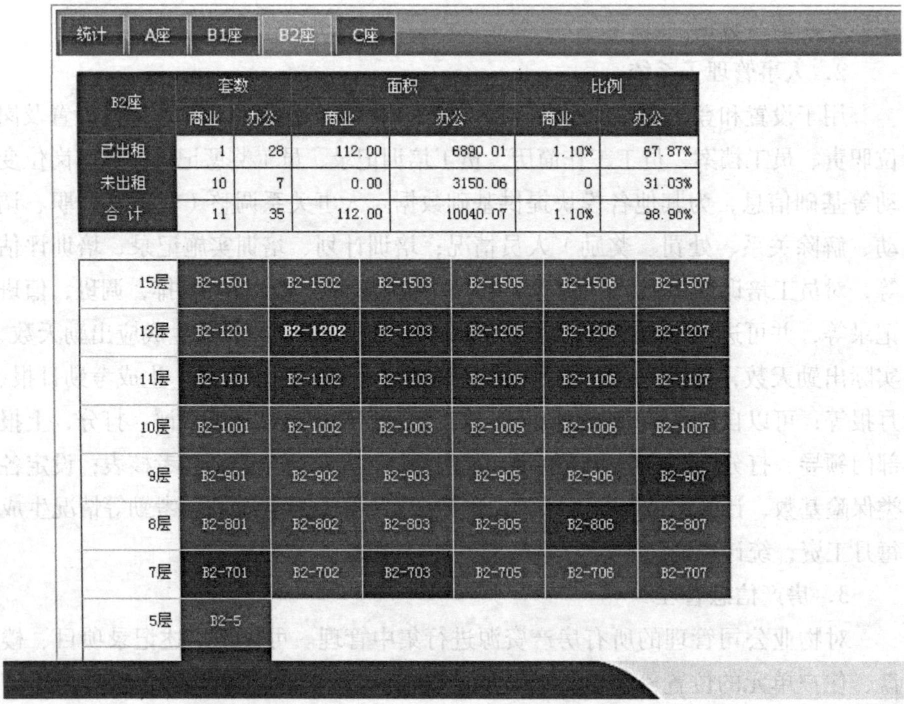

B2座	套数		面积		比例	
	商业	办公	商业	办公	商业	办公
已出租	1	28	112.00	6890.01	1.10%	67.87%
未出租	10	7	0.00	3150.06	0	31.03%
合 计	11	35	112.00	10040.07	1.10%	98.90%

15层	B2-1501	B2-1502	B2-1503	B2-1505	B2-1506	B2-1507
12层	B2-1201	B2-1202	B2-1203	B2-1205	B2-1206	B2-1207
11层	B2-1101	B2-1102	B2-1103	B2-1105	B2-1106	B2-1107
10层	B2-1001	B2-1002	B2-1003	B2-1005	B2-1006	B2-1007
9层	B2-901	B2-902	B2-903	B2-905	B2-906	B2-907
8层	B2-801	B2-802	B2-803	B2-805	B2-806	B2-807
7层	B2-701	B2-702	B2-703	B2-705	B2-706	B2-707
5层	B2-5					

图10-6　租赁管理界面

6. 租赁合同管理

对租赁合同进行管理，合同的中止、续签、延期、作废、变更等进行管理，可以进行实时查询统计。

7. 收费管理

设置所有收费项目、设置不同收费标准。对于房屋拆合的费用设置。费用设置灵活；根据合同、有偿服务单，客户账单可自动生成，并能够根据权限进行收费项的调整记录所有应收账款、预交款的实施增减信息，并且可以打印出缴费通知单；针对特殊情况，进行费用调整的设置，要有审批流程；客户到客服中心进行缴费，系统对客户的缴费进行记录，自动对账，并且可同时向客户打印收据；对前台收费要有监督过程，对客户实收进行审核，根据每月应收账款清单核对实收情况；记录客户欠费情况，根据参数设置，记录滞纳金的金额。可进行欠费统计分析；收据、发票的登记、领用管理，并能够进行统计分析；针对收费项目进行统计、查询功能，并且可以根据收费情况，打印收费明细表，可以支持手机网银支付、二维码付款等多种缴费模式，如图10-7所示。

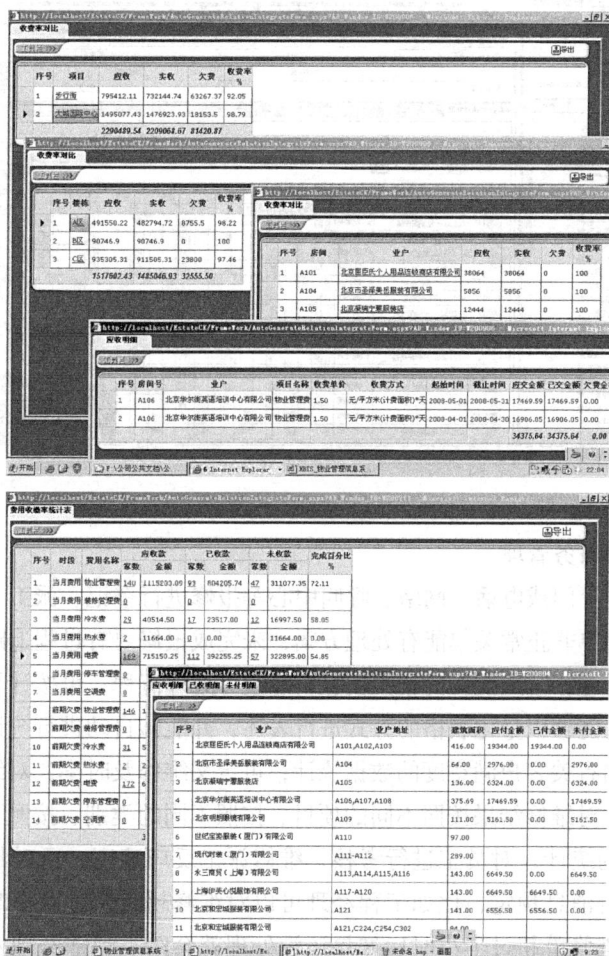

图10-7 收费管理界面

8. 票据管理

可对票据进行初始化，可对票据进行分发，不同号段分发给不同的项目，可对票据使用情况、作废情况进行登记，收据换发票管理，对票据使用情况进行统计。

9.工程设备管理

自定义设备编码规则，根据编码规则自动生成设备基本信息库及设备卡片，实现与设备运行记录、巡视记录、维保记录、维修记录链接；录入设备保养计划，保养周期，可以定期优化保养计划，自动生成保养项目提示，保养完成后自动链接到设备信息卡片中，未按时保养的项目有警示，以计划任务的形式记录汇总，设备设施状态可带出其日常运行记录，如发生问题转内部工单维修；对大型重要设备设施、配电室等设备设定重要运行参数，定期录入设备设施状态可带出其日常运行记录，如发生问题转内部工单维修。支持通过二维码实现移动巡检、设备维保等日常工作，大大提高工作效率，如图10-8所示。

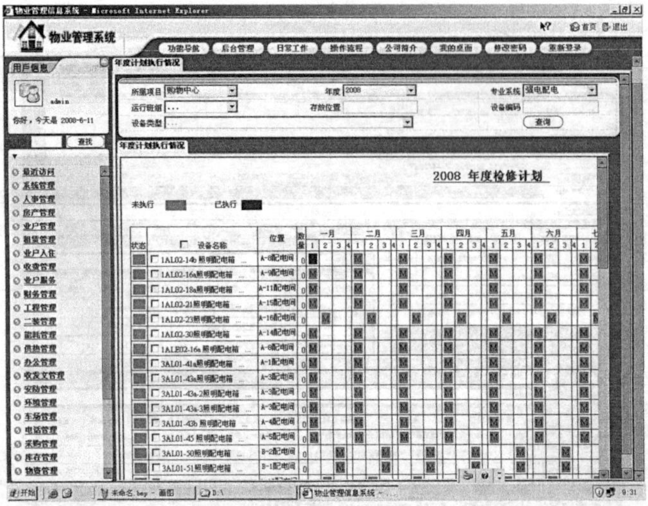

图10-8 工程设备管理界面

10. 客户服务管理

可对业主上门或电话、网络、呼叫中心等报修进行登记、派工、完工、回访等处理，报修单非正常关单能有处理方案，未完成报修要有过程追踪。对公共区域报修进行处理；录入投诉的相关信息，有投诉处理流程；可按计划时间进行调查，调查报告能够以量化表格的方式进行表述，并能够自动进行统计分析；可从系统中挖掘出有关客户满意度的数据统计；可定义维修及时率，对维修过程进行监控、管理，对维修结果按照不同的项目、按照不同的类别、按照不同的维修工进行派工单的统计，对员工进行考核，维修派工反应速度，可对超过一定时间的报修单进行消息预定，比如工程经理可以对维修超时超过半小时后信息进行预定，那么维修单超过半小时后如果还没处理就会给工程部经理发送短信（软件、手机）；可以自定义满意度调查问卷，可以以手工发单或者网上发单两种形式进行调查问卷，并对调查结果进行统计。支持手机APP拍单、自动派单、手机APP抢单等多种派工模式。维修完毕后支持二维码扫码微信、支付宝支付，如图10-9所示。

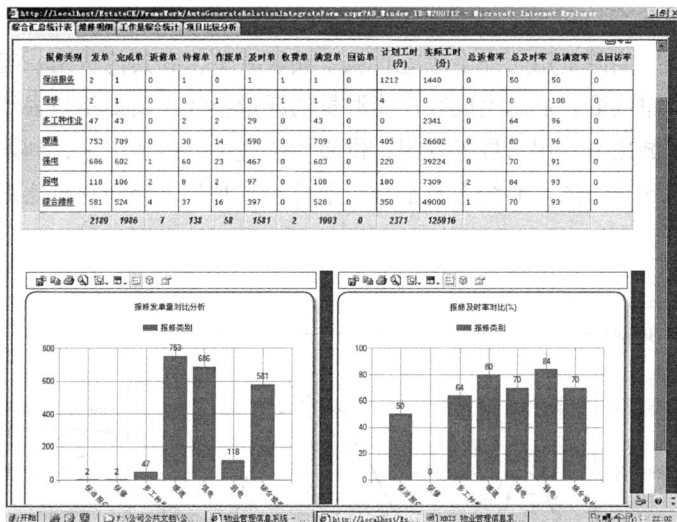

图10-9 客户服务管理界面

11. 保安消防管理

消防保安管理是企业正常运转的重要保证。本模块主要包括保安人员档案管理、保安人员定岗、轮班或换班管理、安防巡逻检查记录、治安情况记录以及来人来访、物品出入管理等功能。可以与巡更系统对接，读取巡更系统数据；可以通过软件定义巡视路线，通过二维码以及手机APP实现巡视现场管理。

12. 保洁环卫管理

环卫管理主要包括三个方面：绿化管理，保洁管理，联系单位。绿化管理即绿化安排及维护记录，保洁管理包括清洁用具管理、保洁安排及检查记录，联系单位即联系单位信息及联系记录。可以通过二维码设置固定的保洁区域，通过手机APP扫描二维码录入保洁情况。

13. 采购管理

支持集团采购、项目部自采多种采购模式，各项目各部门可做采购申请，生成采购计划，可申请、审批，打印采购清单，采购清单能够从物料信息库及合格供方自动带出供应商、品牌、规格、单价，支持计划外的临时性采购，可对采购完成情况进行对比分析。

14. 库存管理

库存物品可设置设定上限下限，要能够对库存材料的到限预警功能。仓库管理员依据采购清单办理入库手续，根据各部采购计划通知相关部门领取，出库也必须能够按照权限领取，出入库要分权限操作，分级审批，备品备件出库流程，与维修保养取件及有偿服务中能自动出库，出库要有审批，危险品出入库管理，主库房与子库房库存要联动，统计可分库统计也可按物料单项全库房统计。

15. 能耗管理

能源表编码对应到相应的空间位置与所属客户，客户电表、水表有抄表记录，能源单价允许修改，之前价格信息保留作为历史数据，费用收取以最新单价为标准，能源费用允许生成应收款生成收款单，和其他费用一起收取，也允许单独发单收取，汇总生成客户能源量消耗量统计，及本年与去年同月对比图。公共区域用电、用水量等登记，供暖用燃气量有抄表记录，到期自动生成能源消耗对比直方图、曲线表及本月与上月、本月与去年同月对比图表，如图10-10所示。

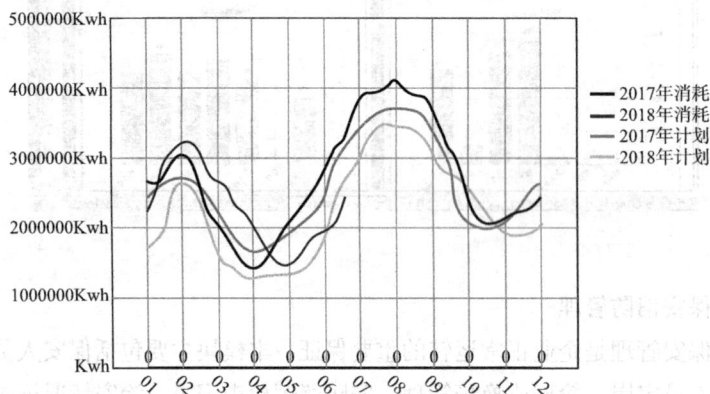

图10-10 能耗管理界面

16. 资产管理

对公司固定资产、低值易耗等的台账进行登记管理、使用变更情况、折旧情况进行记录。

17. 集团办公管理

内部员工通信工具，可以在线发送消息或文件。具有消息提示功能；资源共享，按照权限分配进行浏览、下载操作；会议服务管理可以对所有会议室进行管理，进行会议室的预定，并且查看相关的会议服务信息。有独立会议室租赁、计费、收费的模块管理；每个项目每个部门可以生成每天以及每月的工作报告，报送总经理。文档管理可以实现公司岗位制度、ISO 9000认证文档等的管理、调阅，支持收、发文管理，审批流程可自定义，流程节点可自由设置。

18. 合同管理

合同类别与供应商信息管理，合同签订审批流程管理；合同归档、变更、终止、解除、续订管理；合同收付款计划管理，支持合同件扫描归档、查询，合同到期提醒等功能。

19．决策支持

领导决策支持子系统能为公司管理层提供不同业务不同维度的数据汇总、分析，并通过表格、饼状图、柱状图、曲线图等直观形式展现给各级管理者，为管理者对于企业运营现状分析、经营决策提供有效、准确的数据支持；

20．质量管理

公司月检，可对检查情况进行登记、生成检查报告，各项目可进行申诉处理，最后生成不合格责任确认书；项目每周进行周检，班组每天做日检；可对常用供应商进行考核，考核项目可自定义，可生成业绩评定表，根据评定结果确定供应商是否合格。

21．停车场管理

可对车位区域、车位信息进行管理，可批量生成车位，生成车位编码；签订租赁协议，协议审批；合同续签、延期、变更的管理；停车台账以及停车收费报表，车位空置统计，协议到期查询统计等。

22．成本预算

设定常用费用科目以及财务科目；年度、月度收入以及支出预算编制、审批；预算内、预算外支出登记、申请、审批、支出登记，费用报销；公司经营性、非经营性应收登记；预算与实际对比分析，收入与支出对比分析。

23．桌面提醒

登录软件后，根据自己所在部门以及所拥有的权限自动提醒待办事项，能够对物料最小、最大库存量超量时提醒；能够对设备的保养及年检时间进行提醒；能够对生日、转正、合同到期等进行提醒；能够对业主欠费进行提醒；能够对合同到期租户进行提醒；能够对邮件、短信、即时消息提醒，如图10-11所示。

图10-11　桌面提醒界面

10.3.2 其他系统对接

全面的物业管理系统还应该包括财务系统、楼宇自控系统、门禁考勤系统、停车场管理系统、智能监控系统、安全防护系统、巡查管理系统等各种专业系统应用，我公司通过我们的接口程序很容易实现各个系统之间的互联、互通和信息共享，最大程度地实现不同系统间的数据共享，打破信息孤岛。

1. 客户服务呼叫中心（图10-12）

集成呼叫中心系统，实现来电录音、弹屏等功能，建立物业集团统一呼叫中心平台，减少项目部客服人员设置，优化公司客服人员资源配置，降低物业公司人员开支，可以实现通过网通、电信、移动等运营商的短信网关群发短信的功能。

图10-12 客户服务呼叫中心

2. 手机开门

业主打开APP手机摇一摇即可轻松出入，智能门禁系统帮业主摆脱忘带门禁卡的烦恼，提升满意度，同时方便物业公司对社区门禁进行智能化的管理。

访客通行：设置访客专属二维码扫描匹配，优化访客体验，提高物业门岗人员工作精准度，无缝集成手机开门与访客通行功能。

3. 访客登记系统

通过身份证识别技术，快速进行访客人员登记管理，大大提高前台工作效率。

10.3.3 物业助手（乐帮手）

信息化的主要目的之一是提高工作效率，然而物业企业的工程巡检、安防、绿化等属于劳动密集型工作，如果不借助智能设备，单纯依靠传统的物业管理软件，无法解决一线工作人员实际问题，反而增加了一线人员工作量，通过PDA、智能手机等移动终端设备可以解决这些问题，一线操作人员通过移动设备可以避免重复工作，随时随地通过移动设备对设备进行巡视、维保，对工作进行即时记录，这些信息实时上传到服务器，作为企业领导也可以通过物业管理软件或移动终端实施管控一线工作人员的工作轨迹与状态，大大提高一线人员工作效率与信息化意识。同时物业助手还可以实现移动审批、安防巡视、抄表录入、设备巡检信息录入等功能，还可以支持移动收费，根据业主账单生成二维码，业主扫描二维码可以使用微信、支付宝等付款，然后借助微型打印机进行收据打印，如图10-13所示。

图10-13 APP界面

10.3.4 业主助手（乐帮手）

如何服务好业主是物业公司最核心的服务能力体现，通过移动应用可以改善物业公司形象，促进物业与业主之间的沟通，增加业主投诉渠道，拉近物业管理者与业主之间的距离，同时可以通过移动应用为业主提供增值服务，整合社区周边商户资源，接入垂直电商等为物业公司带来更多的收益。通过业主助手APP业主可以实现报修、投诉、缴费、满意度调查登记本物业服务，同时可以订家政、找保姆、网上订餐、二手信息发布、房屋租售信息发布等功能，如图10-14所示。

图10-14 APP界面

10.4 典型应用案例

1. 鲁能集团鲁能物业公司

鲁能集团有限公司成立于2002年12月，是国家电网公司全资子公司，核心业务聚焦地产、能源两大板块，致力于成为公众、专业、优质、领先的泛产业地产发展商和清洁能源投资运营商。

鲁能集团目前有北京物业、海南物业、重庆物业三家公司开始使用中科华博物业管理系统。最早是北京物业于2016年3月开始启动软件实施工作，在一个半月左右的时间内让将近20个项目录入完成基础数据，并且正式开始启用软件，后期4至5个月逐步推广到北京物业的外地分公司。并且在2016年底开始推广海南物业分公司，2017年初推广至重庆物业分公司。鲁能集团的软件部署方案是自建虚拟局域网，软件安装在集团内部虚拟局域网服务器上，各分公司通过VPN设备进行连接，外部网络无法访问，但是同时又要满足业主"鲁能·智生活"APP的应用，而APP又是基于互联网应用的，所以中科华博又专门设置了一台中间件服务器，这台中间件服务器用于与"鲁能·智生活"APP的对接，中间件服务器再与集团内部服务器进行对接，这样既保证了服务器的安全性，又能保证满足业主通过"鲁能·智生活"APP与物业之间的交流互动。

现阶段在使用的功能有：收费、报修、工程、采购、库存、车位租赁、广告位和公共区间出租、公文请示等功能。同步开发实施成"鲁能·智生活"APP，除了实现基本的物业服务外，还实现了鲁能地产房地产项目展示，智能家居等功能，其中业户移动报修、移动缴费、满意度调查等相关功能与物业系统进行对接，后期将会与OA系统进行对接。这个项目的实施中科华博主要从决策、技术、操作三个层面进行把控，决策层面配备专业实施小组成员，由一名副总主抓实施工作，总公司工程、收费等职能部门指派主要负责人配合相关业务的决策和联络，总公司有一名专业、经验丰富的管理员，全程配合和跟进，每个分公司配备至少一名管理员全程参与培训；技术层面，甲方公司提供流程和方案，中科华博专业开发人员全力配合优化调整，双方多次沟通、磨合，确定最佳的解决方案；操作层面，由经验丰富的实施人员跟进、负责，甲方各基层操作人员配合中科华博组织功能培训和演练，双方配合良好，沟通密切，在实施过程中科华博也提供了很多流程优化意见和经验。APP界面如图10-15所示。

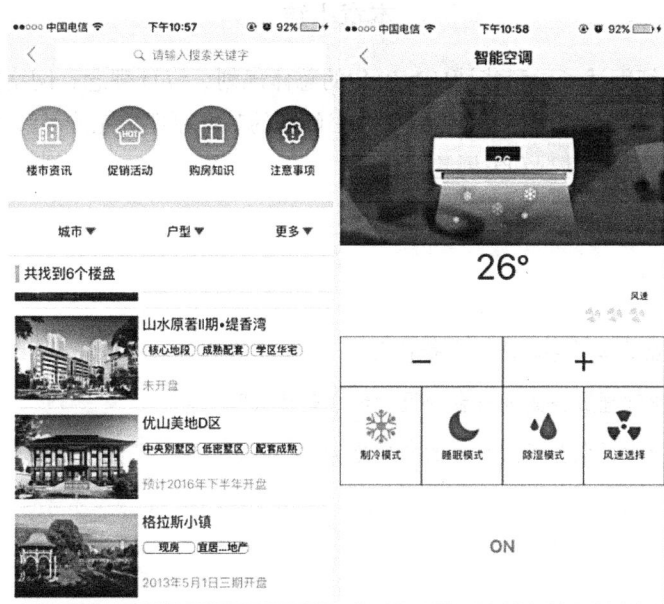

图10-15 APP
界面

2. 华远地产圣瑞物业

北京市华远地产股份有限公司是一家立足于京城房地产开发的大型综合房地产企业，"华远"品牌诞生20余年来，一直致力于开发高品质的具有市场代表性的房地产产品。

圣瑞物业是华远地产旗下物业公司，目前将近20个项目在使用中科华博公司软件，软件于2013年末开始启动，在20多天后整理完基础数据并且初始化完系统。软件首先是在北京本地项目中进行使用，后期推广至西安和湖南分公司。其中西安有三个分公司，并且都是大社区，单个社区户数将近一万，目前运行软件稳定。圣瑞物业的软件部署方案是采用广域网的方式，软件安装在集团一台服务器上，配备专线和固定IP。各分公司通过广域网进行连接。现阶段在使用的功能有：房产、业户、收费、客户服务、工程等功能。2017年开始推广采购、库存相关功能。圣瑞物业属于华远地产子公司，所以华远地产主导了对圣瑞物业业主APP的主导开发，也就是业主APP由华远地产指定软件供应商进行开发，这样就需要第三方公司开发的业主APP与我公司的物业系统进行对接，我们分两种形式进行对接，一种是直接提供基于数据层面的接口，另一种是提供基于HTML5的页面，主要实现业主手机报修、缴费等功能的对接，目前"圣瑞物业在一起"业主APP已成功运行一年左右。对于这个项目的成功实施总结为以下几个方面：甲方配备专业实施小组成员，由总公司客服部主抓实施工作，总公司工程、收费等职能部门指派主要负责人配合相关业务的决策和联络，总公司有一名主要管理员，全程配合和跟进；甲方公司领导推进力度大，各分公司领导及基层人员全力配合；乙方派经验丰富的实施人员负责，进行多次的现场培训和演练。

本章小结

本章详细阐述了中科华博HB_PMP的总体规划、设计理念、网络拓扑结构、运行环境、功能介绍，希望读者结合本书阐述的基本原理，充分了解物业管理服务集成平台的实际情况和发展趋势。

思考题

1. 物业管理服务集成平台是什么？
2. 物业管理服务集成平台的设计理念是什么？
3. 物业管理服务集成平台的发展趋势？

参考文献

[1] 安淑芝.数据仓库与数据挖掘［M］.北京：清华大学出版社，2005.

[2] 曹宗媛，张润彤，朱晓敏著.知识管理概论［M］.北京：首都经济贸易大学出版社，2005.

[3] 蔡淑琴，夏火松.物流信息与信息系统［M］.北京：电子工业出版社，2005.

[4] 陈志泊，李冬梅，王春玲.数据库原理及其应用［M］.北京：人民邮电出版社，2002.

[5] 陈晓红，罗新星.管理信息系统（第2版）［M］.北京：清华大学出版社，2014.

[6] 常绍舜.系统科学方法概论［M］.北京：中国政法大学出版社，2004.

[7] 常邵舜.系统科学方法概论［M］.北京：中国政法大学出版社，2004.

[8] 邓红平.物业管理计算机化［M］.武汉：华中科技大学出版社，2004.

[9] 冯兰晓.如何进行企业信息化管理［M］.北京：北京大学出版社，2003.

[10] 韩朝，夏春锋等.物业服务企业信息系统开发与维护［M］.北京：清华大学出版社，2009.

[11] 黄梯云.管理信息系统（第三版）［M］.北京：高等教育出版社，2005.

[12] 胡华江.社区电子商务系统的研究与设计［D］.电子科技大学，2008.

[13] 胡正华，宁宣熙.服务链概念、模型及其应用［J］.商业研究，2003，（7）：111-113.

[14] 葛世伦，尹隽.信息系统运行与维护（第2版）［M］.北京：电子工业出版社，2014.

[15] 郭东强..现代管理信息系统.北京：清华大学出版社，2006.

[16] 李禹生.管理信息系统［M］.北京：中国水利水电出版社，2004.

[17] 李全喜，刘伟江.企业信息化与管理［M］.北京：机械工业出版社，2005.

[18] 李东.决策支持系统与知识管理系统［M］.北京：中国人民大学出版社，2005.

[19] 刘锋.互联网进化论［M］.北京：清华大学出版社，2012.

[20] 刘少和.服务企业中的"服务链"模型［J］.商业研究，2003，（11）：144-145.

[21] 刘伟华，刘希龙.服务供应链管理［M］.北京：中国物资出版社，2009.

[22] 晋良颖.数据结构［M］.北京：人民邮电出版社，2002.

[23] 金立印.服务供应链管理、顾客满意与企业绩效［J］.中国管理科学，2006，（454）：108-109.

[24] 陆守一.地理信息系统［M］.北京：高等教育出版社，2004.

［25］梁昌永. 信息系统分析与开发技术（第二版）［M］. 北京：电子工业出版社, 2015.

［26］梅姝娥, 陈伟达主编. 管理信息系统［M］. 北京：石油工业出版社, 2003.

［27］穆绪涛, 穆建华. 管理信息系统的作用及应用［J］. 现代情报, 2005,（10）: 20–21.

［28］赖明. 房地产企业信息化与数字社区［M］. 北京：中国建筑工业出版社, 2002.

［29］彼得·F·德鲁克. 知识管理［M］. 北京：人民大学出版社, 2005.

［30］苏选良. 管理信息系统［M］. 北京：电子工业出版社, 2004.

［31］萨师煊, 王珊. 数据库系统概论（第三版）［M］. 北京：高等教育出版社, 2000.

［32］沈瑞珠, 杨连武. 物业智能化管理［M］. 上海：同济大学出版社, 2004.

［33］司有可. 企业信息管理学［M］. 北京：科学出版社, 2003.

［34］王波. 智能建筑基础教程［M］. 重庆：重庆大学出版社, 2002.

［35］王欣. 管理信息系统［M］. 北京：中国水利水电出版社, 2004.

［36］王悦. 企业信息管理与知识管理系统构建研究［M］. 北京：中国人民大学出版社, 2014.

［37］王辉. 国内外管理信息系统现状及展望［J］. 计算机应用, 1999.

［38］王喜福. 智慧社区——物联网时代的未来家园［M］, 机械工业出版社, 2015.

［39］吴琼瑶, 谢清佳. 管理信息系统［M］. 上海：复旦大学出版社, 2003.

［40］谢茂康. 企业资源计划：ERP的实施、应用与发展［J］. 湖南环境生物职业技术学院学报, 2005,（4）: 371–376.

［41］薛华成. 管理信息系统（第6版）［M］. 北京：清华大学出版社, 2013.

［42］徐福缘. 我国企业管理信息系统的发展：计算机辅助企业管理分析［J］. 上海机械学院学报, 1993,（2）: 45–58.

［43］严洪范. 管理信息系统的发展现状及趋势［J］. 新技术应用, 1990,（2）: 11–13.

［44］姚家奕. 吕希艳, 张润彤. 管理信息系统［M］. 北京：首都经济贸易大学, 2003.

［45］袁津生, 吴砚农. 计算机网络安全基础［M］. 北京：人民邮电出版社, 2004.

［46］于丽娟. 管理信息系统［M］. 北京：清华大学出版社, 2014.

［47］杨路明, 巫宁. 客户关系管理理论与实务［M］. 北京：电子工业出版社, 2004.

［48］朱顺泉. 当前管理信息系统的发展趋势与最新动态［J］. 中国管理信息化, 2005,（12）: 11–14.

［49］张均宝.未来就绪的信息系统架构［M］.上海：复旦大学出版社，2015.

［50］张金城、柳巧玲.管理信息系统（第2版）［M］.北京：清华大学出版社，2016.

［51］张英姿.初探旅游服务供应链管理［J］.雁北师范学院学报，2005，21（2）：22-24.

［52］张润彤.电子商务概论［M］.北京：中国人民大学出版社，2014.

［53］张波.O2O移动互联网时代的商业革命［M］.北京：机械工业出版社，2009.

［54］［美］肯尼斯C.劳顿.管理信息系统［M］.北京：机械工业出版社，2008.

［55］［美］肯尼斯C.劳顿.管理信息系统：管理数字化公司［M］.北京：清华大学出版社，2011.

［56］［美］斯蒂芬哈格，等.信息时代的管理信息系统［M］.北京：机械工业出版社，2009.

［57］陈小峰，李从东.住宅区多元物业服务与供应链管理的整合研究［J］.工业工程，2004，7（4）：41-45.

［58］Davenport T H，Prusak L. Working Knowledge：How Organizations Manage What they Know［M］. Harvard Business School Press，1998.

［59］Dirk De Waart, Steve Kremper. 5 Steps to Service Supply Chain Excellence［J］. Supply Chain Management Review，2004，（1）：28-36.

［60］Edward G，Aderson J R，Douglas J，Morrice. A Simulation Game for Teaching Service Oriented Supply Chain Management：Dose Information Sharing Help Managers With Service Capacity Decisions［J］. Production and Operations Management，2000：9.

［61］Jack S Cook，Kathy Debree，Amie feroleto. From Raw Materials to Customers：Suppy Chain Management in the Service Industry［J］. Sam Advanced Management Journal，2001，66（4）：14-21.

［62］Ikujiro Nonaka，Hirotaka Takeuchi. The Knowledge-Creating Company：How Japanese Companies Create the Dynamics of Innovation［M］. 1995.

［63］Michael S. Scott Morton. The Corporation of the 1990s：Information Technology and Organizational Transformation［M］. Oxford，1991.

［64］Richard Metters，Kathryn King-Metters，Madeleine Pullman. 服务运营管理［M］.金马译.北京：清华大学出版社，2004.